U0247635

现代晶体学
MODERN CRYSTALLOGRAPHY

编辑组：

[俄]B•K•伐因斯坦(主编)

[俄]A•A•契尔诺夫

[俄]L•A•苏伏洛夫

“十三五”国家重点图书出版规划项目

物理学名家名作译丛

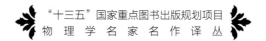

晶体学基础

对称性和结构晶体学方法

Fundamentals of Crystals
Symmetry and Methods of Structural Crystallography

1

[俄] B·K·伐因斯坦　著

吴自勤　孙　霞　译

中国科学技术大学出版社

安徽省版权局著作权合同登记号：第 **1211936** 号

Translation from the English language edition：
Modern Crystallography 1
Fundamentals of Crystals．Symmetry and Methods of Structural Crystallography
by Boris K．Vainshtein
© Springer-Verlag Berlin Heidelberg 1981,1994
Springer is a part of Springer Science＋Bussiness Media
All Rights Reserved

图书在版编目(CIP)数据

现代晶体学.第 1 卷,晶体学基础:对称性和结构晶体学方法/(俄罗斯)伐因斯坦(Vainshtein，B．K．)著;吴自勤,孙霞译.—合肥:中国科学技术大学出版社,2011.7(2021.11 重印)
(物理学名家名作译丛)
"十三五"国家重点图书出版规划项目
ISBN 978-7-312-02782-6

Ⅰ.现 … Ⅱ.①伐… ②吴… ③孙… Ⅲ.晶体学 Ⅳ.O7

中国版本图书馆 CIP 数据核字(2011)第 097283 号

中国科学技术大学出版社出版发行
地址:安徽省合肥市金寨路 96 号,230026
http://press.ustc.edu.cn
https://zgkxjsdxcbs.tmall.com
安徽国文彩印有限公司印刷
全国新华书店经销

开本:710 mm×1000 mm 1/16 印张:28.5 插页:4 字数:524 千
2011 年 7 月第 1 版 2021 年 11 月第 3 次印刷
定价:88.00 元

内 容 简 介

《现代晶体学》原著俄文版和英文版近乎同时出版,出版后曾在整个学术界引起了很大反响.1994年《现代晶体学》卷1英文扩展第2版出版,1994年和2000年分别出版了《现代晶体学》卷2英文扩展第2版和第3版.

本书为卷1,主要由物质晶态的一般特征、晶体对称性和晶体结构研究方法3个部分组成,着重介绍了晶体学基本概念、物质晶态特征、晶体对称性理论、晶体多面体外形几何理论和晶体点阵的几何理论以及晶体原子结构实验研究方法等.

本书可供固体物理、材料科学、金属学、矿物学、化学等专业的大学生、研究生作为教材或教学参考书,并可供有关科技人员参考.

译 者 的 话

前苏联/俄罗斯科学院院士、前苏联/俄罗斯科学院晶体学研究所所长 B·K·伐因斯坦主编的《现代晶体学》4 卷巨著俄文版于 1979—1981 年出版.《现代晶体学》英文版作为德国 Springer 出版社"固态科学丛书"中的第 15 卷、第 21 卷、第 36 卷、第 37 卷出版于 1980—1988 年.《现代晶体学》编辑组由 3 位牵头学者 B·K·伐因斯坦(负责卷 1 和卷 2),A·A·契尔诺夫(负责卷 3)和 L·A·苏伏洛夫(负责卷 4)组成,晶体学研究所的约 20 位专家参加编写,因此它又是晶体学研究所的集体著作.

到了 20 世纪 90 年代初期和中期,晶体学又有了许多方面的新进展.正如伐因斯坦等 3 位牵头学者在《现代晶体学》英文第 2 版的序中所说的那样:"20 世纪所有分支学科的迅速发展并没有绕过晶体学.我们对物质的原子结构、晶体形成和晶体的物理性质的知识不断深化,有关的实验方法也经常得到改进.为了使《现代晶体学》名副其实,我们必须丰富它的内容、补充新的资料."伐因斯坦院士牵头并组织晶体学研究所的十多位专家修改、补充了新的内容,在 20 世纪 90 年代中期出版了《现代晶体学》卷 1 和卷 2 的英文第 2 版(1996 年伐因斯坦院士去世后,《现代晶体学》卷 2 还于 2000 年出版了英文第 3 版).但是,《现代晶体学》卷 3 和卷 4 的第 2 版由于种种原因一直没有出版.

这里有必要简要地介绍《现代晶体学》主编伐因斯坦和《现代晶体学》的全部作者所在的单位——俄罗斯科学院晶体学研究所.

俄罗斯科学院晶体学研究所最早的前身是 1925 年成立的前苏联科学院矿物博物院晶体学实验室,1934 年、1937 年两次重组,1943 年晶体学实验室调整到前苏联科学院数学物理部并更名为晶体学研究所.1944 年 2 月,著名的 A·V·舒勃尼科夫(Shubnikov)教授(系统地建立了色对称性,即舒勃尼科夫对称性理论,见 Shubnikov A V, Belov N V. Colored Symmetry[M]. Oxford:Pergamon Press, 1964)被任命为晶体学研究所第一任所长.1961 年,晶体学研究所迁往莫斯科列宁大街 59 号新址.俄罗斯晶体学研究所拥有前苏联/俄罗斯科学院院士、通信院士多名,列宁奖金等国家奖获得者 20 名,俄罗斯荣誉科学家 18 名.

1962 年,年轻的(出生于 1921 年)B·K·伐因斯坦教授被任命为晶体学研究所所长.伐因斯坦 1945 年得到莫斯科大学物理系学位,1947 年获得前苏联的钢铁学院学位,之后到晶体学研究所电子衍射实验室从事博士后研究工作,1956 年 35 岁时出版《电子衍射结构分析》俄文版(Vainshtein B K. Structure Analysis by Electron Diffraction[M]. Moscow:Akad. Nauk USSR, 1956. 英文版出版于 1964 年).这本书早在 20 世纪 50 年代末期就在我国流传(当时的高校教师、研究生都可以阅读俄文文献).该专著把电子衍射发展成为一种独立的结构分析方法,这种电子衍射结构分析方法特别适用于研究带织构的黏土矿物晶体(见 Zvyagin B B. Electron Diffraction Analysis of Clay Mineral Structures[M]. Plenum,1967. 英文版).伐因斯坦和 Zvyagin 的经典性工作后来发表在权威的晶体结构分析的国际表(International Tables for Crystallography,1993,B:310)和纪念电子衍射发现 50 周年的纪念文集上.

20 世纪 50 年代末期到 60 年代初期,伐因斯坦特别关注聚合物、液晶和其他比较无序的材料的结构分析,1963 年他出版了专著《链分子的 X 射线衍射》.他和合作者在 1996 年 6 月的瑞典国际学术会议上还发表了有机 LB 膜的电子衍射结果(Vainshtein B K, Klechkovskaya V V. Electron Diffraction by Langmuir-Blodgett Films[J]. Proc. Roy. Soc. London A,1993,442:73-84).

1959 年,伐因斯坦在晶体学研究所内建立并领导了蛋白质结构实验室,把工作的重点转向生物大分子结构分析.后来他们测定的含有 1200 个非氢原子的蛋白质的结构的分辨率达到 0.2 nm,从而得出蛋白质和氧结合后的结构变化.他是前苏联和俄罗斯结构分析(用 X 射线、电子、中子衍射)及蛋白质晶体学研究的奠基人之一.从他一生的论文和著作来看,他是一位从事材料结构分析、从散射理论研究到仪器设计制备的百科全书式的科学家,他对晶体学的贡献是十分广泛的.

从伐因斯坦 1962 年任所长后,晶体学研究所发展很快.1971 年,晶体学研究所正式命名为舒勃尼科夫晶体学研究所.在伐因斯坦的领导下,建立了不少实验和理论研究室,如液晶、电子显微镜、小角散射、激光晶体、X 射线光学、同步辐射、高温结晶实验室等.晶体学研究所的科学家参加了大科学实验装置及实验方法(同步辐射和中子衍射)的发展工作.研究所内还建立了基地,能够批量生产激光晶体.1997 年,以晶体学研究所部分实验室为基础,在莫斯科市郊组建了空间材料科学研究中心(Space Materials Science Research Center).研究所的规模接近 1000 人,其中一半分布在生产晶体(如美国空间项目所需的大尺寸蓝宝石晶体)和商品实验仪器的车间中.他使晶体学研究所发展成为一个研究晶体生长、晶体结构(特别是生物大分子结构)分析和晶体性质的研究所,成为前苏联和俄罗斯科学院先进的重点研究所之一.

伐因斯坦院士多年来是前苏联/俄罗斯科学院晶体物理科学委员会主席、前苏联/俄罗斯晶体学全国委员会主席(1984—1996)、科学院晶体学和天文学学部副秘书长(1990—1996).他从1957年起积极参加所有的国际晶体学会议,他是1966年在莫斯科举行的第7届国际晶体学会议组委会主席,1969—1975年他担任国际晶体学联合会(IUCr)执行委员会委员,1975—1978年他担任IUCr的副主席,1990年他获得IUCr的最高奖——Ewald奖.

1996年,晶体学研究所纪念伐因斯坦院士75岁寿辰并出版《晶体结构研究》文集.不久(1996年10月28日)伐因斯坦院士突然去世.从1962年直到1996年,他任所长共34年.1998年,俄罗斯科学院通信院士M. V. Koval'chuk教授被选为晶体学研究所所长.

伐因斯坦院士突然去世后,晶体学的国际权威期刊迅速发表了悼念他的文章(Simonov V I, Feigin L A. Acta Crystallography, 1997, A53:531-534. 两位作者均为俄罗斯荣誉科学家). 2001年,国际学术期刊《Crystallography Reports》第46卷发表了多篇纪念他80岁冥寿的文章,如B. B. Zvyagin的文章《从黏土的电子衍射到组件晶体学》说明了用电子衍射得到的一系列黏土的晶体结构,形成了新的分支学科——组件晶体学.

伐因斯坦院士以极大的精力主编了《现代晶体学》,并亲自编写卷1和卷2的绝大部分内容.他在卷1英文第2版前言中还简单介绍了对《现代晶体学》卷1的补充和修改.这里我们要加以补充.

他在第1章中增加了1.3节"畸变的三维周期性结构 准晶体".后者(准晶体)是一个引起学术界轰动的发现,因为准晶体具有的二十面体对称性中的五重转动轴和经典的点阵理论是不相容的,但它确定了一种特殊的空间准周期性,从而发展出系统的准晶体物理学.它的基础知识成为本书新增的第5章的第1节.

在第4章改写了4.8节"电子衍射"和4.9节"电子显微术"、新增了4.10节"扫描隧道显微术",反映了原子级高分辨率实验技术在此期间取得的重大成果(1986年电子显微术和扫描隧道显微术的发明人获得诺贝尔物理学奖).此外,新增了4.7.7节"晶体结构测定的统计热力学法",改写了4.7.12节"结构分析自动化".

在新增的第5章的6节中,前2节介绍新概念准晶体和无公度调制结构,后4节介绍的都是新的实验方法,包括:(1) X射线结构分析实验技术的进展,主要介绍同步辐射实验技术;(2) 晶体表面的X射线研究,主要介绍驻波法;

(3) 粉末衍射图样结构分析方法,可以不用制备单晶体;(4) EXAFS 谱,可以得出近程的局域原子结构,适用于晶态和非晶态.

补充这些章节后,英文版全书正文从不到 400 页增加到 454 页,即增加了约 1/6,这说明此书作者为了使《现代晶体学》名副其实确实作出了认真的努力.

最后,顺便回顾一下 20 世纪 80 年代中国科学技术大学基础物理中心和结构中心与晶体学研究所合作交流中的一些往事.1987 年八九月间,译者和元洁老师(结构中心)第一次去该所访问时没有事先联系,而是直接到了位于莫斯科列宁大街的研究所.我们通过传达室联系后受到了伐因斯坦所长的热情接待.他对我们十分友好,亲自带领参观晶体学研究所,介绍他们用 X 射线结构分析方法得出的生物大分子的模型和正在测量的 X 射线强度位置灵敏探测器,在楼道里可以见到他们利用结构分析方法得到的生物大分子的结构模型,以及撒切尔夫人等贵宾参观研究所的大幅照片.他还赠送给我们《现代晶体学》卷 1 和卷 3 俄文版共两册.

通过这次访问,伐因斯坦院士和 H·A·基谢列夫通信院士还同意接受我校当时的博士研究生侯建国在 1988 年前往晶体学研究所短期工作 3 个月,侯建国利用他们的设备制备了 5 种晶粒度(尺寸从 41 nm 到 410 nm)晶态 Au/非晶态 Ge 双层薄膜样品.侯建国回来后用电子显微镜系统观测了非晶态 Ge 晶化引起的双层薄膜中的分形图像,在 1990 年的《中国物理快报》上发表了双方联合署名的论文.1989 年八九月间,译者和何贤昶老师(基础物理中心)再次去该研究所访问,访问后伐因斯坦院士和基谢列夫通信院士又接受中国科学技术大学博士研究生吴学华在 1991 年前往晶体学研究所联合培养一年.值此《现代晶体学》(卷 1)中译本出版之际,谨向俄罗斯科学院晶体学研究所帮助我们联合培养博士学位研究生表示衷心的感谢.

这里出版的《现代晶体学》卷 1 根据英文第 2 版译出.在翻译过程中力求做到准确和通顺,但由于译者水平有限,错误和缺点难免,希望得到广大读者的指正.

吴自勤　孙　霞
2011 年 1 月于中国科学技术大学

第 2 版 序

　　4 卷本《现代晶体学》出版于 20 世纪 80 年代初期. 晶体学是发展了几个世纪的老学科, 它的基本概念和规律早已确立. 然而 20 世纪所有分支学科的迅速发展并没有绕过晶体学. 我们对物质的原子结构、晶体形成和生长以及晶体的物理性质的知识不断深化, 有关的实验方法也经常得到改进. 为了使《现代晶体学》名副其实, 我们必须丰富它的内容、补充新的资料.

　　第 1 版的大部分内容仍旧保留, 但若干章节已经更新, 有些内容已经改进并补充了新的图例. 值得重视的许多新结果被总结在各卷的更新章节中. 显然, 我们不能忽视 20 世纪 80 年代发现的准晶体和高温超导体、分子束外延的进展、表面熔化、非本征铁电体、无公度相等. 我们还增加了已在晶体学中得到应用的新实验方法, 如扫描隧道显微术、EXAFS、X 射线强度的位置灵敏探测器等. 参考文献也做了补充和修改.

　　《现代晶体学》第 2 版的修订[①]主要是由第 1 版的作者完成的. 我们的一些同事还提供给我们新的结果、图例和文献. 在此我们向他们全体表示衷心的感谢.

编辑组:

B·K·伐因斯坦(主编)

A·A·契尔诺夫

L·A·苏伏洛夫

---

　　① 《现代晶体学》第 2 版的修订限于卷 1(1994 年出第 2 版)和卷 2(2000 年出第 3 版), 卷 3 和卷 4 的修订尚未完成.——译者注

序

晶体学——关于晶体的科学——的内容在它的发展过程中得到不断的丰富.虽然人类在古代就对晶体发生了兴趣,但直到17—18世纪,晶体学才作为独立的分支学科开始形成.当时发现了控制晶体外形的基本规律,发现了光的双折射现象.晶体学的发生和发展在相当长的时间内曾和矿物学密切相关,矿物学的最完整的研究对象正是晶体.后来晶体学和化学接近,因为晶体外形和它的组分密切相关并且只能以原子分子概念为基础加以说明.20世纪晶体学趋向于物理学,因为新发现的晶体固有的光学、电学、力学、磁学现象愈来愈多.数学方法后来也应用到晶体学中来,特别是对称性理论在19世纪末发展成完整的经典理论(建立了空间群理论).数学方法的应用还体现在晶体物理的张量运算上.

20世纪初发现了晶体的X射线衍射,这使得晶体学以至整个物质原子结构科学发生了全面的变化.固体物理也得到了新的推动.晶体学方法,首先是X射线衍射分析,开始渗透到其他许多分支科学,如材料科学、分子物理学和化学等.随后发展起来的有电子衍射和中子衍射结构分析,它们不仅补充了X射线结构分析方法,并且还提供了有关晶体的理想和实际结构的一系列新的知识.电子显微术和其他现代物质研究方法(光学、电子顺磁和核磁共振方法等)也给出晶体的大量原子结构、电子结构、实际结构的结果.

晶体物理得到迅猛发展,在晶体中发现了许多独特的现象,这些现象在技术上得到广泛的应用.

晶体生长理论(它使晶体学接近热力学和物理化学)的积累和实用的人工晶体合成方法的进展是推动晶体学发展的另外的重要因素.人工晶体日益成为物理研究的对象并且开始迅速渗透到技术领域.人工晶体的生产对传统技术分支,如材料机械加工、精密仪器制造、珠宝工业等有重要的推动,后来又在很大程度上影响了许多重要分支,如无线电电子学、半导体和量子电子学、光学(包括非线性光学)和声学等的发展.寻找具有重要实用性质的晶体、研究它们的结构、发展新的合成技术是现代科学的重大课题和技术进步的重要因素.

应当把晶体的结构、生长和性质作为一个统一的问题来研究.这三个不可分割地联系在一起的现代晶体学领域是互相补充的.不仅研究晶体的理想结构、而且研究带有各种缺陷的实际结构的好处是:这样的研究路线可以指导我们找到具有珍贵性质的新晶体,使我们能利用各种控制组分和实际结构的方法来完善合成技术.实际晶体理论和晶体物理的基础是晶体的原子结构、晶体生长微观和宏观过程的理论和实验研究.这种处理晶体结构、晶体生长和晶体性质的方法具有广阔的前景,并决定了现代晶体学的特点.

晶体学的分支以及它们和相邻学科间的一系列联系可以用下面的示意图表示出来.各个分支间互相交叉,不存在严格的界线.图中的箭头只表示分支间占优势的作用方向,一般来说,相反的作用也存在,影响是双向的.

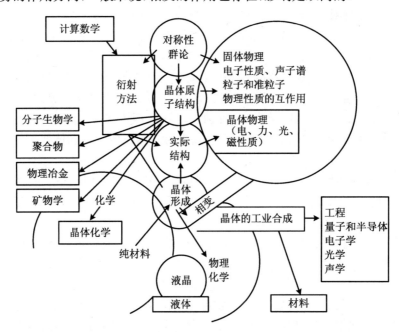

图1 晶体学的分支学科以及它们和其他学科之间的联系

晶体学在图中恰当地位于中心部位.它的内容有:对称性理论、用衍射方法和晶体化学方法进行的晶体结构研究、实际晶体结构研究、晶体生长和合成及晶体物理.

晶体学的理论基础是对称性理论,近若干年来它得到了显著的发展.

晶体原子结构的研究目前已经扩展到非常复杂的晶体,晶胞中包含几百至几千个原子.含有各种缺陷的实际晶体的研究愈来愈重要.由于物质原子结构研究方法的普适性和各种衍射方法的相似性,晶体学已经发展成为不仅是晶体结构的分支科学,而且是一般凝聚态的分支科学.

　　晶体学理论和方法的具体应用使结构晶体学渗透进物理冶金学、材料科学、矿物学、有机化学、聚合物化学、分子生物学和非晶态固体、液体、气体的研究中.晶体的生长和成核长大过程的实验和理论研究带动了化学和物理化学的发展,不断地对它们作出贡献.

　　晶体物理主要涉及晶体的电学、光学、力学性质以及和它们密切相关的结构和对称性.晶体物理与固体物理相近,后者更关注晶体的物理性质的一般规律和晶格能谱的分析.

　　《现代晶体学》的头两卷涉及晶体的结构,后两卷涉及晶体生长和晶体的物理性质.我们的叙述力图使读者能从本书得到晶体学所有重要问题的基本知识.由于篇幅有限,一些章节是浓缩的,如果不限篇幅,则不少章节可以展开成为专著.幸运的是,一系列这样的晶体学专著已经出版了.

　　本书的意图是:在相互联系之中讲述晶体学的所有分支学科,也就是把晶体学看成一门统一的科学,阐明晶体结构统一性和多样性的物理含义.书中从晶体学角度描述晶体生长过程中和晶体本身发生的物理化学过程和现象,阐明晶体性质和结构、生长条件的关系.

　　4卷本的读者对象是:在晶体学、物理、化学、矿物学等领域工作的研究人员,研究各种材料的结构、性质和形成的专家,从事合成晶体和用晶体组装技术设备的工程师和技术人员.我们希望本书对大学和学院中的晶体学、固体物理和相关专业的大学生和研究生也是有用的.

　　《现代晶体学》是由前苏联科学院晶体学研究所的许多作者一起编写的.编写过程中得到许多同事们的帮助和建议.本书俄文版出版不久就出了英文版.在英文版中增加了一些最新的成果,在若干处做了一些补充和改进.

B·K·伐因斯坦

第 2 版前言

《晶体学基础:对称性和结构晶体学方法》是原先的《现代晶体学》卷1的第2版.这里补充了晶体结构的原理及其研究方法的新资料.有几章做了修改,并补充了新的内容.

第4章有2节做了重大修改:

4.8 电子衍射,由 B·K·伐因斯坦和 B. B. Zvyagin 改写;

4.9 电子显微术,由 B·K·伐因斯坦、N·A·基谢列夫和 M. B. Sherman 改写;

第4章新增一节:

4.10 扫描隧道显微术,由 L. M. Blinov 编写.

我们还编写了新的一章,以综述近期出现的晶体学及其研究方法的重要进展.新的第5章包括以下6节:

5.1 准晶体,由 V. E. Dmitrienko 和 B·K·伐因斯坦编写;

5.2 无公度调制结构,由 V. E. Dmitrienko 编写;

5.3 X 射线结构分析实验技术的进展,由 D. M. Kheiker 和 B·K·伐因斯坦编写;

5.4 晶体表面的 X 射线研究,由 A. Yu. Kagimirov 编写;

5.5 粉末衍射图样分析方法,由 A. A. Loshmanov 编写;

5.6 EXAFS 谱,由 A. N. Popov 编写.

作者对 V. V. Udalova、I. L. Tolstova、L. I. Man 和 L. A. Antonova 表示深切的感谢,他们为本卷的出版做了大量的技术性工作.

B·K·伐因斯坦

1993 年 11 月于莫斯科

前　　言

本卷内容包括物质晶态的一般特征、晶体对称性和晶体结构研究方法等部分.

第1章带有绪论的性质,介绍了物质晶态特征和晶体学基本概念.晶态的宏观标志被归纳为:性质的均匀性、各向异向和对称性.在这一章中还讨论了晶体的多面体性,描述了晶体微观原子结构的基础规律以及它和其他凝聚态结构的差别.

第2章几乎占了本卷内容的一半,它系统地讨论了晶体对称性理论.对称性理论渗透在整个晶体学中,不掌握它就既不能研究、也不能理解晶体的结构和性质.这一章的内容包括对称性理论公理系统及其基础(群论)、对称性基本概念的几何诠释、点群、一维(螺旋)群、平面群、空间群以及广义对称性——反对称性和色对称性.

第3章介绍了晶体多面体外形的几何理论和晶体点阵的几何理论.

第4章介绍了晶体原子结构实验研究方法.从实用出发,重点放在最重要的X射线结构分析方法上.这方面的内容有:一般衍射理论、晶体X射线学实验技术及衍射测定晶体原子结构的理论和方法.

这一章中还叙述了另外两种方法——电子和中子衍射结构分析的特点、优点和局限性.新的物质结构分析方法——穆斯堡尔衍射和粒子在晶体中的沟道效应也得到简短的介绍.最后一部分是电子显微术.

这一卷的全部基本内容由伐因斯坦编写,M. O. Kliya 参加了第3章的编写,Z. G. Pinsker 参加了4.3节的编写,D. M. Kheiker 写了4.5节和4.6节. V. A. Koptsik 在讨论第2章内容时提出过许多重要的建议,并参加编写了2.6.6节和2.9节. R. V. Galiulin 提出过不少有价值的修改意见.在此作者向他们以及其他许多帮助整理手稿、收集资料、绘制图表的 L. A. Feigin、V. V. Udalova、L. I. Man 等同志表示衷心的感谢.

晶体学文献丰富.在这一卷和后几卷中文献分为两类.一类是基本著作、综述和重要的原始论文.另一类是和个别问题有关的著作以及引用了插图的著作.这两类著作在书末文献清单中写得很全,以便于读者去查阅它们.我们还列出了晶体学方面的主要期刊的名称.若干原始著作还特别指明了第几版.有些原始照片是专为本版准备的,在此作者向这些图注中标明的作者和其他允许引用的作者表示衷心的感谢.

B·K·伐因斯坦

1980 年 12 月于莫斯科

目　　录

第 1 章

结 晶 状 态

物质结晶状态的特征是:原子在空间中不随时间变化的、规则的三维周期性排列.这一点决定了晶体的宏观、微观特征和物理性质.在绪论性的本章中我们将讨论晶体的原子结构原理和结晶习性,对各种晶体性质进行各向异性的宏观描述,并讨论晶态物质的对称性.我们还将从热力学角度考察晶态为什么会出现,讨论晶态和其他凝聚态(液态、聚合物、液晶)在结构上的差别.

1.1 晶体的宏观特性

1.1.1 晶体和晶态物质

晶体是具有三维周期性原子结构的固体,在一定生长条件下它具有多面体的外形,无论是地壳过程中长出的天然矿物晶体(图 1.1)还是实验室中生长的合成晶体(图 1.2,1.3)都是这样.

图 1.1 天然晶体

1. 石盐 $NaCl$;2. 方解石 $CaCO_3$;3. 绿柱石 $Be_3Al_2[Si_6O_{18}]$;4. 玫瑰绿柱石;5. 绿宝石(绿柱石变种);6. 黄铁矿 FeS_2;7. 石英 SiO_2;8. 正长石 $K[AlSi_3O_8]$;9. 辉锑矿 Sb_2S_3;10. 电气石 $(Na,Ca)(Mg,Al)_6[Si_6Al_3B_3(O,OH)_{30}]$;11. 黄玉 $Al_2(SiO_4)(F,OH)_2$;12. 巴西黄玉;13. 透辉石 $CaMg[Si_2O_6]$;14. 荧石 CaF_2;15. 赤铁矿 Fe_2O_3;16. 天青石 $SrSO_4$

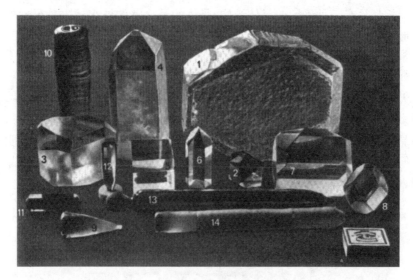

图 1.2 合成单晶

1 和 2. 石英 SiO_2；3. 硫酸三甘氨酸 $(NH_2CH_2COOH)_3H_2SO_4$；4. 磷酸二氢钾 KH_2PO_4；5. LiF；6. $LiIO_3$；7. α-HIO_3；8. 钾明矾 $KAl(SO_4)_3 \cdot 12H_2O$；9. 钟表轴承用红宝石 $Al_2O_3 + 0.05\%Cr$；10. 激光红宝石；11. 石榴石 $Y_3Al_5O_{12}$；12. $LiNbO_3$；13. Si；14. 蓝宝石

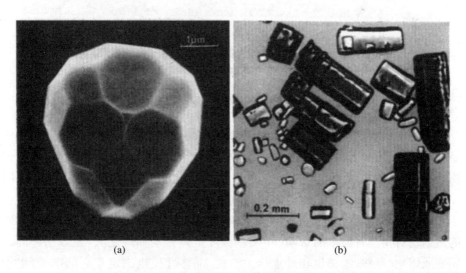

(a)　　　　　　　　　　(b)

图 1.3 小单晶

(a) 锗（经 E. I. Givargizov 同意）；(b) 蛋白质触酶[1.1]

晶态是固体的热力学稳定状态. 在给定的热力学条件下每一个化学组分确

定的固相都具有一种确定的晶体结构.晶体的最显著的外观标志是天然的多面体外形,但是这种外观标志仅仅是晶体特殊原子结构的宏观表现之一.晶体也可以不具备多面体外形(图1.2中晶体9—14),但是晶体、甚至它的碎片会具有一系列不同于非晶固态的宏观物理性质.

大多数天然和合成固体(矿物、各种化合物、金属和合金等)是多晶体,它们是许多取向混乱的、不同尺寸的、形状不规则的小晶体或晶粒的集合(图1.4).当小晶体择优取向时,我们就称它们具有织构.显然多晶体和织构的性质由组成它们的小晶体的性质、数量、相对位置和互作用力决定.为了强调与多晶体的不同,单个大晶体通常被称做单晶体.

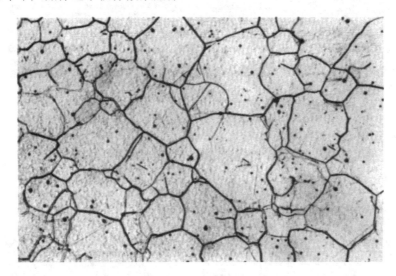

图1.4 奥氏体多晶金相照片(×160)

晶态物质的基本宏观标志归根到底是晶体三维周期原子结构的产物.这些最基本的性质是均匀性、各向异性和对称性.考察这些基本的具体的晶体宏观物性时,我们忽略微观不均匀性,忽略原子结构的三维周期性和微缺陷(图1.5),把晶体看成连续体,即均匀的连续介质.

晶态中原子的动力学性质也有其宏观表现.在晶体中,随温度升高而加剧的热运动对物性有根本的影响.在某些温度上热振动如此之大,足以引起固态相变或熔化.显然,物相也和外加压力有关.晶体性质也决定于它的电子(电子能谱)、电子-声子相互作用等等.

在理想的热力学平衡条件下晶体中也存在各种类型的不完整性(点缺陷、位错、镶嵌块、畴等,见图1.5b,c).在晶体的实际形成、生长和"生活"条件下总能够观察到偏离理想组分和结构的微区、各种非平衡微观缺陷、夹杂物等.讨论宏观均匀性、各向异性、对称性概念时,我们将忽略动力学现象和结构缺陷,把晶体看做时间上平均的空间结构.

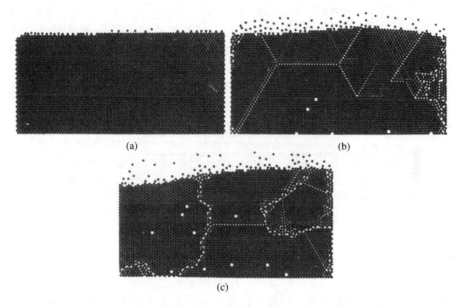

图 1.5　晶体的二维球模型

(a) 完整晶体;(b) 有点和线缺陷的晶体;(c) 多晶体中的晶粒

　　从晶体的"理想"模型来看,晶体的一些性质对缺陷是不灵敏的,可以把它们看做是"理想的"或"理想化的"晶体结构.但是许多性质或多或少与结构缺陷有关,因此在研究这些物性时必须考虑这些不完整性,即必须考虑晶体的实际结构.

　　应该指出:晶体表面的存在本身对晶体性质也有影响,特别是晶体不大的时候.大块单晶的表面和近表面层的某些性质与内部性质有本质的不同.因此,描述晶体某些特征时可以忽略边界的存在,把晶体看成无限;但在另一些场合下,我们必须考虑到这些边界,虽然这些边界的特点也是由"内部"性质决定的.

1.1.2　晶态物质的均匀性

　　宏观均匀性概念是指晶体物质任一部分的所有性质全同.从单晶体任一部位切割下同样取向、形状、尺寸的样品(图 1.6)它们的一切性质(光学、力学、热学等物理性质,表面溶解度、表面吸附等物理化学性质)都是相同的.

　　我们感兴趣的晶体性质 F 可以是标量(热容量、比重等)、矢量(极化等)或

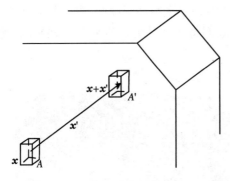

图 1.6 在小体积 A 和 A' 中性质的等同性

更普遍情况下的张量(弹性等).

宏观性测量概念本身意味着:实验进行的长度 L、面积 S 和体积 V 满足 $L \gg a$，$S \gg a^2$ 和 $V \gg a^3$，这里 a 是晶体点阵的某一个最大周期,这也就是说实验时晶体的间断的原子构造和它的微观周期性表现不出来.对大多数晶体来说 $a \approx 1$ nm.实际上所有宏观性质测量都明显地满足 $L \gg a$ 的要求.

由晶态物质均匀性可得出它的化学组分和相的状态在体积内的恒定性.如有一探针作用于理想晶体的微区(体积不小于上述 V)进行化学分析,它将给出同样的结果.讲到晶体性质 F(标量、矢量或张量)的测量时,我们指的是在给定热力学条件(压力 p、温度 T 和更普遍的外界作用)下进行的测量.因此晶体均匀性概念意味着:性质 F 和测量点从 $x(x_1, x_2, x_3)$ 移到 $x + x'(x_1 + x_1', x_2 + x_2', x_3 + x_3')$ 无关,即

$$F(x) = F(x + x'), \tag{1.1}$$

这里,上述 $L \gg a$ 的条件自然应得到满足.换句话说,均匀性是相对晶体中坐标原点的任何平移来说性质的不变性.我们已经提到过,表面和近表面层不属于此例.

宏观均匀性允许我们把晶体物质看做连续的物质或**连续统**.这种处理方法在晶体学中是很重要的,因为它允许我们对晶体的许多物理性质进行唯象的描写,而不使用间断的原子结构的概念.

这一概念可以扩展和应用到实际晶体中去.这时候考虑的范围应该比理想晶体更宽,即 $L \gg b$，$S \gg b^2$ 和 $V \gg b^3$，这里 b 是某种缺陷间的平均距离.这样就把缺陷的影响平均掉了.这种处理方法在许多场合对阐明和描写实际晶体的性质是有意义的.

目前实际晶体均匀性概念不仅在晶体学理论中有用,而且还具有重要的实际意义.不论是光学晶体、半导体晶体、压电晶体,还是其他晶体,均匀性几乎总是这类合成晶体质量的基本判据.根据晶体的技术要求,对所需的均匀性可以提出具体的指标,如杂质、镶嵌块和位错的分布等.

应该指出,现代晶体学具备大量微分析方法,对组分和结构缺陷的分辨率小于 nm 量级,因此我们可以从 $L \gg b$ 条件下对均匀性的平均描述过渡到 $L < b$ 条件下对不均匀性进行局域描述.

上述宏观均匀性概念不仅适用于晶体,而且还适用于液体、非晶体和气体.晶态物质的个性以及与其他状态的区别是它的各向异性.

1.1.3 晶态物质的各向异性

如前所述,晶体的某些性质是标量,与位向无关.但是,还有许多性质,如热传导、介电系数、磁导率、光折射系数等与位向密切相关,它们的值取决于它们与晶向的相互关系.如果对晶体的作用是矢量,被测量到的响应也是矢量,例如电场强度和电感应强度,此时描述它们之间联系的性质(如介电系数)就是张量.张量还被用来表达矢量-张量和张量-张量性质.

如物性与位向无关,即它与坐标系的取向无关,则称这种物性是各向同性的.液体和气体的所有性质都是各向同性的,晶体只有某些性质是各向同性的.如物性与位向有关,即它和坐标系的取向有关,这种依赖关系就称做**各向异性**.所有晶体至少有某些性质肯定是各向异性的.

各向异性在许多晶体的外形上就表现了出来,如它们呈针状或片状.各向异性还明显地表现在力学性质上,如解理性显示沿某些晶体的确定平面容易剥开.晶体的形变也与位向密切相关(图1.7,1.8).

根据宏观均匀性原理(1.1),我们可以在任一点考虑性质 F,选定任意坐标原点后,在最简单的条件下,可以把各向异性表述为性质 F 的位向依赖性,它和测量取向 n 的依赖关系可表示为:

图 1.7 金刚石压头在 PbS 晶体中引起形变沿(100)面传播(×320,腐蚀法显示)[1.2]

$$F(\boldsymbol{n}_1) \neq F(\boldsymbol{n}_2). \tag{1.2}$$

研究晶体性质各向异性的常规方法是从晶体切割出不同位向的样品(和 $\boldsymbol{n}$ 平行的长方样品或和 $\boldsymbol{n}$ 垂直的片状样品)并测量沿这一位向的物性.

作出物理指标的曲面可以直观地显示物性的各向异性(图1.8,1.9),曲面的矢量半径的长度和测量到的性质 F 的值对应.F 随标量(如热力学变量)的变化可以用一系列和参量值对应的曲面族表示.可以在不同类型外界作用(如张应力和电场)下研究物性的各向异性,弄清楚物性(如应变和极化等)和外界作用的关系.

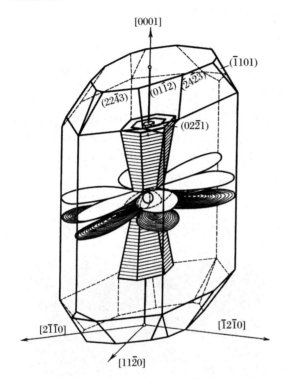

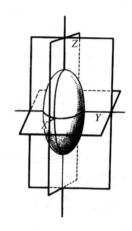

图 1.8　1600 ℃下 α-Al_2O_3 刚玉晶体中应力源引起的
位错玫瑰花结组态的空间分布[1.3]

图 1.9　菲涅耳椭球的一
般形状

　　各向异性不完全是单晶体的特性,在晶态织构、液晶中、天然和合成的聚合物中都存在各向异性.这些物质的各向异性和单晶体一样,是由原子结构决定的.不是所有性质在一切方向都不相同.正相反,F 在某些不同的、不连续变化的或间断的方向上存在着有规律的等同性.这种等同性不是别的,正是晶体对称性的表现.下面就来讨论这一特别重要的概念.

1.1.4　对称性

　　对称性概念是物理学和自然科学中最普遍和最基本的概念之一,它渗透在整个晶体学中,是晶体学的基础.对称性是晶体物质的结构和性质固有的最基本的规律,为此,人们常常把对称性称为晶体性质的性质.

　　现在举例说明对称性概念.图 1.10 是石英晶体的理想外形.经过某种操作,如绕三重轴旋转 120°,这一外形与原先的外形完全重合.尽管这种操作已经进行过,但实际上什么也没有改变.对称性的本质就在于经过操作物体可以在新的位置上和原先的自身重合.另一种说法是:对称性可以使坐标变换(如上述的 $120°$ 旋转)后物体的描述和原先的完全相同.

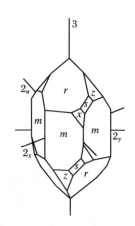

晶体外形、结构和性质可以用坐标和(或)方向的函数来描述.图 1.9 是双轴晶体的菲涅耳椭球.这一椭球经过任一坐标平面的反射操作后和原先的自身重合.在每一个卦限($1/8$ 空间)中晶体的光速函数 F 的值连续变化.8 个卦限中各个对应点(其坐标可任意改变符号)上的值相等,即

$$F(x,y,z) = F(\bar{x},y,z) = \cdots = F(\bar{x},\bar{y},\bar{z}).$$

图 1.10　石英晶体的理想外形和它的对称轴

由此可见,三维空间中的有限对称物体可以通过反射和(或)旋转与自身重合.

从上面的例子可以看到,重要的不是函数 F(描述某一物体或它的性质)的那些具体变量(自变量)的值.重要的是:在变量间的规则性关系下,我们考察的函数 F 具有何种不变性.这一点可以一般地概括如下:如函数 F 在它的全部或一部分变量变换后不变,则它就具有对称性.设 $\boldsymbol{x}(x_1,\cdots,x_m)$ 是函数 F 的自变量,$\boldsymbol{x}'(x_1',\cdots,x_m'),\cdots,\boldsymbol{x}^{(n)}(x_1^{(n)},\cdots,x_m^{(n)})$ 是变换后的自变量,则

$$F(\boldsymbol{x}) = F(\boldsymbol{x}') = \cdots = F(\boldsymbol{x}^{(n)}) \tag{1.3}$$

就是函数 F 的对称性(不变性)条件.

物体或描述它的函数可以有若干特征的变换(或称为对称操作).如图 1.10 中的石英晶体不仅绕三重轴转动 $120°$ 重合,还可绕 3 个水平轴 $2_x,2_y,2_u$ 轴转动 $180°$ 重合.任一物体对称变换的集合在数学上被称为**群**.若对称变换时的自变量变化无限小,则群就包含无限多个操作.

研究物体对称性时,我们要注意所讨论的是哪一种性质或标志(有相应的变量)的对称性.不同的性质,不同的层次(宏观或微观、几何或物理、静力学或动力学),对称性不同,要用不同的对称群描述.但这些对称群之间有确定的从属关系和阶.

可以从对称性出发对晶体的均匀性和各向异性进行概括.均匀性(晶体性质与测量点的选择无关)从对称性来看是相对任一平移操作的不变性.各向异性(晶体性质的位向依赖性)本身也出现在对称性概念之内,即描述性质的函数本身是对称的.

由此可见,从宏观属性来看,晶体物质是均匀的、各向异性的、对称的介质.

1.1.5 晶体的习惯外形

除了晶体物质的均匀性和各向异性等"内在"性质之外,晶体还有一个最直观的宏观性质:在平衡条件下生长的晶体具有自然的多面体外形(图1.1—1.3).与生长相反的过程,如晶体的溶解和蒸发,也可以出现规则的表面图形(图1.11).

图 1.11 EuTe 表面出现的蒸发图形(×1520)[1.4]

讨论这种宏观现象时,我们不再把晶体物质看成连续统,而是看成由这种物质构成的有限物体、结晶个体.这里晶体表面和围绕它的外界介质之间的相互作用很重要.

应该指出,结晶个体的多面体表面满足均匀性、各向异性和对称性的要求,但它不完全是这些原则引起的结果.多面体和这些原则一样,是晶体物质内部规则原子结构的表现.

晶体多面体习性的第一条定律是面角守恒定律.它说明某一物质的晶体相应表面之间的夹角守恒并且是这种晶体的特征.这一定律是丹麦学者史蒂诺在研究石英和赤铁矿两种晶体后于 1669 年提出的.经过多年(直到 1783 年)这一定律对所有晶体的正确性才被法国学者 Romé de Lisle 肯定.

1784 年,法国晶体学家 Haüy 发现了晶体多面体习性第二定律——有理数定律.可以按一定规则选晶体的棱作为晶体的三个坐标轴.测量晶体表面位向后得出:表面在坐标轴上的截距之间的关系可用整数表示,也就是说沿各坐标轴取一定单位后这些截距是各坐标单位的整数倍.3 个坐标轴单位的存在可直接导出晶体的三维的微观的周期性结构,即晶体的点阵决定晶体的多面体习性和其他宏观性质.

上面讨论了晶体物质的一般宏观特征.明显的历史事实是:在研究晶体原子结构的方法出现之前,晶体学家就从这些宏观特征得出结论:晶体的微结构是微观粒子的三维周期性堆积.

1.2 晶态物质的微结构

1.2.1 空间点阵

Wollaston、虎克、惠更斯、罗蒙诺索夫都提出过:晶体外形是球状或椭球状粒子规则地堆积的结果.

罗蒙诺索夫研究过食盐的溶解和结晶,对矿物晶体进行过分类.在《硝石(硝酸钾)的形成和本质》论文(1749 年)中,他给出了物质原始微粒的分布示意图(图 1.12),他写道"假定硝石的组成粒子是球状并且尽可能挤在一起,那就很容易解释,为什么硝石长成六角晶体".

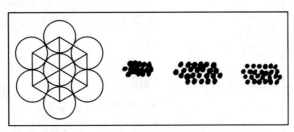

图 1.12 罗蒙诺索夫的硝石晶体构造[1.5]

从有理数定律出发,Haüy 解释了晶体的多面体外形.根据这一定律,晶体微结构具有周期性并有三个轴单位 a,b,c.这些单位之间的比值可以从面角得出.可以用三个单位构成单层平行六面体.Haüy 假定晶体的"分子"具有这样的形状.他从解理性得出物理上存在这种微观平行六面体.例如方解石可以很容

易地沿菱面体的面进行解理. Haüy 提出,把方解石解理成愈来愈小的菱面体,
最后可以得到最小的菱面体单元.很容易理解,这些单元可以填满空间,形成有
多面体外形、由坐标面围成的晶体.如果堆积的分子形成不同的台阶,就可以得
到所有其他的面(图 1.13).不属于棱面的一般平面上的"微观不光滑性"很不明
显,宏观上观察不到.

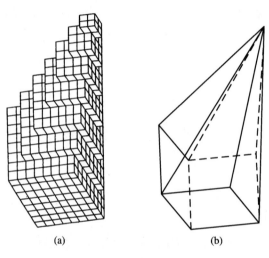

图 1.13　单层"平行六面体分子"堆成晶体(a) 并
构成非坐标平面(b)[1.6]

上述理论中晶体由粒子三维周期性地堆积而成的基本概念是正确的,但存

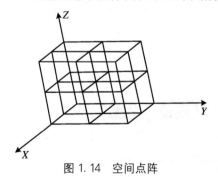

图 1.14　空间点阵

在可填满空间的微观多面体的说法在物
理上是错误的.尽管如此,它仍是晶体学
中若干重要的几何唯象概念得以发展的
基础.

　　实际上,微观粒子具有多面体或其他
"形状"对阐明几何晶体学定律是非本质
的.重要的仅仅是:这些粒子是按照三维
空间的周期性规则排列的.这样就产生了
晶体三维空间点阵的概念,几何上它可用

图 1.14 所示的最简单的三维周期性的点的阵列表示.用初基平行六面体(晶
胞)在三维上重复就可组成晶体.初基晶胞可以包含不同数目的原子,从一个到
几百万个.晶胞中原子的位置也可具有一定的对称性.

　　应该强调,空间点阵中的点或阵点不仅仅是若干原子或分子的位置的代表

点,它在几何上还是间断的平移对称操作,可以用二维墙纸图案(图1.15a)和相应的周期为 a, b 的点阵(图1.15b)为例说明这一点.在图1.15a上没有选定任何代表点,但是如果把点阵平行地和图案上任一点(花的中心 A,叶的边 A' 或花之间的 A'' 点)重合,得到的将是物理和几何环境完全相同的点①.

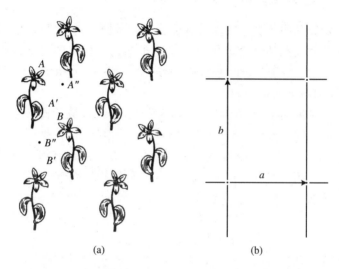

(a)   (b)

图1.15 二维周期性图案(a)及相应的二维点阵——平移操作系(b)

三维点阵的情形完全一样,把点阵和晶体结构重合得到的是对称的等同点,它可以是这一种或另一种原子的中心,也可以是原子间的任何点.正因为如此,我们常常讲晶体"位于点阵状态".

显然,晶体物质的对称性比平移对称性丰富得多.图1.15a上还有另一种花 B,它和 A 是对称的,A 上任一点和 B 上相应点有对称关系,但 A 和 B 不能用图1.15b中的平移联系起来.当然所有的 B(和所有的 A 一样)可以用这种平移联系起来.

需要讨论一下晶体学、固体物理和其他学科中广泛使用的"点阵"名词."晶体点阵"在严格意义下实际上和"空间点阵"重合,它的意义是晶体原子结构的固有三维周期性.我们使用的基本上就是这样的含义.在许多书籍和论文中这一名词具有更广泛的意义,例如点阵的能量、点阵动力学,以至把点阵看做某一

---

① 希望进一步理解"点阵"含义的读者可以参考文献:吴自勤. 物理,2005,34:711.——译者注

化合物及其变态的具体结构(如金刚石、岩盐……的晶体点阵).需要弄清楚这些含义的不同.我们在下面描述具体化合物及其变态的原子构造时只使用名词"晶体结构".

1.2.2　存在晶体点阵的实验证明

有理数定律和原子概念的发展肯定了晶体是原子的三维周期性堆积.1890年费多洛夫和熊夫利从理论上得出晶体原子结构可能有的对称群是230个空间群.存在空间点阵的第一个直接的实验证明是劳厄、Friedrich 和 Knipping 在1912年用 X 射线衍射得到的.

当时 X 射线的本质还不清楚.劳厄认为:这是一种波长比可见光短得多的电磁波.另一方面关于摩尔体积等化学数据清楚地指出,在凝聚态中原子间距离是十分之几 nm,很可能和 X 射线波长同一量级.如果晶体是三维周期结构,它就应该像光学衍射光栅那样成为天然的 X 射线的三维衍射点阵.实验显著地证实了这一假设.图1.16是劳厄、Friedrich、Knipping 最初实验中得到的一张照片.很快布拉格在英国、乌里夫在俄国得出了晶体 X 射线衍射公式.1913—1914年布拉格父子根据 X 射线实验数据,利用当时 Barlow 提出的简单化合物中原子堆积模型,对 NaCl、Cu 和金刚石等首次进行了结构分析(图1.17).

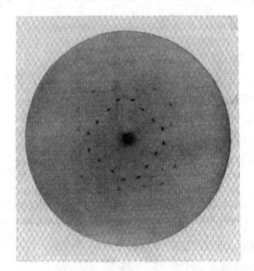

图1.16　劳厄、Friedrich、Knipping 的一张最初
的 X 射线像(闪锌矿)[1.7]

目前用 X 射线结构分析和电子衍射、中子衍射方法已经测定了约十万种无

机和有机化合物的结构.

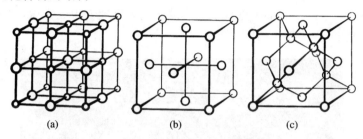

图 1.17 岩盐(a)、铜(b)和金刚石(c)的结构

电子显微术可以直接观察晶体中分子或原子团的分布以及不同晶面上大粒子的堆积(图 1.18).

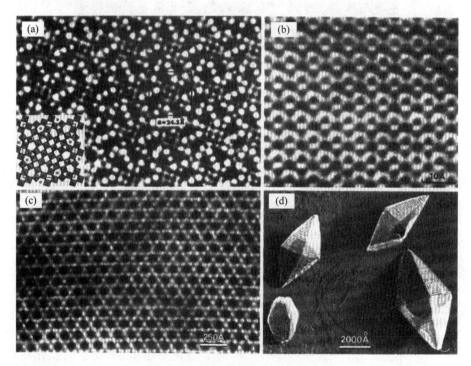

图 1.18 一些晶体的电子显微图像

(a) $2Nb_2O_5 \cdot 7WO_3$ 复杂氧化物的结构,照片上有晶胞投影.图中的方块代表氧八面体[1.12];(b) 沿[111]的钇铝石榴石晶体结构像[1.8];(c) 蛋白质酶[1.11];(d) 苏云金芽孢杆菌的蛋白质晶体[1.9]

用场离子显微镜方法可以直接看到最简单金属晶体结构的单个原子(图

1.19),根据这种图像可以确定不同面上或微台阶上原子的排列.

晶体中原子的三维周期性堆积的假设已成为物理学中的常识,它是所有晶体概念的基础、固体理论的出发点.

图1.19 用场离子显微术得到的钨晶体尖端表面原子的排列[1.10]

1.2.3 微观周期性原理的根据

晶体结构的三维周期性特征的物理学根据是什么?

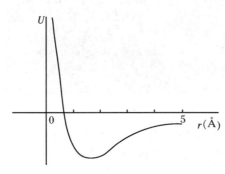

图1.20 原子间互作用势能曲线

首先要注意,晶体和液体一样是原子相互"接触"的凝聚系统. 这种系统中原子间互作用力在原子间距离大于 0.3—0.4 nm 后成为吸引力. 对所有类型化学键来说,原子间互作用势能 $U(r)$ 都具有图 1.20 那样的形式,它的极小位于原子间距离为 0.15—0.35 nm 处. 在 0.1—0.2 nm 内吸引力变为很强的排斥力.

晶体中的原子还处在热振动状态

之中.质量为 m 的粒子的振动动能等于 $p^2/2m$(p 为动量).如果这个动能超过 $U(r)$,键合力将被克服.因此凝聚系统和晶体存在的条件可以写成

$$\frac{p^2}{2m} < U(r).\qquad(1.4)$$

这一条件对液体也成立.但原子的有序程度从晶体到液体发生急剧的改变,这时由于动量增大,原子间平均距离也增大,原子愈来愈位于 $U(r)$ 极小部分的远侧.在液体中会统计地形成某种占优势的原子间的组态,但是它们随时被热运动破坏,温度愈高,有序度愈低.在绝对零度,只有零点振动,所有物相,除了量子液体氦以外,都是晶态.在固体中原子的振幅小于原子间距离,反之则会发生原子自动迁移过程,这是液体中经常发生的过程,而在固体中只有通过热涨落才能发生.

增加外界压力使物相向凝聚态和晶态方向转化,互作用势能 $U(r)$ 没有极小的物质也可以晶化.压力的作用与增大吸引作用类似,而与温度的作用相反.

说明晶体原子结构周期性的最简单的方法是考察粒子的密堆积.在近距离内的强排斥作用可以解释为原子的"不可透性",即采用原子的刚球模型,而吸引力可以看成是例如引力场中使球靠拢的效应.如图 1.5a 所示,这种二维模型给出了规则的二维周期结构——小球的密堆积.在互相吸引的相同小球这种简单情形,势能极小对应于几何上最密的堆积,这种二维堆积具有二维周期性.

把二维密堆层重叠起来,使上层的球处在下层球的凹处,就得到三维密堆积.这样的堆积可以组合成许多种不同的结构.它们中的有些结构在三维上都有周期性,形成三维周期性结构,另一些则没有三维周期性.由此可见:相同球最密堆积原理本身并不一定导致三维周期性,当然它允许出现三维周期性.

一般来说,找到大量粒子 n(晶体中 $n \to \infty$)的平衡组态是热力学和统计物理的任务.

粒子系统自由能 F 由它的内能 U 和含熵部分 TS(T 为绝对温度,S 为熵)组成

$$F = U - TS.\qquad(1.5)$$

F 的极小值对应系统最稳定的状态,决定系统的组态. n 个粒子的系统的组态有 $6n$ 个参量(坐标和动量)和决定内能 U 的互作用势.在绝对零度时能量状态最低, $F = U$,内能(只和坐标有关)的极小值决定状态.

原子间互作用力的多样性、由不同比例异类原子组成的晶体结构的多样性,都说明固态三维周期性应该是由最普遍的因素决定的,是自然界的规律.

为了说明这一点,可以从下面的论点出发:系统整体能量极小对应于系统各个局部(考虑局部间互作用之后)的能量极小. $T = 0$ 时系统的状态应该是唯一的.

设很多("无限多")化学组成相同的均匀混合的原子系统处于平衡态.从这个系统中分割出有限小体积 A,要求其中的原子比和系统的化学组成相同.体积 A 相当于一个或几个"化学式单元"内原子的总体积.由于原子间互作用力基本上是短程作用,所以对应能量极小的组态在体积 A 中也应保持.

在相同条件下从其他地点选出体积 A',则 A' 中也具有与能量极小对应的原子分布.A' 中原子分布在所有方面都应与 A 全同,不仅这两个体积内如此,而且它们相对整个系统来说也应如此,包括 A' 中原子分布必须与 A 全同或反过来 A 中原子分布与 A' 全同.实质上这就是说:体积 A' 中某一点,在所有方面都和体积 A 中相应点相同.既然 A' 可以无限地在不同地点选取,这样的点就应有无限多.

这就是系统能量极小的物理要求导致的几何上的等价物.系统应该是均匀的和对称的;某种适当小的原子集团应该通过对称操作联系起来;这些操作应该使整个系统和自身重合.由于系统中原子数无限大,对称操作的阶数也只能无限大,以便使某种原子集团无限地延伸出去.

无限小位移或旋转可以是无限多阶的对称操作.但是原子或原子集团在尺寸上是有限的,这两种操作在此不适用.这就是说:无穷多粒子系统对称性的几何条件包括间断性,即一般物质和晶体的原子性.并不是物质中所有的点都等同,不同原子的点、相同原子的中心和外围是不等同的.

具有无限多阶并能保持间断性的对称操作只能是间断的、可以无限重复的平移.由于我们考虑的凝聚系统是三维的,所以它应该具有三维周期性,应该是晶态.

$T=0$ 时的最低能量状态只能是点阵状态.实际上,根据热力学第三定律,$T=0$ 时 $S=0$,由 $S=k\ln N$(N 为状态数)可知,$T=0$ 时的状态是唯一的.

由此可见无限多粒子系统能量极小的热力学原理只有在对称性范围内和三维周期性平移对称性范围内才能实现.$T>0$ 时,(1.5)式 F 中的 TS 项开始有贡献,状态数也增多.但平移对称原理在一定温度范围内还可保证 F 极小,因为原子仅在平衡位置附近振动.原子的热运动是相关的,它们的振动可以用平面波描述,从量子力学观点看这就是激发了准粒子——声子.各个晶体都有自己的元激发能谱.温度升高后晶体的激发水平可以用一定能量状态的准粒子数表示.能谱还可分为声子能谱、电子能谱等等.

尽管存在热运动,但是互相吸引的粒子的系综概念已帮助我们说明三维周期性的产生原因.这种周期性使热运动本身具有特别的"点阵"振动性质.

随着温度的升高,热运动愈来愈使得点阵紊乱,引起相变或在动能接近势能时引起熔化[(1.4)式].

晶体物质的微观均匀性原理既包含对称性原理(存在无限多对称的等同点),又包括间断性原理(并不是所有点都等同).只有在三维平移对称操作范畴内这些原理才同时满足(2.4节和2.8节).

还可以由此得出宏观均匀性原理.宏观现象和测量中涉及的体积包含有许许多多个晶胞,光学现象中的波长比点阵常数大许多倍,力学现象中相互作用的是样品中的大量原子.宏观现象还包含某种形式的平均,这就使我们能够把晶体物质看做均匀的连续介质.

从空间点阵在方向上的不等价性可以导出宏观各向异性原理.微观对称性在晶体外形和性质的对称性中可找到自己的宏观表现.

最后应指出:三维周期性的出现在能量上十分有利,以致点阵可以"忍受"各种类型点缺陷、线缺陷和其他缺陷(图1.5b)直至宏观夹杂物.

凝聚和晶化的趋势在物质结构的更深层次上也观察到了.原子核中核子的分布也是有序的.天体物理学家相信中子星的外壳是由^{56}Fe原子核按面心立方点阵超密堆积而成的.显然,这里与某些原子晶体,如固态氦"量子晶体"(接近0 K,压力大于25 bar)情形一样,需要用量子力学.

晶体是具有"长程序"的系统.知道了晶胞的结构,依靠三维周期性,就可以知道任一晶胞中原子的位置(图1.14)和整个结构中原子间的相互几何关系,不管两个原子相距多远.

晶体点阵理论上包含无限多原子,但实际上仅包含很大量的原子.在晶体成核的初期只联结很少几个原子.这里产生一个问题:少量原子联结而成的原子组态是否与同样条件(热力学条件和与周围介质的关系)下形成的晶体中同样数目的原子组态完全相同? 看来,答案一般并不一定如此.能量计算和一些实验结果指出:少量原子系统的平衡组态可以与晶体中的不同,例如它们可以具有点阵不允许的二十面体对称性.此外,分子和少量原子系统中原子之间的距离一般比晶体点阵中更短.所有这一切都说明,至少联结一定数目,如几十个原子或分子之后才开始形成后来那样的晶体.

1.3 畸变的三维周期性结构 准晶体

由于不同的动态条件、非平衡的生长条件或偏离理想的化学组分等因素的影响,在某些结构中三维周期性没有能够完全实现,例如,出现了有公度(commersurate)调制结构和无公度调制结构.在这些结构中,除了原有的晶胞的周期之外,可以在 1 个、2 个或 3 个方向上同时出现更大的超周期.超周期和原有周期之比为整数时我们得到有公度调制结构.超周期和原有周期之比不等于整数时得到无公度调制结构.在外界条件如电场的影响下,超周期可以发生变化.

某些结构,如 SiC,是分子层按一定次序叠成的.硅酸盐层由原子(2—3 种)位置规则的二维的刚性网格组成.这种稳定的原子组态(也可以是一维的)一般被称为"组件",由此形成的结构被称为"组合结构".如果在晶体中组件的交替是均匀的,形成的结构被称为"多型体(polytype)".同时具有组件的规则交替和混乱叠合的结构也是存在的(见 5.2 节).

准晶体是一种新的具有明显三维序、但没有三维周期性的固体.这种结构是 1984 年 Shechtman 等[1.11] 在 $Al_{86}Mn_{14}$ 合金中发现的,后来在其他合金中也有发现.

这是一个引起晶体学家和物理学家轰动的发现,因为准晶体具有的二十面体对称性中的五重转动轴(图 1.21)和经典对称性点阵理论是不相容的.这就引起学术界重新关注 Penrose 的拼图研究,这一几何研究说明由两种菱形可以拼成具有五重转动对称性的图形.这些想法后来被推广到三维情形.准晶体的短

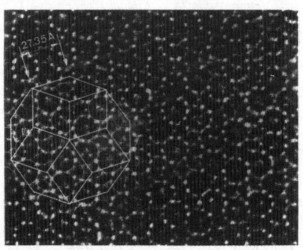

图 1.21　Al-Fe-Cu 材料中二十面体结构的 HREM 像(沿五重带轴方向)
图中有三维 Penrose 拼接图的投影[1.12]

程的二十面体对称性禁止空间的周期性,但确定了一种特殊的空间准周期性.这样,在准晶体中没有实际晶体中观察到的平移不变性,但它可以被用来描述长程序结构.它们的长程取向序仍旧保留,即在整个空间中近邻原子组合具有相似的取向关系(5.1节).

显然,准晶体可以用形成结构的原子间的很强的局域相互作用来解释.这种互作用造就了一种真正的长程取向序,并导致三维周期性的消失.

1.4 凝聚相的结构特征

下面讨论凝聚相的基本构成原理,包括不具有空间点阵的非晶态固体和聚合物.我们已经论证过固体的平衡态是晶态,现在我们须要说明为什么会存在非晶态和玻璃态①.

可以很简单地回答这个问题.非晶态不是平衡态,它是由动力学因素引起的结构上与液态等价的状态.它是黏滞性很大的过冷液体,因此它通过热迁移向平衡晶态转化的弛豫时间很大而且实际上常常是无限长.不过有时也可以观察到这种转化,如某些玻璃的"反玻璃化",即晶化现象.

液体和非晶态没有长程序,但存在固有的统计的短程序(图1.22a).从这样的系统中选出任一原子,围绕它的其他原子的位置可以用径向分布函数 $W(r)$ 表示(图1.22b).这一函数给出距离 r 处遇上某种原子的几率,特别是最近的几层原子的数目和位置.近邻和次近邻的统计数值并不一定是整数.原子间的距离不是严格固定的,但函数的极大值告诉我们容易遇上原子的距离(图1.22c)在何处.这种状态并不排斥液体中的原子组态在近程序统计范围内是相对固定的,并在某些条件下接近晶体结构中的原子组态.

在非晶态固体中近程序是对所有原子进行的空间统计,在液体中的近程序则既是空间又是时间的统计,因为在液体中不断发生显著超过原子间距离的原子迁移.当然,非晶态固体中的原子和晶体中原子一样也发生围绕固定位置的

---

① 虽然"玻璃"历来被认为是一种高硬度的非晶体,但"非晶态"与"玻璃态"从结构观点看是等价的.有一种观点认为:玻璃是由非常小的晶体、可能是几种相的小晶体组成的多晶体.

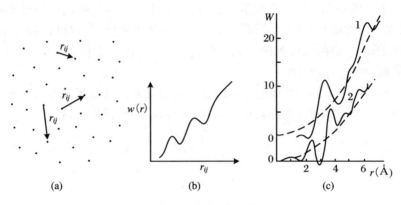

图 1.22 径向分布函数

(a) 原子分布示意图；(b) 在一定距离出现原子的几率；(c) 实验 $W(r)$
曲线：1. 液态锡，2. 非晶态锡；虚线是无近程序时的径向分布 $W(r)$[1.11]

热运动.

从宏观统计上看，非晶体和液体都是各向同性的.

有些物质从结构上看处于晶体和非晶体之间. 它们是由长分子链组成的聚合物和液晶. 聚合物分子是由强共价键联结的稳定原子团（单体）的一维链. 如果所有单体是全同的，则分子具有严格的一维周期性. 如不同单体有不同类的侧面基团，一维周期性就是近似的. 聚合物中分子链的堆积自然会尽量平行. 但是，由于分子链很长，它会缠绞起来，阻碍聚合物的有序化和晶化，因此，除了平衡的晶体结构之外，在聚合物中还观察到若干不同类型的有序度，通常称它们为**仲晶态**. 仲晶态的有序度比理想的晶态低，但比液态的有序度高得多. 聚合物由于分子的平行堆积，显示出与非晶体、液体不同的各向异性.

还有一类不寻常的物质，它严格满足热力学中相概念的要求并具有液体和晶体之间的有序度，**液晶**（或称介晶）名词本身就反映了这类物质的特点. 液晶与液体一样可以流动，但具有各向异性. 它在一定温度区间存在，而高于这一温度区间它就熔化成各向同性液体，低于这一区间会晶化. 液晶性质和结构在很大程度上决定于它的分子具有针状形状. 有两类液晶是大家熟悉的：丝状液晶和层状液晶. 前者的有序特征是分子的平行排列，后者除此之外，分子还聚集成层.

液晶的结构可以用统计的平移对称性进行描述.

在自然界中，除了两类主要的凝聚态——晶态和液态之外，还有原子有序度处于它们中间的状态. 图 1.23 是这些基本的凝聚态的示意图.

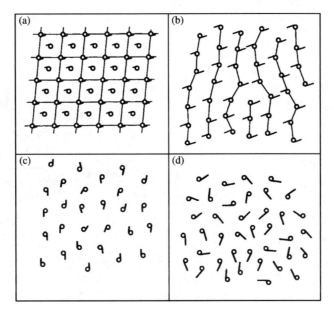

图 1.23 凝聚系基本类型

(a) 晶体.原子或不对称原子团、分子的排列具有三维周期性,在原胞中的原子可通过非平移对称操作联系起来.系统在所有方向都有长程序;(b) 聚合体.沿长链分子具有严格或近似的周期性并可通过平移操作联系起来,即链上有一维长程序,但相邻分子链间的单体只有一定程度近程序;(c) 液晶.分子中心之间只有近程序,分子是各向异性的,即分子长轴近似平行.统计上看系统呈圆柱体对称性;(d) 液体和非晶体.分子中心只有各向同性的近程序,分子取向混乱.统计上看系统呈球对称性

凝聚系统物理性质的多种层次与它内部有序程度是对应的.最高的有序度——空间点阵决定了晶态的全部美妙特点.

第 2 章

对称性理论基础

晶体、晶态物质是三维空间中的对象.因此晶体对称性经典理论也是三维空间中的对称变换理论,它受到晶体点阵的制约.

对称性理论的意义重大,应用广泛.原子、分子、植物、动物、人、机器以及许多艺术品都有对称性.在一般意义下可以认为许多自然规律都具有对称性.

自然界中对称现象多样和广泛,可以说对称性具有普适性,对称性理论基本上是在晶体学中得到发展并且在逻辑上完善起来的.20世纪物理学的发展深化了对称性概念并扩展了它的应用.在晶体学本身中也产生了使对称性概念更广阔的新思想.在考察若干类物体特别是生物物体时,非晶体学对称性理论得到了发展和应用.

2.1　对称性概念

2.1.1　对称性定义

根据以上所述,我们将从比经典晶体学更广泛的角度考察对称性理论,当然重点仍是晶体学对称性.晶体学和固体物理某些问题的处理(如衍射理论等)要求引进另一种变量不在三维实空间定义的函数.对此我们可以建立这种或那种适当维数的形式上的空间.在量子力学、张量表达或其他场合,某些变量的变化是间断的,只能取两个或更多个分立的值.这样的空间和其中的函数,也存在确定的对称性规律.

前面已经讲过对称性概念.任何物体——几何图形、晶体、函数——都可以在描述它的变量的空间中作为整体进行适当的变换.例如在三维空间中的几何体可以旋转、平移和反射,而且其中任意两点的距离保持不变.如果在这种变换中物体与自身重合,转换成了自己,即它在变换后不变,这样的物体就是**对称的**,这样的变换就是**对称性变换**.为了强调变换使物体与自身重合而且空间结构保持不变,常把这种变换称为自形的变换.物体变换成自身意味着:在某一处的部分变换后与在另一处的部分重合.这就是说物体具有(或可以划分成)等同的部分.对称性名词本身在希腊文中的原意为公共度量性.

从这里可以看到对称性概念的另一种说法(即下面的几句话):物体可分割

为相互等同①的部分,而这些部分本身一般是不对称的(或非对称的).这些等同部分的相对位置是不任意的、有规律的和经过适当的变换可以互相重合的.两种说法本质上是等价的.

需要指出:性质、结构、部分之间的等同性概念本身也应有定义,要明确从什么方面、按什么标志、在什么层次上考察等同性.例如物体各部分之间几何上可以是等同的而某一物理性质上是不同的.在对称性理论范畴内对此可以给出适当的数学描述.

可以概括地说,对称性是在描述物体的变量的空间中物体经过某种变换后的不变性.

这大概是最普遍的对称性定义,但不是唯一的定义.费多洛夫[2.1](1901)的定义是:"对称性是几何图形使自己的各部分重合的性质,或更确切些说,是几何图形在不同位置上与最初位置重合的性质."这里有各个部分重合,即等同的理解,而定义的第二部分实质上表达了变换后物体不变性这一基本思想.

下面将仔细讨论对称变换可以有多少种,看看不同对称变换间有怎么样的联系.

2.1.2 对称操作

如前所述,几何意义下考察对称性意味着物体空间坐标的变换.广义地可以按照描述物体的任何变量考察对称性.如果一共有 m 个变量,就可以把它们的变化范围看成 m 维空间,其中的点的坐标为 $x_1, \cdots, x_i, \cdots, x_m$.

用矢量 $\boldsymbol{x}$ 表示这些坐标.坐标可以有相同的意义(如 3 个笛卡儿坐标),也可以有不同的意义(如距离、角度和其他物理量).

令 g 表示对空间坐标 $\boldsymbol{x}$ 进行的变换,即

$$g[x_1, x_2, \cdots, x_m] = x'_1, x'_2, \cdots, x'_m; \quad g[\boldsymbol{x}] = \boldsymbol{x}'. \tag{2.1}$$

如果物体(函数、图形) F 在对称操作(变换) g 作用于 F 的原先变量后仍不变,即

$$F(x_1, \cdots, x_m) = F(g[x_1, \cdots, x_m]) = F(x'_1, \cdots, x'_m),$$
$$F(\boldsymbol{x}) = F(g[\boldsymbol{x}]) = F(\boldsymbol{x}'). \tag{2.2}$$

则称 F 为对称物体.

公式(2.1)的意义是,给定了由坐标 x_i 得到另一坐标 x'_i 的具体方法.这种变

---

① 对称性理论中的等同概念满足以下一般数学定义,它包括:(1) 全同性,如 $a=a$;(2) 反射性,$a=b$,则 $b=a$;(3) 传递性,如 $a=b, b=c$,则 $a=c$.

换中 g 可以作用在给定函数的全部变量 x_i 上,也可以只作用在一部分 x_i 上.

对于每一个从 x 到 x' 的对称变换 g[(2.1)式],存在从 x' 到 x 的反变换 g^{-1},即

$$g^{-1}[x'] = x, \tag{2.3}$$

根据(2.2)式,反变换也是对称变换.

全同变换(单位变换)$g = e$ 使变量保持不变:$x_i = x_i'$,根据(2.2)式,这也是对称变换.

对一个物体可以有若干个对称操作 g_i,两个或更多个相继的相同或不相同的对称操作,根据(2.1)和(2.2)式,也是对称操作.在操作 g_i 之间可以建立联系而不牵涉到它们的具体几何内容(或其他内容).下面我们将看到,物体的这些对称操作的集合就是数学上的**群**.

对称性理论涉及问题的两个方面:各个操作的具体内容以及它们之间的一般的群的关系.

对称变换(2.1)和(2.2)式可以有两种完全等价的解释:物体固定而坐标系改变,或反过来坐标系固定而物体各点位置改变.(2.1)式对应物体各点位置变化,式中 x_i 和 x_i' 是各个轴 $X(X_1, \cdots, X_m)$ 都固定的系统中的坐标.另一种场合是物体固定时将坐标系从 X 变换到 X'.不难理解,坐标系的变换操作正好是 $g^{-1}[X] = X'$,即它是物体各点的变换 $g[x] = x'$ 的逆变换.显然,也可以把坐标轴的变换看成正变换,这时物体各点的变换就是逆变换.

在对称性的描述和理解上也可区分为上述两个方面.在一种场合物体被认为是静止的和自身稳定的.观察者把标尺(坐标系)放置在几个不同位置上以保持观察到的物体不变.对称性的物理意义归结为这种内在的稳定性.另一种场合观察者的标尺固定,他可以变换物体并使之与物体自身重合.这时对称操作过程比较明显,因为可以把它与对称变换引起的物体的移动或其他运动过程联系起来.晶体学家通常利用后一种方法,在手中摆弄着各种模型.应该注意到:"变换过程"即使明显,对理解对称性也是非本质的,重要的是变换"前"和"后"的结果,即重要的是最后的结果.

还应该指出与此有关的另一要点.变换后对称物体与原先物体一样是无法区别的.我们须要为这种变换建立一定的条件.这就须要采用"外部的测量",应该在物体和坐标系以外的物理和几何条件下对物体进行考察,这时就可以查清物体内各等同部分之间的差别.例如晶体学家可先指明手中模型的某一部分,经变换到新位置后再找出和原先重合的另一部分.但这里重要的仍是对称性的内在物理内容,对称性应该看做是某些特征和性质的自身等同性.

下面我们开始讲对称操作的几何内容.

2.2 空 间 变 换

2.2.1 空间 其中的物体 空间的点

对称操作作用于空间的全部坐标 x_i；物体可以占据空间的有限部分，也可以无限地充满整个空间．讨论整个空间的对称变换比较方便，空间中以 F 描述的有限或无限物体随之变换．

通过对称变换 $g[x]$［(2.1)式］变换的点 x 和 x' 被称做对称的等同点．我们称任意的点集为图形．它们是：有限或无限的分立点的集合、连续的流形（manifold），包括直线或曲线、各种闭合的或不闭合的平面、表面、体积等等．如果图形经过统一的规则如 $g[x] = x'$（或 $g^{-1}[x'] = x$）后所有的点对应地变换，这样的图形就是对称的等同的图形．

对称变换保持空间的度规性质不变，它是一种等体积变换．变换中空间既不延展，也不扭转，即完全不变形，保证任意两点间距离恒定．

"真空"空间的任何变换都是对称变换．但是"真空"空间没有任何标志可用来判断是否已进行了变换．因此我们讲到空间变换时指的是，空间中有某些记号可用来判别经过某一变换后空间"与自身重合"．在研究具体物体如晶体时，物理"记号"就是这些物体本身或它的特性 F（包括习惯外形）、由某一函数代表的性质、原子结构等等．对这些记号可以选取适当的坐标系．

一个点、一条线或一平面（虽然上面有无数点）都不能作为上述记号，因为它们在某些对称变换中仍留在原处．4 个不同面的点 A, B, C, D 可以用作与三维空间刚性关联的记号（图 2.1），它们之间的距离不同，即由它们联结成的图形是没有任何对称性的不对称四面体．从一公

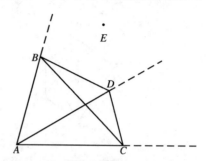

图 2.1 不对称四面体可作为点 A 的记号和任一点 E 的坐标框架

共顶点出发的 3 条(任意的)边可看做坐标轴(取适当的轴单位).这样空间中任何点 E 就有了相对这些轴确定的坐标,空间作为一个整体也就与这一四面体具有单值的关系.

2.2.2 空间的基本的等体积变换

任何保持空间度规的变换都可以分解为平移、转动、反射①或这些变换的组合.

使空间的记号——不对称四面体重合可以作为以上论点的例证.取两个这样的四面体 $ABCD$ 和 $A'B'C'D'$,二者的全部 6 条边都分别相等,如 $AB = A'B'$ 等,而二者的位置是任意的(图 2.2a).空间中每一点可通过平移与其他任何点重合,平移 $A'B'C'D'$ 使 A' 和 A 重合(图 2.2b).围绕 A 转动四面体使 B' 与 B 重合(图 2.2c).围绕 AB 转动使 C' 和 C 重合(图 2.2d).围绕图 2.2b 中 ABC 面、$A'B'C'$ 面的交线 q 转动可使 B'、C'同时与 B、C 重合.三角形 $A'B'C'$ 与 ABC 重合后,由于 AD、BD、CD 和相应的 $A'D'$、$B'D'$、$C'D'$相等,所以 D' 只可能有两种位置:与 D 重合或相对 ABC 和 D 成镜面位置(图 2.2d).在第一种情形下已经得到四面体及其刚性相连的空间的对称变换.在第二种情形下,四面体和空间的重合还需要通过 D' 相对 ABC 面的反射操作才能达到.

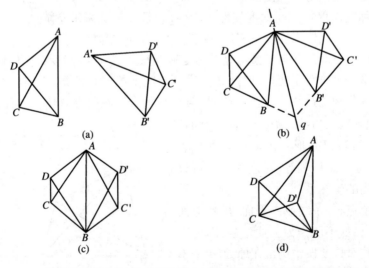

图 2.2　等同的四面体(a)及它们的重合过程:平移(b),转动(c)和反射(d)

---

① 这些元操作含义明显,在 2.2.3 节中将精确定义.

这两种情形分别对应于不对称四面体的两种等同：**重合等同**（或叠合等同）和**镜像等同**．两种情形的空间变换都满足对称变换定义．因此图形的对称等同概念包括这两种等同．平移和旋转变换及其组合被称为**第一类变换**或**本征运动**（或简称运动），包含反射的变换被称为**第二类变换**或**非本征运动**．

空间或其中的物体重合时对称的等同点也都重合．但晶体学和对称理论中点的概念和数学中点的概念不同．我们已经看到：前者可以有空间位向的记号（和自己的环境一起考察），最简单的这种环境的记号就是和点组成不对称四面体的另三个点．我们称这种点为"晶体学"点．而数学点 x,y,z 与此不同，它没有位向记号并具有最高对称性，绕过此点的轴转动或被过此点的平面反射，这个数学点仍是同样的数学点．与此不同，我们常常把晶体学点看成为平行的点、旋转过的点或反射过的点．

我们现在来说明任一物体中点的对称等同性．选取物体中任一点，从这一点"看"整体物体或它的全部组成部分，再从任一对称等同点"看"物体及其部分，由于变换(2.1)式后的不变性(2.2)式，看到的情景毫无区别．这里强调的是：等同点及其集合（对称物体的部分）不仅通过对称操作可以互相重合，而且等同点中的每一点相对所有其他点，即相对整个物体来说几何上都处于等同的位置．但是从不等同的对称点进行这种观察时，观察者要附加移动、转动、头朝下、甚至"反射"等．

现在回到空间变换上来．任何第一类变换都可以是平移或绕某一轴的简单转动或螺旋转动．

首先可证，任何与自身重合的平面的运动是围绕平面上某点的转动或平移［沙勒（Chasles）定理］．设有两点 A 和 A' 及其二维不对称记号——三角形 ABC 和 $A'B'C'$（图 2.3）．显然，可以通过 AA' 垂直平分线上任一点为中心的转动使 A' 与 A 重合．选取点 O 使绕 O 的转角 α 等于 AB 和 $A'B'$ 间的夹角．这就是所求的点——

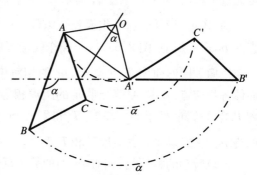

图 2.3　沙勒(Chasles)定理的推导

沙勒中心．如 $AB \parallel A'B'$，O 将在无穷远处，此时三角形可以通过平移重合．

现在考虑三维空间中两个位置任意的可叠合四面体 $ABCD$ 和 $A'B'C'D'$（图 2.4）．由图可见，沿 $A'A$ 矢量平移并绕轴 q 转动可使二者重合．这种运动由平移和转动组成,被称为**螺旋转动**.通过 A' 作垂直 q 的平面 p,p 和 q 交于 A''. 在平面 p 上找到沙勒中心 O,使 A' 和 A'' 重合,通过 O 作平行 q 的直线,得到的 就是平移分量 $t_s = AA''$,角度分量为 α_s 的螺旋轴 N_s.如 $\alpha_s = 0$,只须平移,如 $t_s = 0$,只须转动.由此可见,螺旋运动是最普遍的第一类变换,平移和转动是它 的特例.螺旋运动可分解为转动和平移.

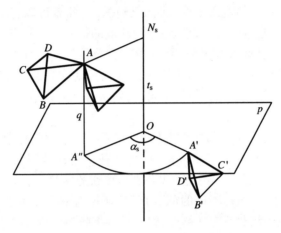

图 2.4　一般的第一类运动——绕 N_s 轴的螺旋运动, 使位置任意的 $ABCD$ 与 $A'B'C'D'$ 重合

　　任何第二类操作可以看做镜像-转动操作.从图 2.2 可见,镜像等同四面体 可通过平移、转动和反射重合起来,这里平移、转动轴、反射面相互间的取向是 任意的.还可以看到,这一组操作可以代之以绕 $\widetilde{N}_\alpha$ 轴①的转动和相对与此轴垂 直的 m 面的反射(图 2.5).这一操作就是镜像转动.

　　镜像等同四面体 T,T',$\widetilde{N}_\alpha$,m 的相对位置是:m 和 $\widetilde{N}_\alpha$ 交于 O,使 2 个四 面体各相应点(A 和 A' 等)到 m 的距离相等.T' 经 m 反射后得到四面体 T'' 并 和 T 叠合等同,处于同一高度;T' 和 T'' 在 m 上的投影重合并和 T 的投影等同. 如绕 $\widetilde{N}_\alpha$ 将 T'' 转动 α 角,使 T'' 和 T 重合,就可完成 T' 向 T 的镜像转动.

　　镜像转动的特例是:相对 m 面的简单反射($\alpha = 0$)(图 2.6a)和滑移反射 a (图 2.6b),后一情形中 $\widetilde{N}_\alpha$ 处于无穷远、转动 α 角变成沿平行 m 的某一直线平 移 t.

---

　　①　这里我们有条件地用一个符号表示对称操作和相应的对称素(轴、面等)二者,如 $\widetilde{N}_\alpha$ 是转动和转动轴,m 是反射和反射面.必要时我们将把二者分开.

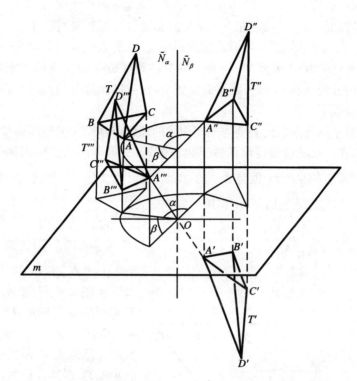

图 2.5 一般的第二类操作——绕 $\widetilde{N}_\alpha$ 的镜像转动(或绕 $\widetilde{N}_\beta$ 的反演转动)

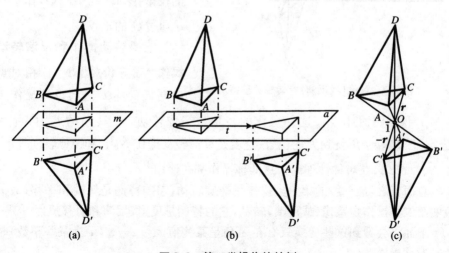

图 2.6 第二类操作的特例
(a) 反射;(b) 滑移反射;(c) 反演

镜像转动的另一个特例是 $\alpha = \pi$ 时的**反演**($\bar{1}$)，即相对对称中心的变换(图 2.6c). 这一变换的特点是: 所有通过对称中心 O 的直线变换后与自身重合，但"改变"了自己的方向(r 变为 $-r$)，所有其他直线或平面变换后与原先的直线或平面平行并位于和 O 同样距离的位置上，而方向相反(设直线上有不对称的记号)，即变换后反平行.

如同两个位置任意的叠合等同四面体的螺旋位移操作中的螺旋轴 N_s 是唯一的一样，在一般的镜像转动条件下也应强调，镜像等同四面体的镜像转动轴 $\widetilde{N}_\alpha$ 和与之垂直的平面 m 也是唯一的. 反演 $\bar{1}$ 是一个例外: 此时通过对称中心的任一组 $\widetilde{N}_\pi$ 和与之垂直的面 m 将给出同样的变换.

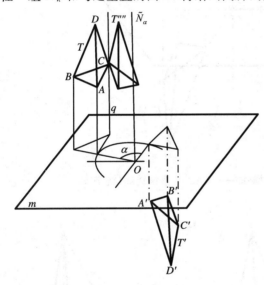

图 2.7　镜像(或反演)旋转轴的获得

可以通过图 2.7 所示方法(也可参看图 2.5)找到一般情形下唯一的 $\widetilde{N}_\alpha$ 和 m 的位置，这类似于从图 2.4 得到 N_s. 首先从 T' 得到反演等同的 T''''，它与 T 叠合等同并在 C 点上互相重合. 由此可得到轴 q. 随后作垂直于 q 并和 T、T' 四面体对应点等距离的面 m，最后从 T、T' 在 m 上的投影找到沙勒中心 O，作平行 q 通过 O 的轴 $\widetilde{N}_\alpha$.

镜像转动操作和**反演转动操作** $\widetilde{N}_\beta$ 等价(图 2.5). 相对点 O 对四面体 T' 进行反演操作($\bar{1} = \widetilde{N}_\pi$)，得到四面体 T'''. 这一操作的转角与镜像转动 $\widetilde{N}_\alpha$ 转角的差别为 $\beta = \alpha - \pi$，把 T''' 转 β 角就到 T 的位置. 这就是反演转动操作 $\overline{N}$，它和镜像转动等价，即 $\widetilde{N}_\alpha = \overline{N}_{\alpha-\pi}$. 在对称性理论中这两种操作都在使用.

总而言之，最一般的第一类操作是螺旋转动，它的特例是转动和平移；最一般的第二类操作是镜像(或反演)转动，它的特例是反射、反演和滑移反射.

下面将会看到这些变换只有在 α 角是某些值($\alpha = 2\pi/n$，n 为某些整数)时才是对称操作.

简单的转动和镜像转动(特例是反射和反演)在变换时至少有一个点不变，

轴 N 或 Ñ 通过这一点. 这一点被称为奇点①, 而这些操作被称为**点对称操作**.

如通过特殊点有若干不同取向的转动轴, 保留一点不动的绕这些轴的转动的集合被称为本征转动, 而第二类点对称操作的集合被称为非本征转动. 奇点在对称变换后不改变它在空间的位置, 但它作为晶体学点被认为可以转动和(或)反射成为自身.

平移、螺旋转动、滑移反射等操作包含平移分量, 它们使空间的所有点发生位移, 在这种情形下没有特殊点.

2.2.3 对称变换的分析表达式

在空间取右手笛卡儿坐标系 X_1, X_2, X_3 (图 2.8, 从 X_3 末端看, X_1 向 X_2 的转动是逆时针转动). 对称变换 $g[\boldsymbol{x}]$ 可以用线性方程描写

$$\boldsymbol{x}' = g[\boldsymbol{x}],$$

$$
\begin{aligned}
x_1' &= a_{11}x_1 + a_{12}x_2 + a_{13}x_3 + a_1, \\
x_2' &= a_{21}x_1 + a_{22}x_2 + a_{23}x_3 + a_2, \\
x_3' &= a_{31}x_1 + a_{32}x_2 + a_{33}x_3 + a_3.
\end{aligned}
\tag{2.4}
$$

它也可以用矩阵方式描写:

$$x_i' = (a_{ij})x_j + a_i \quad (i, j = 1, 2, 3), \tag{2.5}$$

这里,

$$(a_{ij}) = \begin{bmatrix} a_{11} & a_{12} & a_{13} \\ a_{21} & a_{22} & a_{23} \\ a_{31} & a_{32} & a_{33} \end{bmatrix} = \boldsymbol{D}, \tag{2.6}$$

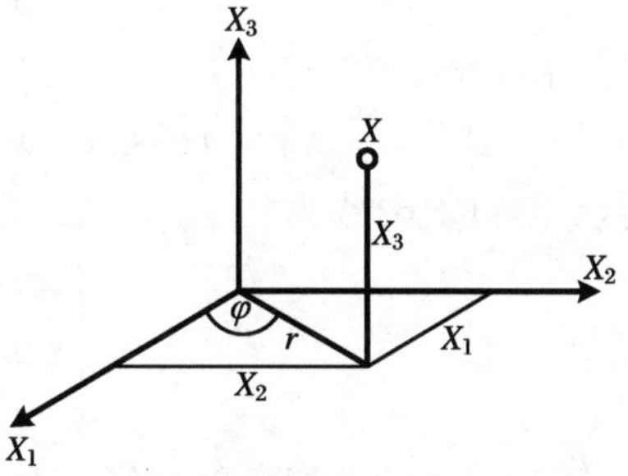

其算符形式为

$$\boldsymbol{x}' = \boldsymbol{D}\boldsymbol{x} + \boldsymbol{t}. \tag{2.7}$$

图 2.8 右手笛卡儿坐标和柱坐标

矩阵 $\boldsymbol{D}$ 描述点对称变换, 即简单或镜像转动, 而 $\boldsymbol{t}$ 代表分量为 a_i 的平移.

对称变换也可以看做坐标系 X_j 向 X_i' 的变换, 而点的坐标的变换和坐标轴的变换互相倒易. 因此轴变换矩阵 (a_{ij}') 是 (2.6) 式的转置矩阵, 即 (a_{ji}), 这里 a_{ij} 是变换后的 X_i' 和原先的 X_j 轴之间的角度的余弦. 9 个分量 (其中 3 个是独立的) 满足正交关系

---

① 或称为特殊点.

$$\sum_{j=1,2,3} a_{ij} a_{kj} = \begin{cases} 1, & i = k, \\ 0, & i \neq k. \end{cases} \tag{2.8}$$

等体积、即对称变换后点间距离不变的条件可表示为

$$| \boldsymbol{x} - \boldsymbol{y} | = \sqrt{(x_1 - y_1)^2 + (x_2 - y_2)^2 + (x_3 - y_3)^2}$$
$$= | \boldsymbol{x}' - \boldsymbol{y}' |. \tag{2.9}$$

这一条件还使直线或平面间的角度变换后不变. 如果等体积变换是点变换(不含平移), 就被称为**正交变换**. 从(2.9)式得出: 矩阵(2.6)的行列式一定是 +1 或 -1, 即

$$| D | = | a_{ij} | = \pm 1. \tag{2.10}$$

下面考虑空间基本变换(2.4)—(2.7)式的具体形式.

平移使空间的所有点 $\boldsymbol{x}$ 在一个位向上移动相同的位移 t, 即

$$\boldsymbol{x}' = \boldsymbol{x} + t, \quad a_{ii} = 1, \quad a_{ij} = 0 \ (i \neq j), \tag{2.11}$$

a_i 中至少有一个分量不为零.

空间的转动是所有点绕转轴转一个相同的角度. 如取轴 X_3 为这一转轴并在原点看它的末端, 逆时针计数角度(图 2.8), 则在柱坐标中转 α 角可表示为

$$r' = r, \quad x_3' = x_3, \quad \varphi' = \varphi + \alpha \tag{2.12}$$

在笛卡儿坐标中

$$x_1' = r\cos\alpha, \quad x_2' = r\sin\alpha', \quad \varphi' = \varphi + \alpha, \tag{2.13}$$

所以矩阵(2.6)式为

$$\begin{bmatrix} \cos\alpha & -\sin\alpha & 0 \\ \sin\alpha & \cos\alpha & 0 \\ 0 & 0 & 1 \end{bmatrix} \tag{2.14}$$

相对 m 的镜像反射使每一点 x 到达 m 面的另一侧、离 m 的距离相同并且处于同一个 m 面的垂直线上. 如 m 面是面 $X_1 X_2$, 则

$$a_{11} = 1, \quad a_{22} = 1, \quad a_{33} = -1, \quad a_{ij} = 0 \ (i \neq j). \tag{2.15}$$

对任一绕 X_3 的镜像转动, 矩阵中除 $a_{33} = -1$ 外, 其他与(2.14)式相同. 反演时, 所有 $a_{ii} = -1, a_{ij} = 0 (i \neq j)$.

以后将对第一类操作用符号 g^{I} 标注, 对第二类操作用符号 g^{II} 标注.

2.2.4 第一类和第二类操作的联系和差别

第一类操作 g^{I} 的行列式(2.10)等于 +1, 即

$$| a_{ij} |_{g^{\mathrm{I}}} = +1. \tag{2.16}$$

任意 q 个这样操作的组合(乘积)$g_1^{\mathrm{I}} g_2^{\mathrm{I}} \cdots g_q^{\mathrm{I}} = g_r$ 的行列式为

$$|a_{ij}|_{g_r} = (+1)^q = +1. \tag{2.17}$$

因此任意多个第一类操作的乘积仍是第一类操作,即 $g_r = g_r^{\mathrm{I}}$,这就是说运动的乘积始终是运动.

第二类操作 g^{II} 的行列式等于 -1,即

$$|a_{ij}|_{g^{\mathrm{II}}} = -1. \tag{2.18}$$

比较 (2.17) 和 (2.18) 式后可见,不可能从 g^{I} 运动的某一组合得到第二类操作 g^{II}.不对称四面体通过运动只能与叠合等同四面体重合,而不能与镜像四面体重合,必须通过第二类操作才能与后者重合.

q 个第二类操作的集合 $g_1^{\mathrm{II}} g_2^{\mathrm{II}} \cdots g_g^{\mathrm{II}} = g_r$ 的行列式为

$$|a_{ij}|_{g_r} = (-1)^q = \begin{cases} +1, & q = 2n: \quad g_r = g^{\mathrm{I}}, & (2.19) \\ -1, & q = 2n+1: g_r = g^{\mathrm{II}}. & (2.20) \end{cases}$$

偶数个第二类操作的乘积 (2.19) 式是第一类操作,奇数个第二类操作的乘积 (2.20) 式仍是第二类操作,即未转化为运动.

运动操作 g^{I} 始终保持为同一类操作,但它的作用结果可以用偶数个 g^{II} 连续操作的结果来代表.下面的一些定理概括了上述结论.

定理 I　夹角为 $\alpha/2$ 的两个镜面 m 和 m' 的交线是转动轴 N_α.

从图 2.9a 可见,将此转动轴取为垂直纸面,经 m 的反射使图形 T 转移到 T',经 m' 的反射得到的 T'' 和 T 叠合等同,并相对 T 转动 α 角.

定理 II　可以通过二次反射得到平移 t,此时反射面 m 和 m' 互相平行、垂直平移方向、相距 $t/2$(图 2.9b).

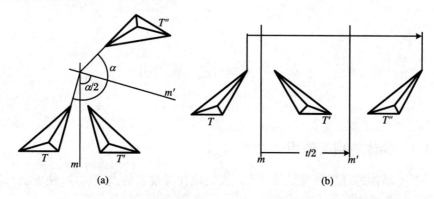

图 2.9　运动操作可看做两个镜面 m 和 m' 相继反射的结果
(a) 转动 (m, m' 的交线是转动轴);(b) 平移 (m 和 m' 平行)

定理 III (欧拉定理)　绕两个相交轴 $N_{\alpha 1}$ 和 $N_{\alpha 2}$ 的转动等价于绕第三个有同等作用的轴 $N_{\alpha 3}$ 的转动(图 2.10).经过 $N_{\alpha 1}$ 和 $N_{\alpha 2}$ 作面 m.根据定理 I,$N_{\alpha 1}$ 的

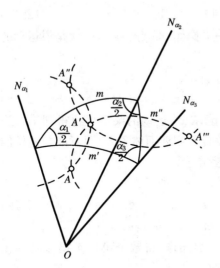

图 2.10　欧拉定理的推导
连续弧是对称面和以 O 为球心、半径
任意的球的交线, O 是轴的支点

作用可以用 m 和 m' 面的作用代替, m, m' 夹角为 $\alpha_1/2$. 类似地经过轴 N_{α_2} 作与 m 的夹角为 $\alpha_2/2$ 的面 m'', A 经 m' 反射到 A'、A' 经 m 反射到 A''(等价于绕 $N_{\alpha 1}$ 转动), A'' 再次经 m 反射到 A'、A' 经 m'' 反射到 A'''(等价于绕 $N_{\alpha 2}$ 转动). A''' 可绕 $N_{\alpha 3}$ 和 A 叠合, $N_{\alpha 3}$ 是 m' 和 m'' 的交线, 其转角 α_3 是 m', m'' 夹角的 2 倍(注意, 一般情形下可以得到若干有同等作用的轴).

我们已经看到, 第一类操作可以化为偶数第二类操作. 当然, 第一类操作的存在和使用是独立于第二类操作的. 但是从上面的叙述可见, 任何对称操作都可表示为一个或几个镜像反射的结果.

存在二类对称等同(叠合等同和镜像等同)是空间和物体的基本性质并在晶体学中有着重要的作用.

以下讨论对称操作的可能的组合和它们的相互作用, 即讨论对称操作群的问题.

2.3　群 论 基 础

2.3.1　操作的相互作用

石英晶体的理想外形见图 1.10, 我们现在考察它的点对称性. 使石英外形重合的对称操作有:

$$g_0 = e, \quad g_1 = 3, \quad g_2 = 3^2, \quad g_3 = 2_x, \quad g_4 = 2_y, \quad g_5 = 2_u,$$

$$(2.21)$$

这里 g_1 表示绕轴 3 反时针转 $2\pi/3$, 在图 1.10 中轴用 3 表示; g_2 表示绕轴 3 反

时针转 $2 \times 2\pi/3$（或顺时针转 $2\pi/3$）；g_3, g_4, g_5 表示绕图 1.10 中用 $2_x, 2_y, 2_u$ 表示的轴转 π，这三个轴都和轴 3 垂直并相互成 $2\pi/3$ 角.

两个（或几个）对称操作的相继作用仍是对称操作，因为根据 (2.1) 和 (2.2) 式，每一个操作后的图形重合. 例如 g_1 作用二次等价于 g_2，即 $g_1 g_1 = g_1^2 = g_2$. 类似地有 $g_1 g_4 = g_3$ 等. 这里，相继操作 $g_i g_j$ 中 g_j 先作用. 此外，g_1 和 g_2 相互倒易，即 $g_1 = g_2^{-1}$，而 g_3, g_4, g_5 和本身倒易，即 $g_3 = g_3^{-1}$.

在对称操作中还有不发生任何变换的**恒等**操作（即**单位**操作）$g_0 = e = 1$. 几何上这一操作表示不动或绕任何轴转 2π，任何物体，包括不对称物体都有这一操作. 初看起来操作 e 似乎没有用处，实际上它在对称理论中有着重要作用. 容易理解：任一操作和随后的倒易操作等价于单位操作，即 $gg^{-1} = e$. 几个操作的结果也可成为单位操作，如 $g_1 g_2 = e$，$g_4^2 = e$，$g_3^1 = e$ 等等. 上面的例子和上述普遍的对称性质，说明数学上对称操作的集合满足群的概念.

2.3.2 群的公理

在集的数学理论中专门从相互关系的角度考察不同种类元素的集合. 如元素 $\{g_1, g_2, \cdots\}$ 的集满足下列四项规则（群的公理），则它就是群 G. 群的公理是：

1）在群 G 中有确定的"群作用"——"乘法"，使得任何一对元素 $g_i \in G$ 和 $g_j \in G$ 的乘积是包含在 G 中的元素 g_k，即

$$g_i g_j = g_k \in G; \tag{2.22}$$

2）群的任何元素的乘法有结合律

$$g_i(g_j g_l) = (g_i g_j) g_l; \tag{2.23}$$

3）存在单位元素 $e \in G$，对任一元素 $g_i \in G$ 有

$$e g_i = g_i; \tag{2.24}$$

4）对任一 $g_i \in G$ 存在倒易元素 g_i^{-1}

$$g_i g_i^{-1} = e. \tag{2.25}$$

从上述公理可推出，单位元素是唯一的，而且 $e g_i = g_i e$，倒易元素也是唯一的，而且 $g_i^{-1} g_i = g_i g_i^{-1}$.

从对称变换的前述性质 (2.1) 式，(2.2) 式和例子中得出，它们的集满足群的公理，因此对称操作的集合组成群①. 群元素乘积 $g_i g_j$ 始终是群的元素，但其

---

① 历史上形成两种"元素"名词. 对称操作 g_i 是数学上的"群元素". 轴、面等是晶体学中广泛使用的几何上的"对称元素"，它们各有相应的操作. 应该注意这些名词的区别并正确应用它们.

结果一般来说和元素相乘的次序有关,即

$$g_i g_j \neq g_j g_i. \tag{2.26}$$

对于对称操作来说,这意味着改变相乘的次序将引起不同的合成操作. 在所谓可交换群(阿贝尔群)中,结果和操作的次序无关,即

$$g_i g_j = g_j g_i. \tag{2.27}$$

对称性理论实质上是对称群理论,它广泛应用抽象群论数学工具,并给出这些工具的具体的几何或物理的内容.

晶体学群具有确定的意思,我们将逐步详细地加以介绍. 如石英外形(图 1.10)的对称群是 32(读作"三、二")或 D_3.

2.3.3 群的基本性质

除了对称群之外,还有各种其他的群,它们的元素和操作具有另外的具体意义,如具有群作用(相加)的实数集合,置换集合等. 如果不指出群元素的具体的几何、算术或物理意义,则群 G 被称为抽象群.

群可以有一个、数个或无穷多个不同的元素. 群的阶数 n 指这些元素的数目. 如 n 有限,则为有限群. 因此群 $D_3 = \{g_0(e), g_1, g_2, g_3, g_4, g_5\}$ 的阶数 $n = 6$.

群论中很重要的一个概念是**同形性**. 如 2 个群的元素间可以建立一一对应的关系,而且任意 2 个元素的乘积也互相对应,则这 2 个群是同形群,即 $G = \{g_1, g_2, \cdots, g_n\}$ 和 $H = \{h_1, h_2, \cdots, h_n\}$ 同形的条件为

$$G \leftrightarrow H, \quad \text{如} \quad g_i \leftrightarrow h_i, \quad g_j \leftrightarrow h_j, \quad g_i g_j \leftrightarrow h_i h_j. \tag{2.28}$$

同形群的阶数相同,如空间旋转 $2\pi/N$ 群和 n 为整数的复数 $\exp(2\pi i n/N)$ 群($0 \leqslant n \leqslant N$)同形;后者的操作是复数相乘. 互相同形的具体群从群论角度看是同一抽象群的体现. 因此在抽象群中建立的规律对所有和它同形的具体群都适用,这正是群论的普遍意义.

由于所有规律均可归结为元素的"乘法"规律,因此抽象群 G 的性质完全可由乘法表(凯莱乘方表)决定. 下面是有限群的乘法表:

$$
\begin{array}{c|cccc}
 & g_1 & g_2 & \cdots & g_n \\
\hline
g_1 & g_1^2 & g_1 g_2 & \cdots & g_1 g_n \\
g_2 & g_2 g_1 & g_2^2 & \cdots & g_2 g_n \\
\vdots & \vdots & \vdots & \vdots & \vdots \\
g_n & g_n g_1 & g_n g_2 & \cdots & g_n^2
\end{array}
\tag{2.29}
$$

由于 $g_i g_j = g_l$，所以如果需要，(2.29)式中 n^2 个元素 $g_i g_j$ 可以用相等的元素 g_l 表示. 如对于 32 群(2.21)式，乘法表如下(行的操作在先,列的操作在后).

	e	3	3^2	2_x	2_y	2_u
e	e	3	3^2	2_x	2_y	2_u
3	3	3^2	e	2_y	2_u	2_x
3^2	3^2	e	3	2_u	2_x	2_y
2_x	2_x	2_u	2_y	e	3^2	3
2_y	2_y	2_x	2_u	3	e	3^2
2_u	2_u	2_y	2_x	3^2	3	e

$$(2.30)$$

在对称群中它们的元素(操作)具有具体的几何意义. 下面将会看到:某些几何上不同的对称群(如一个群的 g_i 是反射、另一个群的 g_i 是旋转 π)可以有相同的乘法表,它们有同形性.

两个群 G 和 H 间可以只有单方面的对应,这时称它们有**同态性**(homo-morphism),它们之间的关系不如**同形性**(isomorphism)那样[(2.28)式]完全. 同态关系 $G \rightarrow H$ 如下:

$$\left.\begin{matrix} g_{i_1} \\ g_{i_2} \\ g_{i_k} \end{matrix}\right\} \rightarrow h_i, \quad \left.\begin{matrix} g_{j_1} \\ g_{j_2} \\ g_{j_k} \end{matrix}\right\} \rightarrow h_j, \quad g_{i_s} g_{j_t} \rightarrow h_i h_j \quad (s, t = 1, \cdots, k). \tag{2.31}$$

这里群 G 的阶数比 H 大. 几个元素 $g_{i_1}, g_{i_2}, \cdots, g_{i_k}$ 和一个 h_i 对应,当然群操作仍然保留. 如 32 群[(2.21)式]和数字群$\{1, -1\}$(群操作是这 2 个数相乘)就是同态的: $g_0, g_1, g_2 \rightarrow 1, g_3, g_4, g_5 \rightarrow -1$.

下面再简要介绍群论的几个概念.

2.3.4 循环群 发生元

如群 G 中有一元素 g,它的幂 g^l 是群的全部元素,即

$$G = \{g, g^2, \cdots, g^l, \cdots, g^n = e\}, \tag{2.32}$$

则此群为循环群,它的阶数为 n. 所有转动 $2\pi/n$ 的对称群是这样的群,常用 C_n 表示. 由于元素 g_i 的幂给出其他群元,因此称它为生成元素或发生元. 非循环群中可找到几个元素,它们的幂和乘积给出全部群元.

群的乘法表(2.29)很直观但显得冗长.利用生成元并给出它们之间的确定关系,我们对群的描述也已充分.如对 32 群[(2.21)式]来说,发生元是 g_1 或 g_3,g_4,g_5 中的任一个,它们的关系[参看(2.30)式]为

$$g_1^3 = g_3^2 = (g_1g_3)^2 = e. \qquad (2.33)$$

2.3.5　子群

如可从群 G 的元素 $g_i(i=1,\cdots,n)$ 中取出子集 $g_k(k=1,\cdots,n_k,n_k\leqslant n)$ 组成群 G',即 G' 满足全部群的公理[(2.22)—(2.25)式],这样的子集就是群 G 的子群,即 $G'\subset G$.

例如可从 32 或 D_3 群[(2.21),(2.30)式]中分出子群 3,它由 g_0,g_1,g_2 组成,是一个绕垂直轴转 $2\pi/3$ 的群.还可以分出其他子群,如绕水平轴转 π 的群: g_0 和 g_3(或 g_4,或 g_5).

某些群没有子群.单位群 e(阶数为 1)$\subset G$,群 $G\subset G$,但二者都不是一般意义下的子群.

子群的阶 n_k 和原群的阶 n 间有

$$n : n_k = p \qquad (2.34)$$

式中 p 为子群指数.

对 $G\supset G'$,可以说 G 是 G' 的母群,或 G 是 G' 的扩展.

2.3.6　陪集　共轭　类　按子群分解

令 G' 是 G 的子群,$G'\subset G$.不进入子群的群元 g_i 和子群元 $g_j'\in G'$ 的全部乘积组成相对 G' 的陪集:右陪集是 $G'g_i$、左陪集是 g_iG',分别包括全部 $g_j'g_i$ 和 g_ig_j'.如 32 群[(2.21)式]中子群 $G'=\{g_0,g_1,g_2\}$,左陪集 g_3G' 是 $\{g_3,g_4,g_5\}$ [由(2.30)式得出].

群 G 可**按子群 G' 分解**,即可把它表示为子群 G' 陪集的"联合"(用符号 "∪"表示):

$$G = g_0G' \bigcup g_1G' \bigcup \cdots \bigcup g_pG'. \qquad (2.35)$$

这个式子也可看成把群 G' 扩展为 G.注意给定 G 和 G' 后,陪集 $\{g_0,g_1,\cdots,g_p\}$ 系的选择方式一般来说可以不同.

如 G 中有这样的元素 g_j,使

$$g_k = g_j^{-1}g_ig_j, \qquad (2.36)$$

则称 g_i 是 g_k 的共轭元素.因此 32 群中元素 g_3 和 g_4 是共轭的:$g_2^{-1}g_3g_2 = g_4$. 在上式中固定 g_i,取 G 中所有 g_j,得到(不同的)g_k 的集合,即共轭元素的类.

这个群的所有元素都可以按共轭元素的类进行划分. 32 群中有 3 个类: $\{g_0\}$, $\{g_1, g_2\}$, $\{g_3, g_4, g_5\}$.

如果群 G 子群 H 的元素 $h_k = g_i^{-1} h_j g_i \in H$(对所有 $g_i \in G$ 和 $h_j, h_k \in H$). 即如果 H 形成 G 中共轭元素的类:

$$H = g_i^{-1} H g_i, \tag{2.37}$$

则称子群 H 为不变子群(正规子群). 在 32 群中子群 $\{e, g_1, g_2\}$ 是正规子群, 而 $\{e, g_3\}$ 则不是.

利用群 G 的正规子群 H 可引进商群. 由(2.37)式组成陪集 $g_i H (= H g_i)$. 商群由

$$G/H \tag{2.38}$$

表示, 它是一个群元由陪集和 $H = g_0 H$ 组成的群. 由类的连乘规则

$$(g_i H)(g_i H) = g_i g_j H, \tag{2.39}$$

得到商群的乘法表

	$g_0 H$	$\cdots$	$g_p H$
$g_0 H$	$g_0^2 H$	$\cdots$	$g_0 g_p H$
$\vdots$	$\vdots$	$\vdots$	$\vdots$
$g_p H$	$g_p g_0 H$	$\cdots$	$g_p^2 H$

$$\tag{2.40}$$

商群的阶等于 G 中 H 的指数. 商群概念在分析对称空间群和点群的关系等场合中有用.

2.3.7 群的乘积

有两个群 H 和 K, 除单位元素 $h_0 = e = k_0$ 外, 二者的元素都不同, 则由 H, K 可形成新的群 G.

群 $G = H \otimes K$ 被称为 H 和 K 的外直积, 假如每一个 $g \in G$ 可写成乘积形式 $g = hk$. 乘法规则为

$$h_i g_j \otimes h_k g_l = h_i h_k g_j g_l. \tag{2.41}$$

两个原来的群成为新群 G 的不变子群, 即正规子群.

群 $G = H \circledS K$ 被称为群 H 和 K 的半直积, 条件是: 如果所有的 g 可表示为 $g = hk$, $kH = Hk$.

乘法规则为

$$h_i g_j \circledS h_k g_l = h_i (g_j h_k g_j^{-1}) g_j g_l. \tag{2.42}$$

这时只有子群 H 才是 G 的不变子群——正规子群(H 占半直积的第一位).

利用直积和半直积并考察其中的子群后,可以获得新的对称群.下面就是一个例子.设平面上有一个一维平移群 T,这是一个无限群,它的基是$\{0,t\}$,这里 t 是平移,重复这一平移可得到其他群元 $2t,3t,\cdots$,(图 2.11a).取它和点群反射 $M=\{e,m\}$ 的半直积,并使平面上的反射线 m 和 t 平行(图 2.11b).得到的乘积为

$$G = T_1 M = \{0,t,2t,\cdots\} \circledS \{e,m\}$$
$$= \{0e,te,2te,\cdots,0m,tm,2tm\cdots\}. \tag{2.43}$$

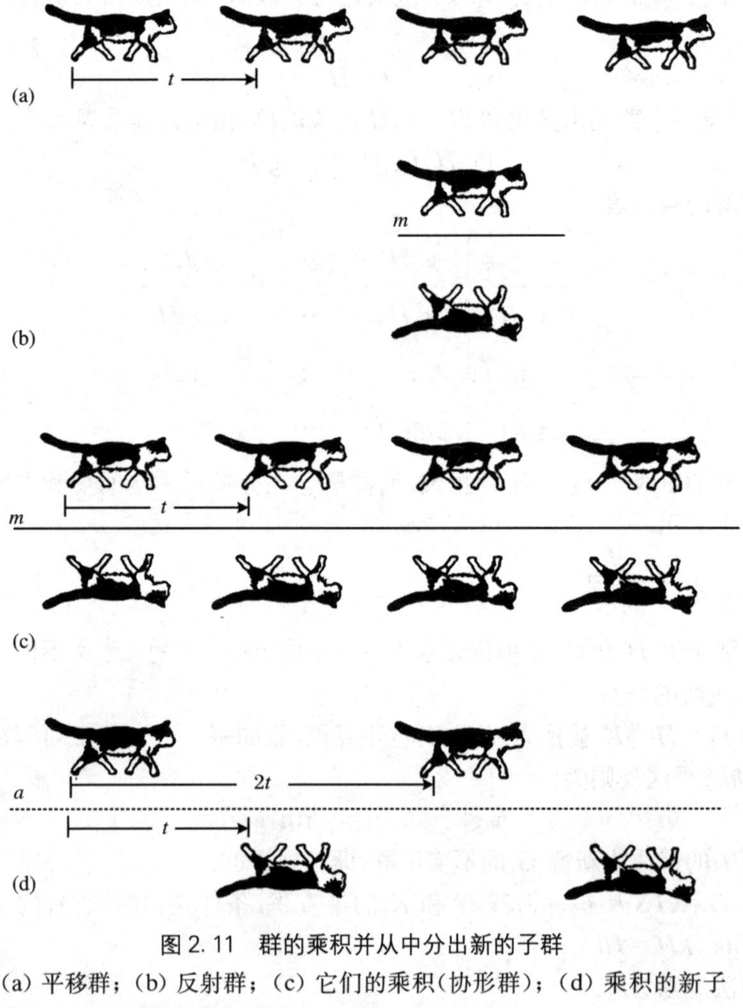

图 2.11　群的乘积并从中分出新的子群
(a) 平移群;(b) 反射群;(c) 它们的乘积(协形群);(d) 乘积的新子群——滑移反射群(非协形群)

原来的 T_1 和 M 可称为新群的平庸子群. 新群 $T_1 \circledS M$(图 2.11c)中出现了新的元素——滑移反射操作 $tm = a$. 由此可分出一个和原来的 T_1、M 不同的子群 $A = \{0e, 2te, \cdots, 0a, 2ta, \cdots\}$(图 2.11d). 新的对称操作 $a = tm$ 由不同几何操作(T_1、M 两个群的群元)联合而成, 可以在新群范围内独立存在, 形成 T_1、M 乘积的非平庸子群 $A \subset T_1 \circledS M$. 在晶体学中 $T_1 \circledS M$ 形式的群(两个群相乘而得)被称为协形群, 从这种群得到的新子群 A 被称为非协形群.

2.3.8 群的表示

每一个群 G 都有自己的元素 g_i 的特征的乘法表. 如果这些元素表示为具有同样的乘法表的数、符号、函数等等, 这就是群 G 的准确(同形)表示. 在同态映射 $G \to H$ 中, H 表示的群阶小于 G 的阶, 并是后者的因子. 在一般群论和对称群论中群 G 的表示 Γ 的基本方式是方阵 $\boldsymbol{M}(G)$:

$$\boldsymbol{M}(G) = \begin{bmatrix} a_{11} & a_{12} & \cdots & a_{1n} \\ a_{21} & a_{22} & \cdots & a_{2n} \\ \vdots & \vdots & & \vdots \\ a_{n1} & a_{n2} & \cdots & a_{nn} \end{bmatrix} = (a_{ij}), \tag{2.44}$$

这里 a_{ij} 是实数或复数. G 的群元的乘积相当于矩阵的乘积, 按矩阵乘法规则得到

$$\sum_j a_{ij} a_{jk} = c_{ik}. \tag{2.45}$$

矩阵乘法满足群的公理. 单位矩阵的 $a_{ii} = 1, a_{ij} = 0$. 任一群的平庸表示是把所有群元用一阶单位矩阵 $\boldsymbol{M} = a_{11} = 1$ 表示. 可以有 $G \to H$ 的同态映射, 这时由 Γ 表示的群 H 的阶小于 G 的阶. 还可以有 $G \leftrightarrow H$ 同形映射的准确表示.

可以用三维矩阵的集合 $\boldsymbol{D}_k = (a_{ij})_k$ [(2.6)式]表示点群, 它们以 X_1, X_2, X_3 为基变换坐标, $\boldsymbol{D}_k$ 中的每一个矩阵对应一确定的操作 g_i, 并被称为维数为 3 的矢量表示:

$$g_k \leftrightarrow (a_{ij})_k, \quad G = \{g_1, g_2, \cdots\} \leftrightarrow \{D_1, D_2, \cdots\} = D. \tag{2.46}$$

按矩阵乘法得到的这些矩阵的乘法表对应于元素 g_k 的乘法表. 同一个群 G 可以有不同的表示, 如选一个矩阵 $\boldsymbol{S}$ 和 $\boldsymbol{D}$ 组成乘积 $\boldsymbol{SDS}^{-1}$ 即可得到另一个表示. 如两个表示 $\Gamma_a(\boldsymbol{D}_1, \boldsymbol{D}_2, \cdots)$ 和 $\Gamma_b(\boldsymbol{D}_1', \boldsymbol{D}_2', \cdots)$ 间存在

$$\boldsymbol{SD}_k \boldsymbol{S}^{-1} = \boldsymbol{D}'_k \tag{2.47}$$

关系时, 则这两个表示被称为等价表示, 而这里的 $\boldsymbol{S}$ 是决定基的线性变换.

任一方阵可表示为如下形式:

$$\begin{array}{c|c} A_1 & B_2 \\ \hline B_1 & A_2 \end{array} \qquad (2.48)$$

这里 A_1，A_2 也是方阵．经过 S 变换后，B_1，B_2 可以等于 0，而 A_1 和 A_2 这两个对角方矩阵具有较小的维数．这样的表示被称为可约表示．

如果不可能找到一个变换 S 使 B_1，B_2 都等于零（即 $B_1 \neq 0$ 或 $B_2 \neq 0$），这里我们得到的表示是不可约表示．

如通过上述途径使三维矩阵归结为二维或一维不可约方块 A 的组合，则群的表示将更为简单．例如 32 群[(2.21)和(2.30)式]具有下列准确的二维不可约么正表示：

$$
\begin{array}{ccc}
g_0 & g_1 & g_2 \\
\begin{bmatrix} 1 & 0 \\ 0 & 1 \end{bmatrix} &
\begin{bmatrix} 0 & 1 \\ -1 & -1 \end{bmatrix} &
\begin{bmatrix} -1 & -1 \\ 1 & 0 \end{bmatrix} \\
g_3 & g_4 & g_5 \\
\begin{bmatrix} 1 & 0 \\ -1 & -1 \end{bmatrix} &
\begin{bmatrix} -1 & -1 \\ 0 & 1 \end{bmatrix} &
\begin{bmatrix} 0 & 1 \\ 1 & 0 \end{bmatrix},
\end{array} \qquad (2.49)
$$

及一维的不准确表示（群的同态映射）：

$$
\begin{array}{cccccc}
g_0 & g_1 & g_2 & g_3 & g_4 & g_5 \\
1 & 1 & 1 & -1 & -1 & -1
\end{array} \qquad (2.50)
$$

对角元素之和被称为表示矩阵的迹：

$$\sum a_{ii} = \chi(g), \qquad (2.51)$$

即群元素表示的特征标．显然 g_0 的特征标 $\chi(g_0)$ 决定表示的维数．所有等价表示的特征标相同．同一个群可以有几个不可约表示，在有限群中它们的数目等于群中共轭元素的类的数目．

对对称群表示进行分析后得出了有关表示之间的关系的一系列结论．这种分析还帮助我们揭示了对称性概念的更深刻的意义和规律性．变换(2.1)式是满足群的公理[(2.22)—(2.25)式]的群，它被我们用来表达变换后函数与自身重合的对称性条件[(2.2)式]．可以把群表示用到任何不对称物体和函数上并分析其中含有什么样的对称性质（在 2.9 节中将讲到这点）．

由于群表示以紧凑的形式概括了群的性质的全部信息，所以它们已成为研究对称的物理系统（原子、分子、晶体、经典和量子力学的物理量空间）的重要工具．不仅可以分析这些系统和空间的"静态"的对称性，还可以分析它们的可能的动力学变化或外部作用下的变化．在 2.6 节中我们将专门讨论点对称群的表示．

2.4 对称群的类型和它们的一些性质

2.4.1 空间的均匀性、不均匀性和间断性

根据空间和低维子空间(如三维空间中的平面和直线)的均匀性或不均匀性,可以把空间对称群进行分类.

无限连续空间和无限间断空间这两类均匀性需要分别说明.前者的例子是空的欧几里得空间、宏观上已看成均匀连续介质的各向异性晶态物质等.无限间断空间的例子是微观的晶态物质,它具有的原子性要用间断性的几何条件表示.

两种空间中都有无穷多个对称等同点.连续空间是所有的这种点都对称等同的连续统.在间断性空间中不是所有点都对称等同.

微观均匀性("间断的均匀性")的几何公设为如下的两点.

1) 存在半径 R 固定、位置任意的球,总可在球内找到一点 x' 和事先给定的任一点 x 对称等同(均匀性).

2) 存在围绕空间中一些点(至少一个 x 点)的半径为 r 的球,其中没有和 x 点对称等同的点(间断性).

条件 1) 意味着:存在操作 $g[x] = x'$,使对称条件 $F(x) = F(x')$ [(2.1) 和 (2.2) 式]满足,并且可表达为

$$|\tau - (x' - x)| < R, \tag{2.52}$$

这里的 τ 是任意矢量(图 2.12a),它可等于零或无限小或不太大、并有任意的取向.由于对称等同点无限,操作 g 也无限,因此群 $G \ni g$ 是无限阶的群.按照普遍的对称性定义[(2.1) 和 (2.2) 式],每一把点 x 变换到 x' 的操作 g 也把空间中任何其他点变换到与之对

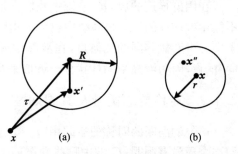

图 2.12 均匀性球(a)和间断性球(b)

称的点,即把整个空间变换成自身.

条件2)可写成

$$|x - x''| < r. \tag{2.53}$$

这里 x 是某一点(球心), x'' 不能通过任何属于 G 的操作 $g \in G$ 从 x 导出(图 2.12b).

这两个条件可以一起改变为另一种条件——基本(独立)域或立体域有限性条件.基本域由许多非对称等同点组成[1](参阅 2.5 节).这一有限性(不是无限小)由条件2)决定.它也不是无限大,即在域外就存在与域内对称等同的点[条件1)].

由于以点 x 为中心、r 为半径的球内没有对称等同点,故必然有

$$R > \frac{r}{2}. \tag{2.54}$$

选定任一点,则在 R 球中存在与该点等同的点.最近邻等同点间的距离小于 $2R$,即

$$d < 2R. \tag{2.55}$$

任何等同点都可以用等同点为顶点、长度短于 $2R$ 的折线相连.

我们已经考察了 (r, R) 条件[(2.52)和(2.53)式]和它们的推论[(2.54)和(2.55)式],在这种有对称等同点的空间中可引入某种无限阶的群 G.

应该指出:有些满足 (r, R) 条件的点的集合不能用群来描述[2].液体分子的中心就是一例,这里存在间断的均匀的 (r, R) 系统,r 和 R 的值和晶体中的值也相近.气体也是这样的均匀系,但 R 比液体中的值大.在这些系统中不能引入对称群,因为知道一个点的位置后不能指出其他点的位置.

在用群描述的 (r, R) 系统中我们已定义了它们的点的对称等同性概念,在不能用群描述的 (r, R) 系统中也应当指明点在一定意义下可以等同,如液体分子中心可看做等同的几何点,在液晶中还可指明存在满足 (r, R) 条件的"有取向"的点,因为液晶中的杆状分子近似平行.

2.4.2 对称群的类型及其周期性

均匀的间断的对称的空间用 (r, R) 条件[(2.52)和(2.53)式]和群描述.我们迄今还没有阐明:G 群中哪些操作 g_i 在上述情形下是或然的,哪些操作是必然的.

---

[1] 有时名词"基元"或"不对称单元"也可用,见 2.5.5 节.
[2] 对这些系统可以利用置换群进行描述,见后面的 2.5.6 节.

显然,平移和(r,R)条件并存.最大的平移应小于$2R$[(2.55)式].下面我们将看到:在(r,R)条件下群G中必然包含有平移子群T,即

$$G_{(r,R)} \supset T. \tag{2.56}$$

这一定理的逆定理也成立.这样的定理就是所谓的**熊夫利定理**.

在连续均匀空间中条件(2.52)、(2.53)式变为

$$R \to 0, \quad r \to 0. \tag{2.57}$$

即基本域收缩为点.间断平移子群(2.56)式也变成无限小平移连续群$T_\tau(\tau \to 0)$,即所有连续均匀空间的点相互平移等同.和间断空间一样,群$G \supset T_\tau$也可包含其他对称操作,如在维数$m \geqslant 2$的空间中可包含无限小的转动.

均匀空间在全部m维上具有间断的或无限小的平移对称性.当空间是不均匀的,均匀性条件可以在空间的$n(\leqslant m)$维上得到满足,例如$n=2$或1时,微观均匀性公设[(2.52)、(2.53)式]中的球将变为圆或线段.如空间没有均匀的子空间,即$n=0$,则空间是完全不均匀的.

和上述情况对应,对称群的类型将用$G_n^m, m \geqslant n$表示,如不特别说明,它就表示一个在n维上有周期性的间断群.如在三维空间中,G_3^3是对称空间群,G_2^3被称为层群,G_1^3是杆群,G_0^3是点群.在全部维上有限的三维图形只占据空间的一部分,此时图形和均匀性条件不符,只能是一种G_0^3群①.显然群G_1^3适用于描述在一维上无限延伸而在另外两维上有限的图形,群G_2^3适用于描述在二维上无限延伸而在另外一维上有限的图形.下面将看到:在G_2^3的全部对称变换中至少有一个特殊面保持不变,它变换成自身;在G_1^3中则有一条特殊线不变;在G_0^3中有一特殊点不变.在二维空间中可以有G_2^2, G_1^2, G_0^2群,在一维空间中有G_1^1和G_0^1群.

为了进一步讨论,还须要提到下面的几点.

如群中有第二类操作,就称它为第二类群G^{II},如群中只有第一类操作,则称它为第一类群G^{I}.

每一个群G一定包含它的全部运动的子群,如G^{II}包含子群G^{I}等,即

$$G^{\mathrm{I}} \supset G^{\mathrm{I}}, \quad G^{\mathrm{II}} \supset G^{\mathrm{I}}, \quad G \supset G^{\mathrm{I}}. \tag{2.58}$$

实际上G^{I}仅仅由运动组成,而所有第二类群G^{II}也包含第一类操作g^{I}(至少包含$e=g^{\mathrm{I}}$,也可以包含其他g^{I}).根据(2.17)、(2.19)和(2.20)式,$G^{\mathrm{II}} = \{\cdots g_i^{\mathrm{I}} \cdots, \cdots g_k^{\mathrm{II}} \cdots\}$的乘法表为

---

① 我们在考察晶体原子结构时,忽略块状晶体的空间有限性,使之无限延伸,得到空间群.

$$
\begin{array}{c|c|c}
 & g_i^{\mathrm{I}} & g_k^{\mathrm{II}} \\
\hline
g_i^{\mathrm{I}} & g_j^{\mathrm{I}} & g^{\mathrm{II}} \\
\hline
g_k^{\mathrm{II}} & g_j^{\mathrm{II}} & g_h^{\mathrm{I}}
\end{array}
\tag{2.59}
$$

所有 g_i^{I} 组成群 G^{I}, 乘法表左上方块 g_j^{I} 是第一类群元相互作用的结果. 元素 g_k^{II} 不组成群, 它们的乘积 $g_h^{\mathrm{I}} \in G^{\mathrm{I}}$.

G^{I} 是指数为 2 的 G^{II} 的子群, 因为对每一个操作 $g_i^{\mathrm{I}} \in G$, 有一个操作 g_i^{II} $= g_i^{\mathrm{I}} g_k^{\mathrm{II}}$ 与之对应.

从 (2.58) 式得出: 要确定某一群含有平移子群, 只须弄清楚它的运动子群含有平移子群:

$$
G \supset G^{\mathrm{I}} \supset T_n\{t_1, \cdots, t_n\}. \tag{2.60}
$$

还须说明, 均匀空间的 G 群操作 g_i 可以是两种转动本身 (简单或反演转动), 或包含这两种转动分量 (如螺旋转动或滑移反射操作), 但 g_i 也可以不包含这些转动分量 (如平移操作). 转动或具有转动分量的操作相乘 ($g_i g_k$) 时, 这些分量孤立地相互作用. 此时即使操作中含有平移分量, 它们的作用也仅使空间的点平行移动. 由此可见, 均匀空间群 G 的两种转动 (转动分量) 本身组成群

$$
G_{\text{转动}} = K. \tag{2.61}
$$

下面将看到这就是晶体学点群.

下面介绍不同维的空间群.

2.4.3 一维群 G^1

如果一维空间 (直线) 不均匀, 就有特殊点和相应的点群 G_0^1. 这里除了单位操作 $g_0 = e$ 外, 唯一的对称操作是反演 $\bar{1}$ (也可看做特殊点上的反射 m), 群 G_0^1 只可能有两个: 1 和 $\bar{1}$.

在一维均匀空间中, 按照 (2.52) 式可在靠近点 A 长为 $2R$ [(2.54) 式] 的线段中找到符合群 G^{I}、等同于 A 的点 A' (图 2.13a). 这意味着 A' 和 A 有平移等同性, 即沿直线存在平移操作 t. 重复这一操作给出无限周期点列 (图 2.13b), 相应的群是无限的周期群:

$$
T_1 = \{\cdots t^{-i}, \cdots, t^{-1}, t^0, t^1, \cdots, t^i, \cdots\}, \quad i = 0, 1, \cdots \infty.
$$

在这个群 $T_1 = G^{\mathrm{I}}$ 以外, 还有一个群 G^{II}, 它除了 t 外还有元素 $\bar{1}$.

把 T_1 群看成抽象群时它是唯一的. 但从空间度规来看, 周期 t 的值 a 是一个无限实数集, 各个 a 值间可以通过均匀仿射形变——直线的伸长或压缩——而互相转化. 不仅如此, 以 t 为周期的群 T_1 包含平移为 pt (p 为整数) 的子群,

即 $T_t \supset T_{pt}$. 抽象地看二者是同形的,即 $T_t \leftrightarrow T_{pt}$. 如果不考虑间断性要求
[(2.53)式],则直线成为连续统,在此直线上可以有无限小平移,即 $\tau \to 0$,这时
得到极限群 T_τ. 从度规来看,这些群都是极限群的子群,即 $T_\tau \supset T_i \supset T_{pt}$.

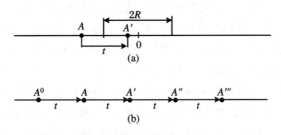

图 2.13 一维空间

(a) 点 A' 对称等同于 A;(b) 平移群的形成

一维空间只有均匀空间和不均匀空间两种,相应地除了 G_1^1 和 G_0^1 外,没有
别的群.

2.4.4 二维群 G^2

这些群是使二维空间(平面)转变为自身的群.如二维空间在二维上都不均
匀并含一奇点,它的群只能是点群 G_0^2.

如在某一方向上出现一维平移操作(这意味着出现了平移群),就会是 G_1^2
类型的群(图 2.14a),而在其他任何方向上都没有周期性.沿着这个特殊方向 t
存在一维微观均匀性条件[(2.52)、(2.53)式],图 2.14b 就是一例.

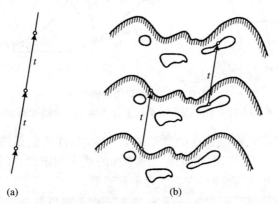

图 2.14 二维空间

(a) 其中的一维平移群;(b) 其中有一维周期性的图形

如在 $m=2$ 空间中有两个不共线的平移 t_1 和 t_2，就得到 G_2^2 类型的群 T_2，它使任一点产生一个二维周期性点系，即二维点阵（图 2.15a）.这样的空间是均匀的、间断的.

现在考虑除了 $G_2^2 \supset T_2$（子群为 T_2 的群 G_2^2）外，是否存在不含 T_2 同时能把均匀平面变换为自身的另外的对称群 G^2.下面可以证明不存在这样的群.从 (2.58) 式可见，这只须证明在运动群 G^{I} 中没有这样的群.根据沙勒定理（图 2.3），G^{I} 群可以只包含转动（如果存在的话）.

可以在二维空间中取任意两个对称等同、相互转动 φ 角的点 A 和 A'，找出它们的沙勒中心 O（图 2.15b）.取某一个和 O 对称等同的沙勒中心 O'，围绕 O' 旋转同样的 φ 角，这时 A 转移到 A'' 点.由于 A' 和 A'' 都相对 A 转动了同样的 φ 角，二者是平行的，所以二者之间存在平移 t_1，并产生无限的点列.在点列 A'，A''，$\cdots$ 一侧选某一和 A' 对称等同的点，则此点和 A' 平行，如 B，就会有和 t_1 不共线的平移 t_2.假如选定的点相对 A' 有一个转角，如 B'，则总可找到另一沙勒中心使 B' 转动到 B'' 并和 A' 平行.这时就会有平移 t_2'，也就是说，任何情形下都会有第二个平移.在 2.7.2 节中将看到，T_2 包含由基矢 t_1、t_2 产生的无穷多个平移.

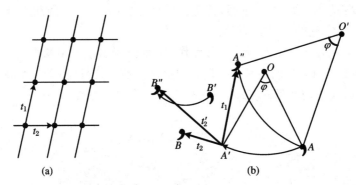

图 2.15　二维双周期性空间
(a) 平移点阵；(b) 在均匀平面上存在两个不共线平移的证明

二维均匀空间变换成自身的群是 $G_2^2 \supset T_2$ 群，即它们始终包含以 $\{t_1, t_2\}$ 为基的二维平移子群 T_2.这也就是二维空间的熊夫利定理：任何 (r, R) 系统的点按照群的要求互相等价时，它必然有平移子群.

可以用另一种方法证明这一点.这种方法在考察更复杂的三维情形时是有用的.

从 (r, R) 条件 [(2.52)、(2.53) 式] 可得出：转角是有限的.在平面上选轴（点）N（图 2.16），按 (2.52) 式作半径为 R 的圆与它相切.在圆中找出和 N 对称

等同的点 N'. 绕 N 转动 N' 到 N'', 根据 (2.53) 式 N'' 应在绕 N' 以 r 为半径的球之外. 这就给定了转角条件

$$\varphi > \frac{r}{2R} \qquad (2.62)$$

和轴的阶的条件

$$N < \frac{4\pi R}{r}. \qquad (2.63)$$

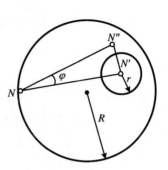

图 2.16　在 (r, R) 系统中绕 N 的转角有限的证明

N 轴的作用可以使任一点 A 产生一组旋转对称的点, 在另一处的等同轴作用下可以从 A 得到另一组旋转对称的点, 两组点有一一平行的关系, 即存在平移关系.

均匀连续群 G^2 中可以在一个或两个取向上存在无限小平移, 即可以是半连续群 $T_{\tau_1 \tau_2}$ 或连续群 $T_{\tau_1 \tau_2}$. 在含有 $G_2^2 \supset T_{\tau_1 \tau_2}$ 群的二维空间中可以有无限阶的转动点 (轴), 即可以有群 $T_{\tau_1 \tau_2} \infty$. 如再加上反射, 就得到极限群 $T_{\tau_1 \tau_2} \infty m$, 它描述的是 "空的" 二维空间, 任何群 G^2 都是它的子群.

总之, 均匀平面任何的变换群都有平移子群, 即 $G^2 \supset T_2$; 二维群共有三种类型 G_0^2, G_1^2, G_2^2.

2.4.5　晶体学群

据 (2.62) 和 (2.63) 式知, 在间断二维空间中的转角 φ 有限, 转轴的阶 $N < 4\pi R / r$.

这样的空间中由于和平移群 $T_2 \subset G_2^2$ 相应的点阵的存在而使 N 的限制严得多, 这就是晶体学中最重要原理之一——晶体中只可能存在 $1, 2, 3, 4, 6$ 阶转动 (简单的、螺旋的或镜像的转动) 对称操作. 现在来证明它.

考虑平面网格以及使网格与自身重合的可能的转动. 转动点 (轴), 如果存在的话, 本身也是这个平面上的点. 平移操作 t_1, t_2 使所有平移等同点重合, 这些转动点也包含在内并组成网格. 在网格中取点间距离 a 最小的点列, 考虑其中的一个转动点 N 对最近的两点 N', N'' 的作用 (图 2.17). 如 $N = 2$, N 使 N', N'' 互换, 这说明存在旋转轴 2. 如 $N = 3$ (或 6), 作用后从 N', N'' 产生两个点 3 (图 2.17), 所有这些点间最短距离都等于 a, 因此轴 3 或 6 也可能存在. 如 $N = 4$, 作用后在对角线距离 $\sqrt{2}a$ 处出现点 4, 出现比 a 大的距离和给定的条件不矛盾. 但是, 当 $N = 5$ 时, 由 N', N'' 产生的两个标记为 5 的点间的距离比 a 小. 这和原来的假设矛盾, 因此轴 5 不可能存在. $N \geqslant 7$ 时发生同样的情况. 由此得出,

以 T 为子群的群 G^2 只可能包含 1,2,3,4,6 阶转动操作.

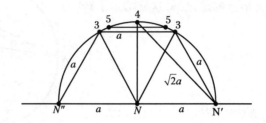

图 2.17　二维网格中只存在晶体学转动轴
1,2,3,4,6 的证明

上述证明不仅适用于二维群,而且还适用于三维情形.用来描述三维晶体空间的费多洛夫群——间断群 $G_3^3 \equiv \Phi$ 始终包含三维平移子群 T_3,而 T_3 包含有 T_2 子群: $T_3 \supset T_2$,因此 $\Phi \supset T_3 \supset T_2$. T_3 从任一点导出空间点阵,空间点阵含有以 T_2 描述的二维网格.如点阵中有转动轴 N,它必然垂直于某一二维网格,使网格旋转后与自身重合,否则就不会有这样的转动对称轴.当然这些轴只能是一、二、三、四、六重轴.

对螺旋轴或反演轴,情况也一样.任何轴投影到网格后成为转动点,因此它们的阶只能是 1,2,3,4,6,晶体中只有这些轴才可能存在.只含有这些阶的轴(简单的、螺旋的或反演的轴)的群是对称群中的晶体群,这些轴是晶体轴.请注意间断群 $G_2^2, G_3^3 \equiv \Phi$,还有 G_2^3 按其内在性质来说都是晶体群,因为它们都含有子群 T_2,即它们之中没有非晶体群.其他类型的群可以同时有晶体学群和非晶体学群.总之,点群 G_0^3 有无限多个,而晶体点群 K 只有 32 个.后者和均匀、间断、三维空间的转动或转动分量(两种转动)群 $G_{转动}$(2.61)式相合.

2.4.6　三维群 G^3

很容易类似地论证:除了点群 G_0^3 外,在不均匀三维空间中存在 G_1^3 群,它在一个特定方向上有一维周期性;还存在 G_2^3 群,它在一个特定平面上有二维周期性.实际上 G_2^2 群加上无周期性的第三维,就得到 G_2^3,如果在不共面的方向上进行平移,就得到费多洛夫群 G_3^3. G_1^3 中特定方向上满足一维均匀性条件; G_2^3 中特定平面上满足二维均匀性条件.

可以再次提出问题:是否含有平移群的 G_3^3 群包括了所有的使均匀、间断、三维空间转变成自身的群? 在三维熊夫利定理的证明中给出了肯定的回答.我们不准备进行完全的证明,只指出证明的基本步骤.

首先要明确:在 (r, R) 条件[(2.52)、(2.53)式]下能否存在无平移的仅由简单或螺旋转动组成的运动群 $G_3^{3(I)}$.

对简单转动,论证与二维条件(图 2.16)时完全一样,需要的仅仅是把放到转动轴上的圆改为直径为 $2R$ 的球,这样也得到条件 $\varphi > r/2R$[(2.62)式].

螺旋运动情况较复杂,因为这里的平移分量使任一点 A 沿轴平移,从而不能直接利用 r 条件[(2.53)式]得到(2.62)式.现在必须考虑螺旋运动的组合.

根据(2.55)式,平行螺旋轴之间的最短距离 d 小于 $2R$.沿一轴螺旋运动 $\tilde{u}$,再沿另一轴逆运动 $\tilde{u}^{-1}$,结果使任一点在垂直轴的平面上转动.如果正和逆运动的角分量相加,得到的是角度为 $2\varphi_u$ 的简单转动,这时根据(2.62)式

$$\varphi_u > \frac{r}{4R} \tag{2.64}$$

如果角分量互相抵消,得到的已经是上述平面上的平移.

螺旋运动轴不平行的情况最为复杂.熊夫利和其他作者[2.2—2.6]对此做了分析,考察了某点 A 在复杂操作("对易")$w = uv'u'^{-1}v''^{-1}$(由螺旋运动组成)作用下的运动.他们得出:条件(2.62)仍满足,即在所有简单或螺旋转动条件下,$\varphi > r/4R$[(2.63)、(2.64)式].由此导出:三维空间群 G_3^3 的转动群或转动分量群 $G_{转动}$ 是有限的.这样从 A 点得到的是一组取向上有限的不同的对称等同点,在别处也产生另一组取向上和第一组相同的点,这意味着两组的点存在平行关系,即存在平移关系.

和在二维条件下进行的讨论相似,我们也得出存在 3 个不共面的平移.这样就证明了三维的熊夫利定理

$$G_3^3 \equiv \Phi \supset T_3\{t_1, t_2, t_3\}. \tag{2.65}$$

所有三维、均匀、间断空间的对称群——费多洛夫群都具有三维周期性.T_3 群使任一点生成为无限三维周期性点系——空间点阵.

平移基矢 t_1, t_2, t_3 的具体值由 a, b, c 或 a_1, a_2, a_3 表示.由 a, b, c 组成的平行六面体被称为重复平行六面体或晶胞.三个基本平移可以产生空间点阵的无限多个其他平移(见 2.8.1 节).

在一个或两个方向上存在无限小平移 τ 时,得到三维的间断-连续群 $T_3: T_{t_1 t_2 \tau_3}$ 或 $T_{t_1 \tau_2 \tau_3}$.在所有三个方向上都有无限小平移时得到连续群 $T_{\tau_1 \tau_2 \tau_3}$.在 $G_3^3 \supset T_{t_1 t_2 \tau_3}$ 中可以有垂直 τ_2, τ_3 的阶数无限的轴 ∞.在 $G_3^3 \supset T_{\tau_1 \tau_2 \tau_3}$ 中可以有任意取向的轴 ∞,相应的群为 $T_{\tau_1 \tau_2 \tau_3} \infty \infty$.如果再引入一个第二类操作,例如 m,就得到三维连续统——各向同性连续介质(包括空的欧几里得空间)的最高对称群 $T_{\tau_1 \tau_2 \tau_3} \infty \infty m$.所有 G^3 群,随之而来的 G^2, G^1 群都是它的子群.上述结论归纳在表 2.1 中.表 2.2 给出了晶体学群的数目.

表 2.1　对称群的类型

维数	空　　间			极限群
	不均匀	不均匀-子空间均匀	均匀	
1	G_0^1		$G_1^1 \supset T_1$	$\bar{1}T_{\tau_1}$
2	G_0^2	$G_1^2 \supset T_1$	$G_2^2 \supset T_2$	$T_{\tau_1\tau_2} \infty m$
3	G_0^3	$G_1^3 \supset T_1, G_2^3 \supset T_2$	$G_3^3 \supset T_3$	$T_{\tau_1\tau_2\tau_3} \infty \infty m$

应该指出:降低空间维数 $m' < m$,同时保持相同的 $n(<m)$ 时得到的群是高维空间的子群,即

$$G_n^{m'} \subset G_n^m (m' < m). \tag{2.66}$$

下面将分别考虑群的每种类型 G_n^m,还将考虑群的其他分类的可能性,如按有没有第二类操作或更一般的其他操作等来分类.

表 2.2　晶体群 G_n^m 的数目

m	n			
	3	2	1	0
3	230	80	75	32
2		17	7	10
1			2	2

2.5　对称群的几何性质

2.5.1　对称素

对称操作可以和空间中某些**点、线、面**发生联系,相对它们进行操作.

每一个属于 G 的对称操作 g_i(除单位操作以外)都能实现 $g_i[\boldsymbol{x}] = \boldsymbol{x}_i$,即能将点 $\boldsymbol{x}$ 转移到 $\boldsymbol{x}_i$.一般来说,空间的点此时都改变位置,但某些点的位置保持不变.

决定这些位置不变的点的方程为

$$g_i[\boldsymbol{x}] \equiv \boldsymbol{x}_i = \boldsymbol{x}. \tag{2.67}$$

在对称操作时保持不动的点、线、面[满足(2.67)式]就是和这些操作对应的对称素.

对含 g_i 的 n 阶群可以写出 n 个 (2.67)式.如果群是循环群,所有这些方程只决定一个对称素.一个群的循环子群也是一样,每一个循环子群决定一个对称素.

对应转动操作的对称素是直线(轴),围绕它进行这一转动(图2.18).这一点可以从定义本身得出,不过也可以形式上从(2.67)式得出[利用转动矩阵(2.14)式].对应反射操作(2.15)式的对称素是镜像反射面(图2.6a).对应反演的对称素是对称中心(图2.6c).

镜像(反演)转动时(2.67)式的解是

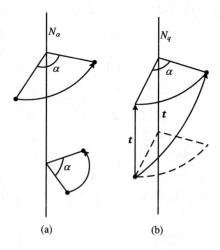

图2.18 转动轴(a)和螺旋轴(b)

一个点.螺旋转动和滑移反射时(2.67)式无解,但经过这些操作的作用,有一些所谓的不变直线或平面在变换后整体上和自身重合,即它们的点 $\boldsymbol{x}$ 虽然改变了位置,转移到了 $\boldsymbol{x}_i$,但仍留在不变直线或平面上.与给定操作对应的对称素是操作时保持不动的面、线或点,以及缺乏不动对称素时操作后和自身重合的不变直线或平面.

镜像(反演)转动(图2.5)时除 $\boldsymbol{x}=0$ 的点以外,任何点都改变位置.但这种转动轴作为整体在对称变换后和自身重合,它的"头尾"互换了,轴上的每一点转移到同一直线上的另一点.不仅如此,偶数阶镜像轴还包含有简单转动轴那样的不动的对称素.在镜像转动时和轴垂直、过原点的平面也和自身重合,但在描述这一操作时只指明轴是对称素就已经够了.

包含平移的转动操作的对称素也是不变元素,即这些对称素沿自身位移,如螺旋转动与螺旋对称轴对应,这些轴按照操作的平移分量与自身重合(图2.18b).滑移反射和滑移反射面对应,它们也按照平移分量的方向与自身重合(图2.6b).

对称群可以有一个或几个循环子群,相应地有一个对称素或几个名称上相同(或不相同)的对称素.

给定群的对称素的集合规律地、单值地给出了群的特征.空间的一切点 $\boldsymbol{x}$

都遵循群 G 的操作 g_i,对称素本身也是不变的点的集合.这样,任一对称操作使对应的一个对称素和自身重合时,也使其他同样类型的对称素相互重合.简而言之,群的对称素相互之间和相对自身来说都是对称的.

我们已经考察了除平移之外的全部三维空间操作.我们知道,这些操作的几何图像可以形成由平移 t_1, t_2, t_3 决定的无限点阵.点阵通过平移发生和自身平行的位移,在空间中分离出平移等同点(图 1.15).

2.5.2　对称素的小结和命名法

本书基本上采用 Hermann 和 Mauguin 提出的已编入国际晶体学表中的国际命名,同时对一些名词进行了修正.舒勃尼柯夫命名与上述命名相近[2.7,2.8].我们还将常常使用广泛流传的熊夫利符号.

我们将依次介绍与三维空间中各种操作对应的对称素.对称素的符号将和生成对称操作的符号相同,如 m,n,6,$\bar{3}$ 等.一个或几个生成操作符号还用来表示相应的群.群的非生成操作(如存在的话)将用生成操作的幂表示,如 3^2,4^3 等.我们将考虑所有晶体学对称操作.

转动轴　转角为 $\alpha = 2\pi/N$ 的转动中 N 表示轴的阶.这些轴用阶数表示,晶体学轴有:1,2,3,4,6(图 2.19a).轴的一般符号是 N,它还表示相应的、包括所有绕此轴的全部操作的群.操作 1 表示"旋转"2π,是一个单位操作.我们常把转动轴称为:一阶转轴、二阶转轴等,或者二重、三重、四重、六重轴等.我们还采用国际表的转轴简称:1——monad,2——diad,3——triad,4——tetrad 和 6——hexad.

镜像反射面　简称对称面(图 2.6a、2.19b),它用相应的操作 m(由 mirror 而来)或 $\bar{2}$ 表示,后者是二阶的反演转动操作.

反演转动轴　即转动反演轴,同时也是**镜像转动轴**(图 2.5),但二者的基本转角差 π.旋转分量 $\alpha = 2\pi/N$ 的反演转轴(和相应的操作和群)用 $\bar{1}, \bar{2}, \bar{3}, \bar{4}, \bar{6}$ 表示(图 2.19b)①.这些轴的名称包含相应的阶数,如四阶反演轴或四重反演轴等等.**对称中心**或反演中心是一个重要的特例(图 2.6c、图 2.19b 中的 $\bar{1}$).镜像转轴的称呼是同样的,它们(以及相应的操作和群)用 $\tilde{1}, \tilde{2}, \tilde{3}, \tilde{4}, \tilde{6}$ 表示.

反演转动和镜像转动的关系是 $\overline{N}_\alpha = \tilde{N}_{\alpha-\pi}$(图 2.5).由此可得出:对轴来说,$\bar{1} = \tilde{2}, \bar{2} = \tilde{1} = m, \bar{3} = \tilde{6}, \bar{4} = \tilde{4}, \bar{6} = \tilde{3}$(图 2.19b);对操作来说 $\bar{3} = \tilde{6}^{-1}, \bar{4} = \tilde{4}^{-1}, \bar{6} = \tilde{6}^{-1}$.

---

① 在俄文文献中以前用 $\overline{N}$ 表示镜像转轴,不用反演轴.

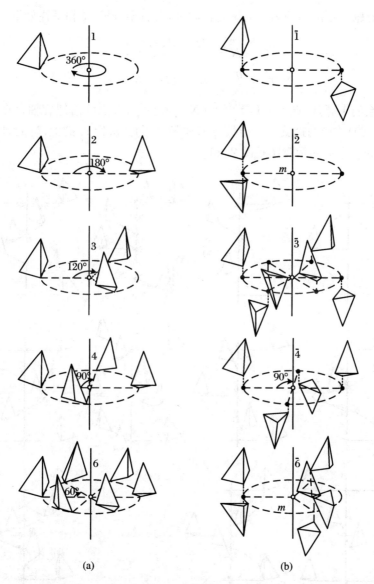

图 2.19 晶体学转动(a)和反演转动(b)的轴、以及它们对不对称四面体的作用

偶数阶镜像转动$\widetilde{2N'}$含有简单转动N'.因此对称素轴$\widetilde{4}=\overline{4}$同时是轴 2;$\widetilde{6}=\overline{3}$同时是轴 3.

点群和空间群都可以有全部上述对称素.但空间群还有如下的带平移分量的对称素.

螺旋轴 更准确的名称为螺旋转动轴,含有角分量 α_s 和平移分量 t_s:

$$\alpha_s = \frac{2\pi}{N}, \quad N = 2,3,4,6, \tag{2.68}$$

$$t_s = \frac{qt}{N}, \quad q = 1,\cdots,N-1. \tag{2.69}$$

上述关系的来源是 $N^N=1$ 和 $t_s^{N/q}=(N/q)t_s=t$,即点阵沿螺旋轴存在平移操作 t.(2.69)式说明螺旋转动指数 q 和轴阶 N 的商决定 t_s 的值.螺旋轴的一般符号是 N_q.它们的示意图是图2.20.

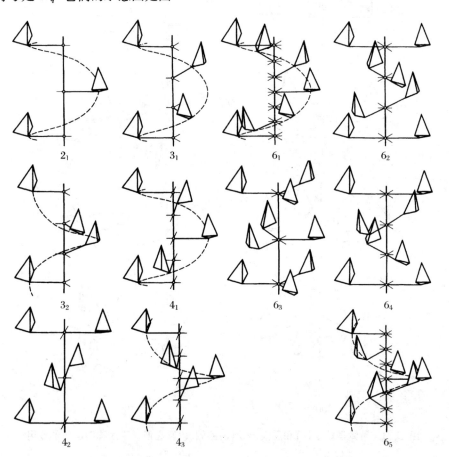

图2.20 晶体学螺旋轴和它们对不对称四面体的作用

$q < N/2$ 时螺旋轴是右旋的,$q > N/2$ 时则是左旋的,$q = N/2$ 时,$\alpha_s = \pi$,顺时针、反时针旋转等价,既是右旋,又是左旋,或既不右旋,又不左旋.最简单的螺旋轴是 2_1.沿垂直纸面的轴作右旋运动(向着观察者并反时针旋转)的轴有

$3_1, 4_1, 6_1 (q = 1)$. 也可以有左旋运动. 左旋轴 3_1^l 左旋 $-2\pi/3$, 可以用右旋 $2 \times 2\pi/3$ 代替, 即左旋轴 3_1^l 可表示为 3_2. 类似地左旋轴 4_1^l 相应于右旋 4_3, 左旋 6_1^l 相应于 6_5. 右旋轴 6_2 含有轴 3_2 和轴 2, 左旋 $6_2^l = 6_4$ 含有轴 3_1 和轴 2. 轴 4_2 含轴 2, 轴 6_3 含轴 3 和轴 2_1. 轴 4_3 和 4_1 含轴 2_1, 轴 6_1 含轴 3_1, 轴 6_5 含轴 3_2. 轴 2_1, $4_2, 6_3$ 是中性的, 既不右旋又不左旋.

滑移反射面 重复滑移反射操作 (图 2.11d) 后它的平移分量 t' 增为 2 倍, 得到的平移 $2t'$ 应和点阵中某周期相符合. 这样的操作 (和面) 用与晶胞轴同样的名称 a, b 或 c 表示, 说明沿这些轴发生滑移 (图 2.21). 操作 a 的平移分量 α_1 等于 $a/2$ (a 是点阵周期). 有的滑移反射的分量 t' 沿晶胞面对角线, 即 $t' = (a + b)/2$, $(a + c)/2$ 或 $(b + c)/2$. 和这些分量对应的对角滑移反射面用 n 表示. 在四方和立方点阵中滑移反射操作的分量还可以有:

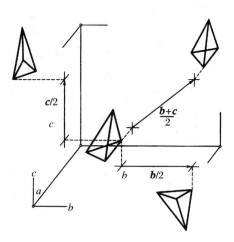

图 2.21 滑移反射操作 c, b, n

$$t' = \frac{a \pm b}{4},$$

$$t' = \frac{b \pm c}{4},$$

$$t' = \frac{c \pm a}{4},$$

$$t' = \frac{a + b + c}{4}.$$

和它们对应的对称素 (金刚石滑移面) 用 d 表示. 所有这些对称素的图形符号表示在图 2.22 中.

我们已经介绍了上述各种对称素的操作如何使空间产生变换. 还要指出的是: 任何垂直转轴的面转动后和自身重合; 垂直镜像或螺旋轴的面转动后转移到和原先平行的另一位置; 任何垂直反射面的直线在反射时颠倒过来和自身重合, 或在滑移反射时颠倒并转移到和原先平行的另一位置.

在二维空间中对称素是转动点 N、镜像反射线 m、滑移反射线 a、b 和 n. 它们的图形符号和三维情形相同.

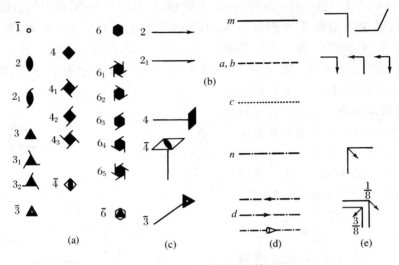

图 2.22 对称素的图形符号

（a）垂直纸面的对称轴；（b）平行纸面的轴 2 和 2_1；（c）和纸面平行或斜交的对称轴；（d）垂直纸面的对称面；（e）平行纸面的对称面

2.5.3 极性

这是晶体方向特征性质中的一个重要概念. 任何一条直线都有相反的两个方向. 如这两个方向等价, 则直线无极性并可通过一定的操作倒转相反的"两端"和自身重合起来, 在三维空间中这样的操作可以是垂直此直线的二重轴、镜面或线上的对称中心.

如上述操作不存在, 则直线上相反方向点的序列一般是不同的, 此时直线（及线上的矢量）就有极性. 这种直线的"两端", 如晶体多面体相反表面的法线并不相同. 极性直线可以"沿自身"对称, 例如它是（非镜像）对称轴, 或它处在对称面内, 如考虑空间对称性, 极性直线还可有平移对称方向. 对称轴是直线, 因此它可以是极性的, 也可以是非极性的. 反演轴一定是非极性的; 旋转轴如不和 $\bar{1}, m, 2$ 相交一般是极性的. 晶体中方向的极性和物理性质的极性对应.

2.5.4 正规点系

群 G 的每一操作 g_i 都能实现变换 $g_i[\boldsymbol{x}] = \boldsymbol{x}_i$, 取点 $\boldsymbol{x}(x, y, z)$ 并对它依次进行所有 g_i 操作, 每一个操作给出一点, 一般情形下得到 n 个点（图 2.23）.

通过 G 的所有操作由点 $\boldsymbol{x}$ 导出的全部点的集合

$$\boldsymbol{x}, \boldsymbol{x}_1, \boldsymbol{x}_2, \cdots, \boldsymbol{x}_{n-1} \tag{2.70}$$

被称为正规点系①（RPS，regular point system）.这些点相互对称等同.正规点系可表述为每个点的坐标的集合,派生点的坐标 x_i, y_i, z_i 通过起始点坐标 x, y, z 表述（图 2.81）.一般的点不处在对称素上,它们被称为**一般位置点**.起始点可以任意选取.增生的结果[（2.70）式]得到组成一般位置 RPS 的 n 个点.

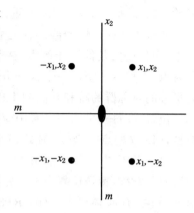

图 2.23 mm 群的正规点系

将点群决定的相邻一般位置点用直线连接起来得到具有等同顶点的凸多面体（等角面体）.

我们已经讲过,晶体学"点"是不对称的,这就是说一般位置 RPS 中的每一点都不对称.位于对称素上的点的情况不同.例如在简单对称轴上、在对称面上或在反演轴的不动点上的点都要满足条件（2.67）式.随着一般位置 RPS 向对称素接近,这些点也逐渐接近,直至在 $x = x'$ 时和对称素融合（图 2.24）.如果对称素产生一个 n_k 阶的循环子群,则 n_k 个点融合,点就成为 n_k 重点.这样的点被称为**特殊位置点**.可以考察由 n_k 个不对称点融合而成的这些点的对称性,很自然地应把融合此点的对称素的对称性赋予此点.这样,所有面 m 上的点本身是镜像等同的,而且 m 面就是由这样的点组成的.所有轴 N 上的点本身也是转动等同的.轴也由这样的点组成.

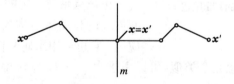

图 2.24 不对称的一般位置点 x 和 x' 向对称的特殊位置点融合

由此可见,除了一般位置 RPS 外,在对称群中还有 n/n_k 个点组成的特殊位置 RPS.如群中存在不同的子群,就会有同样数目的本质上不同的 RPS,它们的多重性 n_k 和点的数目 n/n_k 不同.对称素相交时,由循环子群产生的点进一步融合,这样的点的对称性是相交元素对称性的总和.

在点群的特殊不动点上全部对称素相交,这点具有这个点群的对称性.这

---

① 还可称为 G 群的"点轨道".

时的 RPS 只有一个点,它的多重性是群的阶 n.

所有含平移操作的群都有无限多阶.但在这些群中的 RPS 不仅由平移操作产生,而且还由其他操作产生.在晶胞中存在有限的对称操作组合和 n 个一般位置点,平移操作使每一个操作和点在无限多个晶胞中增生.因此当我们谈到有平移的对称群的阶和它们的 RPS 时,要考虑的是一个晶胞中的 n 个点和它们的位置.在每一个正规点系中应说明:(1) 它们的点群,(2) 对称阶数,(3) 多重性,(4) 这些点的坐标(图 2.81).

每一 RPS 中的点加上晶体学"标签",即弄清他们所占位置的对称性(一般位置点不对称,特殊位置点有一定对称性)后,这一 RPS 就唯一地表征了群 G.这就是说,有晶体学标记的 RPS 决定群,反过来已知 G 后可导出它的全部 RPS.

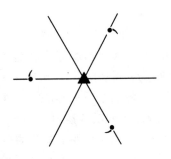

图 2.25 由操作 3 变换出的三个点如点是对称的,点的集合具有 $3m$ 对称性,如点是不对称的(带尾巴),就没有对称面(只有 3)

如果某一 RPS 的点获得比它的位置对称性更高的对称性,就会发生 RPS 的对称性的似是而非的提高,即超过原来的群 G (图 2.25).只用坐标 x, y, z 表示的几何点(和不对称的晶体学点不同)具有最高的球对称性.因此画对称性示意图时要给一般位置点加上不对称标志(表示周围空间的不同).我们已用过的是不对称四面体,带"逗号"的点,带正负号的点等(参见图 2.81).

正规点系与一定的对称群对应,它在空间群理论和晶体结构描述中得到很广泛的应用,它也可用来研究任何其他的对称群.

和正规点系概念完全类似,可以引进由 $g_i \in G$ 操作得到的正规图(形)系概念.

2.5.5 独立域

这个概念决定对称空间的重要几何性质.在 G_0^2 对称空间中取一般位置点 x(图 2.26)并在它周围完全任意地扩展领地.在正规点系其他点的周围也同样地扩展领地,直到领地互相接触并充满整个空间.显然,这些接触的点由条件(2.67)式决定,对由此得到的领地的形状没有其他限制.由此可以得出:三维空间中的转动对称轴处于不对称领域的界面上,并且是这些领域的公共接触线.在平面上转动对称点是这些领域的公共接触点(图 2.26b).对称中心 $\bar{1}$ 也处在这种领域界面上.三维空间中的对称镜面(二维空间中的镜线)始终就是这些领域的界面(见图2.26a).在其他情形下这些领域的边界是完全任意的.把三维空间中这些领域称为**立体域**(stereon).显然,立体域的形状是等同的,因为它们的任何点(包括界面上的点)都按照 G 的操作 g_i 相互等同.立体域的数目等于一般位置 RPS 中点的数目,即群阶 n.由此可见,对称物体、函数、图形根据对称群阶划分成 n 个等同部分——立体域,每一部分的体积等于 V/n,这里 V 是物体总体积.这也就是说,从对称变换(2.1)式的不变性[(2.2)式]必然得出物体中存在等同部分.

立体域是给定群的独立(基本)域,因为在这个域内可以给出以 $x_1,\cdots,x_m$ 为变量的完全任意的函数 f,而 G 的对称操作 g_i 自动地由这个 f 得到定义在整个空间中的函数 F.

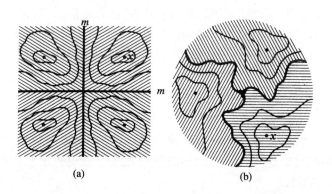

(a)　　　　　　　(b)

图 2.26　由二维群 mm(a)和3(b)形成的不对称独立域

单独取出的独立域本身是不对称的、没有任何对称性,因为按照定义它内部的点不通过群 G 的对称操作相互变换.由于独立域界面可以任意地引入,可以人为地使独立域外形具有某种对称性(图2.27a,b).但是这种对称性只在把

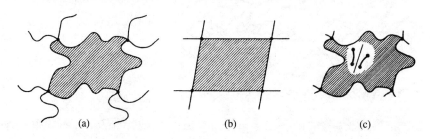

(a)　　　　　　　(b)　　　　　　　(c)

图 2.27　由二维平移群 G_2^0 导出的不对称的(a)和人为地对称化的(b)独立域,
　　　　　以及独立域中两个"分子"的局域点对称性(c)

独立域看做空的空间的"盒子"时才显示出来,一旦在盒子内给出任一函数,我们就立即看到:独立域的点不对称等同,即它本质上是不对称的.

这里必须讲一下某些分子化合物和蛋白质晶体结构中固有的局域对称性.这些结构的空间群决定的不对称域可以包含几个(一般两个)同样的分子,它们,仅仅是它们之间能用对称操作如轴 2 联系起来.这个操作是局域的,不属于空间群 G_3^3.局域轴 2 或其他对称素在晶胞中的位置完全任意(图 2.27c 是一个二维例子).这种不对称域中的局域点对称性被称为非晶体学对称性.在立体域中的局域对称素也被 G_3^3 的所有操作增生.某些结构单元的位置的局域对称性和不对称独立域概念没有矛盾,因为这些单元的外围环境不服从局域对称操作的指挥,局域对称操作的作用范围是有限的.

互相拼接后立体域充满空间,不留空隙.点群决定的立体域是无限的,但它可在特殊点收敛到愈来愈小.可以在球面上把它的界面、从而把它的外形表示出来.周期的间断群决定的立体域是有限的.

直觉和具体的分析都告诉我们:每一个对称群(点群、空间群等)和不对称立体域的特定外形相关.这些外形的表面构造应该唯一地决定立体域的拼接.这些表面的对应部分可被称为互补表面.立体域外形的选择,除了应满足转轴、对称面、反演中心的要求外,是任意的,但立体域的拼接却是单一的,从而可单一地决定一特定的群.如立体域有平的表面,这时必须指明相邻立体域的这些平表面的拼接方法.这些充满空间的图形的相互位置也决定对称群.这就是一般位置的正常图系.

不对称独立域概念在晶体结构的阐明和描述方面有广泛的应用,因为确定了空间群决定的独立域中原子和分子的分布后,整个空间结构也就确定了.

均匀空间中的独立域是有限的.下面以二维群 G_2^2 为例作图说明它的一些性质.二维独立域被称为**平面域**(planion).不同群的平面域可以有曲线界线或直线界线(图 2.28 和 2.57).

图 2.28　二维不对称图形填充的平面(Escher 图),平面群 $pg^{[2.9]}$

填充平面的多边形——直边界图形被称为**平面多边形**（planigon）（图 2.29）.平面多边形可以是一个平面域（一个不对称单元）或若干平面域的对称的拼接.平面划分为平面多边形的种类已经知道有 46 种.如果平面多边形的边互相平行,多边形本身也是相互平行放置的话,则这样的多边形被称为**平行多边形**（parallelgon）.

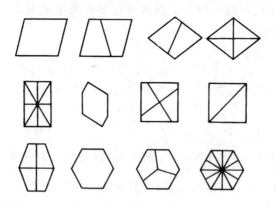

图 2.29 平面多边形和平行多边形的一些例子

另一种充满平面的多边形是平面等边形（isogon）.与平面多边形不同,它们内含正规点系,它们是用直线连接正规点系后形成的.

类似的填充三维空间的情形将在后面的 2.8 节中具体讨论.

2.5.6 对称物体的置换群描述

已经讲过,对称性理论的出发点可以是变换（2.1）式的不变性条件（2.2）式,但是也可以通过物体中存在等同部分的条件来定义对称性（2.1.1 节）.我们已经从（2.1）和（2.2）式得到等同部分——不对称独立域.我们也可以反其道而行之.

设物体由 n 个等同部分组成,其中每一部分相对其他部分（从而相对最近邻部分）的位置都等同,这 n 个部分瓜分了整个物体,不剩下任何空隙.从外界观察这一对称物体后可以给这些等同部分作标记,如给它们编号（图 2.30a）.

等同部分可以改变位置并用相应编号的置换来表示：

$$s = \begin{pmatrix} 1, & 2, & \cdots, & i, & \cdots, & n \\ b_1, & b_2, & \cdots, & b_i, & \cdots, & b_n \end{pmatrix}. \tag{2.71}$$

在（2.71）式中,上一行表示位置的编号 i,下一行表明 i 位置上的部分转移

到了某一个位置 b_i,如图 2.30b 和 2.30c 的置换分别为

$$s_1 = \begin{pmatrix} 1 & 2 & 3 & 4 & 5 \\ 4 & 2 & 3 & 1 & 5 \end{pmatrix}, \quad s_2 = \begin{pmatrix} 1 & 2 & 3 & 4 & 5 \\ 2 & 5 & 3 & 4 & 1 \end{pmatrix}. \tag{2.72}$$

在 s_1 中部分 1 到了位置 4,部分 4 到了位置 1,即 4,1 互换,其他部分不动. s_2 中 3 部分置换:$1 \to 2, 2 \to 5, 5 \to 1$. 在一般情形下,全部 n 个部分改变位置(图 2.30d).可以连续进行两次或几次置换并把最后的结果表述为一次置换.这样的过程称为置换相乘.

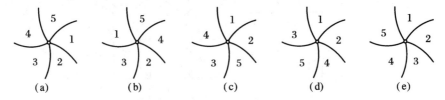

图 2.30　由 5 个等同部分组成的图形和这些部分的一些置换

现在考虑**所有**部分都改变位置(或都不变——"单位"置换)的置换,并且从中选出各部分相对位置(邻居)不变的置换.图 2.30d 和 2.30e 的置换分别为

$$s_3 = \begin{pmatrix} 1 & 2 & 3 & 4 & 5 \\ 2 & 4 & 5 & 3 & 1 \end{pmatrix}, \tag{2.73}$$

$$s_4 = \begin{pmatrix} 1 & 2 & 3 & 4 & 5 \\ 2 & 3 & 4 & 5 & 1 \end{pmatrix}. \tag{2.74}$$

只有 s_4 置换满足上述条件——各部分按循环规则改变位置.

不难看出:n 个部分的这种置换形成群,并且与另一群同形,在上述例子中循环置换与 $2\pi/5$ 旋转群同形.我们可以引入坐标系并进一步考虑这些群的几何性质.由此可见,可以从各部分的等同性和等同位置出发定义对称性,建立对称性理论.

从几何角度看,由变换(2.1)式下物体不变性条件 (2.2)式建立的对称性理论比以物体各部分等同性为基础的理论更为普遍.在普遍理论中得到的等同部分(立体域)可以用完全不同的多种方式选取并且它们的对称分布条件也自动地得出.而在从等同部出发时,须要事先规定这些部分的"形状",事先要求它们占据等同的相对位置.

有趣的是,从置换理论角度看到的对称性概念更广.对称操作(除单位操作以外)既把空间作为整体进行变换,又把每一个独立域变换成另一个.在考察物体中等同的和相对等同放置的各部分时,可以引进的置换操作有:只改变(变换)某些部分的(2.72)式,改变所有部分、不保持相对位置的(2.73)式,以及改

变所有部分、保持相对位置(物体作为一个整体不变)的(2.74)式.可以证明:
(2.73)型的 n 个部分的任意置换的集合是一个群,其中置换的数目等于 $n!$,在
此例子中有 120 个置换.(2.74)型的置换群是任意置换群的子群,并且是对称
操作群的同形群.

2.5.7 对映性(enantimorphism)

任何对称物体可以表示为等同不对称部分(立体域)的拼接.设对称物体的
点群、空间群或其他群是只包含第一类操作(运动)、不含反射和反演的群 G^{I},
这时物体的所有部分相互叠合等同,没有镜像等同部分.这种物体的特例是用
群 1 描述的不对称物体.通过相对任意位置上的面 m 的反射,可以得到和上述
物体镜像等同的物体(图 2.31a 和 b),它也由同样数量叠合等同不对称部分组
成,并和第一个物体的各部分镜像等同.

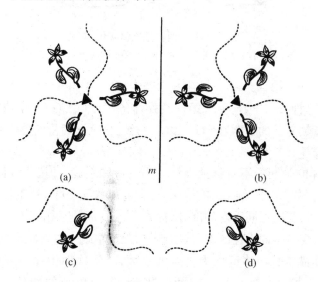

图 2.31 对称图形

(a) 由第一类操作变换得到的对称物体;(b) m 引起的
对映(镜像等同)物;(c),(d) 上两物体中互相对映的独
立域

两个由只含第一类操作的群描述的物体相互镜像等同,它们被称为对映
(enantiomorphous)物.其中随意的一个被称为右旋的,另一个被称为左旋的
(类似于左、右手).它们的镜像等同部分(独立域)也被分别称为右旋的和左旋
的(图 2.31c 和 d).还可以用"手征性"(chirality,来自希腊文的"手"字 $\chi\epsilon\iota\rho$)描述

物体右对映和左对映属性.不少分子和晶体都有对映性(图 2.32).

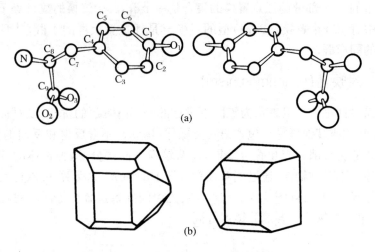

图 2.32　对称性物体实例

(a) L-和 D-酪氨酸分子；(b) 右旋和左旋酒石酸晶体

现在考察任一第二类群 G^{II} 描述的物体.第二类群中既有第一类操作,又有第二类操作,即 $G^{II} \ni g_i^{I}, g_i^{II}$.第一类操作的集合$(g_i^{I} \in G)$组成原先的第二类群 G^{II} 的指数为 2 的子群,即 $G^{II} \supset G^{I} \ni g_i^{I}$,$G^{II}$ 永远是偶数阶的群.由此可得出如下的结论.

上述物体的等同的不对称独立域分为右旋和左旋,即镜像等同的两种,二者的数目相等,并等于子群 G^{I} 的阶 n,二者的总数等于群 G^{II} 的阶 $2n$.任一第二类操作 g_k^{II} 只变换不同手性的部分(如右旋左旋部分互相变换);而任一第一类操作 g_i^{I} 只变换相同手性的部分(右旋→右旋、左旋→左旋).

由群 G^{II} 描述的物体可称为自对映物体,可从这种物体中分出"右旋"和"左旋"部分的集合(图 2.33);这两个集合,作为单个的物体,是对映物体(图 2.31c,d).

两个对映集合中的每一个都可通过同一个群 G^{I} 变换成自身.应当指出:对映物体的点群 $G_0^{3,I}$ 永远是同一个群.对大多数空间群 Φ[①] 来说,这点也

---

① 某些三维周期性对映物体不是用一个,而是用两个对映空间群描述.螺旋轴 N_q 有不同手性,如 3_1 和 3_2(图 2.20),这两种对应的空间群中各有一种轴(见 2.8.8 节).由这对群描述的晶体结构是对映的.例如右旋和左旋水晶中点群都是 32.手性不同的一对空间群的抽象空间群是同形的.

成立.

对映性问题是晶体学和物理中最有趣的问题之一. 在生物学中对映性有着特殊的意义. 由于能量上右旋原子结构和左旋原子结构完全等价(因它们对称等同),二者在数量上似应很相近,在非生物中确实经常是这样. 生物系统的分子组织是突出的例外,一般情形下只有一种("左旋")生物分子. 生物组织的宏观构造没有这种限制,并具有各式各样的对称性. 这里也包括镜像对称、如动物以至人体外形大多数就是这样的. 有些动物和植物的组织具有高的第二类轴对称性;还有些组织具有第一类点对称性,包括不对称的和对映的外形.

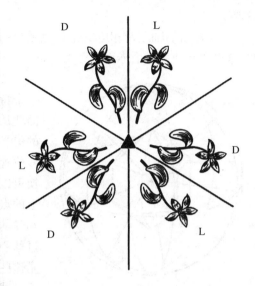

图 2.33 由第二类群描述的物体可分出右旋(D)和左旋(L)部分的集合. 每一集合可用第一类群 3 描述

对映性、对称性和不对称性是物质结构研究、包括基本粒子结构和互作用研究中的基本问题,它们在宇宙理论中也有重要作用.

我们已经阐明了对称群的一般几何性质. 下面考虑各类具体的对称群.

2.6 点对称群

2.6.1 点群的描述和图示

点群对称操作至少保持空间中有一点不动. 我们将介绍全部可能的点群 G_0^3,特别考察 32 种晶体学点群. 用 K 表示这些点群,它们也被称为类(class). 这些群描述晶体外形的对称性和晶体宏观性质的最低对称性.

32 个晶体学点群 K 首先被 Hessel[2.10]发现,后来又被 Gadolin[2.11]独立地发现.

用对称素的轴图及相应的正规点系(或正规图系)可以在平面上做出点群图,这里常常使用极射赤面投影法.

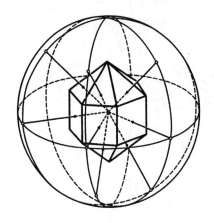

图 2.34 晶体的球面投影

考虑群 G_0^3 中一般位置正规点系的一个特点:因点系中的点相互对称等同,因此从一个特殊的不动的点向点系引出的矢量也相互等同.这表明,任何点群一般位置点处在球面上.因此点群的任何变换可以看成球的本征或非本征转动使球上的点转移到对称等同点.换句话说,G_0^3 和球的(两种)转动群同形.对称轴和面通过球心,它们和球面相交成的点和大圆弧是这些对称素的球面投影(图 2.34).

球面投影非常直观,但作图起来复杂,因此需要绕开它改用平面图,即使用极射赤面投影(图 2.35a).有一种地图把地球表面两个半球表示为两个带经纬线的平面,这就是极射赤面投影.极射赤面投影的赤道相当于球面投影的赤道截面,而两极相当于赤道截面法线和球的交点.所有过球心的截面,即点群的对称面在极射赤面投影中成为大圆弧(特殊情形下是直线),其两端是一条直径的两端(图 2.35b).一般只须将对称素画在上半球投影上,需要区分时,可把上半球投影用圆圈表示,下半球投影用叉(×)表示(图 2.35b).图 2.36 是一个点群的所有对称素的透视图和相应的极射赤面投影.

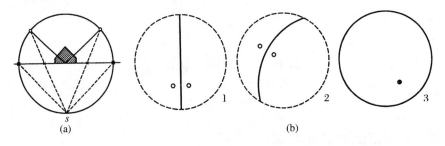

图 2.35 极射赤面投影

(a) 极射赤面投影原理;(b) 对称面 m 在 1. 垂直纸面,2. 倾斜纸面,3. 平行纸面时得到的投影为直径、大圆弧和大圆. m 两侧的镜像等同点用小圆圈(轴的投影)(在上半球)表示

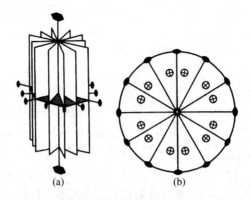

图 2.36　$6/mmm$ 点群的所有对称素的透
视图(a)和极射赤面投影(b)
(b)还标出了对称等同点的投影(在上半球为
圆圈,在下半球为叉)

2.6.2　三维点群 G_0^3 的推导

可以用不同的方法推导出对称群.几乎所有方法的基本点是:检验群生成元素的可能的组合;对这些组合进行群理论或几何分析;证明这一检验已经详尽无遗.还有一些推导对称群的代数方法,其基础是群操作和元素的其他代数类(如置换)之间的同形性.我们将用几何检验法,因为它能给出晶体学中最重要的对称性的空间概念.

点群对称操作包括普通转动 N 和镜像转动 $\tilde{N}$(或反演转动 $\overline{N}$).循环群的特点是只有一个对称素.其他群可以有若干不同种类和方向的对称素交于一特殊点.每一个对称素除了在自己的操作 g_i 作用下变换成自身之外,还把所有对称素变换到等价位置.导出群 G_0^3 的任务可归结为:找到操作 g_i 的封闭集合及相应的对称素的几何组合.

轴 N 使任一和它斜交的轴增生为 N 个,使任一不和它垂直的面增生为 N 个.对称面使和它斜交的面或轴的数目增为二倍.因此"倾斜"对称素将产生新的对称素,而新的对称素会继续产生对称素.显然我们会得到最终的点群,因为最后对称素的作用或几次作用后得到的对称素会和已有的对称素重合.

为了考察对称素的相互作用,需要用到 2.2.4 节中的定理Ⅰ和Ⅲ,即任一轴的作用可以通过它的两个面代替(图 2.9a),两个相交轴的作用等价于第三个轴的作用(图 2.10).

可以只有一个轴 N.如有两个轴 N_1 和 N_2,就会有第三个轴 N_3.把这些轴用球面投影上的大圆联结起来,得到的是球面三角形,整个球面都可分解成这样的一些三角形(图 2.37). 这些三角形顶点处的角 α_i 是相应轴基本旋转角的一半. 球面三角形三个角之和大于 π, 即

$$\frac{2\pi}{2N_1} + \frac{2\pi}{2N_2} + \frac{2\pi}{2N_3} > \pi; \quad \frac{1}{N_1} + \frac{1}{N_2} + \frac{1}{N_3} > 1. \quad (2.75)$$

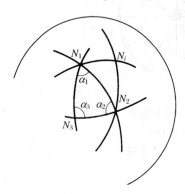

图 2.37 对称轴球面投影形成的球面三角形

这里有几种可能性. 第一种是: $N_1 = 2, N_2 = 2, N_3$ 任意, 即有一个 N_3 主轴, 可表示为 $N22$. 虽然一眼看来, 不同轴的组合有许多种可能性, 实际上由于(2.75)式的限制, 这种组合的数目是很有限的. 其他的可能组合是(直接写出不同轴的名称)332, 432 和 532; 这些就是所谓的转动群. 上述球面三角形引起的对轴的组合的限制, 在某种程度上, 和平移群 T_2 对晶体学轴的限制($N = 1, 2, 3, 4, 6$, 图 2.17)类似. 第二类点群, 根据(2.58)式, 含有由全部转动组成的子群($G_0^{3,\mathrm{II}} \supset G_0^{3,\mathrm{I}}$)也只可能是上述轴的组合.

点群的数目无限多. 根据舒勃尼柯夫[2.7,2.8], 把它们分为族. 族的特征是: 一定的群生成元和这些生成元之间的关系, 以及连续极限群; 一个族内的所有群都是极限群的子群. 每一给定的族中含有晶体学群 K. 族用国际符号和熊夫利符号表示. 每一族都有一示意图, 上部是族的符号, 下面是群的生成元和极限群. 必要时指出对称素的相互位向. 对只有一个主轴 N 或 $\tilde{N}$ 的群, 要分行写出其奇数阶和偶数阶的轴. 奇数行中的前两个、偶数行中的前三个是晶体学群 K.

偶数和奇数行的显著差别来源于相应群的特殊性, 其中之一是: 是否存在方向的极性. 对每一族中的晶体学群都作图表示出它们的对称素的集合.

2.6.3 点群族

先从由第一类群组成的族开始.

Ⅰ. 旋转群 N—C_n(图 2.38, 图 2.19a):

$$N \quad \begin{array}{cccccc} 1 & 3 & 5 & 7 & \cdots & \\ & & & & & \infty. \\ 2 & 4 & 6 & 8 & \cdots & \end{array}$$

这是循环群. 除数 $n = N$, $g_i^n = g_0 = e$, 只有一个对称素轴 N. 轴上任何点都是特殊点. 如 $n = n_1 n_2$, 即轴

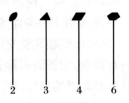

图 2.38 晶体学转动群对称素的集合

N 同时和轴 N_1、N_2 重合,即群 N 包含子群 N_1、N_2. 奇数群中所有方向都是极性的,偶数群中和 N 垂直的方向是非极性的. 这些群中的主轴 N 始终是极性的.

Ⅱ. 群 $N2$—D_n(图 2.39).

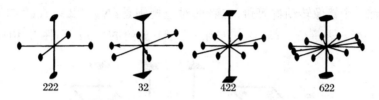

图 2.39 $N2$—D_n 族中晶体学群对称素的集合

$$
\begin{array}{cccc}
(12 = 2) & 32 & 52 & 72\cdots \\
\end{array}
$$

$$N,2(2 \perp N) \qquad\qquad\qquad\qquad\qquad\qquad \infty 2.$$

$$
\begin{array}{ccc}
22 = 222 & 42 = 422 & 62 = 622 \quad\cdots
\end{array}
$$

只有一个主轴时,$2 \perp N$ 条件一定满足,否则轴 2 将给出另外的 N 轴. 垂直的轴 2 使 N 轴转动后与自身重合. 括号中的 12 群就是族Ⅰ中的群 2(2 的方向不同).

所有这些群的对称素是主轴 N 和 n 个轴 2. 奇数群中有 n 个轴 2 是很明显的,主轴 N 使与它垂直的轴 2 增生为 n 个. 在偶数群中轴 N 使轴 2 增为 $n/2$ 个,因为轴 N 每两个操作产生的轴 2 重合(虽然"头尾"相反),但 N 和 2 操作的乘积 $N \cdot 2$ 会产生另外 $n/2$ 个轴 2. 这里举一个主轴为 2 的最简单的例子(图 2.39). 主轴 2 和垂直于它的轴 2 是互相对称的,看起来似乎这个群只有两个轴 2(包括一个主轴 2). 但根据欧拉定理(图 2.10)应当派生出第三个与二者都垂直的轴 2. 因为这个第三个轴不是由第二个轴经对称操作导出的,国际符号将它写成群 222,而不是 22(虽然后一种写法已经足够,它已包含可派生的第三个轴). 这一族中的其他偶次群的情况类似.

Ⅱ族主轴 N 是非极性的. 这个族的群阶是 $2n$,它包含有子群 N 和 2.

现在讨论有一个主轴和第二类操作的群.

Ⅲa. 反演转动群 $\overline{N}$—S(图 2.40,图 2.19b).

$$
\begin{array}{cccccc}
\overline{N} & \overline{1} & \overline{3} & \overline{5} & \overline{7} & \overline{9} & \cdots \\
\end{array}
$$

$$
\begin{array}{ccccc}
\overline{2} = m & \overline{4} & \overline{6} = 3/m & \overline{8} & \overline{10} = 5/m\cdots
\end{array}
$$

$$\infty/m.$$

$$
\begin{array}{ccccccccc}
 & & \tilde{1} & & & \tilde{3} & & & \tilde{5}\cdots \\
\widetilde{N} & & & & & & & & \\
 & \tilde{2} & & \tilde{6}\quad\tilde{4} & \widetilde{10} & & \widetilde{14}\quad\tilde{8} & \widetilde{18} &
\end{array}
$$

所有这些反演转动群都是循环群. $\overline{N}_{偶}$ 的群阶为 n, $\overline{N}_{奇}$ 为 $2n$. 每一个反演转动群和一个镜像转动群等价. 二者的对应规则是: $\overline{N}_{奇}=\widetilde{2N}$; $\widetilde{N}_{奇}=\overline{2N}$; 阶数为4,8,…时二者等价. 群 $\overline{2},\overline{6},\overline{10}$实际上是Ⅲb族的 $N_{奇}/m$ 群(图2.40).

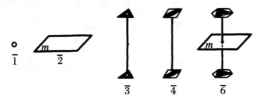

图2.40 反演转动晶体学群 $\overline{N}$—S 对称素的集合

现在讨论既有一个主轴 N 又有面 m 的群. 这里有两种位置; m 垂直 N, 记为 N/m; N 在 m 之中, 记为 Nm. 取主轴为垂直方向, 按照熊夫利的建议, 把第一类群记为 C_{nh}(h: 水平面), 第二类群记为 C_{nv}(v: 垂直面).

Ⅲb. 群 N/m—C_{nh}(图2.41)

$$
\begin{array}{ccccc}
 & (1/m=m) & (3/m=\overline{6}) & (5/m=\overline{10})\cdots & \\
N,m(m\perp N) & & & & \infty/m. \\
 & 2/m & 4/m & 6/m\cdots &
\end{array}
$$

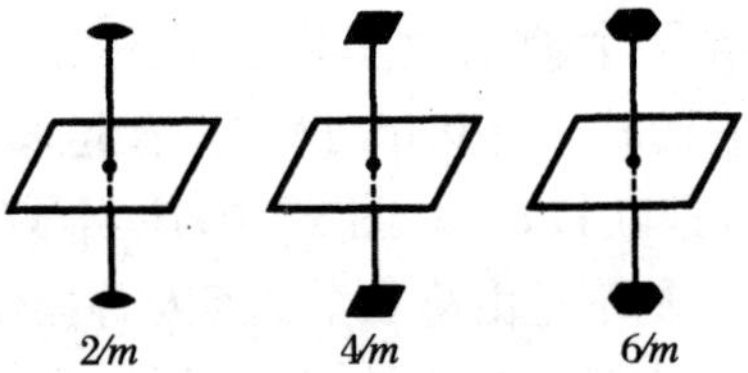

图2.41 有和主轴垂直的镜面的晶体学群
N/m—C_{nh}对称素的集合

群阶为 $2n$. 有奇数轴 N 的群(带括号)已经包含在Ⅲa族中. Ⅲa和Ⅲb族有同一个极限群, 可以把它们看成一个族的两个子族.

Ⅳ. 群 Nm—C_{nv}(图2.42)

$$
\begin{array}{ccccc}
 & (1m=m) & 3m & 5m & \cdots \\
N,m(N\in m) & & & & \infty mm. \\
 & 2m=2mm & 4m=4mm & 6m=6mm\cdots &
\end{array}
$$

这族群除主轴外还有 n 个通过主轴的对称面. 奇数主轴产生 n 个面是很明显的;偶数轴产生 n 个面的说明与 $N2$ 群(Ⅱ轴)产生 n 个轴 2 的说明类似. 因此,第二行的符号为 Nmm. 群 Nm 的阶为 $2n$.

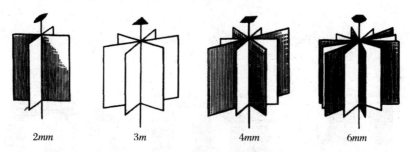

图 2.42 Nm—C_{nv} 晶体学群(镜面和主轴重合)的对称素的集合

下面考虑对称面和反演(或镜像)轴的组合. 如二者垂直,得不到新的群,因为反演(镜像)转动群本身是 N/m 群的子群. 面和轴重合时产生新的群.

Ⅴa. 群 $\overline{N}m$—D_{nd}(图 2.43)

$$(\overline{1}m = 2/m) \qquad \overline{3}m \qquad \overline{5}m \qquad \cdots$$

$\overline{N}, m(\overline{N} \in m)$ $\qquad\qquad\qquad\qquad\qquad\qquad\qquad\qquad \infty/mm.$

$$(\overline{2}m = 2mm) \quad \overline{4}m = \overline{4}2m \quad \overline{6}m = \overline{6}m2\cdots$$

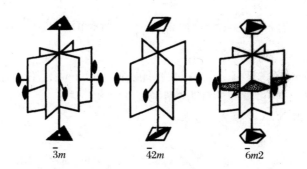

图 2.43 $\overline{N}m$—D_{nd} 晶体学群(镜面和反演转轴重合)
的对称素的集合

在这些群中除了生成元素外还产生与 $\overline{N}$ 垂直的轴 2,在奇数和四倍数群中这些轴 2 平分对称面之间的夹角.

下面考虑既有水平面又有垂直面的群.

Ⅴb. 群 $\dfrac{N}{m}m$—D_{nh}(图 2.44)

$$N, m_\perp, m_\parallel \, (N \in m_\parallel)$$

$$\left(\frac{1}{m}m = mm2\right) \quad \left(\frac{3}{m}m = \overline{6}m2\right) \quad \left(\frac{5}{m}m = \overline{10}m2\right) \cdots$$

$$\infty/mm.$$

$$\frac{2}{m}m = mmm \qquad \frac{4}{m}m = 4/mmm \qquad \frac{6}{m}m = 6/mmm \cdots$$

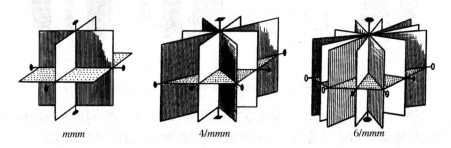

mmm   *4/mmm*   *6/mmm*

图 2.44 $\frac{N}{m}m$—D_{nh} 晶体学群(镜面既和主轴重合,又和主轴垂直)的对称素的集合

水平面和垂直面 m 相交产生轴 2.因此完整的偶数群的符号为

$$\frac{2}{m}\frac{2}{m}\frac{2}{m}; \quad \frac{4}{m}\frac{2}{m}\frac{2}{m}; \quad \frac{6}{m}\frac{2}{m}\frac{2}{m}.$$

这一族的所有群阶为 $4n$.极限群为 $\frac{\infty}{m}m$,所有前面的 Ⅰ—Ⅴ族,包括它们的极限群都是这个极限群的子群.

我们已经介绍完只有一个主轴的可能的点群.下面介绍带有斜交轴的群,我们在前面已提到过,这样的群为数不多.

Ⅵ. 转动群 $N_1 N_2$(图 2.45)

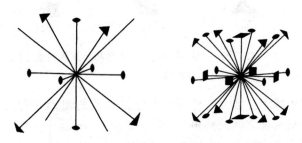

图 2.45   立方晶体学转动群的对称素的集合

和 Ⅰ、Ⅱ族相同,这些群是第一类群.Ⅰ,Ⅱ,Ⅵ这三族群组成 $G_0^{3,\,\mathrm{I}}$ 中的全

部群.

对称素:3;2,4,5

群:23—T;432—O,532—Y

极限群:∞ ∞

三个群的阶分别为 12,24,60.前两个群是晶体学群 K.这些群具有"倾斜"转轴,按(2.75)式,一共只有 3 个.

加上面 m(或 $\bar{1}$),得到下面的第二类群.

Ⅶ. 群 $\overline{N}_1 N_2$(图 2.46)

对称素:3;$\bar{1}$,m;2,4,5

群:$m\bar{3}$—T_h,$\bar{4}3m$—T_d,$m\bar{3}m$—O_h,$m\bar{5}m$—Y_h

极限群:∞ ∞ m

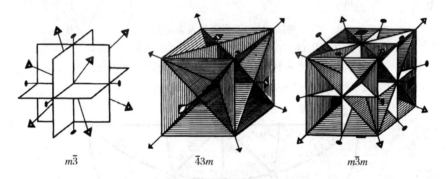

$m\bar{3}$　　　　$\bar{4}3m$　　　　$m\bar{3}m$

图 2.46　有反射的立方晶体学群的对称素的集合

这些群具有"倾斜"本征、非本征转轴和镜面.通过轴 2(或反演中心)向 23 群加面 m,得到 $m\bar{3}$ 群,这个群也可记为 $\tilde{6}/2$ 或 $\bar{3}/2.m$ 过轴 3 加到 23 群,得到 $\bar{4}3m$ 群,原来的轴 2 变为 $\bar{4}$.这个群不含 $\bar{1}$.向 432 群加面 m(或 $\bar{1}$)得 $m\bar{3}m$ 群,其中的对称面过轴 4,3 和 2,而且轴 3 实际上已变成 $\tilde{6}=\bar{3}$.其他位置上的对称面将产生附加的对称轴,但这些轴是有限群所不允许的.类似地向 532 群加面 m 得到 $m\bar{5}m$ 群.

上述群的阶分别为 24,24,48,120;前面的三个群是晶体学群 K.

群Ⅵ和Ⅶ是可把正多边形变换成自身的群(只须旋转或再加上反射)(图 2.47).这里的所有晶体学群都是可把立方体或正八面体变换成自身的群 O_h 的子群(图 2.47a,b),因此这些群被称为立方群.群 T 和 T_d 可把正四面体变换成自身(图 2.47c).图 2.48 给出了立方群中轴之间的夹角.从四面体中心到顶点的轴之间的四面体角(轴 3 间角)等于 $109°28'16''$.

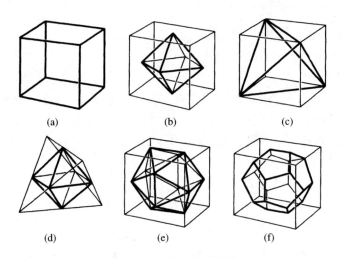

图 2.47 正多面体及其联系

(a) 立方体；(b),(c) 画在立方体中的八面体和四面体；
(d) 四面体和八面体间的联系；(e),(f) 画在立方体中的
二十面体和十二面体

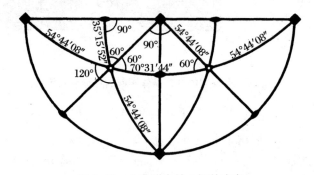

图 2.48 立方群中轴之间的夹角

群 Y, Y_h 是二十面(三角形面)体或十二面(五边形面)体群(图 2.47e,f). 这些非晶体学群是很有趣的,因为它们能描述封闭的赝球状物体,如各种人工壳层建筑等(图 2.50a),在一系列原子结构中也观察到了二十面体堆积(图 2.50b).当然这是一种局域对称形,因为晶体中不允许五重轴.所谓球状病毒也有二十面体对称性(见卷 2,图 2.29).

以上介绍的是所有点群 G_0^3,它们的数目无限多;可分为 7 族(共 9 个子族),其中最后两族中群的数目是有限的;晶体学群 K 的数目是 32 个.图 2.49 按族和子族给出了点群的极射赤面投影,连续极限群和具有相应极限对

称性的图形.

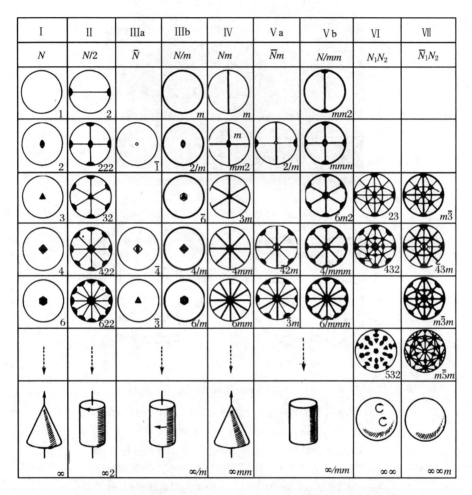

I	II	IIIa	IIIb	IV	Va	Vb	VI	VII
N	$N/2$	$\bar{N}$	N/m	Nm	$\bar{N}m$	N/mm	N_1N_2	$\bar{N}_1N_2$
1	2		m	m		$mm2$		
2	222	$\bar{1}$	$2/m$	$mm2$	$2/m$	mmm		
3	32	$\bar{6}$	$3m$		$3m$	$6m2$	23	$m\bar{3}$
4	422	$\bar{4}$	$4/m$	$4mm$	$\bar{4}2m$	$4/mmm$	432	$\bar{4}3m$
6	622	$\bar{3}$	$6/m$	$6mm$	$\bar{3}m$	$6/mmm$		$m\bar{3}m$
							532	$m\bar{5}m$
∞	$\infty 2$		∞/m	∞mm		∞/mm	$\infty\infty$	$\infty\infty m$

图 2.49　32 种晶体学群,2 种二十面体群,它们的极限群及其图形

对称面用粗线表示.图形上的圆箭头指明整个图形或面上各点的转动,直线箭头是极
性方向

　　本征和非本征转动极限群 $\infty\infty m$ 包含了所有点群(作为子群),包括 I—V
族极限群. $\infty\infty$ 转动极限群包含了所有第一类点群(I,II,VI族).

　　我们没有特别讲到二维点群.很容易找到它们.存在特殊点的平面只能通
过这一点上的转动点 N 或再加上通过这一点的对称线进行对称变换.因此不
难看出,所有 G_0^2 群是 N 群或 Nm 群,即和 I,IV 族三维群同形.二维晶体学点
群共 10 个(图 2.49 中的 I 族、IV 族).

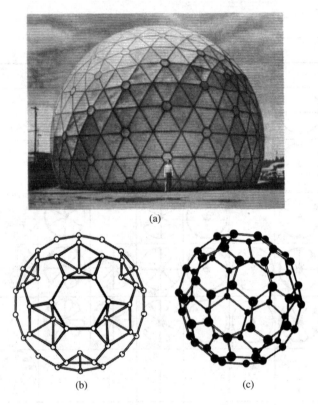

(a)

(b)   (c)

图 2.50   二十面体对称性 Y_h—$m\bar{5}m$ 物体

(a) 赝球状建筑由符合二十面体对称的三角形组成,在 12 个点上三角形拼成五边形;(b) 在一种硼变态中由 84 个原子联成的外层结构上半部分.结构有二十面体对称性.内部还有未画出的正二十面体,其中的硼与外层"压缩"的硼原子成键[2.12];(c) 由 60 个 C 原子组成的同素异形 C_{60} 分子

2.6.4   点群的类别

图 2.49 和表 2.3—2.5 给出了所有晶体学点群及它们的一些特征.在表 2.3 中除了国际符号和熊夫利符号外还用了方便的舒勃尼柯夫符号("·"表示对称素平行,":"表示垂直,斜线表示斜交).表中写出了"对称性公式"(所有对称素名称和数量)以及类的名称.表 2.5 给出了生成操作的矩阵.这些矩阵和坐标轴的选择有关.和晶体对称性对应的坐标选择的一定法则被称为晶体的放置(见 3.2.1 节和表 3.5).

表 2.3 32 种点对称群的符号和名称

晶系	国际符号	舒勃尼柯夫符号	熊夫利符号	对称性公式	晶类名称
三斜	1	1	C_1	L_1	单面
	$\bar{1}$	$\tilde{2}$	$C_i = S_2$	C	平行双面
单斜	2	2	C_2	L^2	轴双面
	m	m	$C_{1h} = C_s$	P	反映双面
	$2/m$	$2:m$	C_{2h}	L^2PC	斜方柱
正交	222	$2:2$	$D_2 = V$	$3L^2$	斜方四面体
	$mm2$	$2 \cdot m$	C_{2v}	$L^2 2P$	斜方单锥
	mmm	$m \cdot 2:m$	$D_{2h} = V_h$	$3L^2 3PC$	斜方双锥
四方	4	4	C_4	L^4	四方单锥
	422	$4:2$	D_4	$L^4 L^2$	四方偏方面体
	$4/m$	$4:m$	C_{4h}	$L^4 PC$	四方双锥
	$4mm$	$4 \cdot m$	C_{4v}	$L^4 4P$	复四方单锥
	$4/mmm$	$m \cdot 4:m$	D_{4h}	$L^4 L^2 5PC$	复四方双锥
	$\bar{4}$	$\tilde{4}$	S_4	L_4^2	四方四面体
	$\bar{4}2m$	$\tilde{4} \cdot m$	$D_{2d} = V_d$	$L_4^2 2L^2 2P$	复四方偏三角面体
三角	3	3	C_3	L^3	三方单锥
	32	$3:2$	D_3	$L^3 3L^2$	三方偏方面体
	$3m$	$3 \cdot m$	C_{3v}	$L^3 3P$	复三方单锥
	$\bar{3}$	$\tilde{6}$	$3_i = S_6$	$L_6^3 C$	菱面体
	$\bar{3}m$	$\tilde{6} \cdot m$	D_{3d}	$L_6^3 3L^2 3PC$	复三方偏三角面体
六角	$\bar{6}$	$3:m$	C_{3h}	$L^3 P$	三方双锥
	$\bar{6}m2$	$m \cdot 3:m$	D_{3h}	$L^3 3L^2 4P$	复三方双锥
	6	6	C_6	L^6	六方单锥
	622	$6:2$	D_6	$L^6 6L^2$	六方偏方面体
	$6/m$	$6:m$	C_{6h}	$L^6 PC$	六方双锥
	$6mm$	$6 \cdot m$	C_{6v}	$L^6 6P$	复六方单锥
	$6/mmm$	$m \cdot 6:m$	D_{6h}	$L^6 6L^2 7PC$	复六多双锥

续表

晶系	国际符号	舒勃尼柯夫符号	熊夫利符号	对称性公式	晶类名称
	23	3/2	T	$3L^2 4L^3$	五角三四面体
	$m\bar{3}$	$\bar{6}/2$	T_h	$3L^2 4L_6^3 3PC$	偏方复十二面体
立方	$\bar{4}3m$	$3/\tilde{4}$	T_d	$3L_4^2 4L^3 6P$	六四面体
	432	3/4	O	$3L^4 4L^3 6L^2$	五角三八面体
	$m\bar{3}m$	$\tilde{6}/4$	O_h	$3L^4 4L_6^3 6L^2 9PC$	六八面体

注　在"对称性公式"中我们使用了一些教科书中的符号, L, C, P 分别是对称轴、中心和面, 每个符号前的数是对称素的数目.

表 2.4　转动、反演和镜面群 K

转动群 K^{I}	群 K^{II}	
	反演	镜面
1	$\bar{1}(=1\otimes\bar{1})$	$m(=1\otimes m)$
2	$2/m=2\otimes\bar{1}$	$mm2=2\otimes m$
3	$\bar{3}=3\otimes\text{I}$	$\bar{6}=3\otimes m$; $3m=3\text{Ⓢ}m$
4	$4/m=4\otimes\bar{1}$	$4mm=4\text{Ⓢ}m$; $\bar{4}$
$6=3\otimes2$	$6/m=6\otimes\bar{1}$	$6mm=6\text{Ⓢ}m$
$222=2\otimes2$	$mmm=222\otimes\bar{1}$	$\bar{4}2m=222\text{Ⓢ}m$
$32=3\text{Ⓢ}2$	$3m=32\otimes\bar{1}$	$\bar{6}m2=32\otimes m$
$422=4\text{Ⓢ}2$	$4/mmm=422\otimes\bar{1}$	—
$622=6\text{Ⓢ}2$	$6/mmm=622\otimes\bar{1}$	—
$23=222\text{Ⓢ}3$	$m\bar{3}=23\otimes\bar{1}$	$\bar{4}3m=23\text{Ⓢ}m$
$432=23\text{Ⓢ}2$	$m\bar{3}m=432\otimes\bar{1}$	—

　　点群的类别有一系列标志. 我们的推导中已经按极限对称群进行分类. 我们将会看到: 极限群在分析晶体物理性质中有重要作用. 当然还可以按物性分析的其他标志对晶体学群进行分类. 如按对称操作性质划分族, 则只有转动轴的 Ⅰ, Ⅱ, Ⅵ 族属第一类(这些族中可出现对映性), 其他的族属第二类.

　　点群分为族的上述结论实质上是考察最简单群的可能的直积和半直积 [(2.41)、(2.42)式]的结果, 这些简单的群是轴 N, 反演 $\bar{1}$ 和反射 m, 考察的是它们的几何上允许的相互位向.表2.4把32个点群 K 表示为简单群的乘积.表中的反演群可包含 m 面,而其中的镜像群不包含反演中心;群 $\bar{4}$ 有条件地放在镜像群中,它既无 m 又无 $\bar{1}$,它是 $4/m$ 群的非平庸子群,即 $4/m = 4 \otimes \bar{1} \supset \bar{4}$.

32个 K 群中有11个第一类群 K^{I} 和21个第二类群 K^{II},后者中又有11个有反演中心的群.按照存在一个主轴来区分,得到Ⅰ—Ⅴ族,按照存在几个三重轴及更高重轴,得到Ⅵ—Ⅶ族立方群.下面是各个族的极限群的从属关系:

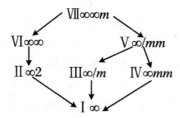

每个下一层的群是上一层由箭头联系的群的子群.对每一个具体的点群也可以画出类似的从属关系图.对每一个点群可以找到自己的"母群".所有32个 K 群是两个(立方 $m\bar{3}m$ 和六角 $6/mmm$)的子群.

另一种重要区分是把32个晶体学群分为7个晶系,即按晶体空间点阵的点对称性特征区分,它表现在晶胞的对称性中并用基矢及其夹角的关系来表示.这种区分的特点是:被考察的晶体学对称性是由晶体的空间点阵决定的.在下面的2.8节中将详细讨论点阵对称性及晶系的区分,现在只介绍一些要点.

晶系的特征和 K 群按晶系的分类已在表2.3和表2.5中给出.在三斜系中3个周期都不等($a \neq b \neq c$),轴间的角也都不等($\alpha \neq \beta \neq \gamma$);在高的立方系中,$a = b = c, \alpha = \beta = \gamma = 90°$.其他系(六角、三角或菱形、四方、正交系)处于中间状态,3个角中1—3个是90°(或60°),3个周期中2—3个相等.

表2.5 点群的生成矩阵

晶系和度规关系	国际符号	直角坐标系中的生成矩阵
三斜 $a \neq b \neq c,$ $\alpha \neq \beta \neq \gamma,$	1	$\begin{bmatrix} 1 & 0 & 0 \\ 0 & 1 & 0 \\ 0 & 0 & 1 \end{bmatrix}$
	$\bar{1}$	$\begin{bmatrix} -1 & 0 & 0 \\ 1 & -1 & 0 \\ 0 & 0 & -1 \end{bmatrix}$

续表

晶系和度规关系	国际符号	直角坐标系中的生成矩阵
	2	$\begin{bmatrix} -1 & 0 & 0 \\ 0 & -1 & 0 \\ 0 & 0 & 1 \end{bmatrix}$
单斜 $a \neq b \neq c$, $\gamma \neq \alpha = \beta = 90°$	m	$\begin{bmatrix} 1 & 0 & 0 \\ 0 & 1 & 0 \\ 0 & 0 & -1 \end{bmatrix}$
	$2/m$	$\begin{bmatrix} -1 & 0 & 0 \\ 0 & -1 & 0 \\ 0 & 0 & 1 \end{bmatrix} \begin{bmatrix} 1 & 0 & 0 \\ 0 & 1 & 0 \\ 0 & 0 & -1 \end{bmatrix}$
	222	$\begin{bmatrix} 1 & 0 & 0 \\ 0 & -1 & 0 \\ 0 & 0 & -1 \end{bmatrix} \begin{bmatrix} -1 & 0 & 0 \\ 0 & -1 & 0 \\ 0 & 0 & 1 \end{bmatrix}$
正交 $a \neq b \neq c$, $\alpha = \beta = \gamma = 90°$	$mm2$	$\begin{bmatrix} -1 & 0 & 0 \\ 0 & 1 & 0 \\ 0 & 0 & 1 \end{bmatrix} \begin{bmatrix} -1 & 0 & 0 \\ 0 & -1 & 0 \\ 0 & 0 & 1 \end{bmatrix}$
	mmm	$\begin{bmatrix} -1 & 0 & 0 \\ 0 & 1 & 0 \\ 0 & 0 & 1 \end{bmatrix} \begin{bmatrix} 1 & 0 & 0 \\ 0 & -1 & 0 \\ 0 & 0 & 1 \end{bmatrix} \begin{bmatrix} 1 & 0 & 0 \\ 0 & 1 & 0 \\ 0 & 0 & -1 \end{bmatrix}$
	4	$\begin{bmatrix} 0 & 1 & 0 \\ -1 & 0 & 0 \\ 0 & 0 & 1 \end{bmatrix}$
四方 $a = b \neq c$, $\alpha = \beta = \gamma = 90°$	$\bar{4}$	$\begin{bmatrix} 0 & -1 & 0 \\ 1 & 0 & 0 \\ 0 & 0 & -1 \end{bmatrix}$
	422	$\begin{bmatrix} 0 & 1 & 0 \\ -1 & 0 & 0 \\ 0 & 0 & 1 \end{bmatrix} \begin{bmatrix} 1 & 0 & 0 \\ 0 & -1 & 0 \\ 0 & 0 & -1 \end{bmatrix}$
	$4/m$	$\begin{bmatrix} 0 & 1 & 0 \\ -1 & 0 & 0 \\ 0 & 0 & 1 \end{bmatrix} \begin{bmatrix} 1 & 0 & 0 \\ 0 & 1 & 0 \\ 0 & 0 & -1 \end{bmatrix}$

续表

晶系和度规关系	国际符号	直角坐标系中的生成矩阵
	$4mm$	$\begin{bmatrix} 0 & 1 & 0 \\ -1 & 0 & 0 \\ 0 & 0 & 1 \end{bmatrix}$ $\begin{bmatrix} -1 & 0 & 0 \\ 0 & 1 & 0 \\ 0 & 0 & 1 \end{bmatrix}$
四方 $a=b\neq c$, $\alpha=\beta=\gamma=90°$	$\bar{4}2m$	$\begin{bmatrix} 0 & -1 & 0 \\ 1 & 0 & 0 \\ 0 & 0 & -1 \end{bmatrix}$ $\begin{bmatrix} 1 & 0 & 0 \\ 0 & -1 & 0 \\ 0 & 0 & -1 \end{bmatrix}$
	$4/mmm$	$\begin{bmatrix} 0 & 1 & 0 \\ -1 & 0 & 0 \\ 0 & 0 & 1 \end{bmatrix}$ $\begin{bmatrix} 1 & 0 & 0 \\ 0 & 1 & 0 \\ 0 & 0 & -1 \end{bmatrix}$ $\begin{bmatrix} -1 & 0 & 0 \\ 0 & 1 & 0 \\ 0 & 0 & 1 \end{bmatrix}$
	3	$\begin{bmatrix} -1/2 & \sqrt{3}/2 & 0 \\ -\sqrt{3}/2 & -1/2 & 0 \\ 0 & 0 & 1 \end{bmatrix}$
	$\bar{3}$	$\begin{bmatrix} 1/2 & -\sqrt{3}/2 & 0 \\ \sqrt{3}/2 & 1/2 & 0 \\ 0 & 0 & -1 \end{bmatrix}$
三角 $a=b=c$, $\alpha=\beta=\gamma\neq90°$ （菱形轴，也可用 六角轴）	32	$\begin{bmatrix} -1/2 & \sqrt{3}/2 & 0 \\ -\sqrt{3}/2 & -1/2 & 0 \\ 0 & 0 & 1 \end{bmatrix}$ $\begin{bmatrix} 1 & 0 & 0 \\ 0 & -1 & 0 \\ 0 & 0 & -1 \end{bmatrix}$
	$3m$	$\begin{bmatrix} -1/2 & \sqrt{3}/2 & 0 \\ -\sqrt{3}/2 & -1/2 & 0 \\ 0 & 0 & 1 \end{bmatrix}$ $\begin{bmatrix} -1 & 0 & 0 \\ 0 & 1 & 0 \\ 0 & 0 & 1 \end{bmatrix}$
	$\bar{3}m$	$\begin{bmatrix} 1/2 & -\sqrt{3}/2 & 0 \\ \sqrt{3}/2 & 1/2 & 0 \\ 0 & 0 & -1 \end{bmatrix}$ $\begin{bmatrix} -1 & 0 & 0 \\ 0 & 1 & 0 \\ 0 & 0 & 1 \end{bmatrix}$
六角 $a=b\neq c$, $\alpha=\beta=90°$, $\gamma=120°$	6	$\begin{bmatrix} 1/2 & \sqrt{3}/2 & 0 \\ -\sqrt{3}/2 & 1/2 & 0 \\ 0 & 0 & 1 \end{bmatrix}$
	$\bar{6}$	$\begin{bmatrix} -1/2 & -\sqrt{3}/2 & 0 \\ \sqrt{3}/2 & -1/2 & 0 \\ 0 & 0 & -1 \end{bmatrix}$

续表

晶系和度规关系	国际符号	直角坐标系中的生成矩阵
	$\bar{6}m2$	$\begin{bmatrix} -1/2 & -\sqrt{3/2} & 0 \\ \sqrt{3/2} & -1/2 & 0 \\ 0 & 0 & -1 \end{bmatrix}$ $\begin{bmatrix} -1 & 0 & 0 \\ 0 & 1 & 0 \\ 0 & 0 & 1 \end{bmatrix}$
六角 $a=b\neq c,$ $\alpha=\beta=90°,$ $\gamma=120°$	622	$\begin{bmatrix} 1/2 & \sqrt{3/2} & 0 \\ -\sqrt{3/2} & 1/2 & 0 \\ 0 & 0 & 1 \end{bmatrix}$ $\begin{bmatrix} 1 & 0 & 0 \\ 0 & -1 & 0 \\ 0 & 0 & -1 \end{bmatrix}$
	$6/m$	$\begin{bmatrix} 1/2 & \sqrt{3/2} & 0 \\ -\sqrt{3/2} & 1/2 & 0 \\ 0 & 0 & 1 \end{bmatrix}$ $\begin{bmatrix} 1 & 0 & 0 \\ 0 & 1 & 0 \\ 0 & 0 & -1 \end{bmatrix}$
	$6mm$	$\begin{bmatrix} 1/2 & \sqrt{3/2} & 0 \\ -\sqrt{3/2} & 1/2 & 0 \\ 0 & 0 & 1 \end{bmatrix}$ $\begin{bmatrix} -1 & 0 & 0 \\ 0 & 1 & 0 \\ 0 & 0 & 1 \end{bmatrix}$
	$6/mmm$	$\begin{bmatrix} 1/2 & \sqrt{3/2} & 0 \\ -\sqrt{3/2} & 1/2 & 0 \\ 0 & 0 & 1 \end{bmatrix}$ $\begin{bmatrix} 1 & 0 & 0 \\ 0 & 1 & 0 \\ 0 & 0 & -1 \end{bmatrix}$ $\begin{bmatrix} -1 & 0 & 0 \\ 0 & 1 & 0 \\ 0 & 0 & 1 \end{bmatrix}$
	23	$\begin{bmatrix} -1 & 0 & 0 \\ 0 & -1 & 0 \\ 0 & 0 & 1 \end{bmatrix}$ $\begin{bmatrix} 0 & 1 & 0 \\ 0 & 0 & 1 \\ 1 & 0 & 0 \end{bmatrix}$
	432	$\begin{bmatrix} 0 & 1 & 0 \\ -1 & 0 & 0 \\ 0 & 0 & 1 \end{bmatrix}$ $\begin{bmatrix} 0 & 1 & 0 \\ 0 & 0 & 1 \\ 1 & 0 & 0 \end{bmatrix}$
立方 $a=b=c,$ $\alpha=\beta=\gamma=90°$	$m\bar{3}$	$\begin{bmatrix} 1 & 0 & 0 \\ 0 & 1 & 0 \\ 0 & 0 & -1 \end{bmatrix}$ $\begin{bmatrix} 0 & -1 & 0 \\ 0 & 0 & -1 \\ -1 & 0 & 0 \end{bmatrix}$
	$\bar{4}3m$	$\begin{bmatrix} 0 & -1 & 0 \\ 1 & 0 & 0 \\ 0 & 0 & -1 \end{bmatrix}$ $\begin{bmatrix} 0 & 1 & 0 \\ 0 & 0 & 1 \\ 1 & 0 & 0 \end{bmatrix}$
	$m\bar{3}m$	$\begin{bmatrix} 0 & 1 & 0 \\ -1 & 0 & 0 \\ 0 & 0 & 1 \end{bmatrix}$ $\begin{bmatrix} 0 & -1 & 0 \\ 0 & 0 & -1 \\ -1 & 0 & 0 \end{bmatrix}$ $\begin{bmatrix} 0 & 1 & 0 \\ 1 & 0 & 0 \\ 0 & 0 & -1 \end{bmatrix}$

注：上述矩阵(a_{ij})对应于点的坐标的变换(2.4),(2.6)式.矩阵元等于原来的 X_i 轴和后来的 X'_i 轴间的余弦,即 $a_{ij}=\cos(\widehat{X'_i,X_j})$,见 2.2.3 节.

K 群是晶体习惯外形的对称群. 群和晶系可从外形的测量[1]得出, 它们也可由 X 射线定出. 属于一个晶系的群 K 是晶系最高群的子群. 最高的群被称为完整外形群, 它来源于对晶体的完整多面体外形的观察(3.2.4 节).

点对称性不仅可描述晶体习惯外形, 还可描述晶体性质. 一个晶体的外形的点群 K 和性质的点群 G_{p_i} 可以不同, 但它们之间有如下的联系: 它们全是族的极限群 $G_{\lim}$ 的子群, 极限群本身也可以是某些性质的最高群, 性质的点群 G_{p_i} 是群 K 的母群, 而外形的 K 群是最低的群, 由此可见, $G_{\lim} \supseteq G_{p_i} \supseteq K$. 这种晶体物理性质有不同的、但有从属关系的点对称性的现象被称为**最大和最小对称性原理**.

如果晶体受到的外界效应的点群是 G', 它将使现象的对称性降低, 观察到的性质的对称性 G_{p_i} 将由关系 $G_{p_i} \supseteq K \bigcap G'$ 决定, 即 G_{p_i} 包含群 K 和 G' 的并集 (K 和 G' 公共的元素). 这样在外界作用下性质的对称性是上述并集的母群, 这就是**居里定律**(见卷 4).

应当指出 K 群在描述晶体的正常固结(concretion)(孪晶、三重晶等)中也得到应用(见卷 2, 第 5 章).

2.6.5 K 群的同形性(isomorphism)

从抽象群论看来, 某些点群是同形的, 它们是同一个群. 这是由于抽象群的操作 g_i 以及它们的凯莱方阵乘法规则在三维空间中可以有不同的几何表现.

例如 3 个四阶群: $222, 2/m$ 和 $mm2$ 是同形的, 这一点可从乘法表 2.6 得出, 显然 3 个群的 g_2, g_3, g_4 的几何意义是不同的.

表 2.6 群 $222, 2/m$ 和 $mm2$ 的同形性

群[2]	操作				乘法表				
	1	2	3	4	n	1	2	3	4
$2_x 2_y 2_z$	1	2_x	2_y	2_z	1	1	2	3	4
$2/m$	1	2	m	$\bar{1}$	2	2	1	4	3
$m_x m_y 2_z$	1	m_x	m_y	2_z	3	3	4	1	2
					4	4	3	2	1

---

[1] 用测角术测定晶体外形时发现对六角和三角晶体来说, 可能的面是相同的. 因此有些作者将二者合为一个晶系, 即只有 6 个(不是 7 个)晶系.

[2] x, y, z 是轴 2 的方向和 m 的垂直线的方向.

很明显,所有同阶的循环群都同形,因为它们是某一个操作的幂,而与操作的几何意义没有关系.由此可见,N 族和 $\overline{N}$ 族,$N/2$ 族和 N/m 族都是同形的.表 2.7 给出了 18 个抽象群 K 和相应的 32 个晶体学群 K.每一个抽象群都有自己的生成元素和生成元素间的确定的关系.表 2.7 包括了这些关系.

表 2.7   抽象群 K

群阶	确定的关系	群 K
1	$A = e$	1
2	$A^2 = e$	$\overline{1}, 2, m$
3	$A^3 = e$	3
4	$A^4 = e$	$4, \overline{4}$
4	$A^2 = B^2 = (AB)^2 = e$	$2/m, mm2, 222$
6	$A^6 = e$	$6, \overline{6}, \overline{3}$
6	$A^3 = B^2 = (AB)^2 = e$	$32, 3m$
8	$A^2 = B^2 = C^2 = (AB)^2 = (AC)^2 = (BC)^2 = e$	mmm
8	$A^4 = B^2 = ABA^3B = e$	$4/m$
8	$A^4 = B^2 = (AB)^2 = e$	$4mm, 422, \overline{4}2m$
12	$A^6 = B^2 = ABA^5B = e$	$6/m$
12	$A^6 = B^2 = (AB)^2 = e$	$\overline{3}m, \overline{6}m2, 6mm, 622$
12	$A^3 = B^2 = (AB)^3 = e$	23
16	$A^2 = B^2 = C^2 = (AB)^2 = (AC)^2 = (BC)^4 = e$	$4/mmm$
24	$A^4 = B^2 = (AB)^3 = e$	$432, \overline{4}3m$
24	$A^3 = B^2 = (A^2BAB)^2 = e$	$m\overline{3}$
24	$A^2 = B^2 = C^2 = (AB)^2 = (AC)^2 = (BC)^6 = e$	$6/mmm$
48	$A^4 = B^6 = (AB)^2 = e$	$m\overline{3}m$

2.6.6 点群 K 的表示

在 2.3 节已经说明,群 G 可以用与它同形[(2.28)式]或同态[(2.31)式]的群 H 表示,此时 H 的元素可以是数字、矩阵等.

与给定操作 $g \in K$ 对应的坐标变换矩阵 $D(g)$[(2.6)式]给出了群 K 的准确(同形)表示.这些矩阵的集合组成相应群的准确矢量表示(维数 3),按照矩阵乘法规则(2.45)式的这些矩阵的乘法表与元素 g_i 的乘法表对应(表 2.5 给出了生成操作的矩阵).

例如,群 $K = 2/m$ 在选定 X_1, X_2, X_3 轴(表 2.5)后的矢量表示 D 为

$$2/m = \{ \quad 1, \qquad\qquad 2, \qquad\qquad \bar{1}, \qquad\qquad m \}, \tag{2.76}$$

$$D(2/m) = \left\{ \begin{bmatrix} 1 & 0 & 0 \\ 0 & 1 & 0 \\ 0 & 0 & 1 \end{bmatrix}, \begin{bmatrix} -1 & 0 & 0 \\ 0 & -1 & 0 \\ 0 & 0 & 1 \end{bmatrix}, \begin{bmatrix} -1 & 0 & 0 \\ 0 & -1 & 0 \\ 0 & 0 & -1 \end{bmatrix}, \begin{bmatrix} 1 & 0 & 0 \\ 0 & 1 & 0 \\ 0 & 0 & -1 \end{bmatrix} \right\}. \tag{2.77}$$

不难看出,例如 2 和 $\bar{1}$ 乘积 $2 \cdot \bar{1} = m$ 与(2.77)式中相应的矩阵乘积对应.

如通过非奇异变换(矩阵行列式不等于零)S 变到另一正交的 X_1^*, X_2^*, X_3^* 轴,可以从群 K 的上述矢量表示得出同一群的等价表示 $D^*(g) = SD(g)S^{-1}$.对所有等价表示,矩阵的迹[即表示特征标的(2.51)式 $\chi(g)$]不变.

例如,在所有正交的等价矢量表示 $D(g)$ 中群 $2/m$ 的对称元素的特征标[(2.77)式中各矩阵对角矩阵元之和]为

$$\boldsymbol{\chi}(g) = \{ \chi(1) = 3, \chi(2) = -1, \chi(\bar{1}) = -3, \chi(m) = 1 \}. \tag{2.78}$$

从群 K 的矢量表示,按照一定规则可以得到 $3^2, \cdots, 3^s$ 次张量表示,这点在用不同阶张量分析晶体物理性质时是重要的,相应的 $D^2, \cdots, D^s$ 矩阵按张量乘法规则相乘.

矢量表示还可以分解为不可约分量[(2.48)式中的对角方阵 A].矢量表示 $D(2/m)$ 的每一个矩阵可以表述为 3 个矩阵的直接和,如

$$D(2) = \begin{bmatrix} -1 & 0 & 0 \\ 0 & -1 & 0 \\ 0 & 0 & 1 \end{bmatrix}$$

$$= \begin{bmatrix} -1 & 0 & 0 \\ 0 & 0 & 0 \\ 0 & 0 & 0 \end{bmatrix} \oplus \begin{bmatrix} 0 & 0 & 0 \\ 0 & -1 & 0 \\ 0 & 0 & 0 \end{bmatrix} \oplus \begin{bmatrix} 0 & 0 & 0 \\ 0 & 0 & 0 \\ 0 & 0 & 1 \end{bmatrix}. \tag{2.79}$$

把这些只含一个不等于零的矩阵元 D_{ii} 的简并 3×3 矩阵看做一维方阵,我们可以得到群 $2/m$ 的两个一维(反对称)表示 $D_{ii}(G)$[即从(2.77)式的四个矩阵分别取出 D_{11},D_{22} 和 D_{33} 组成表示(2.80)和(2.81)式]:

$$2/m \quad = \{1, \quad 2, \quad \bar{1}, \quad m\},$$
$$\updownarrow$$
$$D_{11}(2/m) = \{1, \quad -1, \quad -1, \quad 1\} = D_{22}(2/m), \quad (2.80)$$
$$\updownarrow$$
$$D_{33}(2/m) = \{1, \quad 1, \quad -1, \quad -1\}. \quad (2.81)$$

这里下标 ii 表示分解后的 3×3 矩阵的矩阵元的位置,由(2.77)式可见,$D_{11} = D_{22}$ 把属于群 K 的元素 $g\in K$ 和数字 ±1 联系起来,除上述两个表示之外,还可以组成另两个一维表示,一个是平庸的单位表示(全对称表示)

$$\{1, \quad 1, \quad 1, \quad 1\} \quad (2.82)$$

另一个是正负号交替(反对称)表示

$$\{1, \quad -1, \quad 1, \quad -1\} \quad (2.83)$$

(2.83)式也是群 $2/m$ 的表示,其理由是,其中的 4 个数分别和对称素 $1,2,\bar{1},m$ 相对应,而且有乘积 $2\,\bar{1}\leftrightarrow(-1)(1) = (-1)\leftrightarrow m$(对称素 2 和 $\bar{1}$ 的乘积对应 $-1\times1 = -1$,而 -1 和对称素 m 对应)等等. 总之,$2/m$ 一共只有 4 个一维表示. 这里一维矩阵本身与表示的特征标 $\chi(g)$ 相等. 把上面的结果写成如下的特征标表:

Γ_i	1	2	$\bar{1}$	m
Γ_1	1	1	1	1
Γ_2	1	1	-1	-1
Γ_3	1	-1	1	-1
Γ_4	1	-1	-1	1

$$(2.84)$$

表中第一行为群元素,第一列 Γ_i 为一维表示,Γ_i 后面每一行数为与元素 $g\in K$ 对应的特征标 $\chi(g)$,它等于 $D(g)$.

不等价不可约表示的数目等于共轭元素[(2.36)式]的类的数目. 因此,在群 K 不可约表示特征标表中,第一行通常情况下是集中在共轭元素 $\{xgx^{-1}\}$ 类中的元素. 同形群$(K_1\leftrightarrow K_2\leftrightarrow K)$分解为同样数目的类$\{xgx^{-1}\}$,从而具有了同样的不可约表示 Γ_i 和共同的特征标表,例如,由同形性$(2/m\leftrightarrow222\leftrightarrow mm2$,见

表 2.6 和表 2.7)可以得出,它们具有共同的特征标表(2.84)式.

群 K 的不可约表示的其他重要性质是:

1) 不可约表示 Γ_i 的矩阵维数 n_i 是群 G 的阶的因子;

2) 维数的平方和 $\sum n_i^2$ 等于群 G 的阶;

3) 在表示 Γ_i 中一定有单位表示 Γ_1.

任何 Γ_i 中,单位(恒等)变换的特征标 χ_i 等于表示 Γ_i 的维数.群 K 的一维表示 Γ_i 的特征标 χ 的可能值由表 2.7 中的确定关系决定,对循环群(或子群),该关系是 $A^n = e$,在 $e \leftrightarrow 1$ 的条件下,$n = 1, 2, 3, 4, 6$. 由此,可以得出 $\chi^n = 1, \chi = \exp(-2\pi i/n)$. 因此,可能的特征标是:$\pm 1, \pm i, \varepsilon = \exp(-2\pi i/3)$, $\omega = \exp(-2\pi i/6)$. $\chi = \pm 1$,描述操作 $m, 2, \bar{1}$,复数描述转动,ε 对应于旋转轴 3,i 对应于 4,ω 对应于 6. 在表 2.8 中,给出了 11 个第一类群 K^{I} 的不可约表示的特征标 $\chi(g)$. 和它们同形的 14 个第二类群 K^{II}(见表 2.7)具有同样的特征标.这样一共有 25 个群.其他的 7 个群的特征标表的决定方法如下:首先,这些群是群 K^{I} 和群 $\bar{1}$ 的直积(表 2.5),即 $mmm = 222 \otimes \bar{1}, 4/m = 4 \otimes \bar{1}$, $6/m = 6 \otimes \bar{1}, m\bar{3} = 23 \otimes \bar{1}, 4/mmm = 422 \otimes \bar{1}, 6/mmm = 622 \otimes \bar{1}, m\bar{3}m = 432 \otimes \bar{1}$;由 $G = G_1 \otimes G_2$ 可以证明 G 的特征标表由下式计算:

$$\chi_\rho^{\Gamma_i \Gamma_j} = \chi_{\rho_1}^{\Gamma_i} \chi_{\rho_2}^{\Gamma_j} \tag{2.85}$$

这里 ρ, ρ_1, ρ_2 为 G, G_1, G_2 中共轭元素的类,$\chi_{\rho_k}^{\Gamma_i}$ 为 $G_k(k=1,2)$ 的 Γ_i 表示中属于 ρ_k 的元素的特征标.

群 $\bar{1}$ 的特征标表和群 2(表 2.8)相同,因此这 7 个 $K^{\mathrm{I}} \otimes \bar{1}$ 群的不可约表示数目是表 2.8 给出的群 K^{I}(或它的同形群)的数目的 2 倍.

在更详细的表示的表中还给出:相应对称函数的坐标按群的那一个表示进行变换.

群 K 的表示 Γ 被称为幺正表示;从表 2.8 可见,有些表示是实数,而另一些表示是共轭复数.群 K 一共有 73 个一维不平庸表示,其中 58 个正负号改变,还有 18 个共轭复数.

晶体学中在分析晶体物理性质时广泛应用点群表示概念.在自由原子或晶体原子的量子力学研究中,特别是在光谱学和分子的构造和性质理论中也常用点群概念.例如,按分子点群的不可约表示变换它们的振动坐标和用来描述化学键的分子轨道(卷 2,第 1 章).

一维不可约表示还和广义点对称群有关(2.9 节).

表2.8 晶体学点群不可约表示特征标

C_1—1	e	C_2—2 / C_i—$\bar{1}$ / C_s—m	$e\ C_2$ / $e\ C_i$ / $e\ \sigma_h$	D_2—222 / C_{2h}—2/m / C_{2v}—mm2	$e\ C_2^x\ C_2^y\ C_2^z$ / $e\ C_2\ \sigma_h\ C_i$ / $e\ C_2\ \sigma_v^y\ \sigma_v^x$
Γ_1—A	1				
		Γ_1—A,A_g,A'	1 1		
		Γ_2—B,A_u,A''	1 −1		
				Γ_1—A_1,A_g,A_1	1 1 1 1
				Γ_2—A_2,A_u,A_2	1 1 −1 −1
				Γ_3—B_2,B_u,B_2	1 −1 1 −1
				Γ_4—B_1,B_g,B_1	1 −1 −1 1

C_4—4 / C_4—$\bar{4}$	$e\ C_4\ C_4^2\ C_4^3$ / $e\ S_4\ S_4^2\ S_4^3$	C_3—3	$e\ C_3\ C_3^2$	D_3—32 / C_{3v}—3m	$e\ 2C_3\ 3C_2$ / $e\ 2C_3\ 3\sigma_v$
Γ_1—$A,A,$	1 1 1 1	Γ_1—A	1 1 1	Γ_1—A_1,A'	1 1 1
Γ_2—B,B	1 −1 1 −1	$\left.\Gamma_2\atop\Gamma_3\right\}E$	1 ε ε^2	Γ_2—A_2,A''	1 1 −1
$\left.\Gamma_3\atop\Gamma_4\right\}E,E$	1 i −1 −i		1 ε^2 ε	Γ_3—E,E	2 −1 0
	1 −i −1 i				

D_4—422 / C_{4v}—4mm / D_{2d}—$\bar{4}2m$	$e\ C_4^2\ 2C_4\ 2C_2\ 2C_2'$ / $e\ C_4^2\ 2C_4\ 2\sigma_v\ 2\sigma_v'$ / $e\ C_2\ 2S_4\ 2C_2\ 2\sigma_v'$
Γ_1—$A_1,$ $A_1,$ A_1	1 1 1 1 1
Γ_2—$A_2,$ $A_2,$ A_2	1 1 1 −1 −1
Γ_3—$B_1,$ $B_1,$ B_1	1 1 −1 1 −1
Γ_4—$B_2,$ $B_2,$ B_2	1 1 −1 −1 1
Γ_5—$E,$ $E,$ E	2 −2 0 0 0

C_6—6 / C_{3i}—$\bar{3}$ / C_{3h}—$\bar{6}$	$e\ C_6\ C_6^2\ C_6^3\ C_6^4\ C_6^5$ / $e\ S_6\ S_6^2\ S_6^3\ S_6^4\ S_6^5$ / $e\ S_3\ S_3^2\ S_3^4\ S_3^5\ S_3^6$
Γ_1—$A,$ $A,$ A	1 1 1 1 1 1
Γ_2—$B,$ $B,$ B	1 −1 1 −1 1 −1
$\left.\Gamma_3\atop\Gamma_4\right\}E_1,$ $E_1,$ E_1	1 ω^2 −ω 1 ω^2 −ω
	1 −ω ω^2 1 −ω ω^2
$\left.\Gamma_5\atop\Gamma_6\right\}E_2,$ $E_2,$ E_2	1 ω ω^2 −1 −ω −ω^2
	1 ω^2 −ω −1 ω^2 ω

D_6—622				e	C_6^3	$2C_6^2$	$2C_6$	$3C_2$	$3C_2'$
	D_{6v}—$6mm$			e	C_6^3	$2C_6^2$	$2C_6$	$3\sigma_v$	$3\sigma_v'$
		D_{3h}—$\bar{6}m2$		e	σ_h	$2S_3^2$	$2S_3$	$3C_2$	$3\sigma_v$
			D_{3d}—$\bar{3}m$	e	C_i	$2S_6^2$	$2S_6$	$3C_2$	3σ
Γ_1—A_1,	A_1,	A_1',	A_{1g}	1	1	1	1	1	1
Γ_2—A_2,	A_2,	A_2',	A_{2g}	1	1	1	1	-1	-1
Γ_3—B_1,	B_2,	A_1'',	E_g	1	-1	1	-1	1	-1
Γ_4—B_2,	B_1,	A_2'',	A_{1u}	1	-1	1	-1	-1	1
Γ_5—E_1,	E_2,	E',	A_{2u}	2	2	-1	-1	0	0
Γ_6—E_2,	E_1,	E'',	E_u	2	-2	-1	1	0	0

T—23	e	$3C_2$	$4C_3$	$4C_3^2$
Γ_1—A	1	1	1	1
Γ_2 ⎱ E	1	1	ε	ε^2
Γ_3 ⎰	1	1	ε^2	ε
Γ_4—F	3	-1	0	0

O—432		e	$8C_3$	$3C_4^2$	$6C_2$	$6C_4$
	T_d—$\bar{4}3m$	e	$8C_3$	$3S_4^2$	$6\sigma_d$	$6S_4$
Γ_1—A_1,	A_1	1	1	1	1	1
Γ_2—A_2,	A_2	1	1	1	-1	-1
Γ_3—E,	E	2	-1	2	0	0
Γ_4—F_1,	F_1	3	0	-1	-1	1
Γ_5—F_2,	F_2	3	0	-1	1	-1

表的内容:

Ⅰ 群的记号(熊夫利—国际)	Ⅱ 共轭元素类的记号
Ⅲ 表示的记号	Ⅳ 表示的特征标

对称操作(群元素)用熊夫利记号表示,C_n 是转动($n=1,2,3,4,6$),C_i 是反演 $\bar{1}$,e 是单位操作 1,σ 是镜面反射 m,σ_v 和 σ_h 是平行和垂直对称轴的镜面,σ_d 是群 $\bar{4}3m$ 中的对角镜面,S_4-$\bar{4}$,S_3-$\bar{6}$,S_6-$\bar{3}$ 是反演转动.

每一个类由特征操作(类的代表)和类中元素数目(特征操作前的数目)确定. 不可约表示由符号 Γ_i 和谱符号(三维表示,F 或 T;二维表示,E)标明. 一维表示的记号如下:相对转动(群 C_n)对称,A;反对称,B. 相对 σ(群 C_s,C_{nh},D_{nh} 具有奇数个镜面 σ)对称,A';反对称,A''. 相对反演(含反演的群)对称,A_g(gerade);反对称,A_u(ungerade). 如相对 $C_2 \perp C_n$ 或 σ_v,$\sigma_d \parallel C_h$,表示是对称的,A 和 B 的下角标为 1,如是反对称,下角标为 2.

在群 D_2,D_{2h},C_{2v} 的表中,轴 C_2^z 取为主轴,表示的偶或奇由 C_2^z 和 σ_v^x 下标标明. 由反乘法得到的群 D_{3d} 和群 D_6 同形,但二者的特征标相同.

2.6.7　群表示和本征函数

本节以量子力学中物理系统的状态描述为例. 这些状态用薛定谔方程的解——本征函数表征. 如物理系统有对称性,则相应的薛定谔方程在这个系统的 G 群 g_i 对称变换下也将不变,这就是说在这些 g_i 变换下给定能量的波函数转变为同一能级的另外的波函数. 利用群的所有元素,可以找到若干个线性无关的函数 $\psi_1, \cdots, \psi_f$,它们在对称变换下是线性相关的. 每一个 $g \in G$ 元素可看成一个算符 $\hat{g}$,它将函数 ψ_k 变换为函数 $\psi_1, \cdots, \psi_f$ 的线性组合:

$$\hat{g}\psi_k = \sum_{l=1}^{f} a_{lk}\psi_l. \tag{2.86}$$

波函数可以正交归一化,这时矩阵 (a_{lk}) 和量子力学中算符矩阵 (g_{lk}) 符合,而

$$g_{lk} = \int \psi_l^* \hat{g}\psi_k \,\mathrm{d}q. \tag{2.87}$$

不难看出,两个群元素的乘积 $\hat{g}\hat{h}$ 对应于按通常矩阵乘法得到的 (g_{il}) 和 (h_{lk}) 的乘积矩阵. 因此这些矩阵组成群的表示. 函数 $\psi_1, \cdots \psi_f$ 建立了线性表示的矩阵,它们被称为表示的基函数,它们的数目等于表示的维数. 由正交归一化基函数得到的线性变换是幺正的.

如用幺正变换 S 作用于正交归一化基函数,我们将得到新的一组函数,它们还是正交归一的,并且是同一群的新的表示. 这时对称群算符的矩阵也是等价的,即 $\hat{g}' = S\hat{g}S^{-1}$.

由基函数给出的对称群表示是不可约的(除非有特别原因使这一点不成立). 这一表示给出了不同对称变换下状态的全部对称性质. 因此不需完全解出物理系统的薛定谔方程,点群就可给出重要的结果,如在一定对称性外场作用下的系统在研究它的表示后就可找到能级的分裂(卷 4).

2.7　对称群 $G_1^2, G_2^2, G_1^3, G_2^3$

晶体结构由费多洛夫群 $\Phi = G_3^3$ 描述. 这里讨论的含平移的 $G_1^2, G_2^2, G_1^3, G_2^3$ 群也是晶体学感兴趣的,因为它们中间有费多洛夫群的子群. 这些群还有超

出晶体学范围的巨大的独立的意义.

2.7.1 花边的对称群 G_1^2

这些群在二维空间的一个特定方向上含有平移,即 $G_1^2 \supset T_1 \ni t$. 它们描述任何一维周期函数或花边型平面图案(图 2.51;图 2.11c,d;图 2.14). 群中可能有平行或垂直平移的对称面(线)m,滑移反射面 a 和旋转轴(点)2. 这些群一共有 7 个,全部是晶体学群(图 2.52).

图 2.51 有对称性 $t:m$ 的花边图案[2.15]

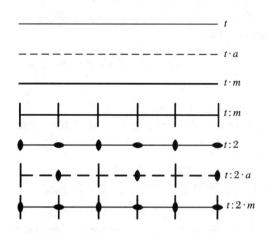

图 2.52 7 个花边对称群 G_1^2 的对称素的组合

2.7.2 二维周期性平面群 G_2^2

这些群在晶体学中有重大意义,因为它们是空间群的二维相似物. 它们描述晶体结构的任何投影和任何二维截面(特别是电子密度分布二维截面),以及晶体学中采用的其他函数.这些群在工艺美术中也有重要意义,它们描述织物、墙纸、装饰品等等的图案(图 1.15).

在满足间断性条件(2.53)式时,任一这样的群都含有有限的二维平移,即 $G_2^2 \supset T_2 \ni t_1, t_2$.

现在考察一个任意平面网格(图 2.53),其中由一格点出发的两个不共线矢量组成的平行四边形被称为初基胞.从图 2.53a 可明显看到,这种胞的取法有无限多个.在初基胞中不应有其他格点.所有这些胞的面积都是相等的.因此,群 T_2 的特征是:任一对这样的矢量组成初基胞.群 T_2 由无限多平移组成

$$t = p_1 \boldsymbol{a}_1 + p_2 \boldsymbol{a}_2, \quad p_1, p_2 = 0, \pm 1, \pm 2, \cdots, \tag{2.88}$$

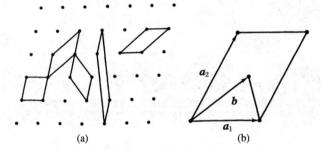

$$(a) \qquad\qquad (b)$$

图 2.53 二维周期点阵

(a) 初基平行四边形的不同取法;(b) 初基平行四边形不含格点的证明

这里 $\boldsymbol{a}_1$ 和 $\boldsymbol{a}_2$ 为周期,而由任一对 $t_1, t_2 \in T_2$ 矢量相加而成的第三个矢量仍是群的操作,即

$$t_1 + t_2 = t_3 \in T_2. \tag{2.89}$$

引入平移算符 t,它使平面上任一点 $\boldsymbol{x}$ 经过任一平移 t 转移到平移对称等同点 $\boldsymbol{x}'$,即

$$t[\boldsymbol{x}] = \boldsymbol{x} + t = \boldsymbol{x}', \tag{2.90}$$

由全部操作 t[(2.90)式]得到的点的集合形成无限网格.

如果不管你怎样选取,总有 $\boldsymbol{a}_1 \neq \boldsymbol{a}_2$ 和它们的夹角 $\gamma \neq 90°$,则得到斜角点阵.选取最小的 $\boldsymbol{a}_1$ 和 $\boldsymbol{a}_2$ 为周期.按定义选取的这样的初基胞是空的(内中不含任何格点);假如内中还有格点(图 2.53b),则有更短的平移 $\boldsymbol{b}$,这和给定的前提矛盾,不符合空初基胞原理.

但是也可以有无限多个选取平行四边形的方法,使它内部含 1 个、2 个或若干个格点.由此得到的平移群是群 T_2 的子群(图 2.54).含 q 个格点的平行四边形的面积是初基胞的 q 倍.空的平行四边形被称为初基平行四边形并记为

P,内有 1 个格点时被称为带心平行四边形,因为这个格点必定位于中心,并记为 C.

群 G_2^2 除了 T_2,还可以含其他操作.从 2.4 节我们知道,这些群都是晶体学群,可以含有转动轴 1,2,3,4,6.把二维网格变换成自身的完全的群被称为二维布拉菲群.考虑了使网格与自身重合的可能的点对称变换后,可得出 a_1, a_2 是否相等和它们间的角度的一定的值,得到的 5 种不同的二维布拉

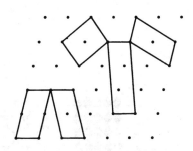

图 2.54 二维点阵中的各种非初基平行四边形

菲群 T_2 与 5 种网格对应(图 2.55). $a_1 = a_2, \gamma \neq 90°$ 的菱形布拉菲群可以看成 $a_1 \neq a_2, \gamma = 90°$ 的带心正交布拉菲群.它们的点对称性(晶系)如下:斜角——2,(两个)正交——$mm2$,正方——$4mm$,六角——$6mm$.

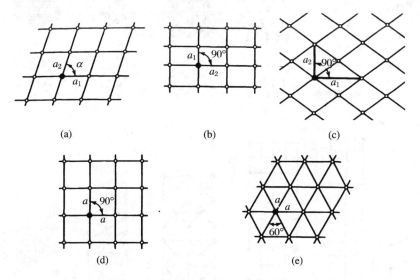

图 2.55 5 种二维布拉菲群网格的图示
(a) 斜角;(b) 初基正交;(c) 带心正交;(d) 正方;(e) 六角

可以组成布拉菲群和相应的二维点群之间的半直积 $T_2 \circledS G_0^2$,这在几何上相当于在二维网格格点上放置点群对称素的集合.这样得到的群 G_2^2 被称为**协形群**(symmorphous group),一共有 5 个.如由 $t \in T_2$ 和 $m \in G_0^2$ 相互作用形成 G_0^2 和 T_2 中不含的新的操作滑移反射面 g,按照图 2.11 的方法,可以从这 5 个协形群中形成 12 个非平庸的非协形的子群.因此 G_2^2 群一共有 17 个.

图 2.56a 就是这 17 个平面群和它们的符号[2.16].图 2.56b 是这些群的一般

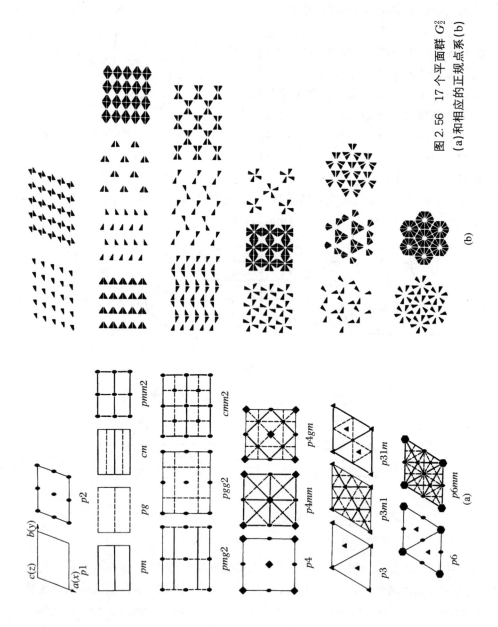

图 2.56 17 个平面群 G_2^2 (a)和相应的正规点系(b)

位置正规点系. 在 G_2^2 群中有 2 个斜角(单斜)群, 7 个正交群, 3 个正方(四方)群, 5 个六角群. 17 个群中有 4 个第一类运动群和 13 个第二类群.

对于每一个平面(2.5.5 节)都有一个对应的不对称独立域(图 2.57). 这些图形的拼接可充满整个平面而不留空隙. 划分这种独立域的对称变换组成相应的群 G_2^2.

2.7.3　圆柱(螺旋)群 G_1^3

这些群含有一些平移子群, 即 $G_1^3 \supset T_1 \ni t_1$, 它们也被称为**棍群**, 可用来描述三维空间和空间中一个方向上有周期性的物体. 这种群描述的一个特殊方向 X_3 是周期性的, 另外的两个方向 X_1, X_2 是不均匀的、非周期的. 它们适合于描述棍棒、链、带、螺旋等物体, 特别是合成的或天然的分子链——聚合物.

除了纯平移之外, 能使空间沿特殊方向移动的还有第一类螺旋操作和第二类滑移反射操作 c. 特殊方向的轴是唯一的, 任何属于 G_1^3 群的对称操作必须能保持住它. 不难理解, 这样的操作有: 与特殊方向轴重合的任何阶的轴 N 或 $\overline{N}$, 通过特殊轴或垂直这个轴的面 m、通过特殊轴并和它垂直的轴 2. 任何其他的和其他位置的对称素都将产生新的特殊轴, 因此是不可能的.

可以通过不同的途径引入圆柱群. 像我们对群 G_2^2 所做的那样, 可以组成一维平移群和点群(有一个任意阶的主轴)的半直积 $T_1 ⓈG_0^3$. 这些(协形)群及其非平庸(非协形)子群(商群)形成所有 G_1^3 群. 将属于 T_1 的平移 t 增为 M 倍, 并取走一部分操作就得到非平庸子群.

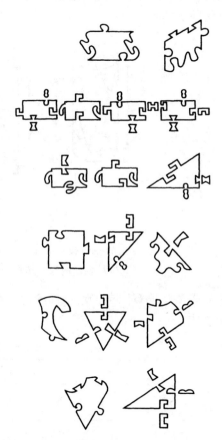

图 2.57　17 个平面群的不对称平面图形(平面域)[2.17]

图形的排列与图 2.56a 上群的排列一致. 按照相应的平面群把图形拼接起来可填满整个平面. 主图近旁的小图形用来表示按对称面(线)连接各图形

这些群的特征操作是螺旋滑移 s_M,它由绕主轴转角为 $\alpha = 2\pi/M$ 的基本转动和沿轴的滑移 t_s 组成. M 可以是任何整数 $M = N$,这对应"整数"螺旋转轴 N_q,M 也可以是适当的分数 $M = p/q$(p, q 是整数),这时 $\alpha = 2\pi q/p$(p 次操作后转了 q 圈)(图 2.58a).周期 t 等于 Nt_s 或 pt_s.这意味着有理数螺旋运动中始终存在着平移 t,M 是无理数时就不存在真正的平移 t 及相应的周期;$\alpha \to 0$ 和无限阶轴 ∞_s 对应.

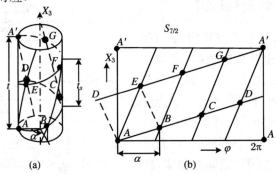

图 2.58　螺旋对称的结构模型

(a) 螺旋旋转 S_M,$M = p/q = 7/2$;(b) 7/2 对称结构的径向投影,(a) 中的螺旋线对应这里的直线,$ABFE$ 是径向投影晶胞,另一种晶胞是 $ABED$

表 2.9 是 G_1^3 群的族.上面的行是点群生成族,左边的列是有平移分量的生成操作.

表 2.9　G_1^3 群的族

有平移的操作	点群						
	N	N_2	$\overline{N}$	N/m	Nm	$\overline{N}m$	$\dfrac{N}{m}m$
$t = s_1$	tN	$tN/2$	$t\overline{N}$	tN/m	tNm	$t\overline{N}m$	tN/mmm
s_M	s_MN	$s_MN/2$					
s_{2N}			$s_{2N}N/m$				
					cNm		$c\dfrac{N}{m}m$
c	cN	$c\overline{N}$	cN/m				

群 G_1^3 可以用径向投影图方便地表达出来.用圆柱坐标系 r, φ, x_3 描写所有对称操作.将图 2.58a 上的物展开在以主轴为轴的圆柱面,将物上的点沿 φ

线(从主轴出发,垂直主轴)投影到面上(图 2.58b).如群 G_1^3 含有子群 N,则在 φ 坐标上将出现 $\alpha = 2\pi/N$ 的周期性.这种情形下得到的投影一定是群 $G_2^2 \supset T_2$ 中的一个,而且可以计算得网格的两个周期 $t_1 = \alpha r + t_s$(r 为圆柱半径),$t_2 = t$. 这里我们可以看到另一种引入 G_1^3 群的方法:在投影中沿主轴给出 G_0^2,在径向 投影上给出 G_2^2.因为 X_3 是唯一的特殊方向,G_2^2 中能用的只能是斜角群和正 交群,即 17 个群中的前 9 个(图 2.56a).后 8 个群的轴 3、4 和 6 垂直径向投影 的主轴,因此是不可能的(不能引起更多的主轴).图 2.59 给出了全部 G_1^3 族的 径向投影,坐标为 α, t,晶胞参数为 $2\pi/N$ 和 t.把以群 G_2^2 表征的二维网格卷成 以 G_1^3 表征的圆柱面的方法可以不同(图 2.60),格点可以联结成一格螺距或更 多格螺距的螺旋.

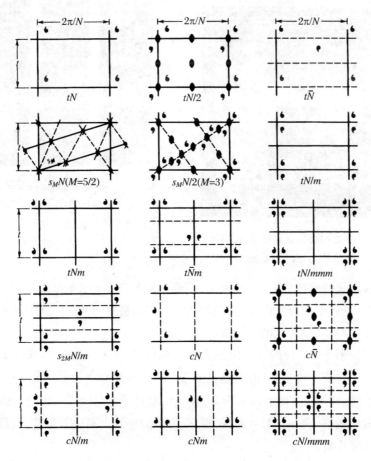

图 2.59 G_1^3 群的 15 个族的径向投影

通过径向投影显示的 G_1^3 和 G_2^2 群的关系不仅仅是一种几何的抽象. 它实际上体现在某些球蛋白组成的所谓筒状晶体中(图 2.61). 晶化时这些蛋白分子堆积成封闭的圆柱状单分子层. 有些蛋白质也可以组成由群 G_2^3 描述的平面单分子层, 我们将在下一小节介绍.

图 2.61　磷酸化酶蛋白的筒状晶体
(a) 电子显微镜像(3.5×10^5);(b),
(c) 通过光学滤波显示出筒的前壁和后壁以及其中的螺旋状分子堆积[2.19]

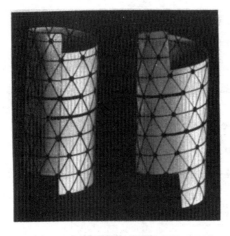

图 2.60　平面网格围成圆柱网格, 可以形成不同螺距的螺旋

筒状晶体的形成说明: 一般来说, 三维均匀性条件[(2.52)、(2.53)式]并不到处适用, 形成不符合无限多粒子条件的对称构造是可能的, 当然后者还须符合类似(2.52)、(2.53)式的一维条件.

一般情形下 G_1^3 群的一般位置正规点系位于以 N 为轴的圆柱面上. 因此, 这些群和圆柱面的变换群同形. 这类似于 G_0^3 群和球面变换群同形.

带有轴 $N\geqslant2$、含有 s_{2N}, c, m 的群的正规点系位于圆上, 这些群被称为本征圆柱群或圆群. 含 $s_M, M=N/q$ 的群, 它们的正规点系处于螺旋上, 这些群被称为本征螺旋群.

在表 2.9 中用点线圈起来的群是第一类群, 由它们描述的物体有对映性. 生物聚合物——纤维蛋白质、DNA 等和这些群有关. 其他的群是第二类群. 晶

体学 G_1^3 群有 75 个. G_1^3 群的特例是有一个特殊方向的双边平面对称群——所谓的带对称群. 这样的群有 31 个.

2.7.4 层群 G_2^3

这是两个方向上有周期性的三维物体的对称群[2.20,2.21] 它们可描述墙、网、屏、蜂巢等的构造，以及在原子分子水平上的层状结构，如一系列晶体[层状硅酸盐（图 2.62）、石墨（卷 2，图 2.5c）、β 蛋白（卷 2，图 2.119）]的可分出来的单层，各种单分子层和膜、生物膜、层状液晶等.

群 $G_2^3 \supset T_2$ 含有 2 个平移. 在间断群 $T_2 \ni t_1, t_2$ 中，周期 a_1, a_2 的位移位于特殊面 $X_1 X_2$ 中；在垂直 $X_1 X_2$ 的 X_3 方向上没有周期性.

显然 G_2^3 的子群是 G_2^2 群，前者可沿 X_3 轴投影成后者. 因此所有 G_2^3 群都是晶体学群，可以像 G_2^2 群一样划分成同样的晶系.

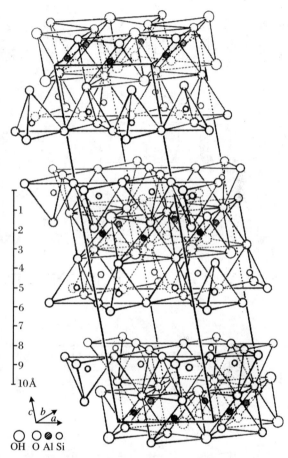

图 2.62 由三层组成的叶蜡石结构
硅氧四面体从两个方面连接到中间的八面体层

可以用前面讲过的方法导出全部 G_2^3 群，即组成半直积 $T_2 \circledS K$，并规定 K 对称素的位向如下：旋转轴 3, 4, 6 只能垂直特殊面（否则将产生另外的特殊面）. 这些（协形）群及其全部非平庸（非协形）子群组成全部 G_2^3 群. 这些群中可能有一些操作，使 $X_1 X_2$ 面一侧的点变换到等距离的另一侧对称等同点上，这时两个半空间（$X_3 \geqslant 0$ 和 $X_3 \leqslant 0$）相互对称等同. 相应的对称素一定位于特殊面内，它们是轴 2 和 2_1，滑移面 a, b 和 n. 其他操作和群 G_2^2 中的操作一样，不改变 x_3 坐标.

图 2.63 画出了全部 80 个层群，包括它们的不对称三角形图形和国际符

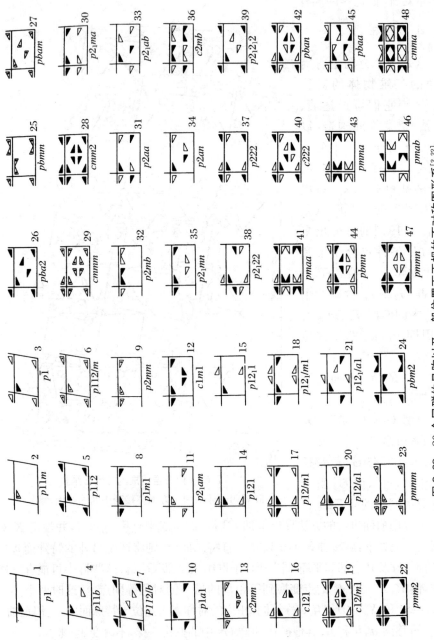

图 2.63　80 个层群的晶胞以及一般位置下正规的不对称图形系[2.22]

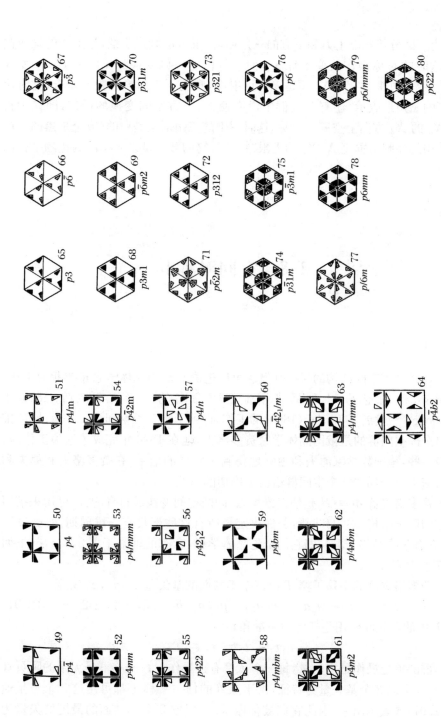

图 2.63 80 个层群的晶胞以及一般位置下正规的不对称图形系[2.22]（续）

号. 为了区分特殊面上方和下方的三角形, 把下方的画成黑的, 把上方的画成白的, 这时的对称操作改变坐标 x_3, 使它从白的一侧变换到黑的一侧(x_3 变为 $-x_3$)或反过来. 如 X_1X_2 面是镜像反射面, 则上下三角形的投影重合, 这时用带点的三角形表示. 还有一些群中没有使上、下方空间变换的操作, 即在垂直 X_1X_2 的 X_3 方向上空间不对称, 这时图中的三角形全是白的(或全是黑的). 层状结构的晶胞是垂直 X_1X_2 的无限"柱状", 它的截面是以 a_1, a_2 为边的平行四边形.

2.8 空间对称群

2.8.1 三维点群

现代晶体空间结构的对称性概念可以追溯到法国晶体学家布拉菲的工作. 1848 年, 他确定了 14 种后来用他名字命名的三维周期点阵. 1879 年 Sohncke[2.23]发展了 Jordan(1869)的工作, 得到了第一类空间群——运动群. 推导出全部空间群的是俄国晶体学家费多洛夫, 他在 1890 年完成了这项工作. 稍为晚一些, 德国数学家熊夫利独立地得到了同样的结果. 在费多洛夫和熊夫利的通信中对全部 230 个空间群给出了确切的描述.

费多洛夫群 $\Phi \equiv G_3^3$ 是使三维均匀、间断空间变换成自身的群. 可用来描写晶体的原子结构. 均匀和间断条件决定了所有这些群具有三维周期性: $\Phi \supset T_3$ (Φ 含有三维平移子群), 即它们全是晶体学群, 含有的轴限于 $1, 2, 3, 4, 6$(下面以 T 代替 T_3).

费多洛夫群的平移子群 T 由三个不共面的基矢量 a_1, a_2, a_3 决定:
$$t = p_1 a_1 + p_2 a_2 + p_3 a_3, \quad p_1, p_2, p_3 = 0, \pm 1, \pm 2, \cdots \quad (2.91)$$
群 T 中的群元间作用是任何的矢量和 t:
$$t : t_1 + t_2 = t_3 \in T.$$

群的单位操作是零矢量, 每一个 t 都有逆操作 $-t$. 平移群是无限的阿贝耳群, 度规上以 3 个基矢量为特征, 由于点阵的任一平移 t 都可用这 3 个矢量通过(2.91)式表示出来, 因此它们被称做基. 可以取 3 个不共面的最短的矢量为基矢量. 由给定点 x, 通过操作 $x + t = x'$ 得到的所有 x' 点, 形成无限的间断的几

何不变群 T, 即空间点阵. 由 a_1, a_2, a_3 组成的平行六面体被称为初基胞或初基平行六面体(图 2.64).

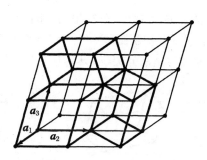

由三个基矢量组成的晶胞一定是空的或初基的, 在它内部没有另外的格点(图 2.53). 和二维情形类似, 可以有无限多个基矢量或晶胞的选取方法(图 2.64). 所有初基胞的体积都相同. 不论给定点阵中三基矢如何取法, 它们在度规上描述的是同一个平移群.

图 2.64　空间点阵中初基胞的
取法可以不同

在点阵中可以有无限多非初基平行六面体, 即在边上, 或(和)面上, 或(和)体内含有另外的格点(图 2.54 是二维的例子). 它们的三个不共面的边 t_1, t_2, t_3 也包含在 (2.91) 式之中. 它们的体积是初基胞体积的整数倍. 显然所有的群 $T' = \{t_1, t_2, t_3\}$ 是群 $T = \{a_1, a_2, a_3\}$ 的子群, 因为 T' 决定的点阵只占有 T 点阵的一部分格点. 从抽象群看, 所有 T' 群同形并且和 T 群同形, 即在抽象意义上看, T 是唯一的群.

初基胞和非初基胞有无限多个取法并不意味着没有选取一套标准基矢量的单值的方法. 这种选取的标准是考虑点阵的非平移对称性. 在 3.5.2 节中我们将进一步讨论把任意晶胞约化成标准取法的计算方法.

2.8.2　晶系

群 T 从空间的任一点导出一个点阵. 现在考察格点上的可能的点群(各格点上的点群相同)并相对这一格点考察整个点阵, 找出保持一个格点不动、使点阵和自身重合的最高晶体学群 K.

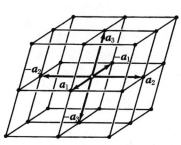

图 2.65　由一个格点引出的 6 个
矢量 $\pm a_i$

从每一格点可引出 6 个矢量 $a_1, a_2, a_3, -a_1, -a_2, -a_3$, 可组成 8 个初基胞以及一个以这个格点为中心的边长比初基胞边大一倍的平行六面体(图 2.65). 不难看出: 格点和点阵整体相对格点的对称性 K 与这 6 个矢量、大平行六面体的对称性一致, 或与按最高对称性选取的初基晶胞及相应的 a_1, a_2, a_3 (图 2.66)的对称性一致. 因此点阵的点对称性决定标准基矢量的取法.需要指出:在六角晶系的场合(图2.66f),格点对称性和在一个格点上连接的6个初基胞(六角柱体)的对称性一致.点阵按格点的点对称性 K 进行的分类称为晶系分类(参见2.6.4节).

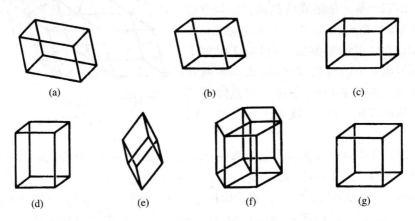

图2.66 7个晶系的初基胞

(a) 三斜；(b) 单斜；(c) 正交；(d) 四方；(e) 三角；(f) 六角；(g) 立方

一共有 7 个晶系.不难导出这 7 个晶系,考察平行六面体的可能的对称性,逐渐提高最低对称平行六面体($a_1 \neq a_2 \neq a_3, \alpha \neq \beta \neq \gamma$)的对称性;或使最高对称性立方体变形,逐步降低对称性(图2.66).晶系的名称是:立方(晶胞对称性 O_h—$m\bar{3}m$),对称性最高;六角(D_{6h}—$6/mmm$)、四方(D_{4h}—$4/mmm$)、三角(D_{3d}—$\bar{3}m$),对称性中等,有一个主轴;正交(D_{2h}—mmm)、单斜(C_{2h}—$2/m$)、三斜(C_i—$\bar{1}$),对称性低.作为晶系标志的完全多面体对称群 K(3.2节)相互间有子群关系.这种从属关系如下:

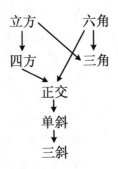

表2.3和表2.4已给出了晶系的特征.在讨论点群分类时已考虑过晶系.

2.8.3 布拉菲群

点阵的格点具有点对称性 K（全对称性，holohedral symmetry），它决定点阵在 7 个晶系中的归属．点阵可通过平移群 T 变换成自身．使点阵与自身重合的还有完整的运动群（第一类和第二类）．既含点对称操作又含平移操作的群被称为**布拉菲群**．从一给定点经布拉菲群导出的无限点阵是**布拉菲点阵**．

作为晶系标志的 7 个平行六面体（图 2.66）描述了平移基矢间确定的长度和角度关系，它们和 7 个布拉菲点阵对应．这些平行六面体是空的、初基的，与它们对应的布拉菲群和点阵也是初基的，其记号为 P．

为了找出其他的布拉菲点阵，考察具有 mm 对称性的网格作为例子．具有这种对称性的 m 上的格点和整个点阵可以在两种情形下存在：(1) 两个最短的平移，一个在 m 内，另一个垂直于 m，$a_1 \neq a_2$，角 $\gamma = 90°$，形成正交网格（图 2.67a）；(2) a_1'任意取向，夹角 $\gamma \neq 90°$（图 2.67b），由于有 m，必然有 $a_2' = a_1'$，形成菱形网格．第二种网格可以表示为带心的正交网格：平移 $a_1 = a_1' + a_2'$，$a_2 = a_2' - a_1'$，$\gamma = 90°$，在矩形中心的格点的位矢为 $(a_1 + a_2)/2$．两种情况下网格和阵点都有 mm 对称性，但最小平移基矢间长度和角度关系不同，因此为两

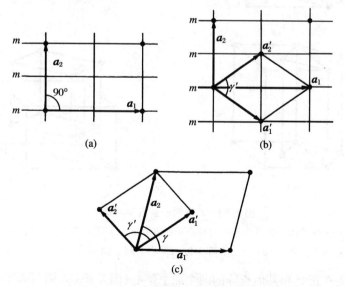

图 2.67 具有 mm 对称性的二维网格

(a) 初基的网格；(b) 带心的网格；(c) 带心的斜角网格没有产生新的布拉菲群

种布拉菲群和点阵.第二种点阵来源于初基正交点阵加上了心.注意:在 $a_1 \neq a_2$,$\gamma \neq 90°$ 的斜角网格中假如带了心(图 2.67c)并不产生新的布拉菲群,因为 $a_1' = (a_1 + a_2)/2$,$a_2' = (a_2 - a_1)/2$ 的关系 $a_1' \neq a_2'$,$\gamma \neq 90°$ 和原先的关系一样.

在三维情形下也有非初基布拉菲群和点阵,它们在一个或全部矩形面中心或长方形中心含有格点.这些平行六面体和每个格点的对称性 K 与初基情形一样,但每个格点连到相邻的矢量族是不同的,即出现连到上述中心的矢量.这就是说:晶系相同,而布拉菲群(取一组最短基矢时)却不同.

带心面应为矩形,这一要求也使三斜点阵只有一种初基布拉菲群 $P\bar{1}$.

群和相应的点阵,如在一个面上带心,被称为底心并记为 $A(a_2a_3$ 面带$)$,B(a_1a_3 带心)或 $C(a_1a_2$ 带心$)$.在单斜晶系①(图 2.68a)和正交晶系(图 2.68b)中有这样的非初基布拉菲群.在四方晶系(图 2.68c)中,$a_1 = a_2$,$\gamma = 90°$,底面带心后得到 $a_1' = a_2'$,$\gamma = 90°$,和原先的关系一样,因此没有产生新的布拉菲群.

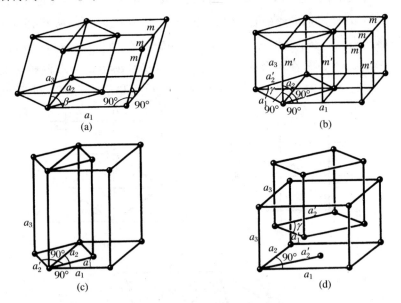

图 2.68　点阵带心的各种可能性

(a) 单斜；(b) 正交点阵中的底心布拉菲群；(c) 底心四方点阵可约化为初基四方点阵；(d) 正交点阵二侧面带心引起底面带心

不可能在正交和其他点阵的两个面上带心(图 2.68d),因为如图所示,两个

---

① 单斜晶系的对称性为 $2/m$,它的垂直 m 的平面网格与图 2.67 一样,有二维对称性 mm.

侧面带心产生的 a_2' 将使底面上带心(通过底面上的 a_2'),即 3 个面都带心.3 个面带心的记号为 F,由一格点引出的 12 个矢量为 $a_j' = \pm(a_i \pm a_k)/2$,其中的 $i,k = 1,2,3$(图 2.69a).由这些矢量末端联成的多面体是菱形畸变六八面体(图 2.69b).在正交和立方晶系中可以有这样的面心布拉菲群.面心四方点阵可约化为体心四方点阵.

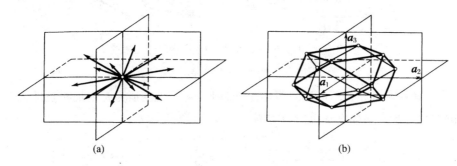

图 2.69 面心点阵的描述

(a) 由一格点向面心引出的 12 个矢量族(正交面心点阵 F);

(b) 由上述矢量末端联成的十四面体

体心的记号为 I,由一格点向体心引出 8 个长度相等的矢量 $a_j' = \pm(a_1 \pm a_2 \pm a_3)/2$(图 2.70).联结矢量末端形成的多面体与原先的晶胞一致.正交、四方、立方晶系中有新的体心布拉菲群.

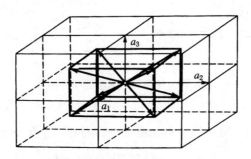

图 2.70 由一格点引向体心的 8 个矢量族(正交晶胞可带体心 I)
由矢量末端联成的多面体与晶胞一致

注意立方 F 和 I 晶胞可约化为菱形多面体初基胞(图 2.71).在四方 I 和正交 I、F 点阵中也可以划分出同样的初基胞,它们的面是平行四边形和菱形.

我们已经指出:把 3 个六角初基胞拼成六角柱体(图 2.66)才能显示出格点和基矢量族(8 个矢量)的真正的对称性.考察带心的可能性后得出:这里不出现新的布拉菲群.

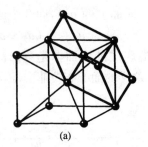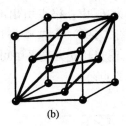

图 2.71　从立方 I(a)和 F(b)点阵中划分出来的
菱形多面体初基晶胞

三角对称的布拉菲晶胞只可能是初基胞.它可以表示为有附加格点的六角晶胞,反过来六角晶胞也可以表示为三角晶胞(图 2.72).

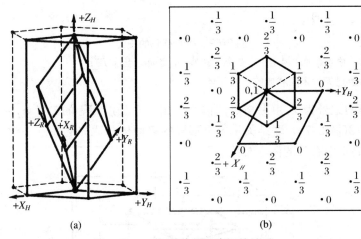

图 2.72　三角和六角晶胞间的关系

(a) 透视图；(b)在基面上的投影,数字是点的 Z 坐标

总结起来,我们得到了 14 种群和相应的 14 种布拉菲点阵(图 2.73 和表 2.10).

表 2.10　14 种布拉菲群(点阵)

晶系	带心	平移群(熊夫利记号)	国际符号
三斜	P	Γ_i	$P\bar{1}$
单斜	P	Γ_m	$P2/m$
	$B(C)$	Γ_m^b	$B(C)2/m$
正交	P	Γ_0	$Pmmm$
	$C(B,A)$	Γ_0^b	$C(B,A)mmm$

续表

晶系	带心	平移群（熊夫利记号）	国际符号
正交	I	Γ_0^v	$Immm$
	F	Γ_0^f	$Fmmm$
四方	P	Γ_q	$P4/mmm$
	I	Γ_q^v	$I4/mmm$
三角	R	Γ_{rh}	$R\bar{3}m$
六角	P	Γ_h	$P6/mmm$
立方	P	Γ_c	$Pm\bar{3}m$
	I	Γ_c^v	$Im\bar{3}m$
	F	Γ_c^f	$Fm\bar{3}m$

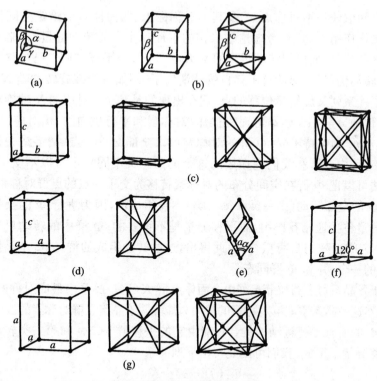

图 2.73　14 种布拉菲点阵

（a）三斜；（b）单斜；（c）正交；（d）四方；（e）三角；

（f）六角；（g）立方

考虑带心的可能性后，布拉菲平移群的操作和(2.91)式略有不同，多了一项 t_c：

$$t = p_1 a_1 + p_2 a_2 + p_3 a_3 + t_c, \quad p_1, p_2, p_3 = 0, \pm 1, \pm 2, \cdots. \quad (2.92)$$

在底心场合 $t_c = (a_1 + a_2)/2$ 等等(图 2.68b),也可以直接用初基平移表示 t,如对底心点阵有

$$t = p_1 \left(\frac{a_1 + a_2}{2} \right) + p_2 \left(\frac{a_1 - a_2}{2} \right) + p_3 a_3. \quad (2.93)$$

平移群 T 的操作可作用在晶体空间任一点 x 上(T 是可动的),得出由 $x' = x + t$ 点组成的自由点阵(图 1.15).而点阵的点对称性和布拉菲群只有在考察一个"固定"的点阵时才能得到.

空间的 x 点不仅可以通过布拉菲群联系起来,还可以通过其他对称操作联系起来.这些操作的所有可能的群就是费多洛夫群 Φ,我们将在下面讨论它们.

2.8.4　空间群和点群的同态性(homomorphism)

在空间取任一不对称点 A 及其不对称标志(四面体),令给定空间群的所有对称操作作用于 A,只考虑这些操作的本征和非本征转动分量,忽略平移和操作的平移分量.如果把转动得到的点 $A, A', A'', \cdots$ 平行它们自己位移到一个共同点,转动仍保留,而所有平移自然就消失了.例如一个螺旋转动轴 N_q 的操作给出了一系列又旋转又位移的点,现在出现的是和 N_q 对应的 N 轴旋转出来的点.类似地 a, b, c, n, d 等对称操作、对称素和平行位向的 m 对应.Φ 群中的 $N, \overline{N}$ 和 m 则保持不变.Φ 群的对称素可以全部交于一点(费多洛夫把这一点称做"对称中心",和我们现在用的这个词的意义不同),也可以不交于一点.上述方法可以把 Φ 群在空间分布的对称素转移为交于一点的点群对称素.

群 Φ 的全部转动(第一类和第二类)本身组成群,因为进行 Φ 的操作时这些操作分量单独地相互作用,而平移分量是不重要的.Φ 群中的转动只是使群 $T \subset \Phi$ 决定的点阵与自身重合.由此得出,这些转动组成的群是 32 个晶体学点群 K 中的一个,并和 Φ 群同态.

由于各晶系每一布拉菲点阵由全面体点群 K(这一晶系中最高对称的点群)描述,显然这一晶系空间群对称素的位向只能等同于晶胞点群对称素的位向.

群 Φ 的所有平行运动的集合只能由它的平移群 $T \subset \Phi$ 和第二类转动操作中的平移分量 α 组成.我们可由此写出下列关系

$$\Phi : (T + \alpha) \leftrightarrow K, \quad (2.94)$$

它的意思是:从 Φ 中排除所有平行运动后得到群 K,使 T 导出的点阵由群 K 描述(如果 K 是全面体点群),或由相应 K 的全面体母群描述.

下面将看到,上述几何上的讨论相当于严格的理论群关系(2.98)和(2.101)式.

一组群 Φ 和一个群 K 的同态映射不仅是抽象的概念,它反映了晶体微观和宏观构造有联系这一物理事实,更深一层说,它来源于这一事实.

空间群描述晶体微结构,点群描述晶体的多面体外形.如某晶体,举例来说,有一螺旋轴,令一晶面网格和轴斜交(宏观上这一网格表现为晶体的面),螺旋轴的微观作用是使这一网格旋转并移动原子尺度的距离.宏观上看螺旋转动能被觉察和测量到的只是转动,即在晶体多面体中只看到简单转动轴.其他有平移分量的对称素的宏观表现也一样,即它们失去了平移分量.换句话说,在宏观上"看到的"群 Φ 及其对称素仅仅是相应的群 K 及其点对称素.

2.8.5 群 Φ 中对称素的操作和相互位向的几何规则

平移对称操作 $t \in T \subset \Phi$ 的存在预先决定了它们和其他操作 $g_i \in \Phi$ 的乘积(相继的作用)的几何特征,这里的 g_i 可以是点群操作 $g_i \in K \subset \Phi$.

平移使任一直线或平面派生出无限多平行的直线或平面.按照对称素的定义(2.5 节),它上面的点或它本身被它的生成操作的全部幂变换成自身,而且它还可以被其他操作变换成和它等同的一组对称素.从上面的结果可以推导出:在点阵中一定会有平行对称轴的平移格点列(图 2.74),一定会有平行对称面的平移网格(图 2.75),这些平移使这些对称素发生和本身平行的位移.从图还可看出:一定有网格垂直任何种类的轴(图 2.74),一定有一维点列,即平移垂直任一对称面(图 2.75).

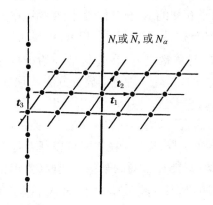

图 2.74 t_3 平移平行对称轴,$t_1 t_2$ 平移网格垂直对称轴

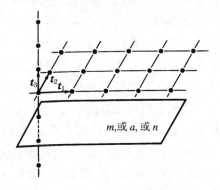

图 2.75 $t_1 t_2$ 平移网格平行对称面,t_3 平移垂直对称面

垂直平移 t 的面 m 会增生为相距 t 的无限多面 m,但根据 2.2.4 节中定理 Ⅱ(图 2.9b),同时还会有与 m 平行的面 m',而且 m' 和 m 的距离是 $t/2$.对垂

直 t 的滑移面,这点也成立.进行类似考察后不难明白:如存在平移等同的偶数阶对称轴,则在它们之间的中点有和它们平行的二阶轴.同样地在平移等同反演中心之间的中点存在派生的反演中心.由此可见,在群 Φ 中存在一系列无限多的平行对称素,它们是由若干初始对称素派生出来的、平移等同的,同时它们位于初始对称素间的中点.

2.8.6　空间群推导原理　协形群(symmorphous group)

可以用几何的、算术的、综合的、群论的和其他的方法推导群 Φ,这里我们用几何概念和群论.

考察平移群 T、布拉菲群以及群 Φ、群 K 在对应位向上的同态性(2.94)式后,可以得到推导协形空间群的简单方法.这种方法是:把表现为一种布拉菲群的 T 群操作 t_i 和相应晶系 K 点群操作 k 组合起来,即求这两个群的半直积[(2.42)式]:

$$\Phi_s \equiv T \,\textcircled{S}\, K. \tag{2.95}$$

几何上(用对称素语言)这等价于把 K 群对称素放到有同样对称性的布拉菲点阵的格点上(我们已经知道这时将产生新的派生的对称素).(2.95)式中的 K 群可以是某一晶系的高级的全面体群,也可以是全面体点群的较低的子群[后者和(2.95)式的要求不矛盾].费多洛夫称这样得到的群为**协形群**.

看两个例子.例1,初基(P)单斜布拉菲群 R,点群 $2/m$,产生 $\Phi_s = C_{2h}^1$——$P2/m$(图2.76).根据前面讲过的规则,除了起初的 K 群对称素外,在晶胞中产生附加的派生对称素.例2,体心(Ⅰ)四方布拉菲点阵,点群 $\bar{4}2m$,产生 $\Phi_s = D_{2d}^9$——$I\bar{4}m2$(图2.77a,b,c).除了产生新的对称素之外,在任何带心的布拉菲点阵中还产生有平移分量的对称素(图2.77b).另外一种点群放置方法,即把点群 $\bar{4}2m$ 转 45° 再放在格点上,产生的群是 $\Phi_c = D_{2d}^{11}$——$I\bar{4}2m$(图2.77d).

在半直积(2.95)式中 T 是不变(正规)商群,因为存在 $T = KTK^{-1}$ 关系,而 K 不是这样的商群.几何上看,这是由于不变子群 $T \subset \Phi$ 在空间可以任意地取(它是自由的矢量群),而点对称子群 $K \subset \Phi_s$ 只能在空间的某些点选取(要求正好在这些点上所有 K 群中对称素 k_i 相交)的原因.(2.95)式还反映 K 群 k_i 变换使点阵与自身重合.

半直积(2.95)式可以另外写成:

$$\Phi_s \equiv \{t_1, t_2, t_3, \cdots\}\{k_1, k_2, \cdots, k_n\}$$
$$= T_{k_1} \bigcup T_{k_2} \bigcup \cdots \bigcup T_{k_n}, \tag{2.96}$$

这里符号 $\bigcup$ 表示陪集 $T_{kj} = \{t_1 k_j, t_2 k_j, t_3 k_j, \cdots\}$ 的并.陪集本身是新的 Φ/T

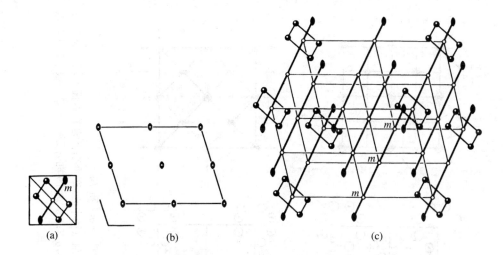

图 2.76 点群和平移布拉菲群相乘产生协形空间群

(a) 点群 $2/m$ 及其正规点系(为清楚起见,用直线把点联成矩形); (b) 投影到斜角面上的 $P2/m$ 空间群的标准图; (c) 把 a 放到斜角布拉菲点阵格点上(得到空间群 $P2/m$,在中间位置产生新的元素 $2, m, \bar{1}$)

[商群,见(2.38)式]的元素.乘法规则为

$$T_{kj}T_{ki} = T_{kikj} = T_{kl} \leftrightarrow k_i k_j = k_l, \tag{2.97}$$

即与 K 群元素 k 的乘法规则相符.因此在使用符号关系(2.94)式的同时,可以写出下列准确的关系

$$\Phi_s \rightarrow \frac{\Phi_s}{T} \leftrightarrow K. \tag{2.98}$$

这表示协形群 Φ_s 和相对平移子群的商群 Φ_s/T 有同态映射关系,而且这个商群和点群 K 同形.商群的单位是平移群 $T = eT$ 本身,它的作用等价于 K 群中的 e,其他陪集 $g_iT = Tg_i \leftrightarrow g_i$,即其他陪集与 K 群中操作 k_i 对应($t_1 k_i \rightarrow k_i$, $t_2 k_i \rightarrow k_i, \cdots$).

由此得出,任一协形群的操作由点群操作[矩阵 $(a_{ij}) = D$,见(2.6)式]和布拉菲群平移操作(2.92)式组成,即由它们的线性变换组成[(2.4)式和(2.5)式]:

$$g_i \in \Phi_s, \quad \boldsymbol{x}' = D\boldsymbol{x} + \boldsymbol{t}. \tag{2.99}$$

按照 T 和 K 的半直积(2.95)式构成 Φ_s 时,要注意同一 K 可以和某一晶系的不同布拉菲群相遇(表2.11).

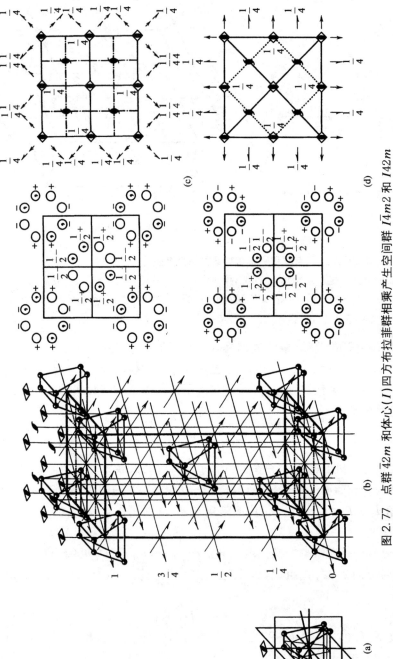

图 2.77　点群 $\bar{4}2m$ 和体心(I)四方布拉菲群相乘产生空间群 $I\bar{4}m2$ 和 $I\bar{4}2m$

(a) 点群 $\bar{4}2m$ 及其正规点系(把点联成被截的四面体,截面垂直 $\bar{4}$);(b) 把(a)放到晶胞顶点和中心(产生垂直对角方向的 $2,2$,后两者每经 $1/4$ 高度交替出现,这里点群中 m 和晶胞面重合,这里点群正规点系,一般位置正规点系及其的标准图及其;(c) 这个群的标准图及其一般位置正规点系及其的标准图及其;(d) $I\bar{4}2m$ 空间群的标准图及其一般位置正规点系,这里点群中 m 和晶胞的对角面重合

表 2.11　73 种协形群 Φ_s 按晶系的分布

晶系	群数	晶系	群数
立方	$5\times3=15$	正交	$3\times4+1=13$
四方	$7\times2+2=16$	单斜	$3\times2=6$
三角	$5\times1=5$	三斜	$2\times1=2$
六角	$12\times1+4=16$		

在表 2.11 中相乘的第一项是 K 群的数目,第二项是每个晶系中布拉菲群的数目.在四方、六角和正交晶系中,如 K 群不高级,常常有不止一种恰当安排 K 对称素和布拉菲群对称素相对位置的方法,这样多产生 7 个群(表 2.11 中加号之后).图 2.77 已给出了一例.这样一共得到 73 个协形群 Φ_s.

如按(2.95)式组成协形群时,取第一类 K^{I}($T=T^{\mathrm{I}}$ 也是第一类),则得到第一类 Φ_s^{I} 共 24 个.取 K^{II} 时得到第二类 Φ_s^{II} 共 49 个.

应当指出,每一个球对称点组成的布拉菲点阵由相应晶系中带心的最高对称协形费多洛夫群描述.表 2.10 给出了这些空间群.

2.8.7　非协形群

我们知道,从群的乘积中可以分出非平庸子群;利用这一点可得到其他非协形费多洛夫群.图 2.11 是点群操作 m 和一维平移 t(平行 m)的乘积,从由此产生的 G_1^2 群中分出了基为 $\{e,a\}$ 的新子群,这里 a 是滑移反射(图 2.11d).

应当着重指出:虽然在这个新群中平移周期 $t'=2t$ 比原来的周期增加了一倍,但这无关紧要,可把 t' 取为基本平移周期,使滑移反射 a 的平移分量为 $t'/2$,以符合一般的表达方法.这样得到的群是协形群 G_1^2 的子群,它不等同于任何这种类型的协形群,而是一个新的群.

同样的方法适用于 G_3^3 群[2.24]. Φ_s 群晶胞在 1 个、2 个或 3 个方向上成整数倍增大并取为基本周期后,除了原有对称素和操作外,也出现有平移分量的操作.例如取 6 个叠在一起的含轴 6 的 Φ_c 晶胞,除了操作 6^n($n=0,1,\cdots,5$)外,还有 $6^n\cdot t',\cdots,6^n\cdot5t''$ 等操作(图 2.78).在所有操作中只选出 $6^n\cdot nt'$,就形成螺旋转动轴并产生周期 $t=6t'$、含 6_1 的非平庸子群 $\Phi_n\subset\Phi_s$.

这样得到的**非协形群** Φ_n 是 Φ_s 的非平庸子群.协形和非协形群一起组成全部费多洛夫群.相应地所有 Φ_n 的操作和元素 g_i 是协形群(具有整数倍平移)的操作和元素 $\{\cdots g_i\cdots\}=\Phi_s$ 的一部分(子群).Φ_s 的子群 Φ_n 和 Φ_s 一样,和点群 K 同态.

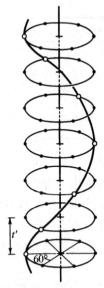

图 2.78 非协形群
的形成

取 6 个叠在一起
的含轴 6 的晶胞,
可选出 6_1 操作

费多洛夫把非协形群分为 2 种:半协形群和不协形
群. 取一个第二类协形群 Φ_s^{II},把它的周期增为 2 倍,把第
二类对称素的和轴交于一点的操作舍去,就得到半协形群
Φ_h^{II}. 这些群全是第二类群,一共有 54 个.

协形群 Φ_s 的周期整倍增大后选出一些子群,其中没
有不同方向轴相交的点,这就是不协形群 Φ_a. Φ_a 的典型
例子是含螺旋轴的群(图 2.78). 按照(2.95)式的定义在
协形群 Φ_s 中有一组围绕最高对称点的一般位置点和由
它们组成的等多面体(isogon),它们的对称性和点群 K
的对称性一样,如在图 2.77a 中的对称多面体. 在半协形
群 Φ_h^{II} 中有一组点,它们的最高对称性由 K^{II} 群的指数为
2 的第一类子群 K^{I} 中的一个描述,这个 K^{II} 群和 Φ_h^{II} 同
态,而且 K^{II} 中的点系分解为 K^{I} 中两个对映的点系. 例
如 Pmmm 群是协形群,其中有 mmm 对称性点系(和等
多面体)(图 2.79a),Pnnn 群是半协形群,点系(和等多面
体)最高对称性是 222(图 2.79b). 类似地 $Pm\bar{3}m$ 是对应
最高对称点系 $m\bar{3}m$ 的协形群,半协形群 $Pn\bar{3}m$ 对应最
高对称点系 432,不协形群 $Pm\bar{3}n$ 中的点系不具有 $m\bar{3}m$
和 432 对称性.

不协形群 Φ_a 的数目 103 个,其中第一类 41 个,第二类 62 个.

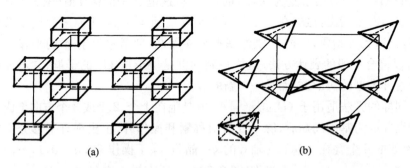

(a)   (b)

图 2.79 半协形群 Φ_h 的概念

在协形群 Pmmm(a)中 8 点组成的正规点系的对称性 mmm,等多面体(iso-
gon,顶点由正规点系组成)有同样的对称性,即长方体有同样的对称性. 在
半协形群 Pnnn(b)中选出的 4 点正规点系等多面体(四面体)的对称性 222
(是 mmm 群的指数为 2 的第一类子群),顶角上的四面体和中心处的四面
体具有对映性

非协形群的操作可写为

$$\Phi_n \ni g_i : x' = Dx + \alpha(D) + t,\qquad(2.100)$$

根据(2.4)式和(2.5)式,Dx 决定给定群的全部点对称操作,$\alpha(D)$ 决定螺旋平移或滑移分量(和本征或非本征转动相联系),t 是布拉菲群平移操作(2.92)式.

须要指出的是:空间群对称操作的解析式和坐标原点的选择有关.与此有关,协形群操作表达式(2.99)的成立条件是:原点选在所有对称素的交点上,原点如选在其他点上,则它的操作也要用最一般的(2.100)式描述.

现在简单介绍推导 Φ 群的矩阵-矢量方法.任一变换 $g_i \in \Phi$ 可以写成(D, a_D),这里 D 是 K 群的本征或非本征转动矩阵,a_D 是位移矢量[(2.5)式].写成三基矢形式的 K 群的对称变换可引出 73 个整数-不等价有限整数矩阵群,它们和协形群对应.它们被称为算术类.为了推导全部费多洛夫群,只需对每一算术类得出和它的矩阵对应的所有位移矢量.这里充分和必要条件是 Frobenius 比较:$Da_{D_1} + a_{D_2} \equiv a (\bmod T)$[$(\bmod T)$ 表示这个关系的满足准确到一个平移群],这里 D_1 和 D_2 是两个相继的变换,在这两个变换下的位移矢量必须满足这个充分必要条件.有一个解上述比较的方法,它对所有数学类是标准的[2.22]并可给出所有 Φ 群.这一推导的几何意义是:找到协形群(对应于算术类)等多面体一切可能的划分方法以及找到把这些分开部分带到初基平行六面体内的矢量.

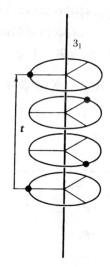

图 2.80 模数群
在模数群中带有平移分量的操作的幂和单位操作等价,如 $3_1^3 = t = e$

再讨论一下费多洛夫群和点群的联系.由于 (2.100)式中存在 $\alpha(D)$,非协形群 Φ_n 对平移群 T 的商群不与点群 K 符合,即不存在协形群中适用的(2.98)式.但是可以找到一个包含平移分量的某种 K' 群,并且约定产生平移的操作的幂(如 $3_1^3 = t$,图 2.80)与单位操作 e 等价.这种群被称为**模数群**,例如上述 3_1^3 模数群.

这种情形下的 K' 群和对应的普通点群同形,并且商群映射到 K',于是有

$$\Phi_n / T \leftrightarrow T' \leftrightarrow K.\qquad(2.101)$$

这就是说,(2.98)式不仅对协形群 Φ_s,而且对非协形群 Φ_n 成立,即任何费多洛夫群对平移子群 T 的商群总是和晶体学群 K 同形的.

2.8.8 费多洛夫群的数目

费多洛夫群数目有限来源于它的推导方法.首先,协形群 Φ_s 数目有限,因

为它是有限数目布拉菲群和有限数目 K 群在这两种群有限的可能的组合下的乘积. Φ_n 的数目也有限, 因为它是 Φ_s 在周期增大为 $2,3,4,6$ 倍 (不会更大) 以后的子群. 假如周期增大的倍数更大, 也得不到新的有平移分量的群, 因为倍数更大的这些群将和上述倍数小的群重合, 不形成新群.

协形群 Φ_s、半协形群 Φ_h、不协形群 Φ_a 组成全部 Φ 群, 总数是 $73+54+103=230$, 其中 65 个为第一类群 Φ^{I}, 165 个为第二类群 Φ^{II}.

Φ 群中有一些群含有手性不同的螺旋转动操作和螺旋轴 $3_1, 3_2, 4_1, 4_3, 6_1, 6_5, 6_2, 6_4$ 等. 这样的群如果属第二类, 这些轴则成对出现, 如属第一类, 这些轴只有一种类型 (全是右旋或全是左旋). 最后一类群有 11 对, 每一对中的一个和它的对形有镜像反射关系. 抽象地看, 这 11 对 Φ 群是等同的.

所有其他费多洛夫群抽象地看也不相同, 即不同形. 如把上面的 11 对看成 11 个, 则第一类 Φ_a^{I} 剩下 30 个, 费多洛夫群总数降为 219 个.

2.8.9　费多洛夫群的命名

表 2.12 按照协形群和子群 (半协形群和不协形群) 分类列出了全部费多洛夫群.

表 2.12　费多洛夫群 Φ (协形群 Φ_s, 半协形群 Φ_h, 不协形群 Φ_a)

Φ_s	Φ_h	Φ_a
C_1^1—$P1$		
C_i^1—$P\bar{1}$		
C_2^1—$P2$		C_2^2—$P2_1(2)$
C_2^3—$B2$		
C_s^1—Pm	C_s^2—$Pb(2)$	
C_s^3—Bm	C_s^4—$Bb(2)$	
C_{2h}^1—$P2/m$	C_{2h}^4—$P2/b(2)$	C_{2h}^2—$P2_1/m(2), C_{2h}^5$—$P2_1/b(4)$
C_{2h}^3—$B2/m$	C_{2h}^6—$B2/b(2)$	
D_2^1—$P222$		D_2^2—$P222_1(2), D_2^3$—$P2_12_12(4)$,
		D_2^4—$P2_12_12_1(8)$
D_2^6—$C222$		D_2^5—$C222_1(2)$

续表

Φ_s	Φ_h	Φ_a
$D_2^7—F222$		
$D_2^8—I222$		$D_2^9—I2_12_12_1(8)$
$C_{2v}^1—Pmm2$	$C_{2v}^3—Pcc2(2), C_{2v}^4—Pma2(2),$	$C_{2v}^2—Pmc2_1(2), C_{2v}^5—Pca2_1(4),$
	$C_{2v}^6—Pnc2(4), C_{2v}^8—Pba2(4),$	$C_{2v}^7—Pmn2_1(4), C_{2v}^9—Pna2_1(8)$
	$C_{2v}^{10}—Pnn2(8)$	
$C_{2v}^{11}—Cmm2$	$C_{2v}^{13}—Ccc2(2)$	$C_{2v}^{12}—Cmc2_1(2)$
$C_{2v}^{14}—Amm2$	$C_{2v}^{15}—Abm2(4), C_{2v}^{16}—Ama2(2),$	
	$C_{2v}^{17}—Aba2(4)$	
$C_{2v}^{18}—Fmm2$	$C_{2v}^{19}—Fdd2(8)$	
$C_{2v}^{20}—Imm2$	$C_{2v}^{21}—Iba2(8), C_{2v}^{22}—Ima2(8)$	
$D_{2h}^1—Pmmm$	$D_{2h}^2—Pnnn(8), D_{2h}^3—Pccm(2),$	$D_{2h}^5—Pmma(2), D_{2h}^6—Pnna(8),$
	$D_{2h}^4—Pban(8)$	$D_{2h}^7—Pmna(4), D_{2h}^8—Pcca(4),$
		$D_{2h}^9—Pbam(4), D_{2h}^{10}—Pccn(8),$
		$D_{2h}^{11}—Pbcm(4), D_{2h}^{12}—Pnnm(8),$
		$D_{2h}^{13}—Pmmn(4), D_{2h}^{14}—Pbcn(8),$
		$D_{2h}^{15}—Pbca(8), D_{2h}^{16}—Pmna(8)$
$D_{2h}^{19}—Cmmm$	$D_{2h}^{20}—Cccm(2), D_{2h}^{21}—Cmma(4),$	$D_{2h}^{17}—Cmcm(2), D_{2h}^{18}—Cmca(8)$
	$D_{2h}^{22}—Ccca(8)$	
$D_{2h}^{23}—Fmmm$	$D_{2h}^{24}—Fddd(8)$	
$D_{2h}^{25}—Immm$	$D_{2h}^{26}—Ibam(8)$	$D_{2h}^{27}—Ibca(8), D_{2h}^{28}—Imma(8)$
$C_4^1—P4$		$C_4^2—P4_1(4), C_4^3—P4_2(2),$
		$C_4^4—P4_3(4)$
$C_4^5—I4$		$C_4^6—I4_1=I4_3(4)$
$S_4^1—P\bar{4}$		
$S_4^2—I\bar{4}$		

Φ_{s}	Φ_{h}	Φ_{a}
$C_{4h}^1\!-\!P4/m$	$C_{4h}^3\!-\!P4/n\,(2)$	$C_{4h}^2\!-\!P4_2/m\,(2),C_{4h}^4\!-\!P4_2/n\,(8)$
$C_{4h}^5\!-\!I4/m$		$C_{4h}^6\!-\!I4_1/c\,(16)$
$D_4^1\!-\!P422$		$D_4^2\!-\!P42_12\,(2),D_4^3\!-\!P4_122\,(4),$
		$D_4^4\!-\!P4_12_12\,(16),D_4^5\!-\!P4_222\,(2),$
		$D_4^6\!-\!P4_22_12\,(8),D_4^7\!-\!P4_322\,(4),$
		$D_4^8\!-\!P4_32_12\,(16)$
$D_4^9\!-\!I422$		$D_4^{10}\!-\!I4_122\,(16)$
$C_{4v}^1\!-\!P4mm$	$C_{4v}^2\!-\!P4bm\,(2),C_{4v}^5\!-\!P4cc\,(8),$	$C_{4v}^3\!-\!P4_2cm\,(2),C_{4v}^4\!-\!P4_2nm\,(8),$
	$C_{4v}^6\!-\!P4nc\,(8)$	$C_{4v}^7\!-\!P4_2mc\,(2),C_{4v}^8\!-\!P4_2bc\,(8)$
$C_{4v}^9\!-\!I4mm$	$C_{4v}^{10}\!-\!I4cm\,(8)$	$C_{4v}^{11}\!-\!I4_1md\,(16),C_{4v}^{12}\!-\!I4_1cd\,(16)$
$D_{2d}^1\!-\!P\overline{4}2m$	$D_{2d}^2\!-\!P\overline{4}2c\,(2)$	$D_{2d}^3\!-\!P\overline{4}2_1m\,(4),D_{2d}^4\!-\!P\overline{4}2_1c\,(8)$
$D_{2d}^5\!-\!P\overline{4}m2$	$D_{2d}^6\!-\!P\overline{4}c2\,(2),D_{2d}^7\!-\!P\overline{4}b2\,(4),$	
	$D_{2d}^8\!-\!P\overline{4}n2\,(8)$	
$D_{2d}^9\!-\!I\overline{4}m2$	$D_{2d}^{10}\!-\!I\overline{4}c2\,(8)$	
$D_{2d}^{11}\!-\!I\overline{4}2m$		$D_{2d}^{12}\!-\!I\overline{4}2d\,(16)$
$D_{4h}^1\!-\!P4/mmm$	$D_{4h}^2\!-\!P4/mcc\,(2)$	$D_{4h}^5\!-\!P4/mbm\,(2),D_{4h}^6\!-\!P4/mnc\,(8),$
	$D_{4h}^3\!-\!P/4nbm\,(2),D_{4h}^4\!-\!P4/nnc\,(8)$	$D_{4h}^7\!-\!P4/nmm\,(2),$
		$D_{4h}^8\!-\!P4/ncc\,(8),$
		$D_{4h}^9\!-\!P4_2/mmc\,(2),$
		$D_{4h}^{10}\!-\!P4_2/mcm\,(2),$
		$D_{4h}^{11}\!-\!P4_2/nbc\,(8),$
		$D_{4h}^{12}\!-\!P4_2/nnm\,(8),$
		$D_{4h}^{13}\!-\!P4_2/mbc\,(8),$
		$D_{4h}^{14}\!-\!P4_2/mnm\,(8),$
		$D_{4h}^{15}\!-\!P4_2/nmc\,(8)$
		$D_{4h}^{16}\!-\!P4_2/ncm\,(8)$

续表

Φ_s		Φ_h	Φ_a
D_{4h}^{17}—$I4/mmm$		D_{4h}^{18}—$I4/mcm\,(8)$	D_{4h}^{19}—$I4_1/amd\,(16)$,
			D_{4h}^{20}—$I4_1/acd\,(16)$
C_3^1—$P3$			C_3^2—$P3_1\,(3)$, C_3^3—$P3_2\,(3)$
C_3^4—$R3$			
C_{3i}^1—$P\bar{3}$			
C_{3i}^2—$R\bar{3}$			
D_3^1—$P312$			D_3^3—$P3_112\,(3)$, D_3^5—$P3_212\,(3)$
D_3^2—$P321$			D_3^4—$P3_121\,(3)$, D_3^6—$P3_221\,(3)$
D_3^7—$R32$			
C_{3v}^1—$P3m1$		C_{3v}^3—$P3c1\,(2)$	
C_{3v}^2—$P31m$		C_{3v}^4—$P31c\,(2)$	
C_{3v}^5—$R3m$		C_{3v}^6—$R3c\,(2)$	
D_{3d}^1—$P\bar{3}1m$		D_{3d}^2—$P\bar{3}1c\,(2)$	
D_{3d}^3—$P\bar{3}m1$		D_{3d}^4—$P\bar{3}c1\,(2)$	
D_{3d}^5—$R\bar{3}m$		D_{3d}^6—$R\bar{3}c\,(2)$	
C_6^1—$P6$			C_6^2—$P6_1\,(6)$, C_6^3—$P6_5\,(6)$
			C_6^4—$P6_2\,(3)$, C_6^5—$P6_4\,(3)$,
			C_6^6—$P6_3\,(2)$
C_{3h}^1—$P\bar{6}$			
C_{6h}^1—$P6/m$			C_{6h}^2—$P6_3/m\,(2)$
D_6^1—$P622$			D_6^2—$P6_122\,(6)$, D_6^3—$P6_522\,(6)$,
			D_6^4—$P6_222\,(3)$, D_6^5—$P6_422\,(3)$,
			D_6^6—$P6_322\,(2)$
C_{6v}^1—$P6mm$		C_{6v}^2—$P6cc\,(2)$	C_{6v}^3—$P6_3cm\,(2)$, C_{6v}^4—$P6_3mc\,(2)$
D_{3h}^1—$P\bar{6}m2$		D_{3h}^2—$P\bar{6}c2\,(2)$	

续表

Φ_s		Φ_h	Φ_a
D_{3h}^2—$P\bar{6}2m$	D_{3h}^4—$P\bar{6}2c(2)$		
D_{6h}^1—$P6/mmm$	D_{6h}^2—$P6/mcc(2)$		D_{6h}^3—$P6_3/mcm(2)$, D_{6h}^4—$P6_3/mmc(2)$
T^1—$P23$			T^4—$P2_13(8)$
T^2—$F23$			
T^3—$I23$			T^5—$I2_13(8)$
T_h^1—$Pm\bar{3}$	T_h^2—$Pn\bar{3}(8)$		T_h^6—$Pa\bar{3}(8)$
T_h^3—$Pm\bar{3}$	T_h^4—$Pd\bar{3}(16)$		
T_h^5—$Im\bar{3}$			T_h^7—$Ia\bar{3}(8)$
O^1—$P432$			O^2—$P4_232(8)$, O^6—$P4_332(16)$, O^7—$P4_132(16)$
O^3—$F432$			O^4—$F4_132(16)$
O^5—$I432$			O^8—$I4_132(16)$
T_d^1—$P\bar{4}3m$	T_d^4—$P\bar{4}3n(8)$		
T_d^2—$P\bar{4}3m$	T_d^5—$P\bar{4}3c(8)$		
T_d^3—$I\bar{4}3m$			T_d^6—$I\bar{4}3d(8)$
O_h^1—$Pm\bar{3}m$	O_h^2—$Pn\bar{3}n(8)$		O_h^3—$Pm\bar{3}n(8)$, O_h^4—$Pn\bar{3}m(8)$
O_h^5—$Fm\bar{3}m$	O_h^6—$Fm\bar{3}c(8)$		O_h^7—$Fd\bar{3}m(8)$, O_h^8—$Fd\bar{3}c(8)$
O_h^9—$Im\bar{3}m$			O_h^{10}—$Ia\bar{3}d(8)$

注：Φ_h 和 Φ_a 括号中的数字指明母群 Φ_s 晶胞体积需增大的倍数[2.21].

空间群的熊夫利符号简单地表示为同态的点群和作为上标的编号. 例如和 D_{3d} 对应的 $D_{3d}^1, D_{3d}^2, \cdots, D_{3d}^6$.

图 2.81 按照国际表[2.27]给出了一个空间群 D_{2h}^{16} 的标准图, 其中对称素的意义见图 2.22.

遗憾的是, 由于在立方群中画出斜交对称素有一些困难, 故国际表编者没有给出立方群的图, 只给出它的符号和正规点系. 立方系的图可以在一些书

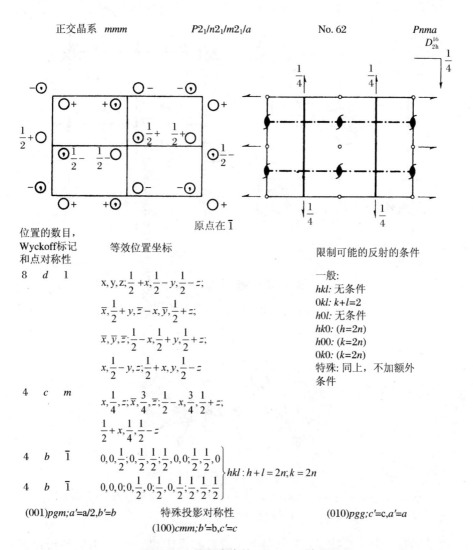

正交晶系 *mmm*　　　　　$P2_1/n2_1/m2_1/a$　　　　　No. 62　　　　　*Pnma*
D_{2h}^{16}

原点在 $\bar{1}$

位置的数目,Wyckoff标记和点对称性		等效位置坐标	限制可能的反射的条件
8	d	1	$x, y, z; \frac{1}{2}+x, \frac{1}{2}-y, \frac{1}{2}-z;$	一般: *hkl:* 无条件 *0kl: k+l=2* *h0l:* 无条件 *hk0:* (h=2n) *h00:* (k=2n) *0k0:* (k=2n)

$$\bar{x}, \frac{1}{2}+y, \bar{z}-x, \bar{y}, \frac{1}{2}+z;$$

$$\bar{x}, \bar{y}, \bar{z}; \frac{1}{2}-x, \frac{1}{2}+y, \frac{1}{2}+z;$$

$$x, \frac{1}{2}-y, z; \frac{1}{2}+x, y, \frac{1}{2}-z$$

特殊: 同上，不加额外条件

4　c　m　$x, \frac{1}{4}, z; \bar{x}, \frac{3}{4}, \bar{z}; \frac{1}{2}-x, \frac{3}{4}, \frac{1}{2}+z;$

$$\frac{1}{2}+x, \frac{1}{4}, \frac{1}{2}-z$$

4　b　$\bar{1}$　$0,0,\frac{1}{2}; 0,\frac{1}{2},\frac{1}{2}; \frac{1}{2},0,0; \frac{1}{2},\frac{1}{2},0;$

4　b　$\bar{1}$　$0,0,0; 0,\frac{1}{2},0; \frac{1}{2},0,\frac{1}{2}; \frac{1}{2},\frac{1}{2},\frac{1}{2}$ ⎫⎬⎭ $hkl: h+l=2n; k=2n$

(001)*pgm;a'=a/2,b'=b*　　　特殊投影对称性　　　(010)*pgg;c'=c,a'=a*
(100)*cmm;b'=b,c'=c*

图 2.81　国际表中的 *Pnma*—D_{2h}^{16}群

第一行:点群类,完全符号,空间群序号,简化符号.左图:一般位置点,右图:对称素的集合($X = X_1$向下,$Y = X_2$向右,$Z = X_3$向读者);图下:位置的数目、对称性,一般和特殊点坐标,衍射消光条件;最下一行,群投影对称性[2.27],对空间群更详细的解释见[2.29]

[2.24, 2.28, 2.29]中找到①.在这样的图中画出了全部对称素或部分对称素的极射赤面投影,这些对称素相交在立方群的一些特征点上(图 2.82).

---

① 最新版国际表由国际晶体学协会在 1992 年出版[2.29].

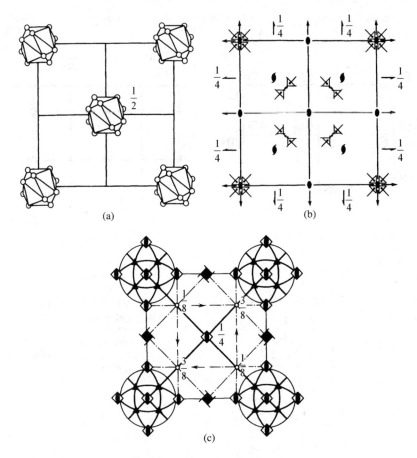

图 2.82 立方空间群图

(a) T^3——$I23$ 群的正规点系；(b) 对称素图[2.28]；(c) 另一种对称素画法，这是 O_h^7——$Fd\bar{3}m$ 群晶胞 1/8 投影[2.15,2.29]

    国际符号包括布拉菲点阵符号和生成对称操作和对称素(有时给得过多)；后者排在 3 个有一定次序的位置上，并和同态点群的符号、晶体轴 X_1, X_2, X_3 的选择相协调，因此国际符号全面地描述了空间群.

    在单斜群符号中指明对称轴和垂直于轴的对称面(如后者存在的话)，如 $P2, Pb, C2/m$. 在正交群中，第一个位置上是平行 X_1 轴的对称轴或垂直于它的对称面，随后是 X_2, X_3 方向上的对称素，如 $Pmma, Iba2, C222$.

    在四方和六角群中，先写出主轴符号(沿 X_3 轴)，然后是垂直于它的面的符号(如果存在的话)，二者间加斜线；接着是和基面边垂直的对称面(如有的话)，在不存在这种对称面时是平行基面边的轴；再接着为按同一原则给出平行基面对角线的对称素,如 $P4/n$,$P4_2/mcm$,$I4_1$,$P3_121$,$P\bar{6}c2$.

在立方群中先给出坐标轴方向上的对称素,后面是体对角线上的轴 3,最后是基面对角线上的元素,如 $Pn\bar{3}$,$F4_132$,$Ia\bar{3}d$.

在完全符号中,按以上次序在分数的分子上给出主轴、在分母上给出与轴垂直的面,如 D_{2h}^{17}—$C\dfrac{2}{m}\dfrac{2}{c}\dfrac{2_1}{m}$.

这里要指出单斜群、特别是正交群中国际符号的一个特点.选取长方体晶胞后,可以从任一顶点沿三条边作 X_1,X_2,X_3 轴.由于对称素的次序、底心面的命名和滑移面 a,b,c 的命名都与坐标轴选取有关,因此同一个群看起来有不同的符号(但从符号中可以看出坐标轴是如何选的).例如单斜群 C_{2h}^6 可以写成 $B2b$ 或 $C2c$,正交群 C_{2v}^3 可以写成 $Pcc2$,$P2aa$,$Pb2b$,D_{2h}^{16} 可以写成 $Pnma$,$Pbnm$,$Pmcn$,$Pnam$,$Pmnb$,$Pcmn$ 等.

在四方群中有时为了方便,把初基点阵 P 写成底心点阵 C,或将体心 I 写成面心 F,相应地空间群符号也改变,如 $I4cm$ 写成 $F4mc$ 等.

根据空间群和点群的同态性,国际符号可以给出所有可能的空间群(Belov 的综合"类"法[2.30]).如从正交类 mm 开始,结合进来不同的对称面(m,n,a 等),立刻可以写出空间群 Pmm,Pmn,Pmc,Pnn,Pna,Pcc,Pca,Pba.注意到不同方向上可能得到同一个群后,可从 mmm 类得出 16 个群,如 $Pmmm$,$Pnnn$,$Pmmn$,$Pnnm$,$Pmna$ 等.如在某一类中对称中心或轴是生成元素,则它们在空间群中仍然保留,但可以相对对称面交点按一定规则平移 1/4 或 1/2.类似地,可以从例如 222 类得到 9 个轴空间群:$P222$,$P222_1$,$P2_12_12$,$P2_12_12_1$,$C222$,$C222_1$,$F222$,$I222$,$I2_12_12_1$.如从正交群按对称性"往下"走,可以形成单斜、甚至三斜群,"往上"走得到四方和立方晶系.类似地也可走向六角群.

2.8.10 费多洛夫群的子群

Φ 群的子群可以是没有平移的点群 K,也可以是 Φ 群.前者表明空间中有晶体学群 K 描述的点(及正规点系).我们已经知道协形群 Φ_s 的点对称子群是按(2.95)式生成 Φ_s 的群 K,这意味着所有 K 的子群 K_1 也是 Φ_s 的子群,即 $\Phi_s \supset K \supset K_1$.非协形群也可含有点子群 K_1(图 2.79b),对每一个 Φ 都可从国际表找到这些子群,它们和空间群的特殊位置点的对称性 K_1 对应(图 2.81).如 $P4/ncc$ 的 K 子群是 4,$\bar{4}$,222.230 个 Φ 群中的 217 个有 K 子群,13 个没有(除 1 之外),即在这 13 个空间群中一个点对称素也没有,而只有带有平移分量的对称素,如 $P2_12_12_1$,$Pca2_1$,$P6_1$ 等.

第二种情况是 Φ 群的子群仍是 Φ 群,这样的子群有不同的分类方法.可以保持平移群,同时在同一晶系内降低生成点群 K 的对称性,组成 Φ 的一系列平移等同的子群.反过来,可以保持 K,同时改变 T 的尺寸或变为带心的布拉菲点阵,组成 Φ 的类等同的子群.有趣的是:同一 K 类中不同带心的布拉菲群相互有子群关系,如 $Pm\overline{3}m$, $Fm\overline{3}m$, $Im\overline{3}m$.此外,我们知道:所有 $\Phi_n \subset \Phi_s$,因为前者是整倍地增大后者周期后形成的.

改变(降低)生成点群 K 的方法可以是空间的仿射变换(affine transformation).所谓仿射变换是均匀伸长(缩短)和切变,此时线仍是线、面仍是面,但一般来说它们之间的角度发生变化.这种变换如不改变晶胞(图 2.66)的 K 对称性(晶系),则群 Φ 不变("中心仿射等价").如正交 Φ 在沿任一坐标轴伸长空间时仍保持不变.立方 Φ 在相似变换即空间在所有方向上均匀伸长(缩短)时不变.

但是如果发生形变,改变了晶系和 K,就会得到初始群的子群.因为形变中对称素之间的角度将发生变化,例如沿立方群体对角线伸长得到三角群,沿立方体一条边伸长得到四方群,沿中等晶系的一个垂直主轴的方向延长得到正交或单斜群等等(见 2.8.2 节中的图).仿射变换后 Φ 群的子群是任何更低晶系中的 Φ 群,如 T_d^6 群的子群为 T^5, C_{3v}^6, C_3^4, D_{2d}^{12}, S_4^2, D^9, C_2^{19}, C_{2v}^3, C_3^4, C_1^1.

如果考虑了所有可能的形成子群的方法,那么每一 Φ 群都是 $Pm\overline{3}m$ 群,或 $P6/mmm$ 群,或二者的子群.

2.8.11　空间群的正规点系

(2.99)和(2.100)式告诉我们,知道所有 Φ 群的操作后,就可以从任一点 x 得出其他所有对称等同点,即得到给定群的正规点系(RPS).但实际上可以简单地利用国际表(图 2.81),表中给出了每一空间群的一般和所有特殊位置 RPS 的坐标.要注意:一般位置上的点是不对称的,而一般位置 RPS 中点的数目(一个晶胞中)被称为 Φ 的阶(虽然 Φ 是一个无穷多阶的群).在点对称素上的特殊位置点具有对称性,但它们的点的数目相应地整倍地减少.如果 Φ 含有某一点群 K 作为子群,即 $\Phi \supset K$(Φ 中有点对称素),则由 K 联系的空间群的 RPS 具有 K 对称性.

Φ 群正规点系的点(和 K 等价)是所谓等多面体(isogon)这样一种多面体的顶点.这些等多面体在空间中按 Φ 群规则地分布.

我们已经看到,在协形群 Φ_s 中这样的多面体简单地由(2.95)式中的点群 K 的 RPS 构成,它们的中心按相应群 T 的平移操作在点阵中分布(图 2.76,2.77,2.79a),如在 $Pmmm$(图 2.79a)中,RPS 按长方体晶胞平行地分布.

在同样 K 群的 Φ_s 子群 Φ_n(非协形群)中协形群的 RPS 分解成几个部分,每一部分是相应子群 K_1 的 RPS($K_1 \subset K$, $K_1 \subset \Phi_n$),同时协形群等多面体变成对称性较低的等多面体(图 2.79b).

我们已经知道,有 13 个 Φ 群不含除平庸子群 1 以外的点对称子群,自然它们的正常点系不形成等多面体.

描述属于给定 Φ 群的晶体结构时,要指出结构中每一种原子具有哪一种(一般位置或特殊位置)RPS,并给出其中的一个基原子的坐标 x,y,z,其他原子的坐标可以由国际表中等同点增生公式得出.晶体结构中不同基原子 $A,B,C,\cdots$ 可以占据对称性不同或相同的 RPS,显然相同对称性 RPS 上不同基原子的坐标是不同的.

在文献中常常遇到下面这类说法:"结构由 A 和 B 原子的相互穿插的点阵组成."其意思为:上述原子占据的 Φ 群 RPS 的基坐标不同.还可遇到的有:从某"点阵"(晶体结构)中分出某些原子的"亚点阵",对这样的说法也应类似地理解.

2.8.12 晶体化学式和空间对称性的关系

从平移对称性得出的最简单的结果是:晶胞中总原子数等于或数倍于化学式中的原子数,或晶胞含有若干个化学式单元.晶胞不可能只包含分子式中的部分原子,因为假如是这样,晶胞就不能成为几何上的重复单元[①].晶胞中的化学式单元数一般是 $1,2,4,\cdots$,在三角和六角结构中单元数还可以是 $3,6,\cdots$.

化学式和结构间还存在由 RPS 多重因数决定的另一种关系.Φ 群中的多重因数是 $1,2,3,4,6,8,12,16,18,24,\cdots,192$,在一个群中多重因数只能是上述数中的几个.结构中一种原子可以只占据一个 RPS,这时这种原子在晶胞中的数目等于这个 RPS 的多重因数,化合物所含原子数的比也符合多重因素决定的"晶体学"比例.一种原子可以占据对称性相同或不同的 RPS.这种情况下结晶出来的化合物分子式中原子比可以是任何"非晶体学"比例,如 $5,7$ 等,这就是说:化合物要"选择"适当的 Φ 群,使若干 RPS 多重因数之和等于或数倍于化学式中的原子数.

在不对称(独立)域中的原子数等于化学式中原子数乘上 (n/n'),这里 n 是晶胞中化学式单元数,n' 是一般位置 RPS 的多重因数,即群阶.因此不对称域中可以包含几个、一个或几分之一个化学式.最后一种情形下,某些原子正好

---

① 这里不考虑非化学比结构,即某些原子统计地占据位置.

位于对称素上,被几个不对称域"瓜分"了.

一般的规律是晶体对称性随分子式的复杂性的增加而下降(卷2,第2章).

2.8.13 空间对称性的局域条件

每一个群,包括 Φ 群都可从一点导出一个 RPS. 费多洛夫群 $\Phi \equiv G_3^3$ 是三维无限群. 如果从这个系统的任一点"观察"所有其他点,图像是没有区别的(对一类群 Φ^{I} 和二类群 Φ^{II} 分别是叠合和镜像等同). 这一点也可归纳为:系统每一点指向其他点的矢量集合——一个有无限多刺的刺猬 ε_∞ ——是相同的. 反过来说,所有无限刺猬的全同性(包括叠合和镜像等同)标志无限点系的正规性.

可以提出一个问题:为了确定无限点系的正规性,即空间对称性,是需要无限刺猬的全同性,还是只确定若干有限刺猬的全同性就足够了[2.31]?

这里提出的课题是:给定满足条件(2.52)式(即存在均匀球 R)和条件(2.53)式(即存在间断球 r)的间断均匀点系(即 r,R 系),不给定这些点有关对称群的等同性条件,但给定若干有限刺猬全同性(包括镜像等同)条件,在这种情况下能否从这些有限刺猬导出空间对称性?

取系统中任一点 A_0 及它的最近邻点(图 2.83),先决定什么是"最近邻". 首先按条件(2.55)式取最近点 A_1,它离 A_0 的距离小于 $2R$,在 A_0A_1 中点作垂直面 m_1. 取下两个最近的不共线的点 A_2 和 A_3 并作中垂面 m_2 和 m_3. 继续这

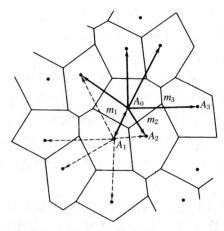

图 2.83 满足 (r,R) 条件的二维正规点群,"刺猬"构造和 Dirichlet 多边形

样的进程，直到面 $m_1, \cdots, m_k$ 形成封闭的围绕 A_0 的多边形. $A_0A_1, \cdots, A_0A_k$，形成最小的有限刺猬 $\varepsilon_k = \varepsilon$. 这样形成多边形的方法是 Dirichlet 方法. 这个方法的特点是：所有由此得到的多边形的所有点离 A_0 比离其他任何点 $A_1, \cdots$ 等更近（这一点也适用于围绕其他起始点的同样方法得到的多边形）.

按照刺猬全同性条件得到的围绕每一点的封闭多面体都是相互等同的并通过等同面互相接触. 由多面体本身的凸起性和等同性以及它们通过等同面接触这两点得出，它们可连续地填满空间，图 2.83 是一个二维的例子. 这种由等同图形填满空间的方法和空间由独立立体域填满（平面由平面域填满）的方法是相同的，围绕给定群 RPS 作独立域的方法在 2.5.5 节中已作过介绍. 这里的情形实际上是完全相同的，给定的局域刺猬决定一个多面体立体域，等价于给定了正规点系，即给定了群.

上述系统的所有刺猬 ε_k 和所有的立体域 S_k 有同样的点对称性. 一般这个对称性是 1，即立体域是不对称多面体或相互不等同的点的基本域（点系、刺猬、多面体也可以是对称的）. 把点 A_1 的 S_1 域和点 A_0 的 S_0 域按它们的等同面联结起来，类似地按所有其他等同面把 S_k 域和 S_0 域联结起来. 把 S_0 变换到 S_1，$\cdots$，S_k 域的运动 g_i 为基运动 g_i；而 g_0 是单位运动.

显然，围绕 S_0 的域 $S_1, \cdots, S_k$ 和它们的点 $A_1, \cdots, A_k$ 可以经过 A_0 实现相互间的变换，这种变换的运动类型是 $g_i^{-1}g_k$；任何立体域都可以通过若干个基运动的乘积进行变换. 因此整个点的集合（有限刺猬的点系）是正规系统并以群描述①.

在 2.5.5 节中得出的结论是：在均匀空间中的群决定空间中的独立域. 逆定理也成立：刺猬的局域等同性条件决定独立域的等同性和独立域联结（填满全部空间）的唯一方法，即决定一个群（图 2.83）.

换句话说，如果空间任一有限部分在有限体积内被其他部分等同地围绕，则无限间断均匀空间的正规性就有保证.

2.8.14 空间的划分

每一个群的立体域（基本域）填满空间不留空隙，也就是划分了空间. 在晶胞中它们的数目等于 RPS 中一般位置点的数目. 面 m 和轴 N 围绕这样的域，成为它们的边界.

———————

① 严格地说这样论证仅适用于带有不对称面的不对称域. 但这节中的最后结论在任何条件下均成立.

除了上述性质(对称素围绕域和域的互补性)之外,立体域的外形没有什么特别的限制.平面组成的立体域(多面体域)可由 Dirichlet 方法得出.多面体域的外形依赖于度规特征以及点的位置、晶胞(周期、角度)、正规点系(Dirichlet 域由此决定)的选择.

因此每一空间群有大量拓扑不同(面的数目和形状不同)的多面体.费多洛夫和其他数学家、晶体学家都研究过多面域.Delone 得出了每个群的多面体域的算法,并且证明了空间划分为等同凸多面体的方法有限,如对三斜群 $P\bar{1}$,划分的方法有 180 种.

图 2.84 是多面体域的例子.a 是 $Fd\bar{3}m$ 群的对称多面体,是金刚石结构中围绕碳原子的 Dirichlet 区以及它们的堆积;b 是 $P\bar{1}$ 群的 180 种不对称多面体域中的一个.图 2.83 的平面群 $p3$ 的域可以看成空间群 $P3—C_3^1$ 群柱体状立体域的截面.立体域可由曲面(图 2.85)或平面组成(后者组成多面体域).

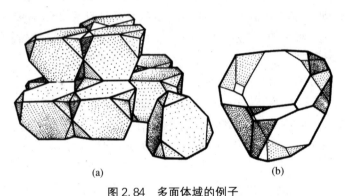

(a) (b)

图 2.84 多面体域的例子

(a) 金刚石中围绕每一碳原子的对称多面体,它们的堆积和

一个分离出来的多面体; (b) $P\bar{1}$ 群中的 18 面立体域[2.5]

每个群 Φ 的立体域(特例是多面体域)的外形是这个群的独特的特征.立体域按互补表面或等同面的互相拼接决定群的对称操作.

不对称基本域围绕的是正规点系 RPS 的一般位置点.但也可以划分具有一定点对称性的围绕特殊位置点的域.这些域也填满空间不留空隙.显然,这样的域的对称性就是它围绕的特殊点的对称性 K.划分这些域的如果是平面,得到的将是有一定对称性的多面体.这样的域当然还可划分为不对称立体域.Φ 群中的 RPS 的对称性愈高,可填满空间的多面体的对称性也愈高.

如 Φ 群的 RPS 具有最高点对称性 K,这个 RPS 中的点就组成布拉菲点阵.这样得到的填满空间的特殊而且重要的多面体,与 T 群平移操作导出的多面体一样,可填满空间(二维情形下这就是图 2.29 中的平行多边形).在每一多

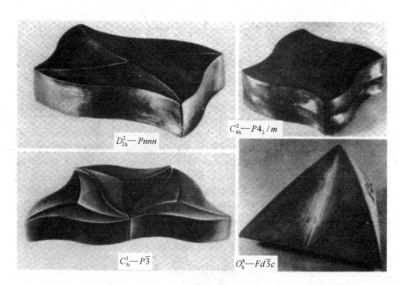

图 2.85　可以正确描述给定 Φ 群并填充整个空间的三维图形(立体域、不对称独立域)的例子[2.32]

面体中有一个布拉菲点阵的格点.

　　这样的多面体以互相等同和平行的面拼接(个别的多面体和整个多面体的集合都是如此),费多洛夫称之为平行面体.初基点阵中得到的平行面体的特例就是作为晶系标志的平行六面体(图 2.66).

　　图 2.86 是 5 个对称性最高的费多洛夫平行面体:立方体、菱形十二面体、立方八面体、拉长的菱形十二面体和六角柱体分别和立方点阵 P, F, I,四方点阵 F 和六角点阵对应.图 2.87 是它们填充空间的例子.这 5 种平行面体可以受到仿射变形,但变形后仍是平行面体,仍可填充空间既不留空隙又不重叠.

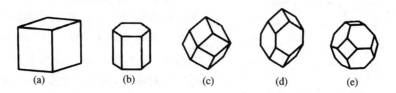

图 2.86　5 种最对称的平行面体
(a) 立方体;(b) 六角柱体;(c) 菱形十二面体;(d) 拉长的菱形十二面体;(e) 立方八面体

　　费多洛夫对所有平行面体的集合之所以感兴趣,是因为它们和空间群的推导有联系.由协形群 Φ_s 描述的晶体空间可由这些平行面体填满.在半协形群

Φ_h 中,得到的是平行面体的聚形.在不协形群 Φ_a 中,得到的是有一定外形的多面体域.

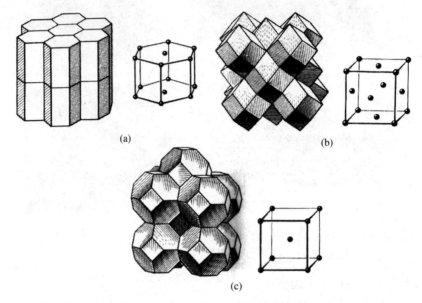

(a)　　　　　　　　　　　(b)

(c)

图 2.87　六角柱体(a)菱形十二面体(b)和立方八面体(c)填充空间以及和它们对应的点阵

可以用 Dirichlet 法划定另一种类型的平行面体,先把布拉菲点阵中最近的点用直线族连起来,在每一线段上作中垂面,它们相交并围成封闭的平行面体(图 2.88 是一个二维的例子).实际空间中的这样的域被称为 Dirichlet 域或维格纳-赛茨胞.它们在倒易空间中被用来描写晶体中和其他场合中的能带(布里渊区,卷 2,第 3 章).Dirichlet 域始终是中心对称的,它的面也是中心对称的.显然,如布拉菲群是直角的和初基的,

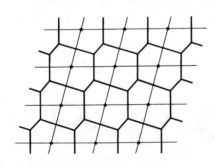

图 2.88　二维 Dirichlet 域的构成

Dirichlet 域就与初基平行六面体符合,在其他情形下两者不符合.

图 2.86 中的 5 种 Dirichlet 域和相应的 5 种费多洛夫平行面体符合.对称性较低的点阵中得到的这些外形会有变态,随着晶胞周期和角度间关系的变化而有不同的外形.Delone 指出:14 种点阵一共有 24 种外形[2.33,2.34],包括上面的 5 种(图 2.89).

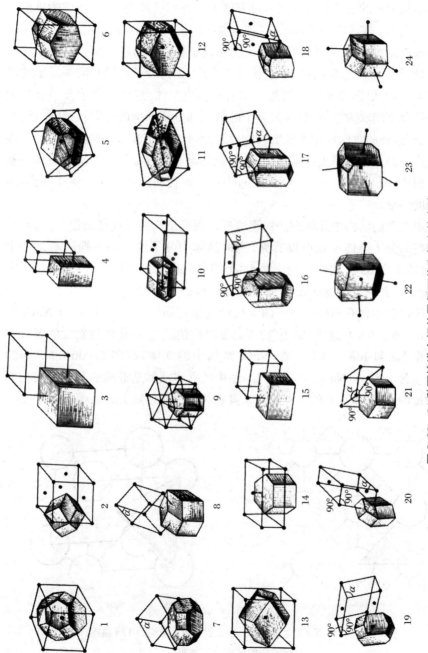

图 2.89　24 种可填满空间的平行面体和相应的点阵

1—3. 立方；4—6. 四方；7,8. 三角；9. 六角；10—15. 正交；16—21. 单斜；22—24. 三斜[2.33]

可以提出一个问题:平行面体、多面体域、任意外形立体域填充空间的理论与晶体结构形成的物理原理之间有没有联系? 我们已经说明,立体域的单值拼接方法决定 G_3^3 群描述的所有三维结构,即给出了熊夫利定理的周期性.对于对称立体域这点也成立.是否能用这一几何条件解释点阵的存在?

在分子晶体中上述说法实际上接近于真理,因为分子已经是准备好了的晶体构筑单元,可以在考虑分子间互作用后堆积成晶体.这时可以把分子及其周围的一部分空间取为立体域,因为分子的最近邻分子环境的等同性条件得到满足,即只有这样的等同性才使系统的能量最低(1.2.3 节).可以同样地论证一种原子组成的晶体要求原子占据一个 RPS,例如面心立方金属中的平行面体是菱形十二面体(图 2.87b).当然还可以问,为什么平行面体具有这一特殊外形,而不是别的外形.

在更复杂的结构中几何方法对理解三维周期结构的形成帮助很少.这点在复杂一些的分子晶体中就可以看到,这种晶体中分子的中心占据的不是 1 个 RPS,而是 2 个 RPS,这样的例子虽少,但终究已经遇到.这时几何域内部决定结构的互作用力和几何域间的互作用力是一样的.

对于晶胞中含有不同的原子的无机结构也有同样的情况.以二维 NaCl 型结构为例(图 2.90a),这里"原子"位于高度对称位置上,在图中划斜线的区域中有 1/8 个 Na 和 1/8 个 Cl. 三维 NaCl 结构中的立体域(图 2.90b)占晶胞的 1/192,包含 1/48 个 Na 和 1/48 个 Cl.图中的立体域都是等同的和可以互相等同地拼接的,但晶体空间的这种划分是没有明显的物理意义的.

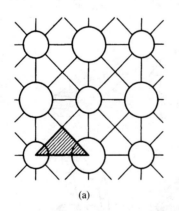 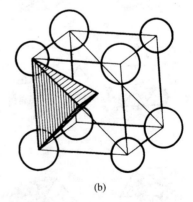

(a)   (b)

图 2.90 二维 NaCl 型结构(a) 和三维 NaCl 结构的 1/8 晶胞(b)
画斜线的区域是立体域

考察含有复杂无机化合物晶胞时遇到的困难更大,疑问更多,因为在不对称域中有许多个原子分别占据几个不同的 RPS.

假如结构已知,甚至可以用某种方法选取包括"分子式"的几何域(这种选法常常不是单值的),那么也会和分子晶体中不对称域含两个分子的情形类似,产生立体域内原子互作用能与相邻立体域原子间互作用相同这样的问题.结构的稳定并不建立在"已准备好的单元"间的互作用之上(可以简单地说不存在这种单元),结构稳定性建立在原子整个体系的互作用之上,这在第 1 章中已经讲过.

2.8.15 Φ 群的不可约表示

费多洛夫群包含着晶体结构的几何信息.不可约表示理论可以显著地扩展这些信息的应用范围.可以解决的问题有:晶格动力学、晶体的电和磁结构、相变、物理性质等等.现在做简短的介绍.

晶体结构可以用周期为 a_j 的函数描述,通过平移,任何位矢 r 变为 $r + a_j$ 或一般的 $r + t$ [(2.91)式].因此 Φ 群的一个不可约表示可由下列形式的函数给出:

$$\Psi_j(r) = u_{jH(r)} \exp(H \cdot r), \qquad (2.102)$$

这里 H 是所谓倒点阵矢(3.4.3 节).在物理空间中的 Φ 群的两类转动操作使倒空间中的 H 转到 H', H'' 等等,并且在一般情形下(2.102)式按协形群 Φ_s 变换为相应的 Ψ 的线性组合,如(2.86)式. Φ_s 群的不可约表示和 K 群的不可约表示是有联系的.对于非协形群 Φ_n,不仅要考虑平移 a_j,还要考虑螺旋转动和滑移反射的平移分量 a_j/p (p 为整数).

二级相变理论是应用 Φ 群的表示的一个好的例子.它和一级相变不同.一级相变时原子重新组合,某些性质发生跃变,新相对称性可以和母相对称性无关.二级相变时原子只有不大的位移(如在钛酸钡中)或某些原子团"旋转"停止(如氯化铵中的 NH_4),晶体状态的变化是连续的.但是对称性不可能"逐渐"变化,它非此即彼,因此对称性在二级相变点发生跃变.这时低对称(低温)相的 Φ_1 是高对称相 Φ 的子群, $\Phi \supset \Phi_1$,这说明相变时 Φ 会"损失"一部分对称素.描述两个相的结构的函数 ρ 的差别是 $\Delta\rho$,即

$$\rho(r) = \rho_0(r) + \Delta\rho(r). \qquad (2.103)$$

函数 $\Delta\rho$ 可以按(2.102)式那样的基函数展开

$$\Delta\rho(r) = \sum_{n,i} c_i^n \Psi(r). \qquad (2.104)$$

但二级相变只和高对称相 Φ 群的 n 个不可约表示中的一个有关,即

$$\Delta\rho(\boldsymbol{r}) = \sum_i c_i \Psi(\boldsymbol{r}) \tag{2.105}$$

由此可见,只用对称性原理和群表示理论就在许多方面决定了这种转变的物理实质,利用这个工具,还可以计算一系列具体的物理性质和热力学性质.

扩展空间群潜在可能性的另一种途径是加进反对称性和色对称性概念的广义对称性(2.9 节和卷 2 第 4 章).

在结束晶体空间群的叙述时还要指出一点.这些群描述的是时间上平均的晶体结构,即使在这样情况下它们在晶体结构分析和固体物理中已得到了非常广泛的应用.空间群理论还有潜力,利用表示理论和在非几何特性基础上扩展群的概念可以把潜力发挥出来.这一整套方法在晶态物理的各种问题上已得到广泛的应用.

2.9 广义对称性[①]

2.9.1 对称性概念的扩展

对称性的定义是物体 F 的不变性,即物体经 G 群 g_i 变换后与自身的等同性,它的表达式是(2.1)和(2.2)式:

$$g_i[\boldsymbol{x}] = \boldsymbol{x}', \quad F(\boldsymbol{x}') = F(\boldsymbol{x}).$$

在上面这样定义对称性时,我们还讲过,具有对称性的物体的性质是相关的.这种相关性既表现在确定对称操作[(2.1)式]的过程中,也表现在物体自身等同性(物体各部分间等同性)概念[(2.2)式]中;这两方面还可以相互有关.

我们已经考察过一维、二维、三维空间的对称群(以三维群为主)和等容变换 g[满足(2.9)式,长度和角度保持不变].条件(2.9)式可以在欧几里得空间框架之内改变,也可以在欧几里得空间框架之外改变,并引起其他的对称性.另一方面,为了描述三维空间物体的性质有时需要几何等同标志以外的非几何的变量,如第四个、第五个变量,这些变量可以是连续的,也可以具有间断的有限多或无限多的值.形式上这种情形可以用三维以上的空间进行描述.

---

① Koptsik 参加了本节的编写.

三维等容对称性可以自然地推广到四维空间,例如所有 4 个变量等价的四维欧几里得空间.在四维空间中不可能利用直观的作图法.由于 m 维空间的 n 个方向上的周期群 G_n^m 有自己的特征的 $(m-1)$ 维投影,而且所有 G_n^3 群已知,可以借助三维群得到四维对称群 G_n^4.例如四维晶体学点群 G_0^4 有 227 个;四维"费多洛夫"群有 4895 个,包括 112 个对映群.

如果条件(2.1)式近似满足,或条件(2.2)式近似满足,或二者均近似满足时,经典对称性概念需要修正.例如可以提出各种"统计"的对称性,用来描述晶体结构的畸变和用来分析有序度比晶体差的系统.

2.9.2 反对称性和色对称性

晶体学和物理学中有一些重要的群,其中的 3 个变量仍是空间的几何坐标,而第四个变量具有另外的物理意义.后者可以是时间或其他物理量:波函数的相位或倒空间中复函数的相位[2.35,2.36].间断的第四个变量可以是自旋、电荷符号等等.这类广义的对称性被称为**反对称性**和**色对称性**;在舒勃尼柯夫[2.7],别洛夫[2.8]和其他人著作[2.30,2.37—2.44]中提出并发展了这些对称性.

为了阐明反对称性的本质,以层群(图 2.63)G_2^3 沿 X_3 轴在 X_1X_2 面上的投影为例,我们已经知道这样得到的是 17 个平面群 G_2^2(图 2.56).从图 2.63 可以看到一部分 G_2^3 群变换第三个坐标(和 x_1,x_2 一起变换或单独变换),例如变 x_3 为 $-x_3$ 等等.图 2.91a 和 b 是这样的群的例子.

可以把这些群看成二维的 $G_2^{2,1}$ 群,2 个变量仍然是几何坐标,但每个几何点(x_1,x_2)还有另外的标志——"载荷"x_3,x_3 一共只有符号相反的 2 个值.可以最方便地设 $x_3=+1,x_3'=-1$,并称它们为"反等同".为明显地表示这一点,可以把这个标志解释为点(x_1,x_2)的"色",$+1$ 为"白",-1 为"黑".如果变换后的 x_3' 和同一(x_1,x_2)点上的 x_3' 重合,得到的是"灰"点(图 2.91c).

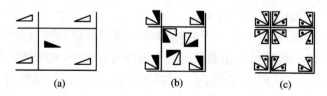

图 2.91 二维反对称群实例

(a),(b) G_2^3 型群,可解释为二维反对称群 $G_2^{2,1}$(通过 $G_2^{2,1}$ 中的 g^i 操作使一个平面内的三角形变色或变符号);(c) "灰色"群,相反符号(颜色)图形重合从 80 个 G_2^3 群(图 2.63)中取出 x_3 和 x_1,x_2 同时变换的群,投影后得到平面反对称群 $G_2^{2,1}$ 共 46 个.再加上"灰"色或中性平面群(x_3 和 x_3' 在同样的 x_1,x_2 处重合)17 个、单色群(没有把 x_3 变换到 x_3' 的操作)17 个,总共得到 80 个平面群 $G_2^{2,1}$,和 G_2^3 群的数目相同.图 2.92 是 Escher 的反对称"骑士"[2.45],它可用图 2.91a 上的群描述.

图 2.92 可用反对称群 pg' 描述的画[2.9]

点的非几何标志取的值除了正值、负值外,还可以是更多个间断值.将空间群 G_3^3 向二维平面投影,如空间群中有螺旋轴 $3_1,4_1$ 和 6_1,则 x_3 坐标相应地有 3,4 和 6 个间断值,并把它们解释为 (x_1,x_2) 点的"载荷".这时得到的不是双值(黑白)对称性,而是多值的(三、四、六"色")对称性.图 2.93(另见彩页 1,2)是这样的群 $G_2^{2,(p)}$ 的例子(共 15 个).

可以通过不同的途径建立反对称和色对称群理论.我们已介绍过的一种是:通过已知的高维群 G_n^m,沿着只有几个值的变量轴(x_3)作投影,得到 G_n^{m-1}.

另一种途径与此相反,它提高几何群 G_n^m 的阶,引进作用在物理变量空间的新的群操作 P 组成直积

$$P \otimes G = \{p_1,\cdots,p_k\}\{g_1,\cdots,g_n\}$$
$$= \{p_1 g_1,\cdots,p_1 g_n,\cdots,p_k g_1,\cdots,p_k g_n\} = G^{(p)}. \quad (2.106)$$

这个群是双对称素的集合(有限或无限),其中引入了群操作 $p_i g_j p_k g_l = p_i p_k g_j g_l$,并且满足全部群公理.在群表示理论基础上获得新的广义群的途径也

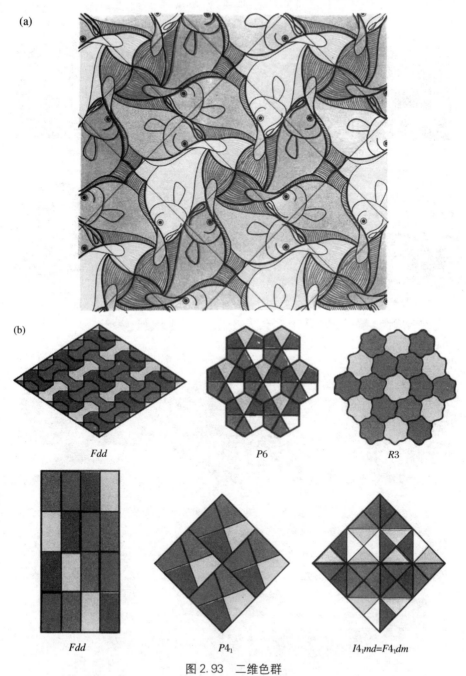

图 2.93 二维色群

(a) $P4_1$ 群的图案[2.9];(b) 其他群的镶嵌图案[2.46,2.47]

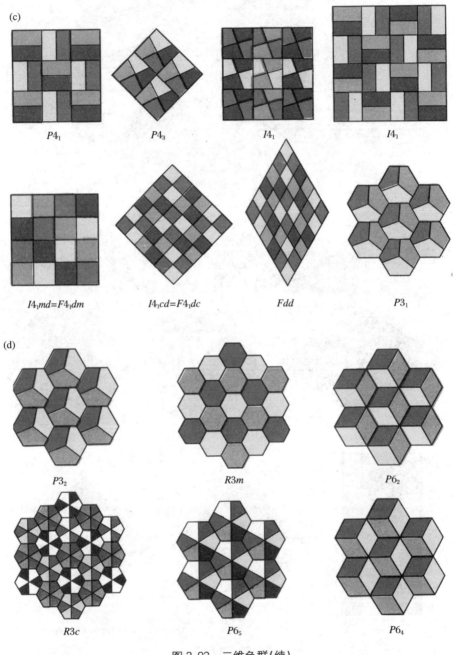

图 2.93 二维色群(续)

(c),(d) 其他群的镶嵌图案[2.46,2.47]

和这一方法有关.还有一种从 P 和 G 组成新群的方法是二者的所谓环积

$$P \wr G = \overset{n}{\bigotimes} P \textcircled{S} G = G^{(w)}, \tag{2.107}$$

这里 $\overset{n}{\bigotimes}$ 表示 P 自身的多次自乘,n 是 G 的阶.

在 m 维空间中的反对称群的记号为 $G_n^{m,1}$,上角标中的 1 表示除 m 个变量外,还有一个反对称变量.色群的记号为 $G_n^{m,(p)}$ 或 $G_n^{m,(w)}$ 反对称晶体学点群的记号为 K'(撇表示反对称),色点群的记号为 $K^{(p)}$.有些群可能有 l 个反对称变量(l 重反对称性),此时用 $G_n^{m,l}$ 表示①.

2.9.3 反对称点群

设在三维空间中引入第四个"反对称"变量 $x_4 = \pm 1$,只改变第四个变量的操作 $g[x_4] = x_4'$ 被称为反恒等操作并记为 $1', (1')^2 = 1$.在反对称情况下几何上等同的物体有 4 种类型:恒等、镜像等同、反恒等和镜像反等同.图 2.94 是 4 类等同的示意图.普通的反射操作 m 改变手套的手性,如从右变到左;反恒等操作 $1'$ 对应色的改变,反射加色变 $m1' = m'$ 同时改变手套的手性和颜色.可以和任一三维空间对称操作 g_i 组成一个"反操作"$g_i' = g_i 1'$.三维空间中的反对称操作对点 $x(x_1, x_2, x_3, x_4)$ 的

$$g_i'[x_1 x_2 x_3 x_4] = [g_i(x_1 x_2 x_3), 1'(x_4)]; \quad (x_4) = \pm 1; \quad 1'(x_4) = - x_4. \tag{2.108}$$

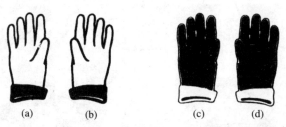

图 2.94　四支手套,用来表示反对称情形下的四种等
　　　　同性
(a) = (a),(b) = (b),…是恒等;(a)—(b),(c)—(d),
镜像等同;(a)—(c),(b)—(d),反恒等;(a)—(d),
(b)—(c),镜像反等同

反对称点群变换矩阵(本征和非本征转动、反转动)为

---

① 反对称群还可以用 $G_m'^m$ 表示.反对称和色对称群的另一种记号是 $G_{m,n}^g$,这里空间维数 m 移到下角,g 表示某种广义对称性.

$$\begin{bmatrix} a_{11} & a_{12} & a_{13} & 0 \\ a_{21} & a_{22} & a_{23} & 0 \\ a_{31} & a_{32} & a_{33} & 0 \\ 0 & 0 & 0 & a_{44} \end{bmatrix}, \quad |a_{ij}| = \pm 1, \quad a_{44} = \begin{cases} +1(\text{对} g) \\ -1,(\text{对} g') \end{cases} \quad (2.109)$$

函数 F 在变量为(2.108)式的四维空间中经对称变换后不变[(2.2)式],但从三维空间来看,函数在这种变换中改变了组成部分的符号,是反对称的.

由此可见,m 维空间中的等同条件 $F(\mathbf{x}) = F(\mathbf{x}')$,在 $m-1$ 维中派生出了 $F(\mathbf{x}_{(m-1)})$ 和 $F(\mathbf{x}'_{(m-1)})$ 的新的关系,即变换后不等同,但"反等同"或"色"等同.这就是扩展了"对称"等同概念本身.

和普通对称素类似,可以引入反对称素,每一个反对称素在发挥它的固有的几何作用的同时改变第四个变量的符号.反对称群由普通对称操作和反对称操作组成,或反对称群具有两类对称素.反对称素和操作的符号是在普通符号上加撇,如 m',N',$\overline{N}'$ 等.图 2.95(另见彩页 3)中特别标出了这些反对称素.

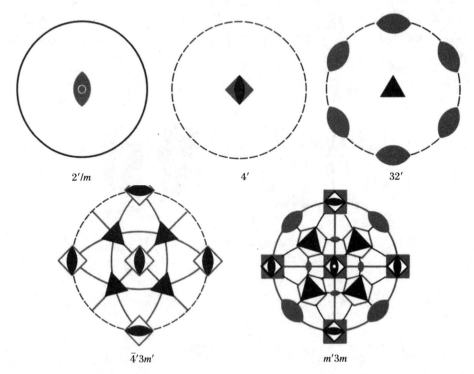

$2'/m$ $4'$ $32'$

$\overline{4}'3m'$ $m'3m$

图 2.95 一些反对称点群的极射赤面投影,特别标出了反对称素[2.24]

可以按(2.106)式得到高级点群 K',即组成群 $K = \{\cdots k_i \cdots\}$ 和群 $1' =$

{1,1′}的直积

$$K \otimes 1' = \{k_1, \cdots, k_n, k_1', \cdots k_n'\}. \tag{2.110}$$

从这个直积中可以得到一系列非平庸子群 $K' \subset K \otimes 1'$,其中不含反恒等操作 $1'$ 的黑-白反对称点群 58 个;含 $1'$ 的灰(中性)群与 K 群数目相同,为 32 个.不含 k_i' 的单色群的数目自然与 K 群数目相同.这样一共有 122 个群.图 2.95 是一些反对称点群的极射赤面投影,图 2.96 是相应的图形和多面体.

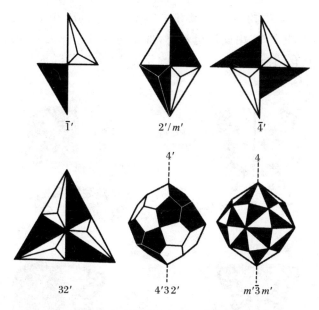

图 2.96　反对称图形和多面体的例子[2.48]

应当指出:反对称群和色对称群在一定意义下已经包含在普通对称群中,这一点可以用不可约表示阐明.举 K 群 $mm2 = C_{2v}$ 为例.如图 2.97 所示,取一反对称图形(函数)f_1,通过群 K 操作 $\{1, 2, m_x, m_y\}$ 得到和 f_1 等同的 f_2, f_3 和 f_4.它们之和 $F_1 = f_1 + f_2 + f_3 + f_4$ 成为具有 $mm2$ 对称性的函数,满足条件 (2.2)式.群 $mm2$ 不可约表示(见表 2.8)为:

Γ_j	1	2	m_x	m_y
Γ_1	1	1	1	1
Γ_2	1	1	-1	-1
Γ_3	1	-1	1	-1
Γ_4	1	-1	-1	1

由表可见，F_1 按第一行单位表示变换成自身，相当于各个 f_i 取正值（图 2.97a）．其他三个表示相当于把 $\Gamma_2,\Gamma_3,\Gamma_4$ 中的符号和 f_i 相乘，得到反对称函数 $F_2 = f_1 + f_2 - f_3 - f_4$，$F_3 = f_1 - f_2 + f_3 - f_4$，$F_4 = f_1 - f_2 - f_3 + f_4$（图 2.97b, c,d）．$F_3$ 和 F_4 是同一个反对称群 $K' = mm'2'$，按 Γ_2 变换的 F_2 是群 $m'm'2$．一般场合下可从任一群 K 得到这样的 F，即在 K 群按 k_i 操作变换时乘上一维表示的特征标 $\chi(k_i)$．总之，群 K 的一维实表示 Γ_k 产生反对称群 K'，并直接指明它的结构[2.50]．群 K 的 58 个不等价一维实表示（从 73 个中选出，需准确选择轴）对应于 58 个黑白群．由此还可看出，抽象的反对称群 K' 和相应的 K 一致，因为 K' 和 K 具有同样的表示；二者都约化为 18 个抽象群 K（表 2.7）．表 2.13 给出 90 个反对称点群 K'．

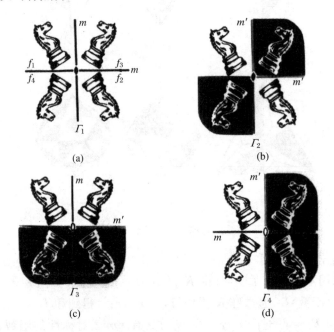

图 2.97　在不可约表示基础上得到的群 $mm2$(a)、$m'm'2$(b)和
　　　　　$mm'2'$(c,d)图形
　　　　　f_1,f_2,f_3,f_4 的符号与不可约表示的符号相同

按相应表示变换的原子和分子的波函数具有反对称性 K'（卷 2，图 1.3 和图 1.23）．磁化矢量可取两个值的晶体的磁对称点群也是 K' 群[2.51]．还可以用 K' 群描述与结构振幅相位有关的倒空间的点对称性，见(4.45)和(4.46)式．

表 2.13 90 个反对称点群 K'

三斜	$m'm'2$	$42'2'$	三角	$6/m1'$	$6'/m'm'm$
$1'$	$mm'2$	$4mm1'$	$31'=3'$	$6/m'$	$6/m'm'm'$
$\bar{1}1'$	$mmm1'$	$4m'm'$	$\bar{3}1$	$6'/m'$	$6/m'mm$
$\bar{1}'$	$m'm'm'$	$4'2'm$	$\bar{3}'$	$6'/m$	$6/mm'm'$
单斜	mmm'	$\bar{4}2m1'$	$321'$	$6221'$	立方
$21'$	$m'm'm$	$\bar{4}2'm'$	$32'$	$62'2'$	$231'$
$2'$	四方	$\bar{4}'2m'$	$3m1$	$6'2'2$	$m\bar{3}1$
$m1'$	$41'$	$\bar{4}'2'm$	$3m'$	$6mm1'$	$m'\bar{3}$
m'	$4'$	$4/mmm1'$	$\bar{3}m1$	$6m'm'$	$4321'$
$2/m1'$	$\bar{4}1'$	$4/m'm'm'$	$\bar{3}m$	$6'm'2$	$4'32$
$2/m'$	$\bar{4}'$	$4/m'mm$	$\bar{3}'m$	$\bar{6}m21$	$\bar{4}3m1'$
$2'/m$	$4/m1'$	$4'/mmm'$	$\bar{3}'m$	$\bar{6}m'2'$	$\bar{4}'3m'$
$2'/m'$	$4/m'$	$4'/m'm'm$	六角	$\bar{6}'m2'$	$m'\bar{3}m1$
正交	$4'/m'$	$4/mm'm'$	$61'$	$\bar{6}'m'2$	$m'\bar{3}'m'$
$2221'$	$4'/m$		$6'$	$6/mmm1'$	$m'\bar{3}m$
$2'2'2$	$4221'$		$\bar{6}1'$	$6'/mmm'$	$m\bar{3}m'$
$mm21'$	$4'22'$		$\bar{6}'$		

2.9.4　色对称点群

在三维空间中间断的非几何变量 x_4 可以取几个值（和反对称情况下取 2 个值不同），引起别洛夫提出色（多色）对称性.按(2.106)式组成色群时应该注意到几何的 G 群操作多重性和 P 群中"色"多重性之间的对应.可以从 K 群的表示出发得到点群 $K^{(p)}$，即从这些表示中取出特征标为复数 $\chi = \pm i, \varepsilon = \exp(-2\pi i/3), \omega = \exp(-2\pi i/6)$ 的表示.采取与上一节类似的方法从点群 K 的 18 个复共轭表示（表2.8）得到 18 个循环色群 $K^{(p)}$，这里的"色"变量可有 3，4 或 6 个值，并按一定的次序 $x_4^1, \cdots, x_4^p$ 给它们赋"色".图2.98（另见彩页3）给出了和若干 $K^{(p)}$ 群对应的彩色多面体.$K^{(p)}$ 点群可以用来描述单晶的磁结构、实际表面和扇面结构.

根据群的扩展方法，把反对称和色对称包括进点群普遍化范围之内，借助于置换群，可以得到晶体学色变量数值高达 48 的色群.这些 $K^{(p)}$ 群由算法 $K^{(p)} \to P \leftrightarrow K/H$ 构成（这里的 $H \subset K$ 是指数为 p 的 K 群的经典不变子群）.这些 $K^{(p)}$ 群的数目是 81 个或者是在考虑色对映后的 134 个.它们和相应的

K 群同形.

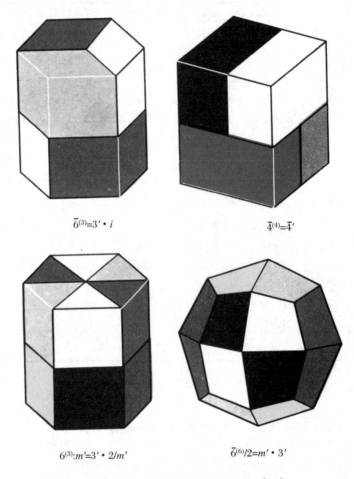

图 2.98　和一些色点群对应的多面体[2.52]

除了上述群外还存在 Van der Waerden-Burckhardt 色点群[2.44] $K_{\text{VB}}^{(p)}$ 和同形的 Wittke-Garrido[2.53,2.54] 群 $K_{\text{WG}}^{(p)}$，它们由直积(2.106)式和环积(2.107)式得出.

从 $K_{\text{VB}}^{(p)}$ 色群描述的物体中可以分出同一种色的点集(畴)，共有 p 个不同色的畴. 在 $K_{\text{VB}}^{(p)}$ 群中存在非不变子群 $H_i^{(p)} \subset K_{\text{VB}}^{(p)}$ (保持固定的第 i 种色,用来描述畴)和不变(经典)子群 H，后者是所有共轭 $H_i^{(p)}$ 的交集. $K_{\text{WG}}^{(W)}$ 的获得方法是用某几个经典对称素代替色元素，使 $H_i^{(p)}$ 中的一个群转变为同形的 $H_i^{[2.49]}$.

还有上述几种类型的非晶体学色点群,如二十面体群可以有 $5n$ (整数)种色.

表 2.14 给出了各种类型反对称群和色群按色的数目 p 的分布.

表 2.14 广义对称晶体学点群的数目

p	$K^{(p)}$	$K_{WB}^{(p)},K_{WG}^{(w)}$
2	58	–
3	7	10
4	30	11
6	17	23
8	8	8
12	11	16
16	1	1
24	5	4
48	1	–
总和	58 + 81	73

色群可以记为 $K^{(p)}(H_i/H)$. 根据这种符号可以分析这些群的手性. 如 H 有手性,则相应的色群也有手性. 如 $K^{(p)}$ 有手性,而 H 没有手性,就会出现"色的手性",即在"色镜"中反射后成对地改变色.

非晶体学 $G_0^3(\neq K)$ 和极限三维点群也可以有广义的"反对称性"和"色对称性". 在极限群中(图 2.50)只能有反对称的生成元素 m' 和 $2'$,不能有反对称的 ∞ 轴. 这样的群共有 7 个: ∞/m', $\infty 2'2'$, $\infty m'm'$, $\infty/m'mm$, $\infty/mm'm'$, $\infty/m'm'm'$, $\infty\infty m'$. 色极限群的数目有无限多个,轴 ∞ 本身也是具有无限多种颜色的色轴 $\infty^{(p)}$.

2.9.5 空间反对称、色对称群和其他

与 K', $K^{(p)}$ 点群类似,可以构成各种 G_n^m 群(层群、杆群等)的反对称、多重反对称和色对称群. 我们先从广义对称的二维 $G_2^{2,1}$ 和 $G_2^{2,(p)}$ 群说起. 图 2.99 是对称群和多重反对称 $G_n^{m,l}$ 群的从属关系图. 由图可见,随着 l 的增大,群的数目急剧地增多. 对经典群来说情况也一样. 空间维数增大: m 从 2 增加到 3,4,点群数分别为 10,32,227,布拉菲点阵数分别为 5,14,64[2.6,2.56],费多洛夫群数分别为 17,230,4895.

现在考察反对称空间群 $G_3^{3,1}\equiv\Phi'\equiv III$,即舒勃尼柯夫群[2.57,2.58].

由于这类群中有反恒等操作 $1'$,必然有反平移操作 $t'=t1'$. 除了 14 个普通的布拉菲平移群之外,还有 14 个反平移群和 22 个平移、反平移组合群(一共 50 个),后者的符号和普通群类似,不同的是带有反心记号,如 P_C,C_A 等. 图 2.100

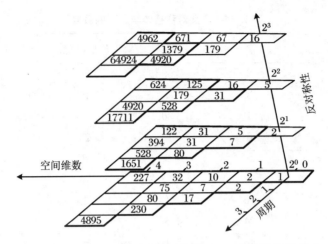

图 2.99 对称群、多重反对称群的数目以及它们的从属关系

2^0. 经典群；2^1. 反对称群；$2^2, 2^3$. 二重和三重反对称群

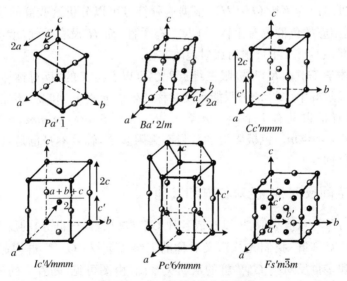

图 2.100 一些反对称布拉菲群

给出一些例子. 舒勃尼柯夫的符号和普通空间群类似, 如对称素是反元素就带一撇, 如 $Pm'n2_1'$, P_14_2nm 等等. 它们的图用两种颜色比较方便, 黑的是对称素, 红的是反对称素, 图上的反等同点也有不同的颜色 (图 2.101, 另见彩页 4).

　　舒勃尼柯夫群一共有 1651 个, 其中 1191 个是黑白群 (674 个没有反平移, 517 个有反平移), 230 个是灰群, 230 个是单色群. 由点群同形 $K' \leftrightarrow K$ 和平移群同形 $T' \leftrightarrow T$ 得到 $Ш = \Phi' \leftrightarrow \Phi$ 同形, 即和舒勃尼柯夫群对应的抽象群有 219

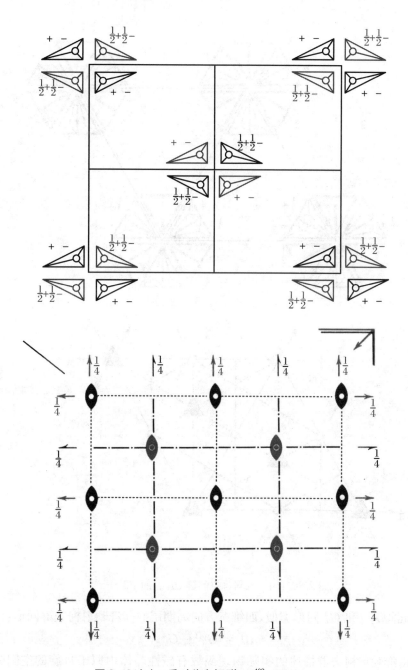

图 2.101(a)　反对称空间群 III_{58}^{403} ，即 $P_c nnm$

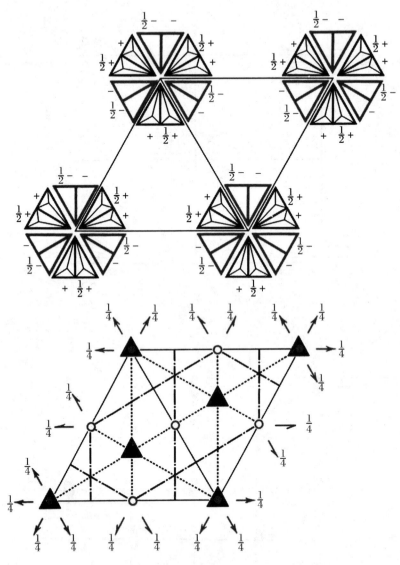

图 2. 101(b) 反对称空间群 III_{165}^{93} ,即 $P\overline{3}'c1^{[2.24]}$

个. 和群 $G_2^{2,1}$ 和 G_2^3 同形类似,四维三方向周期层群和舒勃尼柯夫群同形:

$$III = G_3^{3,1} \leftrightarrow G_3^4$$

由舒勃尼柯夫群描述的实际物理函数有磁性晶体中原子自旋的空间分布等. 任何化合物晶体中电子和核随时间的平均分布遵循普通对称性 Φ,但这种对称性框架内没有能描述磁矩位向的变量. 如果结构中的磁矩只能取 2 个值

（平行或反平行自旋），则磁结构可以单值地用一个舒勃尼柯夫群描述（图 2.102）.反对称性还可用来描述铁电结构（离子的正电荷和负电荷）和带有"空"或"实"配位多面体的结构.

和反对称空间群 Φ' 类似，可以构成色对称空间群 $\Phi^{(p)}$.色群 $\Phi^{(p)}$ 中既可以含有色平移子群，也可以不含有色平移子群.在全部 2942 个群中有 817 个循环群，2125 个非循环群.全部群中有 111 个三色群，2170 个四色群，661 个六色群.更多色的 $\Phi^{(p)}$ 群的数目还不知道. $\Phi^{(p)}$ 群和所谓位置群 $G_3^{3(w)}$ [按（2.107）式由 P 和 Φ 的环积构成]可用来描述原子磁矩取向超过 2 个的磁有序亚结构（图 2.103）. $\Phi^{(p)}$ 群中载荷只作用在由它决定的点的自旋密度函数上.磁结构还可用位置群 $\Phi^{(q)}$ 描述，这种群中的载荷同时作用在几何和自旋变量上.色位置群还被用来描述实际晶体中缺陷的分布以及空间调制结构等（卷 2，1.6.5 节）.

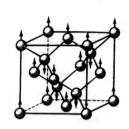

图 2.102 由反对称群描述的结构

尖晶石型 $CoAl_2O_4$ 结构中 A 位置上 Co 原子的分布，空间群 O_h^7—$Fd\bar{3}m$，Co 原子的磁矩（用箭头表示）反平行，反对称群 III_{227}^{132}—$Fd\bar{3}m'$

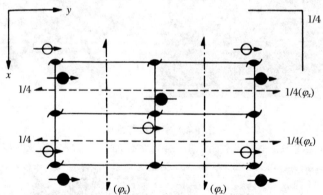

图 2.103 由色对称群描述的 MnP 结构（$T<50$ K）

实圆和空圆：高为 1/4 和 3/4 的 Mn 离子；箭头：绕 X 轴形成螺旋的磁矩投影.空间群 $P\dfrac{2_1}{b}\dfrac{2_1}{n}\dfrac{2_1}{m}$，考虑磁结构后对称素获得了色荷，群的符号是 $\Phi^{(p)}=1^{2'x}\otimes Pa^{(\psi_x^2)}\dfrac{2^{(\psi_x)}}{b^{(\psi_x)}}\dfrac{2_1^{(\psi_x)}}{n^{(\psi_x)}}\dfrac{2_1}{m}$，这里 $a^{(\psi_x^2)}$ 表示 a 矢量平移伴随着磁矩绕 X 轴的转动 $\psi_x^2=2\psi$，滑移面 b^{ψ_x} 表示平移加局域转动 ψ_x（ψ_x 载荷）.这一结构还可用 $\Phi^{(q)}$ 描述

2.9.6 相似对称性

如进行对称变换[(2.1)式]时并不要求满足长度、角度、面积、体积不变的等容条件(2.9)式,得到的将是扩展了的等同概念(2.2)式.

相似对称性认为两个相似图形是等同的.随着离图形特殊点或特殊轴距离的增长,图形"等同"部分中的距离也正比地增长(图 2.104),而且对称操作自动地考虑到这种增长.相应的群和 G_1^3 群同形.

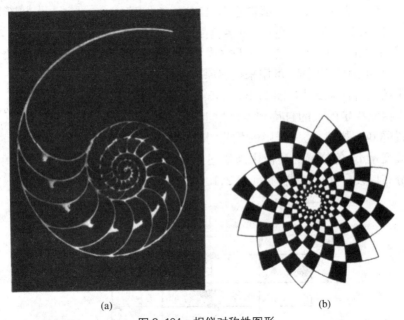

(a)   (b)

图 2.104 相似对称性图形

(a) 鹦鹉螺软体动物外壳截面;(b) 24 弯螺旋,也可以看成具有反对称元素[2.7]

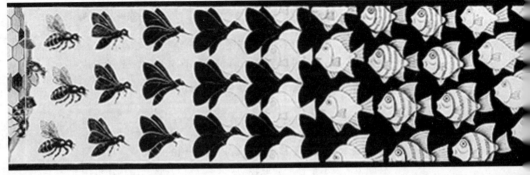

图 2.105 Escher 的画(局部),表示在平移对称中

另一种非等容对称性是"斜"对称性,可以用所谓的同系群描述,在这种群中,例如,经 m 面反射的点之间不一定联成垂直于面的直线. 沿着这条思路还可以走向"曲线"对称性等等.

2.9.7 局部对称性

描述物体 F 的 m 个变量中可以只有 $m'(<m)$ 个具有对称性,这时物体相对这些 m' 变量对称,对其他 $m - m'$ 个变量不对称. 这 m' 个变量可以是间断的,例如它们可用来描述某特性有或无,或描述变量有几个值. 这种处理方法可用来描述某些物体,特别是自然界中的动植物的结构.

2.9.8 统计对称性 准群

经对称变换 $g[x] = x'$[(2.1)式],物体 F 可以与自身不完全相同,而是近似地(统计地)与自身重合:

$$F(x') \approx F(x). \tag{2.111}$$

这种重合的程度可以定量地表示出来. 例如在无序晶体结构中或在固溶体中,部分平移等同的原子(或整个晶胞)是和基体原子"近似"的另一种原子. 可以用替换系数或其他量表示这种近似的等同性.

在平移对称中物体 F 逐渐变化的思想生动地体现在图 2.105 中.

对称变换 $g[x] = x'$[(2.1)式]本身也可以不精确满足(统计地满足). 许多聚合物、液晶由相互严格等同的分子组成,即 $F(x) = F(x'')$,但 x'' 并不和(2.1)式中的 x' 严格重合,而是按照某一函数围绕最可几值有一个统计分布,这个函数给出 x'' 相对 x' 偏离的几率(按平移和角分量). 这是统计对称性的另一方面.

还有些物体对群变换(2.1)式和自身等同条件(2.2)式都能统计地满足.

对称性的另一种推广是 Dornberger-Schiff 使用的准群(groupoid)理论[2.59](还可参考[2.60]),它被用来描述有序-无序(OD)结构. 准群是一种最

近似"等同图形逐渐变化[2.45]

普遍的代数集合,它只满足一个群公理:对于集合中每两个元素,有集合中的第三元素与它们对应.如果第一个元素变换成第二个,第二个变换成第三个,则存在第一个向第三个的变换.但是这里的物体,作为一个整体,并不像群对称变换(2.1),(2.2)式的情形中那样,变换成自身.利用准群理论,可以描述例如硅酸盐结构中的各种堆垛层变态.描述层状 OD 结构的准群可划分为 400 族.

在最近几年对称性理论仍在迅速地继续发展.在本章中我们没有涉及的一个重要问题是,物体对称性与环境的相互作用.我们将在卷 4 中讨论这个问题.

第 3 章

晶态多面体和点阵的几何

晶体学作为一门精确的科学起源于对晶体外形的研究.对惯态表面及其夹角的规律性的观察和研究导致一个确切的结论:晶体内部结构规则,存在三维周期性,即点阵.后来,晶体点阵被 X 射线衍射直接证实.

观察和测量晶面,建立它们之间的规律是晶态多面体几何晶体学的主题.这里使用的主要方法是测角术(晶面夹角的测量).点阵几何晶体学研究点阵的绝对几何特征,包括晶胞的重复周期和角度.测角术还建立了晶体的点群对称性.目前 X 射线法已经是几何晶体学的主要研究方法,在 X 射线衍射发现之前起过主导作用的测角术目前主要被用来观察晶体的外形.

3.1　几何晶体学基本规律[①]

3.1.1　面角守恒定律

在一定条件下生长的自然或合成的晶体有完整的面和棱.面和棱的存在以及它们之间的规则性是晶体点阵的宏观表现.

晶体习惯外形的主要特征是存在若干平整的表面.许多晶面之间的关系很严格.但是晶体缺陷和晶体生长条件也使实际晶体外形上的平面受到各种类型的干扰.

值得注意的是晶态多面体只有不太多的面.一种晶体可以有不同的习惯外形,但是我们通常能够区分出经常遇到的面和较少遇到的面.

晶体的面不多而且其中的一些面始终出现,成为建立几何晶体学第一定律——**面角守恒定律**的基础.假如我们取一种材料的几块晶体,则我们可以在空间中把它们的一些面互相平行地摆放着(图 3.1).这些面被称为**对应面**.面角守恒定律(斯蒂诺定律)说:"对应面间夹角守恒."

面角守恒要在一定热力学条件下和不受外界干扰时才能保持.对许多晶体来说,面角守恒的准确度很高,可达十分之几分.偏离化学比、存在杂质和外界效应等会改变面角,但变化不大.

---

① 3.1—3.3 节是和 M. O. Kliya 一起编写的.

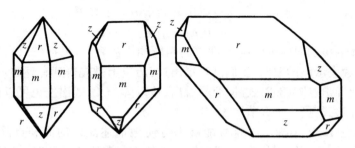

图3.1 3个石英晶体,对应面生长得不同

3.1.2 有理数定律及点阵

几何晶体学第二定律是 Haüy 的**有理数定律**.对一种材料的若干个晶体的观察得出:所有面之间的关系可以用相关的有理数描述.

有理数定律的表述如下:选定晶体的三个不共面的棱为参照轴,任意 2 个面在轴上的截距(参数 p_1, p_2, p_3 和 p_1', p_2', p_3')间存在下列整数比的关系[①]:

$$\frac{p_1'}{p_1} : \frac{p_2'}{p_2} : \frac{p_3'}{p_3} = h_1 : h_2 : h_3 = h : k : l. \tag{3.1}$$

这个定律也被称为有理截距定律. 选择一个切割所有轴的面的截距为每个轴的测量单位,并称它们为单位参数 a, b, c.这个面被称为**单位面**.晶体其他面的倾角可以用 $p_1 a, p_2 b, p_3 c$ 表示,这里的 p_1, p_2, p_3 是外斯在 1818 年提议的正或负的整数.晶体外形研究不能确定单位参数的绝对值,但可以确定它们之间的比值以及确定任一面的参数是单位参数的几倍(p_1, p_2, p_3).如果面和一个或两个轴平行,则相应的外斯参数是无穷大.

从有理数定律(图 3.2)能单值地确定周期为 a, b, c(单位参数)

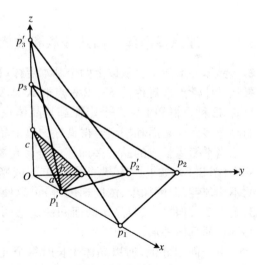

图3.2 有理数定律

---

① 在晶体学文献中轴和参数符号可以用下标($a_1 a_2 a_3, a_1^* a_2^* a_3^*, p_1 p_2 p_3, h_1 h_2 h_3$),也可以用不同的字母($abc, hkl$).为了方便我们将随意选用.

的点阵的存在.这个点阵的矢量可以用外斯指数表示如下:

$$t_{p_1 p_2 p_3} = p_1 \boldsymbol{\alpha}_1 + p_2 \boldsymbol{\alpha}_2 + p_3 \boldsymbol{\alpha}_3. \tag{3.2}$$

显然,晶体的棱的取向可以用 t,即它的相应的指数表示,根据(3.1)式,也可以
用这些指数表示面的取向.我们已经指出过:历史上是先得到有理数定律(3.1)
式后,由此导出点阵(3.2)式的.容易看出:从点阵(3.2)式出发也可以得到有理
数定律(3.1)式,见 1.1.5 节图 1.13.

米勒在 1839 年提出的符号能够更方便地描述晶体的面和点阵平面.当
(3.1)式中的 p_1',p_2',p_3' 均为 1,即它们代表的面的截距为单位时,米勒指数 h,
k,l(最小的整数)和 p_1,p_2,p_3 成反比.

但外斯指数 p_1,p_2,p_3 仍在方便地表示晶体的棱和点阵直线.

3.2 晶态多面体

3.2.1 理想多面体 面法线族和棱族

晶体外形除了服从以上两个基本定律(面角守恒定律和有理数定律)外,还
服从晶体学点群对称性 K.32 种点群 K 本身是从晶体外形研究中得到的.晶体
只有 32 种点群和上述 2 个定律都是晶体点阵存在的结果.在平衡条件下生长
的晶态多面体是面和棱组合得良好的单个晶体.

当平衡生长成的晶态多面体的外形严格服从点群 K 时,我们称它为理想
外形(图 3.3).如上所述,理想晶态单体依赖于晶体生长条件.实际生长过程中
的不均匀性(温度梯度、浓度梯度等)可以使实际的外形严重偏离理想外形(卷
3,第1章).但是,只要晶体的面和棱足够明显,就可以对它进行几何描述而不
必管它的具体外形.

由于面角守恒,所以晶体生长时每个面和棱都平行地移动.同一物质的不
同晶体的对应面和棱的取向也互相平行.面的取向可由它的法线确定.因此,通
过共同中心的面法线族完全可以描述晶面的相互取向.面的交线(棱)也可以通
过这个中心.这样的图形被称为**面族**和**棱族**.利用这种图形可以对一种材料不
同晶体的相同的面组合进行统一的描述,消除它们具体外形的差别.面族和棱
族的球面投影(图 3.4)或相应的极射赤面投影给出面角和其他外形几何规律的
定量描述.

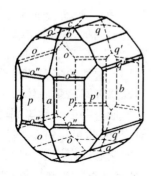

图 3.3　K₂SO₄ 晶体理
想外形
同一字母表示的面属于
一个简单外形

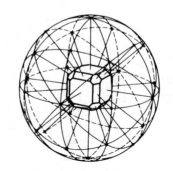

图 3.4　面的球面投影(点)和轴
的球面投影(大圆)

晶体的棱由方括号内的 3 个指数表示,面由圆括号内的 3 个指数表示.棱 $[p_1 p_2 p_3]$ 和点阵矢量 $t = p_1\boldsymbol{\alpha}_1 + p_2\boldsymbol{\alpha}_2 + p_3\boldsymbol{\alpha}_3$ 对应,这里的 p_i 是外斯指数,$\boldsymbol{\alpha}_i$ 是晶胞矢量.晶面(hkl)的法线矢量是 $\boldsymbol{H}_{hkl}$,这里的 hkl 是米勒指数,参见 (3.27)式.

应当强调面(和棱)的指数必须不含公因子.面和棱的指数可正可负.(hkl) 变为$(\bar{h}\,\bar{k}\,\bar{l})$时表示由一个面变为另一个平行的反向平面(法线方向相同),因此 改变所有指数的符号没有什么意义(对棱来说也一样,改变方括号中 3 个指数 的符号仍表示同一个棱).

从点阵出发,形式上人们可以得出结论:任意 hkl 晶面都可以是晶体外形 的面.但实际上不是如此.晶体生长时,只有那些 hkl 指数低(一般指数不超过 3—5)的面才能形成,个别情形下面指数可达到 10(卷 3,第 1 章).指数最低的 面上单位面积格点数最大、网格最密.布拉菲早就指出了这点,他归纳出的规则 指出,在晶体中最常遇到的惯态表面是网格最密的面.

3.2.2　单形

理想晶态多面体的全部面可以分成几套对称等同面,每套等同面相互之间 由点群 K 的对称操作联系起来.

通过点群 K 的全部对称操作可以从一个给定的晶面得到一套晶面以及它 们之间的交线——棱,形成一个单形.这些面在几何上对称等同,在物理化学性 质上也如此.

如单形的一套面没有把一部分空间封闭起来(如图 3.7a—e,g),这样的单 形是**开形**.它是低对称晶系的标志.但除了立方晶系,其他高对称晶系也可以有

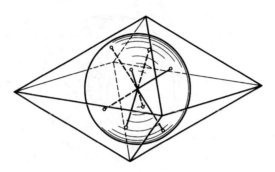

图 3.5　被描述在球面上的单形

开形.如一部分空间被封闭形成凸多面体,这样的单形是**闭形**(图3.7f,h;图3.10—3.15).这样的多面体是等多面体,即"等同面多面体".由于每一单形与一束对称等同法线族对应,因此可以在这些法线与球的交点处作切平面以获得单形(图3.5).这就是说,单形可以被描述在球面上.

由此还可得出:群 K 的每一个正规点系(RPS)和一个单形对应,而这个单形的面数和这个 RPS 的点数相等.可见从对称性理论出发的单形概念可以和晶体点群 K 的 RPS 概念相联系.但是,对单形来说,我们还关注形成单形的对称等同面的交线——棱.这样在某些群中,几个单形可以和一个正规点系对应,因为随着起始平面和对称素夹角不同会有不同的相交.我们用群 3 为例加以说明(图 3.6).如起始面垂直轴 3,它的法线和轴重合,在轴的操作下此面变换成本身,而一般位置点系的对称性是 3(图 3.6a).一般位置点的多重性也是 3,有 2 个单形与这个正规点系对应:平面和轴 3 斜交得到一般单形——三角锥(图 3.6c),平面和轴 3 平行得到特殊单形——三角柱(图 3.6d).三角锥和三角柱的指定面的对称性是 1.

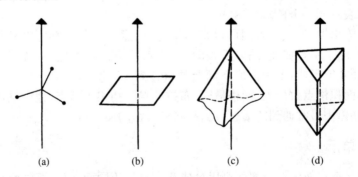

(a)　　　　　(b)　　　　　(c)　　　　　(d)

图 3.6　群 3 的单形

(a) 群 3 的普通位置点;(b) 单面;(c) 三角锥;
(d) 三角柱

为了排除所有轴群 N 中都会产生的非单值性,通常把极射赤面投影中心固定在对称轴的某一点上.这样在上面的例子中,处在赤道上的 RPS 对应三角柱,在赤道以外的 RPS 对应三角锥,极点对应单面.

一般单形的条件是：所有面既不和同一个对称素平行或垂直，也不和对应的对称素相交成相等角．特殊单形的条件是：上述条件不满足．一般单形的指定面的对称性是1．一般位置单形的面数等于群 K 的阶．

严格地依次考察每个群 K 的一般和各个特殊位置的外形可推导出这个群的所有单形．利用一套法线的极射赤面投影可以方便地进行这种考察．

单形的名称来自希腊文：mono 是一，di 是二，hedron 是面，gon 是角．

在低级晶系（syngony 或 system）中可能形成开形，例如，群 1 中的单面（pedion）（图 3.7a）、群 $\bar{1}$ 中的平行面（图 3.7b）、群 m 以及群 2 中的双面（doma）（图 3.7c 和 d）．在 m 和 2 中单面和双面都是可能的．在正交群中有菱形柱、四面体、锥体和双锥体（图 3.7e—h）．中等晶系除了单面、平行面外，有锥柱体（图 3.8）、锥体（图 3.9）、双锥体（图 3.10）、四面体（图 3.11）、菱面体（图 3.12）、偏三角面体（图 3.13）和偏四角面体（图 3.14）．后者可能在第一类 K^{I} 群中出现，它的特点是没有对称面和反演轴．偏四角面体的上部锥体相对下部锥体的转角不等于主轴单位转角的一半．群 K^{I} 中的偏四角面体可以是右旋的或左旋的，二者形成对映体．在立方晶系中所有单形都是封闭的（图 3.15）．它们衍生自四面体（图 3.15a—f 的四面体系）、八面体（图 3.15g—m 的八面体系）和立方体（图3.15n—r的立方体系）．第一类立方群也有对映体．

总共有 47 种几何上不同的单形（图 3.7—3.15）．

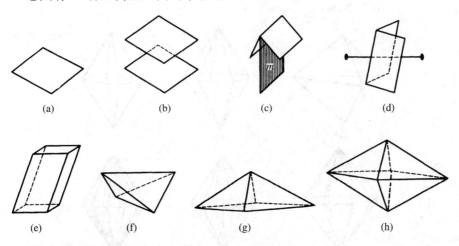

图 3.7 低级晶系的单形

（a）单面；（b）平行面；（c）双面和 m；（d）双面和 2；（e）菱形柱；（f）菱形四面体；（g）菱形锥；（h）菱形双锥

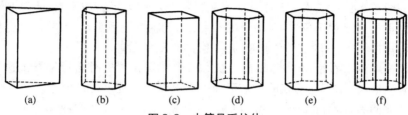

图3.8 中等晶系柱体

（a）三角；（b）双三角；（c）四方；（d）双四方；（e）六角；（f）双六角

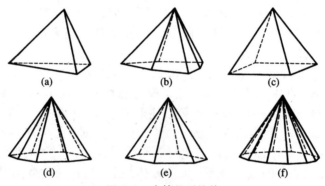

图3.9 中等晶系锥体

（a）三角；（b）双三角；（c）四方；（d）双四方；（e）六角；

（f）双六角

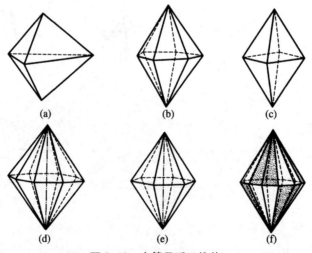

图3.10 中等晶系双锥体

（a）三角；（b）双三角；（c）四方；（d）双四方；

（e）六角；（f）双六角

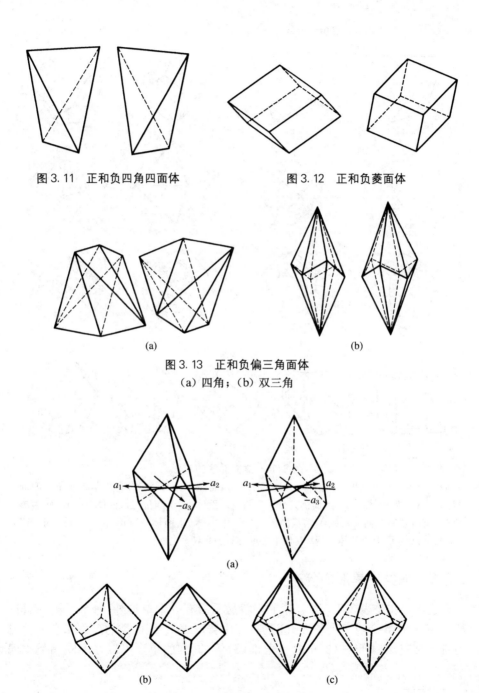

图 3.11　正和负四角四面体

图 3.12　正和负菱面体

(a)

图 3.13　正和负偏三角面体
（a）四角；（b）双三角

(a)

(b)　　　　　　　(c)

图 3.14　右旋和左旋偏四面体
（a）三角；（b）四角；（c）六角

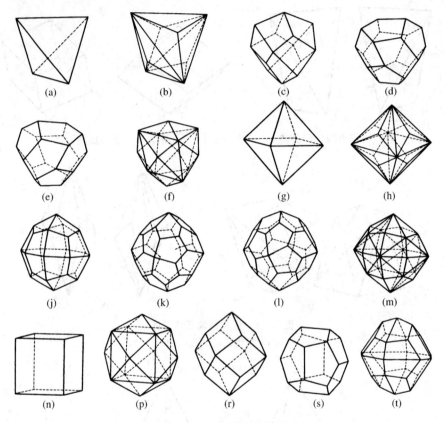

图 3.15 立方晶系的单形

(a) 四面体；(b) 三角三四面体；(c) 四角三四面体；(d),(e) 右旋和左旋五角三四面体；(f) 六四面体；(g) 八面体；(h) 三角三八面体；(j) 四角三八面体；(k),(l) 右旋和左旋五角三八面体；(m) 六八面体；(n) 立方体（六面体）；(p) 锥立方体（四六面体）；(r) 菱形十二面体；(s) 五角十二面体；(t) 双十二面体

3.2.3　晶类中单形的分布

这一分布见表 3.1—3.4.除了三斜晶系只有一个单形外，每个晶类（点群）K 可有 3 个、5 个或 7 个单形[1].通常 K 由**普形**表示.因此类的名称和它的普形的名称对应，如菱形柱（$2/m$）、三角锥（3）等.同样的单形可以在不同晶类中遇

---

[1]　这里已考虑到：$2/m$ 有 2 组平行面，它们相对对称素的位置不同；$\overline{4}2m$ 和 $\overline{3}m$ 各有 2 个不同的柱体（表 3.1—3.3）.

到,一种晶类的普形可以是另一晶类的特形.但是几何上等同单形的面的对称性随晶类的不同而不同,例如图 3.7c,d 的轴 2 双面和 m 双面不同.单面在 10 种不同晶类(10 种对称面晶类)中都可出现.在实际晶体中这种面的差别可以由表面的物理性质(主要有生长、溶解、浸蚀图形和其他表面形貌特征)显示出来.例如立方晶系不同晶类的立方面上有与对称性对应的不同图案(图 3.16).

表 3.1　低级晶系的单形

单形	三斜		单斜			正交		
	晶类							
	1	$\bar{1}$	2	m	$2/m$	222	$mm2$	mmm
单面	+		+	+			+	
平行面(2)		+	+	+	+ +	+	+	+
双面(2)			+	+			+	
菱形锥(4)							+	
菱形柱(4)					+	+	+	+
菱形四面体(4)						+		
菱形双锥(8)								+

注:括号中是面数,+ 表示一个单形,+ + 表示单形中有两组对称性不同的面

表 3.2　四方晶系的单形

单形	晶类						
	4	$\bar{4}$	$4/m$	422	$4mm$	$\bar{4}2m$	$4/mmm$
单面(1)	+				+		
平行面(2)		+	+	+		+	+
四方锥(4)	+				+		
四方柱(4)	+	+	+	+	+	+ +	+
四角四面体(4)		+				+	
双四方锥(8)					+		
四方双锥(8)			+	+		+	+
双四方柱(8)				+	+	+	+
四角偏三角面体(8)						+	
四角偏四角面体(8)				+			
双四方双锥(16)							+

表 3.3　三角和六角晶系的单形

单形	晶类											
	3	$\bar{3}$	32	3m	$\bar{3}m$	6	$\bar{6}$	6/m	622	6mm	$\bar{6}m2$	6/mmm
单面(1)	+			+		+				+		
平行面(2)		+	+		+		+	+	+		+	+
三角锥(3)	+			+								
三角柱(3)	+		+	+			+				+	
双三角锥(6)				+								
三角双锥(6)							+				+	
双三角柱(6)			+	+							+	
六角锥(6)						+				+		
六角柱(6)		+	+	+	+	+	+	+	+	+	+	+
菱面体(6)		+	+		+							
三角偏四角面体(6)			+									
双三角双锥(12)											+	
双三角偏三角面体(12)					+							
六角偏四角面体(12)									+			
六角双锥(12)								+	+		+	+
双六角锥(12)										+		
双六角柱(12)					+				+	+		+
双六角双锥(24)												+

图 3.16　五种立方体面上的本征对称性分属
立方晶系的不同晶类

表 3.4　立方晶系的单形

单形	晶类				
	23	$m3$	432	$\bar{4}3m$	$m\bar{3}m$
四面体(4)	+			+	
六面体(6)	+	+	+	+	+
八面体(8)		+	+		+
菱形十二面体(12)	+	+	+	+	+
五角十二面体(12)	+	+			
三角三四面体(12)	+			+	
四角三四面体(12)	+			+	
五角三四面体(12)	+				
六四面体(24)				+	
三角三八面体(24)		+	+		+
四角三四面体(24)		+	+		+
五角三八面体(24)			+		
四角六面体(24)			+	+	
双十二面体(24)		+			
六八面体(48)					+

　　几何上不同的单形总数是 146,如加上对映体后共 193.在有极性方向的晶类中,互相平行的 hkl 面和 $\bar{h}\bar{k}\bar{l}$ 面不能通过群 K 的对称操作互相变换.和它们相应的单形几何上等同,但它们在面的物理性质上不同.这样的一对单形被称为正负单形,如群 23 中有正负四面体.考虑这种差别后单形的数目是 318.如再考虑晶体空间对称性的差别,单形数是 1403.

　　单形的面对称等同,所以它们的指数 hkl 按相应群 K 的变换而变换(3.4节).单形的面指数 hkl 只能在符号上有差别或在排列上有差别(有或没有符号改变).一般位置面指数 hkl 中没有零,例如中等晶系中普形各个面的指数可以通过改变某一给定面 3 个指数的符号和 h,k 的次序而获得.特殊位置面的 1 个或2个指数等于零,或者指数相等(如中等晶系 h,k 相等).

在下面的(3.7)式中我们将看到:在三角和六角晶系中前两个指数 h 和 k 被对称的三指数 $hki[i=-(h+k)]$ 代替,而第四个指数 l 保持不变.属于某一单形的所有的面,即单形整体由 $\{hkl\}$ 表示,这里的指数取正值.

3.2.4 全单形和半单形

对晶体习惯外形和单形的分析与晶类的划分有关,经典晶体学把每一晶系的晶类划分为全部面、半数面(面数只有全部面晶类的一半)和1/4面(面数只有全部面晶类的1/4)晶类.全部面晶类是晶系中的最高晶类,其他晶类是它的子群.例如 $4/mmm$ 全部面四方晶类的普形是双四方双锥(图3.17),可以有几种从它选取一半面(半数面)后加以扩展并互相连接的方法,由此得到这个群的指数为2的几个子群的普形,即 $4mm$,$4/m$,422,$\overline{4}2m$ 的普形.具体来说,只选上半部锥体的面得到 $4mm$,按图3.17的下一行选法得到四方偏四角面体等.类似地可以得到1/4面晶类的单形.

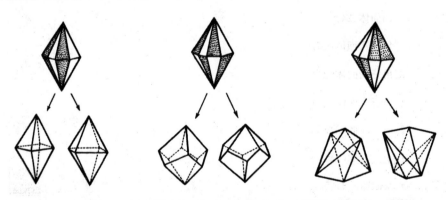

图3.17 四方晶系半数面晶类普形的推导

3.2.5 单形的组合

通常晶体的习惯面属于几个单形,即它们是单形的**组合**.显然,开形必须和其他开形或闭形组合起来,闭形可以单独存在或组合起来.

组合形成原则见图3.18:单形互相"切割"形成凸多面体.最终形成的面的具体尺寸显然依赖于组合单形的数目和各个单形的线度.名称相同但指数 $\{hkl\}$ 不同的单形也可以组合起来.物理上这个或那个面的出现与它们的生长速率有关(卷3,第1章):显示出来的面通常是生长速率最慢的面.同一物质在不同条件下长成的单晶可以有不同的习惯面.

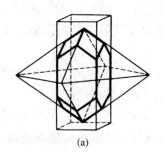 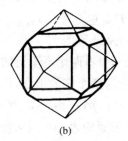

图 3.18 单形的组合

(a) 四方双锥和四方柱；(b) 菱形十二面体和立方体

每个单形的法线长度与其面生长速率成正比时就可构筑成单晶的**理想外形**.晶体上实际观察到的单形数一般较小,不超过 3—5.

晶类 K 的每一单形都有自己的对称性,因此由互相切割组合后的每一单形的面仍然对称等同,仍属于等同多边形.完整晶体外形表面确实可由几种这样的多边形,即几个单形所组成(图 3.18).如果只出现一种单形,则习惯外形由一种多边形组成.32 种晶类的晶态多面体见图 3.26.

晶态多面体的群 K 自然也描述惯态的所有棱和顶点.凸多面体的面、棱、顶点的数目间的关系由欧拉公式给出

$$F + V - E = 2, \tag{3.3}$$

这里 F 是面数,V 是顶点数,E 是棱数.

3.2.6 晶带定律

棱是面的交线,二者之间有一定关系.棱 $[p_1 p_2 p_3]$ 处于 (hkl) 面内的条件和沿棱 $[p_1 p_2 p_3]$ 相交的各个 (hkl) 面的条件是相同的,它们可表述为

$$p_1 h + p_2 k + p_3 l = 0. \tag{3.4}$$

这一关系可以从具体点阵存在条件(3.2)式直接导出:点阵平面对应宏观面,点阵直线对应棱(3.4.2 节).由(3.4)式可知,若干不同的 (hkl) 面可以和一个方向 $[p_1 p_2 p_3]$ 平行,这样的一组 (hkl) 面被称为**晶带**.棱(方向)$[p_1 p_2 p_3]$ 被称为**带轴**.如果两个面 $(h_1 k_1 l_1)$ 和 $(h_2 k_2 l_2)$ 相交于带轴,根据(3.4)式可以确定这个带轴,将这两组指数代入后得到

$$h_1 p_1 + k_1 p_2 + l_1 p_3 = 0, \quad h_2 p_1 + k_2 p_2 + l_2 p_3 = 0$$

解方程式后得到

$$p_1 = k_1 l_2 - l_1 k_2, \quad p_2 = l_1 h_2 - h_1 l_2, \quad p_3 = h_1 k_2 - k_1 h_2. \quad (3.5)$$

最简单的晶带平行坐标轴,如所有($0kl$)面平行轴$[p_1 00]$.在这一束面和棱中,面法线 H_{hkl} 垂直带轴 $t_{p_1 p_2 p_3}$,它们的球面或极射赤平面投影处在垂直带轴$[p_1 p_2 p_3]$的大圆上.

每一面至少有两个不平行的棱$[p_1 p_2 p_3]$和$[p_1' p_2' p_3']$,因此它至少属于两个晶带.知道这两个棱的指数,就可由(3.4)式确定面指数:

$$h = p_2 p_3' - p_3 p_2', \quad k = p_3 p_1' - p_1 p_3', \quad l = p_1 p_2' - p_2 p_1'. \quad (3.6)$$

棱——多边形面的边——服从普遍关系(3.4)式.所以**外斯晶带定律**是:平行晶体两个实际(或可能)的棱的平面是晶体实际(或可能)的平面,反过来,平行两个实际(或可能)的晶面交线的方向是晶体实际(或可能)的棱.晶带定律使我们从观察到的面和棱导出新的潜在的面和棱.这种方法被称为面和棱的复合体的推导(图 3.19).

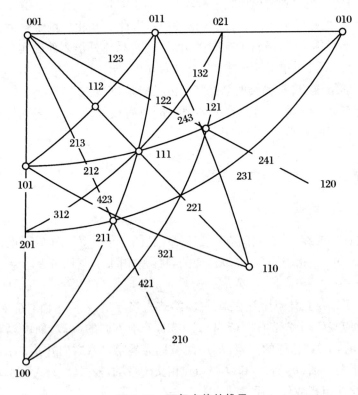

图 3.19 面复合体的推导

3.3 测 角 术

3.3.1 晶体的放置

测角术用于测量晶体表面之间的角度.随着 X 射线分析的发展,这个方法已不再是几何晶体学中最重要的方法,但是在晶体生长理论和形貌学、晶体物理和晶体技术、矿物学等领域中它仍很重要.

晶体和微晶体的测角术测量与化学组分一起被用来进行合成材料和天然材料的相分析.

通过面角的测定,可以确定晶体的类 K 和晶系(参阅 2.6.4 节)、晶胞的轴之比 $a:b:c$ 和角度 α,β 和 γ 以及所有面和棱的指标.由于测角术只能确定轴比,这里必须有一个参数被取为单位,所以在一般场合,得到的晶胞参数是 5 个.立方晶胞的轴比都是 1,角度都是 $90°$,测角术不能把不同的立方晶胞区别开.

每一晶体都有一个自己固有的确定的点阵,但晶胞轴可以有不同的选取方法.为了比较同一材料不同晶体的测量结果以及利用文献上的数据鉴定未知晶体,必须确定晶体坐标轴 a,b,c 的选择规则.晶轴的选定被称做晶体的放置.这个名词的起源与测角技术有关:测量晶体时要求把它放在测角头最方便、最准确的位置上.

坐标轴的选取首先由对称性决定,如由晶胞的特征轴比 $a:b:c$ 和角度 α,β,γ 的关系确定晶体属于哪一个晶系.被选定的轴应沿晶体的对称轴或沿对称面 m 的法线.各个晶系的坐标轴选定规则见表 3.5.

有必要区分 X,Y,Z 轴的正负方向:正方向是指从 Z 轴正端看 X,Y 轴时 X 到 Y 轴的转动是反时针的.在中等晶系中,Z 轴经常被选定为沿主轴方向,即轴 3,4 或 6.放置晶体的另一要点是(111)的选择,这个面和坐标轴交于单位 a,b,c 处(表 3.5).

在直角晶系(立方、四方、正交)中 X,Y,Z 轴沿对称轴选取并互成直角.在四方晶系中,基面上的最短周期可选为 $a=b$.在六角晶系中,与 $a=b$ 对应的

表3.5　晶体的放置

晶系	晶体学轴	单位面
三斜	X,Y,Z 轴平行晶体的实际或可能的棱. Z 轴和最发育的晶带轴平行,放置在垂直位置 $\alpha\neq\beta\neq\gamma$	单位面与晶体学轴的截距都不相等 $a\neq b\neq c$
单斜	Y 轴与轴2重合或垂直 m,水平放置. X 和 Z 轴垂直 Y 轴,和晶体的实际或可能的棱平行. Z 轴垂直放置 $\alpha=\gamma=90°\neq\beta$	单位面与晶体学轴的截距都不相等 $a\neq b\neq c$
正交	X,Y,Z 轴和3个轴2重合,或和1个轴2(垂直方向)重合并垂直2个 m 面 $\alpha=\beta=\gamma=90°$	单位面与晶体学轴的截距都不相等 $a\neq b\neq c$

续表

晶系	晶体学轴	单位面
四方	直立的 Z 轴和轴 4 或 $\overline{4}$ 重合. X 和 Y 轴位于垂直于 Z 的平面内,或沿轴 2,或沿 m 面的法线,或沿晶体的实际或可能的棱 $\alpha=\beta=\gamma=90°$	单位面在水平的 X 和 Y 轴上的截距相等,在 Z 轴上的截距不等 $a=b\neq c$
三角和六角	六角放置.垂直的 Z 轴和 6 或 $\overline{6}$,3 或 $\overline{3}$ 重合. X,Y,U 轴位于垂直 Z 的平面内,沿轴 2,或沿 m 面的法线,或沿晶体的实际或可能的棱 $\alpha=\beta=\gamma=90°$	单位面在两个水平轴上的截距相等,在 Z 轴上的截距不等.单位面可和一个水平轴平行(a),或与一个水平轴的截距等于与另外两个水平轴截距的一半(b) (a) (b)
立方	3 个轴与 3 个轴 4 或 $\overline{4}$ 重合,或轴 2 重合(无四重轴时) $\alpha=\beta=\gamma=90°$	单位面在 3 个轴上的截距相等 $a=b=c$

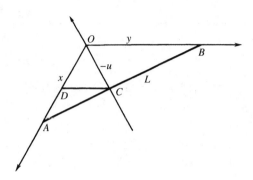

图 3.20 六角晶系中指数之间的关系

X, Y 轴取为互成 $120°$,但这里还有一个与 X, Y 对称等同并成 $120°$ 的第三轴 U.利用基面上这 3 个等价轴,可以用 h, k, i 代替 h, k 与 Z 轴的常规指数 l 一起作为面指数.$(hkil)$ 面与 XYU 面交于直线 L(图 3.20),它与轴交于 x, y 和 $-u$.从图上可见:$x/(x + u) = y/(-u)$,即 $OA/DA = OB/DC$,由此得出 $x^{-1} + y^{-1} + u^{-1} = 0$.因截距倒数是指数,因此

$$h + k + i = 0, \quad i = -(h + k). \tag{3.7}$$

这样六角晶系有 4 个面指数,如 $(11\bar{2}0)$,$(\bar{3}124)$,$(20\bar{2}1)$ 等,但只有 3 个是独立的.当菱形晶系用六角坐标轴描述时情况也一样.

在单斜和三斜晶系中,只考虑晶体对称性不能唯一地选定轴.在单斜系中对称性只能确定一个轴——轴 2 或 m 的法线,这个轴通常取为 Y 轴.习惯上在垂直 Y 轴的平面上选定最短的并互成钝角的周期为 X 和 Z 轴.这种放置被称为晶体学放置.在 X 射线放置或晶体物理放置中,单斜晶体的轴 2 或 m 面法线有时被定为 Z 轴.

过去只有测角术可用时,晶体的正确放置遇到很大的困难.不仅在三斜和单斜晶体中,而且在四方(基轴可能转 $45°$)、六角、三角(基轴可转 $30°$)晶体中都会混淆.现在这个问题可以容易地由 X 射线方法解决.

将所有对称性晶体任意选定的晶胞约化到标准晶胞的算法见 3.5.2 节,所谓标准晶胞与唯一的正确的晶体放置是对应的.

3.3.2 实验测角技术

如前所述,测角术用于晶体习惯外形的晶体学研究或其他研究,有时也用于 X 射线分析前的初步研究.

根据晶体的尺寸、面的数目、表面质量,可以使用不同类型的测角仪.最常用的类型是接触和反射测角仪,二者都可以是单圆的(只有一个分度圆)和双圆的.

单圆接触测角仪(图 3.21)由分度规和转轴固定在分度规上的臂组成.测量面角时测角仪与晶体相贴并使面角上的棱和臂的转轴平行.这种测角仪的准确度可达 $30'$.它适用于大尺寸晶体或者不能进行更准备测量的表面质量

差的晶体.

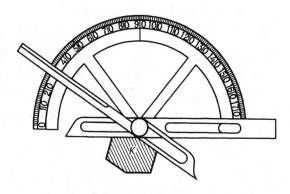

图 3.21 接触测角仪

光学测角仪的原理是光束从晶体不同面上的依次反射(图 3.22a).用胶泥或蜡把晶体 K 固定在样品台上,样品台可在圆上转动.各个面的棱(带轴)必须和转轴平行.光束经准直器射向晶体,用望远镜观察光源的像(信号),只有在一个晶体面的法线到达准直器、望远镜光轴的分角线时才能观察到信号.

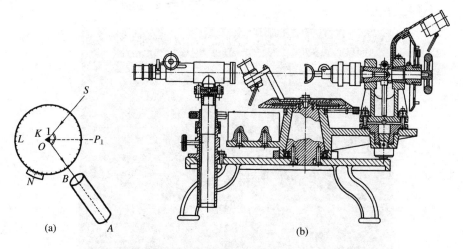

图 3.22 单圆反射测角仪(a)和二圆哥耳什密特测角仪(b)

K.晶体; SO.入射光; OA.反射光; BA.望远镜

读出面 1 的角度后转动晶体使面 2 进入反射位置(和原来面 1 的测量位置平行),两个面法线间夹角等于两个读数之差 β.角 $\beta = 180° - \alpha$,这里 α 是面角.晶体转动一周后所有晶带中的面的法线均被测定,晶体放置一次只能测定一个晶带,这是单圆测角仪的缺点.改变晶体在样品台上的取向几次之后才能测定所有的晶带.

　　双圆反射测角仪或经纬仪可以在晶体放置一次时测定整套数据(图 3.22b).费多洛夫和哥耳什密特在 1893 年开始使用这一仪器.面法线由两个角坐标——极角 ρ(0—180°)和经度角 φ(0—360°)确定,分别由水平圆和垂直圆读出.目前,一种新的照相测角术正在得到广泛的应用,仪器中从晶体面反射的光记录在底片上,投影球的平均测定范围约为 2.0 立体弧度.利用旋转抛物镜的再次反射(晶体放在焦点上),可以直接在底片上得到晶体面的心射切面投影[3.2](图 3.23a,b).

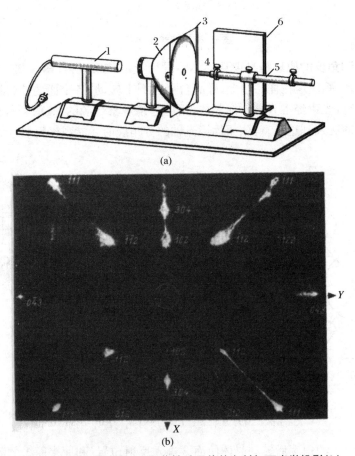

(a)

(b)

图 3.23　照相测角仪(a)和黄铁矿晶体的心射切面光学投影(b)

　　1. 激光器;2. 抛物镜;3. 底片盒;4. 晶体;5. 晶体座;
　　6. 辅助屏

3.3.3 测角计算

晶体面指数可通过测得的角度计算出来.三角法和图解法都可以得出面指数.前者准确,但繁琐,特别是在低对称晶体中更是如此.面法线 H_{hkl} 之间、法线 H_{hkl} 和棱 $t_{p_1 p_2 p_3}$ 之间以及棱之间的夹角公式见 3.5.3 节.

图解法准确度略低,但实际上已经够用,并且很直观.最好的方法是极射赤面投影,此时球面投影上的大圆截面变成通过直径两端的大圆弧或直线.测量时可利用乌耳夫网,它由经线和纬线组成,间隔为 2°,网的直径为 20 cm(图3.24).网上的一个经线(大圆)可用来描述一个晶带,测量时把晶带绕圆心转动使它和经线重合.极射赤面投影的一个重要性质是:球面投影球上两个大圆间的夹角等于它们在极射赤面投影图上的夹角.

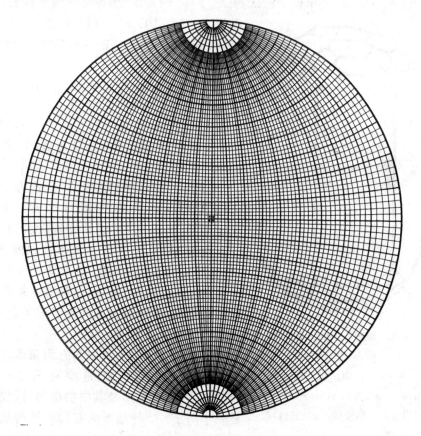

图 3.24 乌耳夫网

按照所有面的 ρ 和 φ 作晶体的极射赤面投影,把法线 H_{hkl} 标在乌耳夫网上.一个晶带的面的法线位于大圆弧上,晶带轴也可得到.从投影图还可直接读出各个面之间的夹角,从而确定晶系.当然在选择晶体参照轴时,应该遵循晶体放置规则(表 3.5).

为了确定 $a:b:c$ 和面指数,要用到在 3.5.3 节中证明的以下关系:

$$\cos\varphi_{a_i(H)} = \frac{h_i}{a_i H}. \tag{3.8}$$

这里 φ 是从投影图上读出的面法线与参照轴间夹角.

取单位面 (111)(h_i 均为 1)后由 (3.8) 式得到

$$a:b:c = \frac{1}{\cos\varphi_x} : \frac{1}{\cos\varphi_y} : \frac{1}{\cos\varphi_z}, \tag{3.9}$$

这里的 $\varphi_x, \varphi_y, \varphi_z$ 是单位面法线与 X, Y, Z 轴夹角.如观察不到单位面,可以取一对 (110) 和 (011) 面替代.根据 (3.8) 式和 (3.9) 式,任一 (hkl) 的指数由下式决定:

$$h:k:l = \frac{\cos\psi_x}{\cos\varphi_x} : \frac{\cos\psi_y}{\cos\varphi_y} : \frac{\cos\psi_z}{\cos\varphi_z}, \tag{3.10}$$

这里 ψ_x, ψ_y, ψ_z 是 (hkl) 法线与 X, Y, Z 轴的夹角.

还有一种以晶带定律 (3.4) 式为基础的纯图解指标化方法.根据 (3.5) 式 2 个面决定和棱 $[p_1 p_2 p_3]$ 对应的晶带(大圆).另一方面,根据 (3.6) 式,2 个晶带轴的相交可以决定可能的面的指数.这个新的面可以用来建立新的晶带,等等.这种方法被称做**晶带推导法**.可能的面如与测量面重合,其面指数就可确定下来.

在许多晶体学手册中都有测角术计算的详细介绍.图 3.25 是绿柱石 $Be_3 Al_2 (SiO_3)_6$ 的理想外形及其中的单形,这仅仅是一个例子.32 种晶类的有代表性的晶体习惯外形见图 3.26.

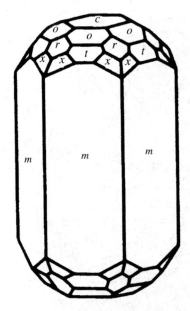

图 3.25　绿柱石中的单形

$a:c = 1:0.4989$

$c\{0001\}$,平行面;$m\{10\bar{1}0\}$,六角柱;$o\{10\bar{1}1\}$,$t\{20\bar{2}1\}$,$r\{11\bar{2}1\}$,六角双锥;$x\{\bar{3}211\}$,双六角双锥

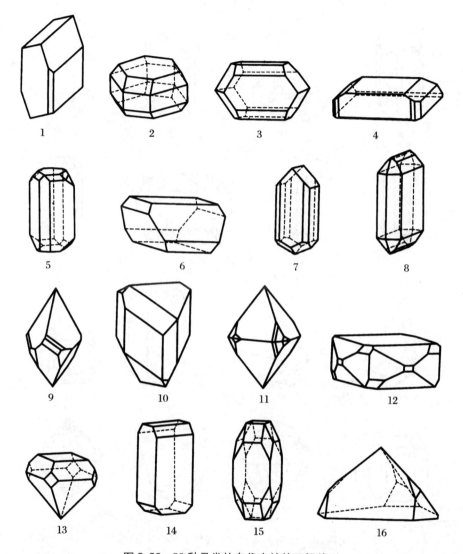

图 3.26 32 种晶类的有代表性的习惯外形

1. 1(硫酸钙六水合物 $CaSO_4 \cdot 6H_2O$)；2. $\bar{1}$(硼酸 $B(OH)_3$)；3. 2(右旋酒石酸铵 $(NH_4)_2C_4H_4O_6$)；4. m(对甲苯胺异丁酸酯 $CH_3 \cdot C_6H_4 \cdot NH \cdot C(CH_3)_2 \cdot CO_2 \cdot C_2H_5$)；5. $2/m(\beta$ 硫)；6. 222($AgNO_3$)；7. $mm2$(三苯甲烷 $CH(C_6H_5)_3$)；8. mmm (KNO_3)；9. 4(彩钼铅矿 $PbMoO_4$)；10. $\bar{4}$($Co_4B_2As_2O_{12} \cdot 4H_2O$)；11. $4/m$(白钨矿 $CaWO_4$)；12. 422(三氯醋酸钾 $K[Cl_3CCO_2]$)；13. $4mm$(季戊四醇 $C_5H_{12}O_4$)；14. $\bar{4}2m$ (尿素 CH_4N_2O)；15. $4/mmm$(甘汞 Hg_2Cl_2)；16. 3(过碘酸钠 $Na_2I_2O_3 \cdot 6H_2O$)

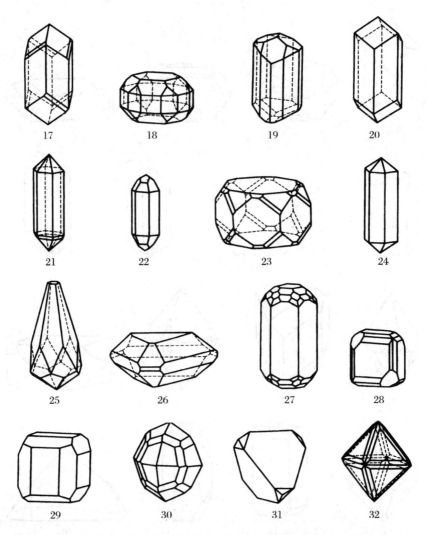

图 3.26　32 种晶类的有代表性的习惯外形(续)

17. $\bar{3}$(透视石 CuH_2SiO_4)；18. 32(连二硫酸钾 $K_2S_2O_6$)；19. 3m(电气石 $NaMg_3Al_6[(OH_4)(BO_3)_3Si_6O_{18}]$)；20. $\bar{3}m$(氢醌 $C_6H_6O_2$)；21. 6(右旋酒石酸锶氧锑 $Sr(SbO)_2(C_4H_4O_6)_2$)；22. $\bar{6}$(磷酸氢二银 $Ag_2 \cdot HPO_4$)；23. 6/m(磷灰石 $Ca_5[(OH,Cl \cdot F)/(PO_4)_3]$)；24. 622(硅钼酸钾 $K_4MoO_{12}SiO_{40}$)；25. 6mm(AgI)；26. $\bar{6}m2$(蓝锥矿 $BaTi[Si_3O_9]$)；27. 6/mmm(绿柱石 Be_3Al_2 (Si_6O_{18}))；28. 23(右旋氯酸钠 $NaClO_3$)；29. $m\bar{3}$(黄铁矿 FeS_2)；30. 432 (NH_4Cl)；31. $\bar{4}3m$(辉锑矿 $(SbAs)_2(Cu_2FeZn)_4S_7$)；32. $m\bar{3}m$(方铅矿 PbS)

3.4 点阵几何

3.4.1 点阵的直线和平面

空间点阵由位于矢量 t[(3.2)式]的末端的点组成:

$$t_{p_1 p_2 p_3} = p_1 a_1 + p_2 a_2 + p_3 a_3,$$

这里 a_1, a_2, a_3 是 3 个不共面的坐标矢量,它们决定初基胞.这个式子是几何晶体学的基础,特别是由此可导出有理数定律.

一个无限的点阵 $T(x)$ 可以写成

$$T(x) = \sum_{p_1} \sum_{\substack{p_2 \\ -\infty}}^{+\infty} \sum_{p_3} \delta(x - p_1 a_1, y - p_2 a_2, z - p_3 a_3)$$

$$= \sum_{\substack{p_1 p_2 p_3 \\ -\infty}}^{+\infty} \delta(r - t_{p_1 p_2 p_3}), \tag{3.11}$$

在格点($r = t_{p_1 p_2 p_3}$)处 δ 函数等于 1,在其他处它等于零.

每一阵点由 3 个整数 p_1, p_2, p_3 表示.可以通过点作直线,即晶列;可以通过点作平面,即晶面.晶列位置可以方便地由列上 2 个相邻阵点来确定.特别是,当其中之一取为原点(图 3.27),另一点 p_1, p_2, p_3 就确定晶列,它的符号是方括号中的三指数 $[p_1 p_2 p_3]$.

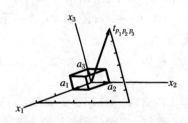

图 3.27 矢量 t 决定直线 $[p_1 p_2 p_3]$
$p_1 = 3, p_2 = 5, p_3 = 6; a_1, a_2, a_3$ 为
坐标轴单位矢量

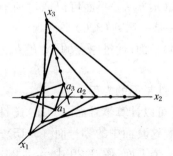

图 3.28 外斯指数 p_1, p_2, p_3 分别为
$(256), (324), (1\bar{3}1)$ 的平面

点阵平面的位置由不同线的 3 个点决定. 如 3 个点都在参照轴上, 点阵平面在轴上的截距就为: 第一轴上 $p_1 a_1$、第二轴上 $p_2 a_2$、第三轴上 $p_3 a_3$; 这里的 3 个数 p_1, p_2, p_3 是平面的外斯指数 (图 3.28).

由于点阵有周期性[(3.2) 式], 故晶列和晶面都含有无穷多点. 显然, 一对相交或平行的晶列决定一晶面, 一对相交的晶面决定一晶列. 不考虑晶体的尺度时, $p_1 p_2 p_3$ 或其他由此导出的指数已足可以描述点阵. 如果要计算距离、角度等等, 就应知道 (3.2) 式中单位平移 a_i 的绝对值.

3.4.2　平面的性质

外斯指数为 p_1, p_2, p_3 的平面 (图 3.28) 的方程为

$$\frac{x_1}{p_1 a_1} + \frac{x_2}{p_2 a_2} + \frac{x_3}{p_3 a_3} = 1, \tag{3.12}$$

如坐标以轴单位表示, 即令 $x_i' = x_i / a_i$, 则得

$$\frac{x_1'}{p_1} + \frac{x_2'}{p_2} + \frac{x_3'}{p_3} = 1.$$

此式可改写为

$$h x_1' + k x_2' + l x_3' = p, \tag{3.13}$$

这里

$$h = h_1 = p_2 p_3, \quad k = h_2 = p_1 p_3, \quad l = h_3 = p_1 p_2, \quad p = p_1 p_2 p_3. \tag{3.14}$$

这 3 个整数 hkl 或 $h_1 h_2 h_3$ 是米勒指数, 或习惯地称为 (点阵) 平面或 (晶体) 面指数. 指数 h_i (还有 p_i) 可正可负. 点阵平面的符号与面一样都是括号中的 3 个指数 (hkl). 但面指数中公因子都已消去, 而在分析晶体原子结构的平面时却不一样, 例如我们可以写出 (422) 平面, 与它对应的面是 (211).

$(h_1 h_2 h_3)$ 平面可以通过所有阵点, 它们和 (3.13) 式给出的平面平行. 图 3.29 是一系列 (320) 平面 ($p_1 = 2, p_2 = 3, h_1 = 3, h_2 = 2$); 图 3.30 是一系列 (324) 平面. 通过原点的 $(h_1 h_2 h_3)$ 平面的方程为

$$h_1 x_1' + h_2 x_2' + h_3 x_3' = 0, \tag{3.15}$$

这也就是面的方程.

可以计算零号面[(3.15) 式]和第 p 个面[(3.13) 式]间有多少个 $(h_1 h_2 h_3)$ 平面. 这套面中的零号面[(3.15) 式]被平移 a_1 重复 p_1 次 (通过 x 轴上阵点可画 p_1 个平面, 图 3.29 中 $p_1 = 2$), 同时被平移 a_2 重复 p_2 次 (图 3.29 中 $p_2 = 3$), 在二维情形下平面总数等于 $p_1 p_2$; 三维情形下由于 a_3 重复了 p_3 次, 平面总数为 $p_1 p_2 p_3$. 这套平面中的每一个都包含平移等同的 (平行的等距离的) 由

无穷多点组成的网格.在(3.13)式中 p 可取任何整数:$0,\pm 1,\pm 2,\cdots$.在(3.15)式中当 x_i' 为整数:$x_i' = p_i$(p_i 是矢量 $t_{p_1 p_2 p_3}$,即可能的棱的指数)时,我们得到 $t_{p_1 p_2 p_3}$ 位于平面或面($h_1 h_2 h_3$)中的条件:

$$h_1 p_1 + h_2 p_2 + h_3 p_3 = 0,$$

即得到晶带定律(3.4)式.

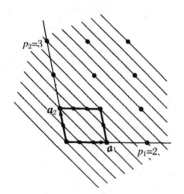

图 3.29　二维情形下外斯指
数($p_1 p_2$)和米勒指
数($h_1 h_2$)的关系
$p_1 = 2, p_2 = 3, h_1 = 3, h_2 = 2$

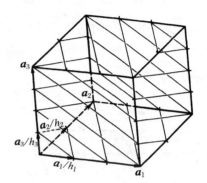

图 3.30　一系列点阵平面:
米勒指数
$h_1 = 3, h_2 = 2, h_3 = 4$

一般情形中随着指数 $h_1 h_2 h_3$ 的不同,有若干平面通过晶胞(图 3.29,3.30),把初基胞的棱和对角线等分,把 a_1, a_2, a_3 分别分为 h_1, h_2, h_3 份,把面对角线分为 $h_2 + h_3, h_3 + h_1, h_1 + h_2$ 份,把体对角线分为 $h_1 + h_2 + h_3$ 份.

离原点最近的($h_1 h_2 h_3$)平面是(3.13)式中 $p = 1$ 的面,它与轴的截距为 $x_i' = 1/h_i$ 或 $x_i = a_i/h_i$(图 3.29,3.30).同样地可以得到此平面在对角线上的截距.

3.4.3　倒易点阵

相邻(hkl)平面的距离被称为面间距并以 d_{hkl} 表示.它沿(hkl)平面法线计量并依赖于晶胞的 a_1, a_2, a_3 值.

设法线矢量 H_{hkl} 垂直(hkl)平面并定义它的长度是面间距的倒数

$$|H_{hkl}| = d_{hkl}^{-1}. \tag{3.16}$$

在三斜晶胞(图 3.31)中坐标平面的法线由矢积($a_i \times a_j$)决定,矢积的值等于晶胞 $a_i a_j$ 平面面积,坐标面间距等于晶胞体积和此面积之比.晶胞体积为

$$\Omega = a_1 \cdot (a_2 \times a_3) = a_2 \cdot (a_3 \times a_1) = a_3 \cdot (a_1 \times a_2). \tag{3.17}$$

因此

$$d_{100} = \frac{\Omega}{|\boldsymbol{a}_2 \times \boldsymbol{a}_3|}, \quad d_{010} = \frac{\Omega}{|\boldsymbol{a}_3 \times \boldsymbol{a}_1|}, \quad d_{001} = \frac{\Omega}{|\boldsymbol{a}_1 \times \boldsymbol{a}_2|}.$$

$$(3.18)$$

由(3.16)式定义三个矢量 $\boldsymbol{H}_{100} = \boldsymbol{a}_1^*, \boldsymbol{H}_{010} = \boldsymbol{a}_2^*, \boldsymbol{H}_{001} = \boldsymbol{a}_3^*$;

$$\boldsymbol{a}_1^* = \frac{\boldsymbol{a}_2 \times \boldsymbol{a}_3}{\Omega}, \quad \boldsymbol{a}_2^* = \frac{\boldsymbol{a}_3 \times \boldsymbol{a}_1}{\Omega}, \quad \boldsymbol{a}_3^* = \frac{\boldsymbol{a}_1 \times \boldsymbol{a}_2}{\Omega}, \quad (3.19)$$

它们垂直三个坐标平面. 因此(图 3.31),

$$d_{100} = {a_1^*}^{-1}, \quad d_{010} = {a_2^*}^{-1}, \quad d_{001} = {a_3^*}^{-1}. \quad (3.20)$$

在直角点阵的特殊情形(图 3.32)中

$$\boldsymbol{a}_1^* = \boldsymbol{a}_1^{-1} = d_{100}^{-1}, \quad \boldsymbol{a}_2^* = \boldsymbol{a}_2^{-1} = d_{010}^{-1}, \quad \boldsymbol{a}_3^* = \boldsymbol{a}_3^{-1} = d_{001}^{-1}. \quad (3.21)$$

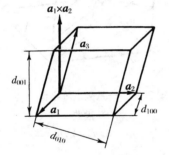

图 3.31　一般三斜晶胞中
的面间距 d_{100},
d_{010}, d_{001} 和 (001)
平面法线 $[a_1 a_2]$

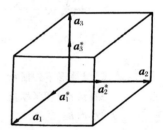

图 3.32　在直角晶胞中倒易
基矢 $\boldsymbol{a}_1^*, \boldsymbol{a}_2^*, \boldsymbol{a}_3^*$
和正基矢 $\boldsymbol{a}_1, \boldsymbol{a}_2, \boldsymbol{a}_3$
的方向重合

由(3.19)式得出

$$\boldsymbol{a}_i \boldsymbol{a}_j^* = \begin{cases} 1, & i = j, \quad (3.22\text{a}) \\ 0, & i \neq j. \quad (3.22\text{b}) \end{cases}$$

为了找到任意 $(h_1 h_2 h_3)$ 平面的 $\boldsymbol{H}$(图 3.33),采用和坐标平面情形下同样的方法,但需要另外作图. 画出下列基矢的小单元代替晶胞:

$$\boldsymbol{a}_1' = \frac{\boldsymbol{a}_1}{h_1} - \frac{\boldsymbol{a}_3}{h_3}, \quad \boldsymbol{a}_2' = \frac{\boldsymbol{a}_2}{h_2} - \frac{\boldsymbol{a}_3}{h_3}, \quad \boldsymbol{a}_3' = \frac{\boldsymbol{a}_3}{h_3}. \quad (3.23)$$

矢量 $\boldsymbol{a}_1'$ 和 $\boldsymbol{a}_2'$ 位于 $(h_1 h_2 h_3)$ 平面内,矢积 $\boldsymbol{a}_1' \times \boldsymbol{a}_2'$ 决定 $\boldsymbol{H}$ 的方向和小面的面积, $\Omega' = \boldsymbol{a}_3' \cdot \boldsymbol{a}_1' \times \boldsymbol{a}_2'$,而

$$d_{h_1 h_2 h_3} = \frac{\Omega'}{|\boldsymbol{a}_1' \times \boldsymbol{a}_2'|}, \quad \boldsymbol{H}_{h_1 h_2 h_3} = \frac{\boldsymbol{a}_1' \times \boldsymbol{a}_2'}{\Omega'}. \quad (3.24)$$

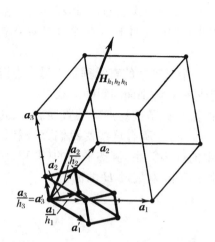

图 3.33　一般矢量 H 的图,它垂直
$(h_1 h_2 h_3)$ 面,$h_1 = 3$,$h_2 = 2$,$h_3 = 4$

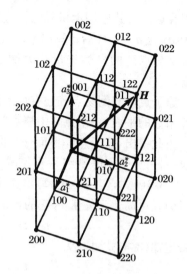

图 3.34　以 a_1^*,a_2^*,a_3^* 为
基矢的倒易点阵
及其中的一个 H
矢量(H_{122})

利用(3.22)式和(3.23)式,得到 $|a_1' \times a_2'| = (h_1 a_1^* + h_2 a_2^* + h_3 a_3^*)\Omega'$,
$\Omega' = \Omega/(hkl)$,因此

$$H_{hkl} = h_1 a_1^* + h_2 a_2^* + h_3 a_3^*. \tag{3.25}$$

这是一个重要的结果:矢量 H_{hkl} 表示为基矢 a_1^*,a_2^*,a_3^* 和整数 h,k,l 的式
子,后者正好是(hkl)平面的米勒指数.换句话说,H_{hkl} 的末端组成以 a_1^*,a_2^*,
a_3^* 为基矢的点阵 $T^*(S)$(图 3.34),这和正空间矢量 $t_{p_1 p_2 p_3}$[(3.2)式]形成以
a_1,a_2,a_3 为基矢(图 3.27)的 $T(x)$完全相同:

$$T^*(S) = \sum_{\substack{hkl \\ -\infty}}^{\infty} \delta(S - H_{hkl}). \tag{3.26}$$

这里的 δ 是 δ 函数.

以 a_1^*,a_2^*,a_3^* 为基矢(一般矢量表示为 H_{hkl})的点阵被称为**倒易点阵**,矢
量 a_1^*,a_2^*,a_3^*(或 a^*,b^*,c^*)被称为倒易点阵的坐标矢量,它们是倒易点阵
晶胞的棱.由(3.22)式和(3.25)式得出

$$H_{hkl} \cdot a_1/h_1 = 1, \quad H_{hkl} \cdot a_2/h_2 = 1, \quad H_{hkl} \cdot a_3/h_3 = 1. \tag{3.27}$$

倒易点阵是以"倒易长度"为量纲的三维倒易空间的点阵.为了避免混淆,称晶
体的正空间中的点阵为"原子"或"正"点阵.

从(3.22)式得出,原子点阵是倒易点阵的倒易点阵,即二者互为倒易点阵,

可以在(3.19)式中用无星号的符号代替有星号的符号或者反过来,例如(3.17)式中 a_i 被 a_i^* 替代后计算出来的 Ω^* 代替 Ω.(3.22a)式表明,下标相同时正点阵和倒易点阵的坐标矢量互为倒易,(3.22b)式则表明下标不同时二者互相垂直.

原子点阵和倒易点阵还有如下的关系:一个点阵中的直线垂直于另一点阵同样指数的平面,一个点阵中格点间距等于另一点阵平面间距的倒数.

由此得出,原子点阵平面——晶体面的法线族是倒易点阵的直线族,反过来也一样;原子点阵直线垂直倒易点阵平面,等等.所有这些使我们直接利用 H_{hkl} [(3.16)式,(3.25)式]写出原子点阵中的许多关系.例如平面的(3.13)和(3.15)式可简化为矢量 r(它的末端在这个平面上)和矢量 H 的标积;

$$r \cdot H = p, \quad r \cdot H = 0,$$

晶带定律(3.4)式可写为

$$t_{p_1 p_2 p_3} \cdot H_{hkl} = 0. \tag{3.28}$$

根据矢量 H_{hkl} 垂直原子点阵(hkl)平面、倒易长度上等于 $1/d_{hkl}$ [(3.16)式]的定义导出的倒易点阵具有(3.19),(3.22),(3.25)式的性质.反过来倒易点阵可以由(3.19)或(3.22)式导出并具有(3.16)和(3.27)式的性质.另一种倒易点阵的推导在考虑衍射现象时会自动地出现(第 4 章).

倒易点阵是重要的数学方法,它在几何晶体学、衍射理论、晶体结构分析以及固体物理中有许多应用.

3.5　点　阵　变　换

3.5.1　原子点阵和倒易点阵坐标及指数的变换

初基胞有无限多选定方法,每一种可以变换成另一种(图 3.35).实际上重要的是将任意初基胞变换成遵循晶系对称性的晶胞(表 3.5),这种变换可以由约化算法(3.5.2 节)完成.有时候须要将某晶体的晶胞加以改变,如从带心的改为初基的,或从菱面的描述改为六角的.在晶体的 X 射线研究中需要建立晶体固有的晶体学坐标系和仪器的直角坐标系间的关系.一个坐标系向另一个变换时,点的坐标、直线和平面的指数都发生变化.下面介绍如何由原有值变换为新的值.

将新轴表示为 A_i[即点阵(3.2)式的矢量]、老轴表示为 a_i,得到

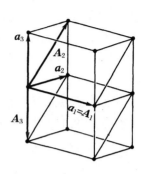

$$A_1 = \alpha_{11} a_1 + \alpha_{12} a_2 + \alpha_{13} a_3,$$
$$A_2 = \alpha_{21} a_1 + \alpha_{22} a_2 + \alpha_{23} a_3, \quad (3.29)$$
$$A_3 = \alpha_{31} a_1 + \alpha_{32} a_2 + \alpha_{33} a_3,$$

即 $A_i = (\alpha_{ik}) a_k$.这里(α_{ik})是变换矩阵.反过来

$$a_1 = \beta_{11} A_1 + \beta_{12} A_2 + \beta_{13} A_3,$$
$$a_2 = \beta_{21} A_1 + \beta_{22} A_2 + \beta_{23} A_3, \quad (3.30)$$
$$a_3 = \beta_{31} A_1 + \beta_{32} A_2 + \beta_{33} A_3,$$

即

$$a_i = (\beta_{ik}) A_k,$$

图 3.35 在一个原来以 a_1, a_2, a_3 为基矢的点阵中选定一个以 A_1, A_2, A_3 为基矢的新的初基胞

这里(β_{ik})是和(α_{ik})倒易的变换矩阵.

正矩阵和倒易矩阵的系数满足以下关系:

$$\left.\begin{array}{l} \alpha_{1i}\beta_{k_1} + \alpha_{2i}\beta_{k2} + \alpha_{3i}\beta_{k3} \\ \alpha_{i1}\beta_{1k} + \alpha_{i2}\beta_{2k} + \alpha_{i3}\beta_{3k} \end{array}\right\} = 1 \quad (i = k) \text{ 或 } 0 (i \neq k).$$

$$(3.31)$$

这一点很容易检验,只要把(3.29)式中用 a_i 表示的 A_k 的公式代入(3.30)式即可.

点 X_1, X_2, X_3(老坐标为 x_1, x_2, x_3)的矢量在参照系变化时保持不变:

$$r = x_1 a_1 + x_2 a_2 + x_3 a_3,$$
$$R = X_1 A_1 + X_2 A_2 + X_3 A_3. \quad (3.32)$$

即 $r = R$.由(3.30)式得到

$$X_1 = \beta_{11} x_1 + \beta_{21} x_2 + \beta_{31} x_3,$$
$$X_2 = \beta_{12} x_1 + \beta_{22} x_2 + \beta_{32} x_3, \quad (3.33)$$
$$X_3 = \beta_{13} x_1 + \beta_{23} x_2 + \beta_{33} x_3,$$

即

$$X_i = (\beta_{ki}) x_k.$$

(3.30)式中 β 的行已变成(3.33)式中的列,即矩阵(β_{ik})通过相对对角线的反射变为转置矩阵(β_{ki}).这种变换被称为**反变换**,而(3.29)式和(3.30)式被称为**协变换**.类似地,由(3.29)式和(3.32)式得到

$$x_i = (\alpha_{ki}) X_k. \quad (3.34)$$

在特殊情形下,当 $r = R$ 并且点阵(3.2)中的矢量 $t = T$,则 x_i 成为老系统

中直线指数 p_i, 而 X_i 成为新系统中直线指数 P_i. 因此对于直线指数的变换, (3.33)式和(3.34)式仍成立:

$$P_i = (\beta_{ki})p_k, \tag{3.35}$$

$$p_i = (\alpha_{ki})P_k. \tag{3.36}$$

下面考虑平面指数由 $h_1h_2h_3$ 变换为 $H_1H_2H_3$. 为此, 将(3.34)式代入点阵平面公式(3.15), 并把 X_1, X_2, X_3 项归并, 得到

$$(\alpha_{11}h_1 + \alpha_{12}h_2 + \alpha_{13}h_3)X_1 + (\alpha_{21}h_1 + \alpha_{22}h_2 + \alpha_{23}h_3)X_2$$
$$+ (\alpha_{31}h_1 + \alpha_{32}h_2 + \alpha_{33}h_3)X_3 = 0. \tag{3.37}$$

由此得出:

$$H_i = (\alpha_{ik})h_k, \quad h_i = (\beta_{ik})H_k. \tag{3.38}$$

这里还直接给出了与(3.37)式类似的逆变换. 这两个变换和(3.29),(3.30)式相同, 是协变换.

利用(3.22)式及下式

$$\sum_{i=1}^{3} \boldsymbol{a}_i \cdot \boldsymbol{a}_i^* = 3 = \sum_{i=1}^{3} \boldsymbol{A}_i \cdot \boldsymbol{A}_i^*. \tag{3.39}$$

可得到倒易点阵矢量的变换规则. 在上式左边按(3.29)式用 $\boldsymbol{A}_k$ 表示 $\boldsymbol{a}_i$, 或在上式右边按(3.30)式用 $\boldsymbol{a}_k$ 表示 $\boldsymbol{A}_i$, 得到

$$\boldsymbol{a}_i^* = (\alpha_{ki})\boldsymbol{A}_k^*, \quad \boldsymbol{A}_i^* = (\beta_{ki})\boldsymbol{a}_k^*. \tag{3.40}$$

这两个变换是反变换, 具有同样的 α 系数和 β 系数. 最后, 倒易空间的坐标 x_i^* 和 X_i^*, 也有与倒易点阵直线指数 h_i 和 H_i 的关系(3.38)式一样的关系

$$X_i^* = (\alpha_{ik})x_k^*, \quad x_i^* = (\beta_{ik})X_k^*, \tag{3.41}$$

这两个变换是协变换.

在 X 射线晶体学中放置晶体时, 要把倒易空间阵点坐标 $h_1h_2h_3$ 表示成笛卡儿坐标 X_i^* ($X_1^* = X^*, X_2^* = Y^*, X_3^* = Z^*$), 这时有类似(3.41)式的关系

$$X_i^* = (\alpha_{ik})h_k, \quad h_i = (\beta_{ik})X_k^*, \tag{3.42}$$

这里

$$(\beta_{ik}) = \begin{Vmatrix} a_x & a_y & a_z \\ b_x & b_y & b_z \\ c_x & c_y & c_z \end{Vmatrix}. \tag{3.43}$$

其中的矩阵元是倒易晶胞边在直角轴上的投影.

我们可以看到, 所有倒易点阵中的变换与原子点阵中的类似变换在变换上是相反的(协变换或反变换各取其一). 在每一种点阵中, 轴和平面指数为一类,

坐标或直线指数为另一类,二者在变换上是相反的.这里两种点阵互相倒易的规则自动成立,在一种点阵中的直线指数是另一点阵中的平面指数.

这些变换可以写成统一的符号形式:

$$
\begin{array}{c}
\quad\quad\quad\quad h_1 \quad h_2 \quad h_3 \\
\quad\quad\quad\quad a_1 \quad a_2 \quad a_3 \\
\begin{matrix} H_1 A_1 = \\ H_2 A_2 = \\ H_3 A_3 = \end{matrix}
\begin{Vmatrix} \alpha_{11} & \alpha_{12} & \alpha_{13} \\ \alpha_{21} & \alpha_{22} & \alpha_{23} \\ \alpha_{31} & \alpha_{32} & \alpha_{33} \end{Vmatrix}
\begin{matrix} A_1^* X_1 \\ A_2^* X_2 \\ A_3^* X_3 \end{matrix}, \\
\quad\quad a_1^* \quad a_2^* \quad a_3^* \\
\quad\quad x_1 \quad x_2 \quad x_3
\end{array}
\tag{3.44}
$$

$$
\begin{array}{c}
\quad\quad\quad\quad H_1 \quad H_2 \quad H_3 \\
\quad\quad\quad\quad A_1 \quad A_2 \quad A_3 \\
\begin{matrix} h_1 a_1 = \\ h_2 a_2 = \\ h_3 a_3 = \end{matrix}
\begin{Vmatrix} \beta_{11} & \beta_{12} & \beta_{13} \\ \beta_{21} & \beta_{22} & \beta_{23} \\ \beta_{31} & \beta_{32} & \beta_{33} \end{Vmatrix}
\begin{matrix} a_1^* x_1 \\ a_2^* x_2 \\ a_3^* x_3 \end{matrix}, \\
\quad\quad A_1^* \quad A_2^* \quad A_3^* \\
\quad\quad X_1 \quad X_2 \quad X_3
\end{array}
\tag{3.45}
$$

要指出的是:X_i^*,x_i^* 互相变换(3.41)式与 H_i,h_i 互相变换方式相同,P_i,p_i 互相变换(3.35),(3.36)式与 X_i,x_i 相同.符号 ⌐→ 代表协变换,——↑代表反变换.

由矢量 A 和 a 决定的晶胞体积间的关系以及它们各自的倒易胞体积间的关系为

$$
\Omega_A : \Omega_a = |\alpha_{ik}| : 1 = 1 : |\beta_{ik}| = n = \Omega_a^* : \Omega_A^*, \tag{3.46}
$$

这个比值由变换矩阵行列式的模决定,并等于 n,这里的 n 是各自单胞中点数之比,如 a 是初基胞,则 n 为一个大的非初基胞 A 中的格点数.

下面是一些变换的例子.例如,当 $A_1 = a_1$,$A_2 = a_2 + a_3$,$A_3 = -a_3$(图3.35)时,矩阵为

$$
\begin{Vmatrix} 1 & 0 & 0 \\ 0 & 1 & 1 \\ 0 & 0 & -1 \end{Vmatrix}
\tag{3.47}
$$

初基胞 P,体心胞 I,面心胞 F 相互变换的矩阵为

$$
\begin{array}{cccc}
P \to I & I \to P & P \to F & F \to P
\end{array}
$$

$$
\left\|\begin{array}{ccc} -\dfrac{1}{2} & \dfrac{1}{2} & \dfrac{1}{2} \\[2mm] \dfrac{1}{2} & -\dfrac{1}{2} & \dfrac{1}{2} \\[2mm] \dfrac{1}{2} & \dfrac{1}{2} & -\dfrac{1}{2} \end{array}\right\|,\ \left\|\begin{array}{ccc} 0 & 1 & 1 \\ 1 & 0 & 1 \\ 1 & 1 & 0 \end{array}\right\|,\ \left\|\begin{array}{ccc} 0 & \dfrac{1}{2} & \dfrac{1}{2} \\[2mm] \dfrac{1}{2} & 0 & \dfrac{1}{2} \\[2mm] \dfrac{1}{2} & \dfrac{1}{2} & 0 \end{array}\right\|,\ \left\|\begin{array}{ccc} \bar{1} & 1 & 1 \\ 1 & \bar{1} & 1 \\ 1 & 1 & \bar{1} \end{array}\right\|.
$$

$$(3.48)$$

菱面胞 R 变换成六角胞 H 时体积增为 3 倍(图 2.72),变换矩阵为

$$
\begin{array}{cc}
H \to R & R \to H
\end{array}
$$

$$
\left\|\begin{array}{ccc} \dfrac{2}{3} & \dfrac{1}{3} & \dfrac{1}{3} \\[2mm] -\dfrac{1}{3} & \dfrac{1}{3} & \dfrac{1}{3} \\[2mm] -\dfrac{1}{3} & -\dfrac{2}{3} & \dfrac{1}{3} \end{array}\right\|,\ \left\|\begin{array}{ccc} 1 & \bar{1} & 0 \\[2mm] 0 & 1 & \bar{1} \\[2mm] 1 & 1 & 1 \end{array}\right\|.
$$

$$(3.49)$$

3.5.2 约化算法

每一个点阵由它的晶胞单值地确定.但是在同一点阵中有无限多选定晶胞的方法.结果在 X 射线实验研究和测角术中同一晶体可以有不同的几何描述.因此有必要给出一个判据,以便用一个唯一的晶胞对点阵进行单值的描述,有必要找出一个算法使点阵的任意晶胞变换为唯一的"约化"晶胞.这个算法是 Delone 等提出来的[3.3].

在所有晶体中(除三斜和单斜晶体外),这种晶胞的选择以对称性为基础,即约化胞是布拉菲平行六面体.在单斜胞中对称性可唯一地确定 b 轴,它和轴 2 或 m 的法线重合.在更对称点阵中最初选定的胞有时会与对称性矛盾.

下面介绍**约化算法**(不加证明).晶胞的尺寸和角参数性质上各不相同.任一晶胞可以由基矢和反向体对角线 d_0(图 3.36)完全确定,并且它们之和为零:

$$
\boldsymbol{a}_0 + \boldsymbol{b}_0 + \boldsymbol{c}_0 + \boldsymbol{d}_0 = 0. \tag{3.50}
$$

起始的任意胞可以由 6 个性质相同的均匀参数描述,它们是(3.50)式中出现的 4 个矢量间的标积:

$$
\begin{aligned}
P_0 &= b_0 c_0 \cos\alpha_0, & Q_0 &= c_0 a_0 \cos\beta_0, \\
R_0 &= a_0 b_0 \cos\gamma_0, & S_0 &= a_0 d_0 \cos\psi_{0a}, \\
T_0 &= b_0 d_0 \cos\psi_{0b}, & U_0 &= c_0 d_0 \cos\psi_{0c},
\end{aligned} \tag{3.51}
$$

这里 ψ 是基矢与体对角线间夹角. 由此可得

$$a_0^2 = -S_0 - Q_0 - R_0, \quad b_0^2 = -T_0 - R_0 - P_0,$$
$$c_0^2 = -U_0 - P_0 - Q_0, \quad d_0^2 = -S_0 - T_0 - U_0.$$

$$(3.52)$$

约化胞要求所有角度

$$\alpha, \beta, \gamma, \psi_a, \psi_b, \psi_c \geqslant 90°. \quad (3.53)$$

由(3.51)式得出, 所有

$$P, Q, R, S, T, U \leqslant 0. \quad (3.54)$$

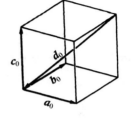

图 3.36 晶胞和反向体对角线 d_0

起始胞中有些角是锐角, 相应地 $P_0, \cdots, U_0$ 中有些是正值, 因此必须要经过处理转化为约化胞.

约化算法如下. 用图形将起始晶胞参数表示出来

$$(3.55)$$

可以把它看成一个四面体, 它的顶点是(3.50)式中的矢量, 联结顶点的棱是相应的标积(3.51)式. 在起始参数中取出任一正值, 例如 Q_0 [如无正值, (3.54)式说明已是约化胞], 并将图形更改:

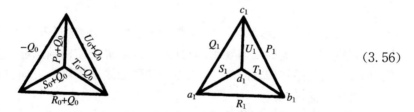

$$(3.56)$$

即令 $Q_1 = -Q_0$, $U_1 = P_0 + Q_0$, 等等. 在新的 6 个参数中 Q_1 已变为负. (3.55)式向(3.56)式转化的规则是: (1) 将选出的正参数从对面的参数中减去, 得到 $T_0 - Q_0$; (2) 将此正参数加到其他 4 个参数上, 得到 $S_0 + Q_0$ 等; (3) 将此 4 个参数每 2 个分别交换位置, 即将会聚到原 Q_0 一端的二棱交换位置, 如(3.56)式中 $P_0 + Q_0$ 和 $U_0 + Q_0$ 互换等; (4) 改变这 6 个参数的记号.

上述转化将产生新的 a_1, b_1, c_1, d_1 和角度, 这种转化相当于转变矩阵(3.29). 在上述(3.56)式的例子中 $a_1 = a_0, b_1 = b_0 + c_0, c_1 = -c_0, d_1 = d_0 + c_0$. 这种(3.55)式向(3.56)式的转化应重复几次直至图形中无正值, 即 $P_n, \cdots,$

$U_n \leqslant 0[(3.54)$ 式].6 个参数中有些会等于零,这表示相应的角度[(3.51)式]是直角.

从最终图形(某些 $P, Q, \cdots, U$ 等于零或相等以及它们的相互关系)可以把点阵区分为 24 种 Delone 多面体[3.3](图 2.89),并进而区分为 14 种布拉菲点阵.下面是几种图形的例子:

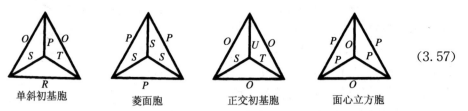

$$(3.57)$$

除了 Delone 列举的图形,我们还可以得到另外 5 种只需约化一步就可通过零到达上述列举的图形.按给定的规则由约化 a, b, c, d 可得出相应布拉菲平行六面体的基矢 a_B, b_B, c_B.这种推导不一定给出 3 个最短的晶胞矢量[3.4—3.6](即 Buerger 胞矢量),但给出的矢量是在下列 7 个矢量(4 个约化矢量 a, b, c, d 和 $a+b, b+c, c+a$)之中.对三斜点阵,我们必须从它们选出 3 个最短的不共面矢量作为周期.对初基单斜点阵,约化矢量包括沿轴 2 的矢量,选它为一个周期,另 2 个周期要从垂直轴 2 平面上的最短矢量中选定,它们应形成钝角.如单斜点阵带心(在一个直角面上),则在垂直轴 2 的平面上选一个可组成带心直角边面的最短棱作为第二周期,再选和第二周期成钝角的最短矢量为第三周期.

须要指出的是,某些场合下单斜或三斜胞更适当的选择方式不仅取决于约化算法规定的形式上的几何规则,而且还可以取决于结构的结晶化学特征.轴的方向要与明显的结构方向对应,如层状硅酸盐多面体层的方向、链状结构晶体中的链的方向,等等.

和实际空间中晶体约化胞不同,约化倒易胞的角度不是钝角,即 $\alpha^*, \beta^*, \gamma^* \leqslant 90°$.约化倒易胞可以直接由约化胞得出.

3.5.3　晶体中角度和距离的计算

使用矢量公式(3.2),(3.22)和(3.25)并展开标积后可以得到原子点阵和倒易点阵中角度的公式,它们在几何晶体学中特别有用[参阅(3.6),(3.8)式].从(3.27)式得到面(hkl)法线与轴矢量夹角[(3.8)式]为

$$\cos\varphi_{H, a_i} = \frac{h_i}{a_i \cdot H_{hkl}}.$$

直线间、面法线间、直线和面法线间的角度由下面三个式子决定：

$$\cos\varphi_{tt'} = \frac{t \cdot t'}{tt'}, \quad \cos\varphi_{HH'} = \frac{H \cdot H'}{HH'}, \quad \cos\varphi_{tH} = \frac{t \cdot H}{tH}. \quad (3.58)$$

一般场合下(3.58)式的乘积相当复杂；但其最后的式子比较简单，它的分子等于 $p_1h_1 + p_2h_2 + p_3h_3$. 在实际计算中，要把这些和前面的方程的矢量形式变为含周期 a, b, c 和 α, β, γ 的方程. 计算在晶体学坐标，即表 3.5 规定的晶胞坐标中进行. 必要时将晶胞约化，或由(3.44)，(3.45)式变换为更适当的坐标.

每个晶系都可写出由原子点阵的周期、角度推出倒易点阵周期、角度的方程. 这些方程对逆变换也成立，这时每一带星号的量变为不带星号的量，反过来也一样.

下面还将写出平面间距 d_{hkl}（它决定倒易矢量的长度 $H = 1/d$）、晶胞中点间距（原子间距）的公式；坐标 $x_i, y_i, z_i, x_k, y_k, z_k$ 以相应周期的分数（即 $x_i = |x|/a_i$ 等）. 如果在 r 的公式中令 $x_i - x_k = p$ 等，我们就得到点阵矢量 t 的长度.

I 一般场合——三斜点阵，a, b, c 任意，$\alpha, \beta, \gamma \neq 90°$ 或 $60°$.

$$\Omega = abc\sqrt{1 - \cos^2\alpha - \cos^2\beta - \cos^2\gamma + 2\cos\alpha\cos\beta\cos\gamma},$$

$$a^* = \frac{bc\sin\alpha}{\Omega}, \quad b^* = \frac{ac\sin\beta}{\Omega}, \quad c^* = \frac{ab\sin\gamma}{\Omega},$$

$$\cos\alpha^* = \frac{\cos\beta\cos\gamma - \cos\alpha}{\sin\beta\sin\gamma}, \quad \cos\beta^* = \frac{\cos\gamma\cos\alpha - \cos\beta}{\sin\alpha\sin\gamma},$$

$$\cos\gamma^* = \frac{\cos\alpha\cos\beta - \cos\gamma}{\sin\alpha\sin\beta}$$

$$H_{hkl}^2 = \frac{1}{d_{hkl}^2} = h^2 a^{*2} + k^2 b^{*2} + l^2 c^{*2} + 2hka^*b^*\cos\gamma^*$$

$$+ 2klb^*c^*\cos\alpha^* + 2lhc^*a^*\cos\beta^*$$

$$= (1 - \cos^2\alpha - \cos^2\beta - \cos^2\gamma + 2\cos\alpha\cos\beta\cos\gamma)^{-1}$$

$$\times \left[\frac{h^2}{a^2}\sin^2\alpha + \frac{k^2}{b^2}\sin^2\beta + \frac{l^2}{c^2}\sin^2\alpha + \frac{2kl}{bc}(\cos\beta\cos\gamma - \cos\alpha)\right.$$

$$\left. + \frac{2lh}{ca}(\cos\gamma\cos\alpha - \cos\beta) + \frac{2hk}{ab}(\cos\alpha\cos\beta - \cos\gamma)\right];$$

$$r_{ik}^2 = (x_i - x_k)^2 a^2 + (y_i - y_k)^2 b^2 + (z_i - z_k)^2 c^2$$

$$+ 2(y_i - y_k)(z_i - z_k)bc\cos\alpha + 2(x_i - x_k)(z_i - z_k)ac\cos\beta$$

$$+ 2(x_i - x_k)(y_i - y_k)ab\cos\gamma.$$

Ⅱ 单斜点阵, a, b, c 任意, $\alpha = \gamma = 90°$, $\beta < 90°$.

$$\Omega = abc\sin\beta,$$

$$a^* = \frac{1}{a\sin\beta}, \quad b^* = \frac{1}{b}, \quad c^* = \frac{1}{c\sin\beta},$$

$$\alpha^* = 90°, \quad \beta^* = 180° - \beta, \quad \gamma^* = 90°;$$

$$H^2_{hkl} = \frac{1}{d^2_{hkl}} = \frac{h^2}{a^2\sin^2\beta} + \frac{k^2}{b^2} + \frac{l^2}{c^2\sin^2\beta} - \frac{2hl\cos\beta}{ca\sin^2\beta},$$

$$r^2_{ik} = (x_i - x_k)^2 a^2 + (y_i - y_k)^2 b^2 + (z_i - z_k)^2 c^2$$
$$+ 2(x_i - x_k)(z_i - z_k)ac\cos\beta.$$

Ⅲ 正交点阵, $a \neq b \neq c$, $\alpha = \beta = \gamma = 90°$

$$\Omega = abc, \quad a^* = \frac{1}{a}, \quad b^* = \frac{1}{b}, \quad c^* = \frac{1}{c}, \quad \alpha^* = \beta^* = \gamma^* = 90°;$$

$$H^2_{hkl} = \frac{1}{d^2_{hkl}} = \frac{h^2}{a^2} + \frac{k^2}{b^2} + \frac{l^2}{c^2},$$

$$r^2_{ik} = (x_i - x_k)^2 a^2 + (y_i - y_k)^2 b^2 + (z_i - z_k)^2 c^2.$$

Ⅳ 四方点阵, $a = b$, c 任意, $\alpha = \beta = \gamma = 90°$.

$$\Omega = a^2 c, \quad a^* = b^* = \frac{1}{a}, \quad c^* = \frac{1}{c},$$

$$\alpha^* = \beta^* = \gamma^* = 90°;$$

$$H^2_{hkl} = \frac{1}{d^2_{hkl}} = \frac{h^2 + k^2}{a^2} + \frac{l^2}{c^2},$$

$$r^2_{ik} = [(x_i - x_k)^2 + (y_i - y_k)^2]a^2 + (z_i - z_k)^2 c^2.$$

Ⅴ 六角点阵, $a = b$, c 任意, $\alpha = \beta = 90°$, $\gamma = 120°$.

$$\Omega = \frac{\sqrt{3}}{2} a^2 c, \quad a^* = b^* = \frac{2}{\sqrt{3}a}, c^* = \frac{1}{c},$$

$$\alpha^* = \beta^* = 90°, \quad \gamma^* = 60°;$$

$$H^2_{hkl} = \frac{1}{d^2_{hkl}} = \frac{4}{3a^2}(h^2 + k^2 + hk) + \frac{l^2}{c^2},$$

$$r^2_{ik} = a^2[(x_i - x_k)^2 + (y_i - y_k)^2 - (x_i - x_k)(y_i - y_k)] + c^2(z_i - z_k)^2.$$

这里的计算只用 h 和 k, 但还有用 h, k 和 $i = -(h+k)$ 3 个指数、3 个基矢的公式. 注意倒易点阵的 3 个基矢间夹角为 60°.

三角(菱面)点阵, $a = b = c$, $\alpha = \beta = \gamma \neq 90°$, 它可以约化为六角描述, 其中的 a', c' 分别为: $a' = 2a\sin\alpha/2$, $c' = a\sqrt{3}\sqrt{1 + 2\cos\alpha}$ [利用变换矩阵 (3.49)式].

Ⅵ 立方点阵，$a = b = c$，$\alpha = \beta = \gamma = 90°$.

$$\Omega = a^3, \quad a^* = a^{-1}, \quad \alpha^* = 90°; \quad H_{hkl}^2 = \frac{1}{d_{hkl}^2} = \frac{h^2 + k^2 + l^2}{a^2},$$

$$r_{ik}^2 = \left[(x_i - x_k)^2 + (y_i - y_k)^2 + (z_i - z_k)^2\right]a^2.$$

还应该指出，斜角点阵的计算机计算中有时候用笛卡儿坐标比晶体学坐标更方便. 两者的关系由普遍的(3.43), (3.44)方程给出，但这时系数 α_{ik} 和 β_{jl} 不是整数或有理数，而是任意的值.

第 4 章

晶体结构分析

　　1912 年发现了晶体的 X 射线衍射,并且很快就测定了岩盐和金刚石的结构.这些工作奠定了 X 射线结构分析的基础,使物理学家进入晶体原子结构的世界.以后,另外两种类似的方法,电子和中子衍射,也加入了行列.

　　从数学角度看,原子系统的短波长相干辐射的衍射问题是寻找散射过程中的波前和强度问题.逆问题是从实验测定的衍射场得到物体的结构.这个问题归结为复杂方程组的解或积分方程组的解,而这种解常常不是没有争议的.衍射理论和结构分析二者不仅应用于单晶体,而且应用于有序度更差的系统,如多晶体、液晶、分子和大分子溶液、液体、非晶体以至气体.

　　结构分析使用的方法很多.这依赖于研究的物体的有序程度和辐射的类型.本章的主题就是介绍这些方法.

4.1　衍射理论基础

4.1.1　波的干涉

　　物质原子结构研究的基础是 X 射线、电子或中子在物质中的衍射现象.研究衍射图样和原子空间分布之间关系的衍射理论对三种辐射是相同的.我们的叙述将采用普遍的形式,但是更经常关注的主要是 X 射线方法,在必要时着重讨论电子和中子衍射.

　　设 X 射线束射入一原子凝聚体,则其中的电子云将与入射波相互作用,使波散射.波的传播方向由波矢 $\boldsymbol{k}$ 决定,它的模量

$$|\boldsymbol{k}| = \frac{2\pi}{\lambda}, \tag{4.1}$$

这里 λ 是波长.

　　单色平面波的一般表达式为

$$A\exp[\mathrm{i}(\boldsymbol{k} \cdot \boldsymbol{r} + \alpha)] \tag{4.2}$$

这里 A 是振幅,$\boldsymbol{r}$ 是空间中点的位矢,α 是初相位.

　　上式中没有时间参量,因为在分析我们感兴趣的现象时,重要的不是波的时间传播过程,而是某一时刻的衍射图样.上式已足以确定散射波干涉时发生的相对相移,因为这些相移只和原子的空间分布有关而和时间无关.

如果在一个方向传播的两个波相位相同,它们将互相增强形成振幅加倍的波(图 4.1a),如它们的相位相反($\alpha = \pi$),它们将互相抵消(图 4.1b),中间状态相位差使振幅和相位都改变(图 4.1c).

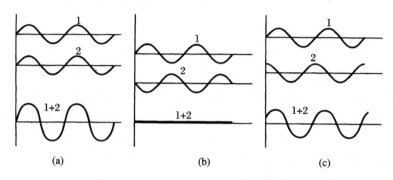

图 4.1 两振幅相同的波(1)和(2)的干涉

(a) 同相位时振幅加倍;(b) 相位相反时互相抵消;(c) 一般相位差使振幅相位都改变

物体引起的散射包括弹性散射(不改变能量和波长)和非弹性散射.弹性散射起主要作用并决定衍射图样,经过对衍射图样的分析可确定物体中原子的分布.

可以把晶体的衍射解释为晶面对 X 射线的"反射"(图 4.2).

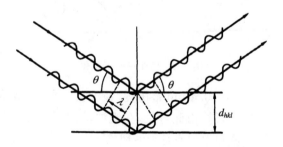

图 4.2 布拉格-乌耳夫公式的推导

当波被平行晶面散射,相位相同互相增强时,才能发生"反射",这时相邻面散射的光程差等于波长 λ 的整数倍:

$$n\lambda = 2d_{hkl}\sin\theta. \tag{4.3}$$

这就是布拉格-乌耳夫公式[4.1,4.2],它把散射束传播方向(θ 角)和晶面间距 d_{hkl} 联系起来,d 的公式见第 3 章(3.24)式,n 为反射级次.角度的值不能满足上式时,由于晶体内存在大量晶面,由它们散射出来的波的相位差使合成波完全消失.虽然(4.3)式的几何结论是正确的,但入射波和物体作用后引起的二次波的

干涉这一物理本质在公式中不明显.布拉格-乌耳夫公式以及下面的劳厄条件
[(4.29)式]说明:给定晶面距离后可以用单色光得到衍射束,即固定 λ 后改变
晶体的 θ 角得到衍射,或固定晶体后由多色光中合适的波长为 λ 的光产生
衍射.

4.1.2 散射振幅

一般要考虑物体各点发出的所有次波.设有两个散射中心 O 和 O'(图
4.3),把其中之一取为原点,另一点的位置由位矢 r 决定.入射平面波激发这两
点使它们成为次波源.一般到达这两点的入射波相位不同,因此散射波的初相
位也不同.散射波干涉后在某一方向因同相位而互相增强,而另外的方向则因
相位不同而减弱(图 4.1).如果波长 λ 比散射中心间距离大得多,则散射后在任
何方向上的相位差实际上趋于零,散射强度将不强烈地与角度有关.

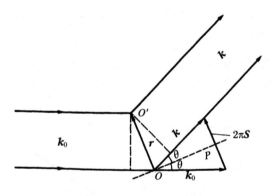

图 4.3 两个中心的散射

原子间距离处于 0.1—0.4 nm 范围内.在波长为数百 nm 的可见光范围内
观察不到原子凝聚体的衍射.由此可见,在光波范围不可能得到物体原子结构
的放大像,因为像的形成归根到底是干涉现象.

X 射线、中子、电子与光波情形相反,它们可以有适当的波长(~ 0.1 nm),
可以得到原子凝聚体的衍射效应.这些射线原则上也适合于获得原子结构像.

从原点和 r 处的点向 k 方向散射的两个波之间有光程差 $k \cdot r - k_0 \cdot r$(k_0
是入射波矢),如入射平面波振幅 $A = 1$,则 r 散射中心发出的波为

$$f\exp[\mathrm{i}(k - k_0) \cdot r] = f\exp(2\pi\mathrm{i}S \cdot r). \tag{4.4}$$

这里 f 表示这个中心的散射能力,一般它可以有不同的值.上式中的矢量 S 为

$$S = \frac{k - k_0}{2\pi}, \quad |S| = \frac{2\sin\theta}{\lambda}, \tag{4.5}$$

它和图 4.3 中的晶面 P(虚线)垂直. θ 是此面和入射、散射波矢的夹角, 2θ 是散射角.

如果入射波照射到的物体由 n 个散射中心组成,它们的散射能力是 f_j,位置是 $\boldsymbol{r}_j$,则根据(4.4)式,合成波振幅为

$$F(\boldsymbol{S}) = \sum_{j=1}^{n} f_j \exp[2\pi i(\boldsymbol{S} \cdot \boldsymbol{r}_j)]. \tag{4.6}$$

$F(\boldsymbol{S})$ 被称为物体的**散射振幅**. 对严格的"点"散射中心, f_j 是常数,且与 $\boldsymbol{S}$ 无关. (4.6)式具有普适的性质,只要把散射能力 f 的概念普遍化,此式就可适用于任何物理的散射元——电子、原子、分子、分子团,等等.

在物体中与 X 射线作用并散射它的物理的"点"是电子[①]. 每一个电子散射的次波和入射波有相同的频率和波长,散射波的振幅和入射波振幅成正比并由下式决定:

$$f_{\mathrm{e.x}} = \frac{1}{R} \frac{e^3}{mc^2} \sin\varphi \tag{4.7}$$

这里 R 是电子到观察处的距离, e 和 m 是电子的电荷和质量, c 是光速, $\sin\varphi$ 和入射波的极化有关(详见 4.5.2 节).

如果把一个电子的散射振幅取为单位,则根据(4.6)式,任何物体在"电子"单位中的散射振幅为

$$F(\boldsymbol{S})(\text{电子单位}) = \sum_{j=1}^{n} f_j(\text{电子单位}) \exp[2\pi i(\boldsymbol{S} \cdot \boldsymbol{r})]. \tag{4.8}$$

在绝对单位中散射振幅为

$$F_{\mathrm{abs}}(\boldsymbol{S}) = F(\boldsymbol{S}) f_{\mathrm{e.x}} \tag{4.9}$$

下面我们将用(4.8)式计算电子单位中的散射振幅. 在计算绝对强度(4.5 节)时再考虑 $f_{\mathrm{e.x}}$.

4.1.3 电子密度函数 傅里叶积分

可以用物体的连续分布的散射能力代替一组位于 $\boldsymbol{r}_j$ 的 n 个孤立点. 由于如前所述电子散射 X 射线,物体对 X 射线的"散射物质"是按时间平均的电子云密度 $\rho(\boldsymbol{r})$. 这个函数等于 $\boldsymbol{r}$ 处体积元 ΔV_r 内平均电子数 $n_e(\boldsymbol{r})$ 除以这个体积元:

$$\rho(\boldsymbol{r}) = \frac{n_e(\boldsymbol{r})}{\Delta V_r} \tag{4.10}$$

---

① 原子核的正电荷在入射波的电场中也振动并辐射次波. 但从(4.7)式中的 m 可见,核的散射和电子散射之比等于电子和核的质量比,是电子散射的 10^{-4} 倍,因此可以忽略.

根据量子力学,按时间平均的电子密度等于物体的波函数的平方:

$$\rho(\boldsymbol{r}) = |\psi(\boldsymbol{r})|^2. \tag{4.11}$$

按照这种处理方法,由孤立散射中心求和的(4.8)式应代之以连续变化函数 $\rho(\boldsymbol{r})$ 的积分

$$
\begin{aligned}
F(\boldsymbol{S}) &= \int \rho(\boldsymbol{r}) \exp[2\pi i(\boldsymbol{S} \cdot \boldsymbol{r})] dV_r \\
&= \iiint\limits_{x,y,z=-\infty}^{+\infty} \rho(x,y,z) \exp[2\pi i(xX + yY + zZ)] dx dy dz \\
&= \mathscr{F}[\rho],
\end{aligned} \tag{4.12}
$$

这里 dV_r 是散射体积元,X, Y, Z 是 $\boldsymbol{S}$ 的 3 个分量,$\mathscr{F}$ 是傅里叶算符. 上式给出了振幅与矢量 $\boldsymbol{S}$ 的关系,它决定任意 $k(= \boldsymbol{k}_0 + 2\pi\boldsymbol{S})$ 方向上的散射.

从数学上看,这个描述衍射的积分是傅里叶积分. 散射函数 $F(\boldsymbol{S})$ 所处的矢量 $\boldsymbol{S}$ 空间被称为倒易空间. 描述散射的 $F(\boldsymbol{S})$ 是实际空间物体构造 $\rho(\boldsymbol{r})$ 在倒易空间的"像",二者之间有单值的联系. 可以用(4.12)式研究各种问题:原子、分子、晶体的散射,以及散射能力有不同分布的各种形状连续物体的散射等.

物体中电子密度分布 $\rho(\boldsymbol{r})$ 由原子中的电子分布 $\rho_j(\boldsymbol{r})$、各种原子以及原子间的相互位置决定. $\rho(\boldsymbol{r})$ 的极大值(峰值)在原子的中心,它的值在形成原子间化学键的外层电子处最小. 如原子中心位于 $\boldsymbol{r}_j$ 处,则 n 个原子的凝聚体的电子密度可表示为连续函数:

$$\rho(\boldsymbol{r}) = \sum_{j=1}^{n} \rho_j(\boldsymbol{r} - \boldsymbol{r}_j), \tag{4.13}$$

即晶体或分子的电子密度是各个原子电子密度之和,这里忽略了化学键形成时外层价电子分布的细微变化. 电子密度函数 $\rho(\boldsymbol{r})$ 永远是正的.

傅里叶积分(4.12)式适合于描写任何射线在物体中的衍射(物体的不均匀性在尺寸上和波长的量级相同). 这个积分适用于所有衍射方法,在模拟 X 射线和电子衍射现象的光学衍射理论中它也适用(图 4.11).

4.1.4 原子振幅

这一物理量表示一个孤立原子的散射,因此被称为原子振幅. 将原子电子密度 $\rho_a(\boldsymbol{r})$ 代入(4.12)式即可得到原子振幅

$$f(\boldsymbol{S}) = \int \rho_a(\boldsymbol{r}) \exp[2\pi i(\boldsymbol{S} \cdot \boldsymbol{r})] dV_r. \tag{4.14}$$

球对称函数 $\rho_a(r)$ 是原子的电子密度的很好的近似,这时候在球坐标中的傅里

叶积分(4.12)可写成

$$f(s) = \int_0^\infty 4\pi r^2 \rho_a(r) \frac{\sin sr}{sr} dr. \qquad (4.15)$$

这里 $s = 2\pi|\boldsymbol{S}| = 4\pi\sin\theta/\lambda$. 这里的 f 只和模量 s 有关,因此 f 是倒易空间的球对称函数. 计算 $f_X(s)$ 时需要知道原子的电子密度 $\rho_a(r)$. 用量子力学可以相当精确地计算出所有原子的电子密度(文献[4.3],1.1 节). $f_X(s)$ 也已计算出来并列成了表(文献[4.4]的卷 4);即使在共价键中球对称引起的误差也不大,必要时还可以对球对称 $f(s)$[(4.15)式]进行修正[4.5]. 对绝大多数结构分析问题来说,球对称近似已经足够了.

当 $s \to 0$,$\sin sr/(sr) \to 1$,此时

$$f_X(0) = \int \rho_a(r)dV_r = Z. \qquad (4.16)$$

这就是说,散射角为零时原子振幅简单地等于原子体积内电子密度的积分,在数值上等于原子中的电子数 Z. 随着散射角的增大 f_X 下降. 图 4.4a 给出若干原子的这种 f_X 曲线[4.6]. 原子不同壳层的散射振幅也可以计算出来,图 4.4b 是

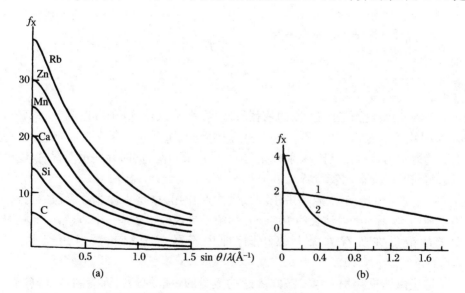

图 4.4 一些原子的 X 射线散射振幅 f_X(a)和碳的 K 壳层(1)及 L 壳层(2)的 X 射线散射振幅(b)

碳的 K 壳层和 L 壳层的散射振幅. 可以看到:外层 L 电子在倒易空间"远"处 $(\sin\theta/\lambda > 0.6 \text{ Å}^{-1})$ 对 X 射线的散射显著减弱[4.7]. 用差分傅里叶级数对原子中化学键进行 X 射线研究时,需要认真考虑不同电子壳层的散射(4.7.10 节和卷

2 的 1.2.7 节). 在特殊的所谓异常 X 射线散射情形下, 原子振幅 f_X 有一项不大的附加复数分量[见 (4.146) 式].

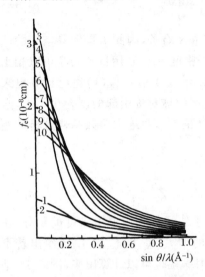

图 4.5 一些元素对电子散射的原子振幅, 曲线上的数字是原子序数

由于物体对某种射线散射的物理实质决定于原子的散射, 故 X 射线、电子和中子衍射的特点可以从三种原子振幅 f_X, f_e 和 f_n 的比较中明显地看出.

物体对电子的散射来源于原子静电势 $\varphi(r)$ 和入射电子的互作用. 带正电的核和屏蔽它的带负电的电子壳层一起决定原子的静电势.

如果用原子势 $\varphi_a(r)$ 代替 (4.14) 和 (4.15) 式中的电子密度 $\rho_a(r)$, 就得到电子散射情形下的原子振幅 f_e. 已经用这种方法计算所有原子的 $f_e(s)$. 图 4.5[4.6] 给出了一部分曲线. 由于原子势也取决于电荷的分布, 故 f_e 和 f_X 间有下面的关系:

$$f_e(s) = \frac{8\pi^2 m e^2}{h^2} \frac{Z - f_X(s)}{s^2}.$$

(4.17)

这里的 h 是普朗克常数.

$f_e(s)$ 曲线对原子序数 Z 的依赖较弱, 在平均以后, 电子散射的 $f_e \sim Z^{1/3}$, 而 X 射线散射的 $f_X(0) \sim Z$ [(4.16) 式]. 因此轻、重元素一起存在时, 轻元素在电子衍射中的相对贡献比 X 射线衍射中大. 由此可见, 同时存在重元素时, 用电子衍射研究轻元素比较容易.

中子散射的一个来源是中子和核力的互作用, 这是一种非常短程的力, 作用半径约 10^{-13} cm. 对波长约 10^{-8} cm 的中子来说原子核是一个 "点", 因此核对中子的散射在所有方向上都相同, 即中子散射振幅和散射角无关, 所有 $f_n(\sin\theta/\lambda) = f_n(0)$.

这里由傅里叶积分 (4.12) 式表达的散射的一般原理得到应用: 物体愈小, 愈紧密, $\rho(r)$ 函数在实空间的范围愈窄, 振幅 $F(S)$ 在倒易空间的范围就愈宽, 延伸到更大的 $|S|$ 处; 反过来, 在实空间的物体愈大, 它在倒易空间中的 "像" 就愈小. 例如原子势函数 $\varphi(r)$ 比电子密度 $\rho(r)$ 更 "弥散", $f_e(s)$ 曲线就比 $f_X(s)$ 曲线压缩在更小的 s 范围内. 中子衍射时, 散射物体 (原子核) 压缩成 "点", f_n 曲线不下降, 和散射角无关 (图 4.6, 4.7).

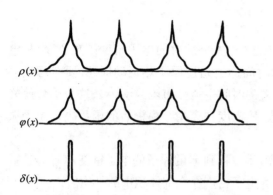

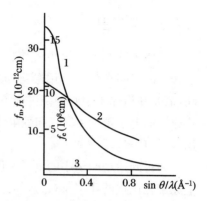

图 4.6　原子静止的晶体中一维的电子密度 $\rho(x)$、静电势 $\varphi(x)$ 和核散射能力 $\delta(x)$

图 4.7　Pb 的原子振幅绝对值的比较
1. X 射线散射；2. 电子散射；
3. 中子散射

中子散射振幅 f_n 和原子序数 Z 的关系较弱，X 射线和电子散射的原子振幅永远是正的，而某些核的 f_n 却是负的. 这个特点使中子衍射方法成功地研究了原子序数差别很大的原子组成的结构. 图 4.8 是按散射角平均后三种原子振幅和轻元素原子序数的关系曲线.

中子有磁矩. 除了与核的互作用外，中子还可以和具有磁矩的电子壳层作用，产生附加的"磁"散射. 例如过渡元素的 d 壳层就具有这种作用. 相应的振幅 $f_{n,m}$ 由磁矩未抵消的电子的空间分布决定，并可以用 (4.12) 式进行计算.

各种射线和物体的互作用在数量上由振幅的绝对值表征，X 射线的 f_x 为 10^{-12}—10^{-11} cm、电子的 f_e 约 10^{-8} cm，中子的 f_n 约 10^{-12} cm. 电子和物体的作用最强，比 X 射线或中子大几个量级. 电子和中子散射的更详细的讨论见 4.8 节和 4.9 节.

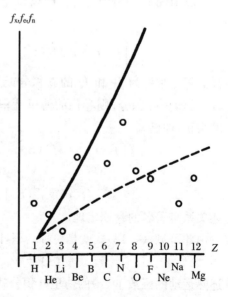

图 4.8　按 $\sin\theta/\lambda$ 平均后三种散射的原子振幅和 Z(1 到 12) 的关系
实线. X 射线；虚线. 电子；圆圈. 中子

4.1.5　温度因子

晶体中的原子处于热运动状态之中. 决定散射的电子密度函数 $\rho(r)$ 是电子密度的时间平均值. 衍射实验的时间远远超过原子热运动周期. 要考虑热运动, 需要知道原子中心围绕平衡位置的时间平均分布函数 $w(r)$. 这个函数使静止原子的电子密度 $\rho(r)$ (和静电势、核密度) "模糊", 模糊后的函数决定原子振幅 [(4.14)式].

为得到运动原子中的电子密度, 将位移到 r' 的原子的电子密度 $\rho(r-r')$ 乘上原子在该点的几率 $w(r')$, 并计算电子密度在全部体积中的平均值:

$$\rho_{aT}(r) = \int \rho(r-r')w(r')\mathrm{d}V_{r'} \qquad (4.18)$$

这是计算复杂系统散射振幅的一个特例, 已知的是某种散射元的振幅和散射元的相互分布规律.

一般情况下, 一个函数 $f_1(r)$ 按另一函数 $f_2(r)$ 分布, 合成的分布由下面的积分表示:

$$\int f_1(r-r')f_2(r')\mathrm{d}V_{r'} = f_1(r) * f_2(r), \qquad (4.19)$$

这样的积分被称为 f_1 和 f_2 的卷积分或卷积. 卷积的很重要的性质是: 如已知 f_1, f_2 的傅里叶积分, 则卷积的傅里叶积分等于 f_1 傅里叶积分和 f_2 傅里叶积分的乘积, 即已知

$$\mathscr{F}[f_1(r)] = F_1(S), \quad \mathscr{F}[f_2(r)] = F_2(S),$$

则

$$\mathscr{F}[f_1(r) * f_2(r)] = F_1(S)F_2(S), \qquad (4.20)$$

上述关系是著名的卷积定理.

由此可见, (4.18)式就是一种卷积, 即

$$\rho_{aT}(r) = \rho_a(r) * w(r). \qquad (4.21)$$

描述热运动的函数 $w(r)$ 的傅里叶积分就是温度因子

$$f_T(S) = \int w(r)\exp[2\pi i(r \cdot S)]\mathrm{d}V_r, \qquad (4.22)$$

而热运动原子的散射函数, 即所谓原子 – 温度因子, 按 (4.21)式和卷积定理 (4.20)式, 可表示为

$$f_{aT}(S) = f_a(S)f_T(S). \qquad (4.23)$$

$w(r)$ 函数的"模糊度", 即原子热振动振幅, 和许多因素有关. 它近似地与

分子和晶体中化学键力成反比,与原子质量成反比,与温度成正比.大多数情形下 $w(r)$ 函数各向异性.在一级近似中可以认为原子热运动是各向同性的,即 $w(r)$ 是球对称的.

球对称振动的函数是高斯分布

$$w(\boldsymbol{r}) = w(r) = \frac{1}{(2\pi \overline{u^2})^{3/2}}\exp\left(-\frac{r^2}{2\overline{u^2}}\right), \qquad (4.24)$$

这里的 $\sqrt{\overline{u^2}}$ 是原子离平衡位置的均方根位移,相应的温度因子为

$$f_T(\boldsymbol{S}) = \exp(-2\pi\overline{u^2}S^2) = \exp\left[-B\left(\frac{\sin\theta}{\lambda}\right)^2\right], \quad B = 8\pi^2\overline{u^2}$$

$$(4.25)$$

(4.25)式是由(4.24)式及(4.15)式得到的.对各种晶体,其均方根位移 $\sqrt{\overline{u^2}}$ 的值在 0.005—0.01 nm 之间(无机晶体)或接近 0.05 nm(有机晶体).

一般情形下因原子的各向异性振动,均方根位移与位向有关.相应的 $w(r)$ 函数在简谐振动时为

$$w(\boldsymbol{r}) = \frac{1}{(2\pi)^{3/2}\sqrt{\overline{u_1^2}\ \overline{u_2^2}\ \overline{u_3^2}}}\exp\left[-\frac{1}{2}\left(\frac{x_1^2}{u_1^2} + \frac{x_2^2}{u_2^2} + \frac{x_3^2}{u_3^2}\right)\right], \quad (4.26)$$

这里 x_1, x_2, x_3 是位移矢量 $\boldsymbol{r}$ 沿椭球轴的分量(热振动以椭球表示);$\sqrt{\overline{u_i^2}}$ 是沿 i 轴的均方根位移.这些椭球的轴一般不和晶体轴重合(图 4.9a).这时函数 $f_T(\boldsymbol{S})$ 为

$$f_T(\boldsymbol{S}) = \exp\left[-2\pi^2(\overline{u_1^2}S_{x_1}^2 + \overline{u_2^2}S_{x_2}^2 + \overline{u_3^2}S_{x_3}^2)\right], \qquad (4.27)$$

这里的 S_{x_i} 是矢量 $\boldsymbol{S}$ 在倒易空间轴上的投影,这些轴和热振动椭球主轴 x_i 平行.

晶体中每个原子的简谐振动一般用椭球 3 主轴上的均方根位移和表示椭球取向的 3 个角度进行描述,共需 6 个参量.显然随温度下降,原子热振动减弱,X 射线结构分析也证实了这一点(图 4.9b)

(4.27)式平均后得到各向同性的(4.25)式.被其他原子非对称地包围的原子的热振动会偏离简谐律,此时描述它的热振动的曲面不再是图 4.9a 所示的中心对称的椭球.这种非简谐修正通常很小,对大多数结构来说可以忽略.对某些结构在解释它们的物理性质时须要考虑非简谐性.此时可以引进包含 3、4 阶或更高阶张量的附加因子到 $w(r)$[(4.26)式]和 $f_T(\boldsymbol{S})$[(4.27)式]中,以描述原子偏离平衡位置时的非简谐性.这些因子可以由精密 X 射线实验测定[4.9,4.10].

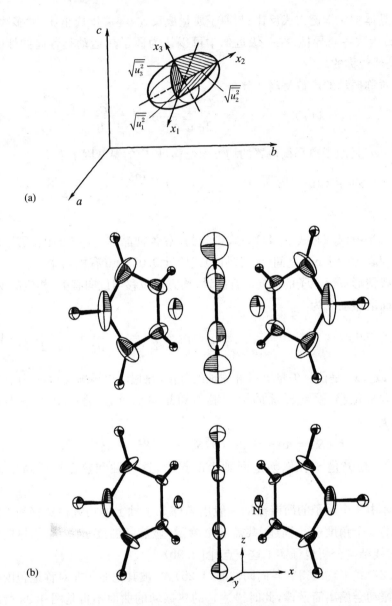

图4.9 点阵中原子的热振动椭球

(a) 一般情形下椭球取向任意；(b) μ-乙炔-环戊二烯镍在300 K (上)和77 K(下)时原子振动的各向异性.乙炔分子在中间,环戊二烯在两边[4.8]

4.2 晶体的衍射

4.2.1 劳厄条件 倒易点阵

晶体结构是三维周期结构.先考虑最简单的周期为 a 的一维周期点阵(图 4.10).设入射单色波以 α_0 的角度入射,次波将在和一维点阵成 α 角的各个方向上相互增强形成极大值,α 值满足光程差$(BC - DB)$等于波长整数倍条件,即

$$a(\cos\alpha - \cos\alpha_0) = h\lambda. \tag{4.28}$$

这里 h 是整数.衍射方向与围绕一维点阵的方位角 ψ 无关,衍射具有柱对称性质,组成以一维点阵为轴的圆锥.

三维点阵由方程(3.2)和(3.11)式描述,点阵矢量 $t = p_1 a_1 + p_2 a_2 + p_3 a_3$,(4.28)式对三个方向上的点列都成立.对 a_1, a_2, a_3 都成立的(4.28)式就是三维点阵的衍射条件——**劳厄方程**.对每一点列都可有一个像图 4.10 那样散射束圆锥,但按照劳厄方程,3 个方向的(4.28)式必须同时满足,这就是说,3 个以 a_1, a_2, a_3 为轴的圆锥必须一起交于一直线.利用(4.1)式将劳厄方程写成矢量形式:

$$a_1 \cdot (k - k_0) = 2\pi h, \quad a_1 \cdot S = h,$$
$$a_2 \cdot (k - k_0) = 2\pi k, \quad a_2 \cdot S = k, \tag{4.29}$$
$$a_3 \cdot (k - k_0) = 2\pi l, \quad a_3 \cdot S = l,$$

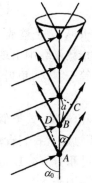

图 4.10 一维点阵的衍射

这个式子给出三维点阵衍射时可能的矢量 S 的值.这些条件正好是按晶体点阵基矢量 a_i 决定的倒易矢量 H_{hkl} 的条件(3.25)和(3.27)式.因此晶体衍射方向为

$$S = H_{hkl} = ha^* + kb^* + lc^*, \quad k = k_0 + 2\pi H_{hkl}. \tag{4.30}$$

现在考虑由点散射中心组成的三维点阵这样一个最简单的例子[把电子密度 $\rho(r)$ 放进去就是晶体结构的完整描述].无限点阵 $T(r)$ 由(3.11)式描述:

$$T(\boldsymbol{r}) = \sum_{\substack{p_1 p_2 p_3 \\ -\infty}}^{+\infty} \delta(\boldsymbol{r} - \boldsymbol{t}_{p_1 p_2 p_3})$$

每个晶胞都"填满"了电子密度 $\rho_c(\boldsymbol{r})$ 的无限晶体是 T 和 ρ 的卷积:

$$\rho_\infty(\boldsymbol{r}) = \rho_c(\boldsymbol{r}) * \Big[\sum_{\substack{p_1 p_2 p_3 \\ -\infty}}^{+\infty} \delta(\boldsymbol{r} - \boldsymbol{t}_{p_1 p_2 p_3}) \Big]. \tag{4.31}$$

我们知道,如果 $\rho(\boldsymbol{r})$ 任意,$F(\boldsymbol{S})$ 在所有 S 值上都存在,傅里叶积分将在无限区间(从 $-\infty$ 到 $+\infty$)内进行.如函数有周期性,则积分只需在周期内进行,并且只在间断的 S 值上积分才不等于零.在一维情形下两种情况的积分是以下二式:

$$\int_{-\infty}^{\infty} \rho(x)\exp(2\pi \mathrm{i} xX)\mathrm{d}x = F(X), \tag{4.32}$$

$$\frac{1}{a}\int_0^a \rho(x)\exp\frac{2\pi \mathrm{i} hx}{a}\mathrm{d}x = F_h. \tag{4.33}$$

后一式表明:散射振幅 $F(X) = F(h/a)$ 只在 $X = h/a$ 时才不等于零.三维情形下的傅里叶系数为

$$F_{hkl} = \int_0^a \int_0^b \int_0^c \rho(xyz)\exp\Big[2\pi \mathrm{i}\Big(\frac{hx}{a} + \frac{ky}{b} + \frac{lz}{c}\Big)\Big]\mathrm{d}x\mathrm{d}y\mathrm{d}z$$

$$= \int \rho(\boldsymbol{r})\exp[2\pi \mathrm{i}(\boldsymbol{r} \cdot \boldsymbol{H}_{hkl})]\mathrm{d}V_r, \tag{4.34}$$

这里 h, k, l 是整数.这里也可得到(4.29)和(4.30)式的衍射条件,因为(4.34)式的指数函数中出现矢量 $\boldsymbol{r}$ 和 $\boldsymbol{H}_{hkl}$ 的标积,所以只有 $\boldsymbol{S} = \boldsymbol{H}_{klh}$[(4.30)式],积分才不等于零.傅里叶积分(4.34)式不仅决定衍射条件,还可用来计算衍射振幅 F_{hkl}.

和(4.33)式类似,在积分(4.34)式之前也应乘上 $1/\Omega$,这里的 Ω 是晶胞体积.不过通常我们省略这个因子以保持结构振幅 F[(4.34)式]和 f[(4.14)式]、傅里叶积分[(4.12)式]有同样的量纲.在晶体衍射振幅的最后表达式中必须引入这一因子.

考虑(3.26)式表达的倒易点阵后得到无限晶体的完全的傅里叶变换式:

$$F_\infty(\boldsymbol{S}) = \frac{F_{hkl}}{\Omega}T^*(\boldsymbol{S}) = \sum_{hkl} \frac{F_{hkl}}{\Omega}\delta(\boldsymbol{S} - \boldsymbol{H}_{hkl}). \tag{4.35}$$

这是由 $\boldsymbol{H}_{hkl}$ 末端 δ 函数描述的三维周期点阵.每一点的权重不同并由复结构振幅 F_{hkl} 决定.

倒易点阵已经在第 3 章被我们形式地引入,把 (hkl) 面法线方向的 $\boldsymbol{H}_{hkl}$ 末端看成点阵,这些矢量的长度和面间距的关系[(3.19)式]则为

$$|\boldsymbol{H}_{hkl}| = d_{hkl}^{-1}.$$

现在我们已经看到,在考虑衍射现象和傅里叶积分时,自动地产生了倒易点阵的概念.实际上我们可以期望得到这样的结果,因为具有周期特性的波和具有周期特性的晶体结构相互作用的结果也应当具有周期性.显然倒易空间和倒易点阵的几何意义和导出它的途径无关.但在我们考虑的问题中它有具体的物理意义;H_{hkl}矢量决定晶体衍射的方向.下面可看到倒易点阵概念还可以有另外的物理意义.

在非周期物体(原子、分子等)散射中,振幅 $F(S)$ 在倒易空间中连续分布,在任何方向上都有一定强度的散射,在晶体散射中,只可能在一组确定的间断的方向上有衍射束.这些束可以解释为距离为 d_{hkl} 的 (hkl) 晶面的"反射",因为从(4.5),(4.30)和(3.19)式得到 $2\sin\theta/\lambda = |H_{hkl}|$,这就是布拉格-乌耳夫公式(4.3)式.

4.2.2 倒易点阵中格点的尺寸

傅里叶积分(4.34)式导出倒易点阵中"点"状格点概念 $\delta(S - H_{hkl})$,h,k,l 是间断的指数,这是周期函数无限延伸引起的结果;当然在计算积分时可以在重复周期内进行.但是引起散射的晶体实际上是有限的、具有一定的体积 V,其中的晶胞数也是有限的.由于这一点在实际衍射实验中倒易点阵的格点不再是点 $\delta(S - H_{hkl})$,而是有一定的尺寸和形状,并和晶体的尺寸和形状有关.

为了描述晶体有限的尺寸和形状,引入形状函数:

$$\Phi(r) = \begin{cases} 1 & \text{晶体内} \\ 0 & \text{晶体外}, \end{cases} \tag{4.36}$$

和无限晶体函数 $\rho_\infty(r)$[(4.31)式]相乘,得到形状为 $\Phi(r)$ 的晶体的函数 $\rho_{cr}(r)$(图4.11):

$$\rho_{cr}(r) = \rho_\infty(r)\Phi(r) = \left\{ \rho_{cell}(r) * \left[\sum_{\substack{p_1 p_2 p_3 \\ -\infty}}^{+\infty} \delta(r - t_{p_1 p_2 p_3}) \right] \right\} \Phi(r). \tag{4.37}$$

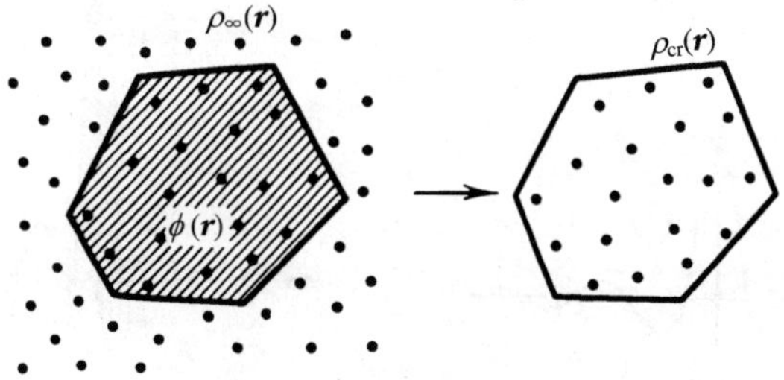

图4.11 形状函数 $\Phi(r)$ 的作用(二维情形)

无限晶体散射振幅已由(4.35)式给出.有限形状的傅里叶变换为

$$\mathscr{F}[\Phi] = D(\boldsymbol{S}) = \int_V \Phi(\boldsymbol{r})\exp[2\pi\mathrm{i}(\boldsymbol{S}\cdot\boldsymbol{r})]\mathrm{d}V_r = \int_\Phi \exp[2\pi\mathrm{i}(\boldsymbol{S}\cdot\boldsymbol{r})]\mathrm{d}V_r.$$
(4.38)

按照卷积定理(4.37)式中的 $\rho_\infty(\boldsymbol{r})\Phi(\boldsymbol{r})$ 在傅里叶变换中应由每一项变换的卷积代替,这两项已经由(4.35)和(4.38)式给出,因此,对有限晶体可得到:

$$\mathscr{F}_{\mathrm{cr}}(\boldsymbol{S}) = \left[\sum_{hkl}\frac{F_{hkl}}{\Omega}\delta(\boldsymbol{S} - \boldsymbol{H}_{hkl})\right] * D(\boldsymbol{S}).$$
(4.39)

每一个 δ 函数 $\delta(\boldsymbol{S} - \boldsymbol{H}_{hkl})$ 和 $D(\boldsymbol{S})$ 的卷积使每一倒易点阵变为一定的分布 D 并表示为

$$\delta(\boldsymbol{S} - \boldsymbol{H}_{hkl}) * D(\boldsymbol{S}) = D(\boldsymbol{S} - \boldsymbol{H}_{hkl}).$$

由此可见,实际的有限晶体的倒易阵点是以 $D(\boldsymbol{S})$ 表示的强度分布,这一分布和晶体的形状有关.所有格点附近的分布,包括原点(000)附近的衍射强度分布都相同.

形状为 $\Phi(\boldsymbol{r})$ 的有限晶体的衍射振幅为

$$F_{\mathrm{cr}}(\boldsymbol{S}) = \frac{1}{\Omega}\sum_{hkl}F_{hkl}D(\boldsymbol{S} - \boldsymbol{H}_{hkl})\tau.$$
(4.40)

为了说明晶体尺寸和形状的影响,考察一下边长 A_1, A_2, A_3 的平行六面体晶体对衍射束尺寸和形状的影响.这时

$$D(\boldsymbol{S}) = \int_{-A_1/2}^{A_1/2}\int_{-A_2/2}^{A_2/2}\int_{-A_3/2}^{A_3/2}\exp 2\pi\mathrm{i}(xX + yY + zZ)\mathrm{d}x\mathrm{d}y\mathrm{d}z$$

$$= \frac{\sin\pi A_1 X}{\pi X}\frac{\sin\pi A_2 Y}{\pi Y}\frac{\sin\pi A_3 Z}{\pi Z}.$$
(4.41)

(4.41)式中的任一项和它的平方表示在图 4.12 中. $D(\boldsymbol{S})$ 函数的半宽度和相应

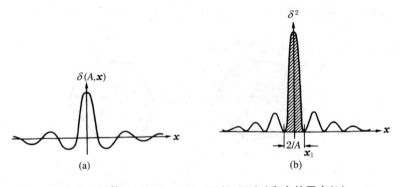

图 4.12 函数 $\delta(A, X) = \sin\pi AX/(\pi X)$(a)和它的平方(b)

方向上晶体的 A_i 成反比.因此实际衍射实验中倒易格点是一个小小的有限范围,它的线度等于 $1/A_i$.这说明衍射束的半角宽度 $\Delta\theta \sim 1/A_i$,晶体愈大,衍射束角宽度愈小.(4.41)式中每一项的极大值等于 A_i,相应地 $D(S)$ 的极大值是 $A_1A_2A_3$,等于晶体的体积.(4.41)式中每一项的平方进行积分后得到

$$\int_{-\infty}^{\infty} \frac{\sin^2\pi A_iX}{(\pi X)^2}\mathrm{d}X = A_i, \tag{4.42}$$

$|D|^2$ 的积分为

$$\int |D(S)|^2\mathrm{d}V_s = A_1A_2A_3 = V, \tag{4.43}$$

等于晶体的体积.

4.2.3 反射球

现在再回来分析衍射条件(4.29)和(4.30)式.在单色光(固定 λ)衍射情形下这些条件可以用漂亮的几何作图法表示,这就是倒易空间中著名的厄瓦耳反射球法(图 4.13).设 k_0 和 k 是入射波矢和衍射波矢,以 $1/\lambda$ 为半径作反射球或厄瓦耳球,则 S 末端在球面上. $k = k_0$ 相当于 $S = H_{000} = 0$,即倒易空间原点在球面上.从倒易原点出发用倒易矢量 a^*,b^*,c^* 组成倒易点阵(图 4.14),即二维示意图.倒易点阵的取向决定于晶体的取向. hkl 衍射束产生的条件归结为倒易点阵的 hkl 格点和反射球相交,这也就是(4.31)式 $S = H_{hkl}$.由此可见衍射束的产生依赖于晶体的取向和球半径 $1/\lambda$.在 X 射线和中子衍射中 $\lambda \sim 0.1$—0.2 nm,和晶胞周期(~ 1 nm)相当,反射球相对倒易平面来看具有明显的曲率.000 格点和球重合说明:在 $k = k_0$ 方向,即入射束方向上始终可观察到未衍射束.随着晶体取向或 k_0 方向的变化,反射球可以和某 hkl 格点相交,产生衍射束(hkl"反射");反射球可以和两个或

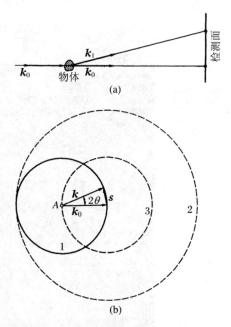

图 4.13 衍射图样的形成(a)和相应的
厄瓦耳作图法(b)

1. 反射球;2. 限制球;3. 反射球中心
的可能的位置

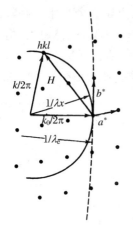

图 4.14 在晶体的倒易点
阵中的厄瓦耳球
实线.X 射线衍射;虚线.
电子衍射

者几个格点相交,同时产生几个反射;反射球还可以除 000 格点外不和任何格点相交,从而不产生反射.

如果单色 X 射线或中子束入射到不动的晶体上.要得到 hkl 反射必须用一定方法调整晶体的取向.有多种 X 射线衍射方法(4.5 节)使晶体依次处于各个反射位置,并记录下全部倒易格点(图 4.15).

电子衍射 $\lambda \sim 0.005$ nm,厄瓦耳球曲率很小,它几乎是平的(图 4.14),可以同时记录属于零层倒易面(通过 000 点的面)的一系列反射.

固定反射球半径 $1/\lambda$,改变 k_0 的方向(或改变物体的取向),我们可以得到半径为 $S_{max} = 2/\lambda$ 的"限制球"内 $F(S)$ 的信息(图 4.13b).我们已经注意到:使用的波长的值原则上决定了衍射实验可能提

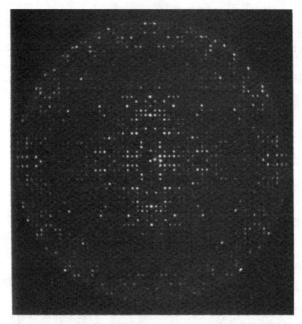

图 4.15 天门冬氨酸酯-转氨酶蛋白质晶体 $hk0$ 晶带的
进动 X 射线相(经 Sosfenov 同意)
进动角 9°,Cu K$_\alpha$,Ni 片滤波,转靶 X 射线机 $V = 35$ kV,
$I = 30$ mA

供的信息的范围.应该把波长取得足够小,使得所有的 $F(S)$ 函数(不等于零的范围)都处在限制球内.实际上由于 S 增大使原子振幅下降,以及温度因子的作用,在通常的衍射方法中使用的波长下 $F(S)$ 已显示出这种下降.

如果 $\lambda > 2a_i$(这里 a_i 是点阵的最大周期),厄瓦耳球半径将小于倒易矢量 a_i^*,使厄瓦耳球不能与任何倒易点相交,这时观察不到晶体的衍射.

4.2.4　结构振幅

我们已经看到:在倒易空间中以 a^*, b^*, c^* 为周期的倒易点阵决定衍射束的可能方向.在衍射实验中周期性表现在 hkl 格点的分布中,格点的"权重"是不同的,需要用 F_{hkl} 的值表示出来.这些值由晶胞中电子密度分布 $\rho(r)$ 决定 [(4.34)式],它们是晶胞内电子密度的傅里叶积分(系数),因此与晶胞中原子的位置有关.

把晶胞的 ρ 取为各个原子 j(位矢为 r_j)的电子密度 $\rho_{(aT)j} = \rho_j$ 之和,即 $\rho = \sum \rho_j(r - r_j)$,将此式代入傅里叶积分(4.34)式.对每个 ρ_j,按照(4.22)和 (4.23)式得到原子-温度因子 f_{jT} 及附加的相位因子 $\exp(2\pi i r_j \cdot H)$(与晶胞中原子位置 r_j 有关).因此

$$F_{hkl} = \sum_{j=1}^{n} f_{jT}\left(\frac{\sin\theta}{\lambda}\right)\exp[2\pi i(r_j \cdot H_{hkl})]$$

$$= \sum_{j=1}^{n} f_{jT}\exp[2\pi i(hx_j + ky_j + lz_j)]. \tag{4.44}$$

这里的坐标取为周期的分数: $x_i = x_{iabs}/a_i$.上式是一个晶胞的散射振幅,即结构振幅(或结构因子).

应该指出,如果采用各向异性的温度因子[(4.26)式],F_{hkl}[(4.44)式]的计算将复杂化,因为 f_{jT} 将由热振动椭球在点阵(或倒易点阵)中的"倾斜"取向而和 H_{hkl} 有关.

晶体强反射(F_{hkl} 值大)出现的条件是原子密集在 hkl 晶面(垂直 H_{hkl},图 3.30,3.34)上,而且晶面间原子数很少.如果原子均匀地分布在晶面上和晶面之间,则被原子散射到 hkl 衍射方向上的波相位不同,互相抵消,降低了反射振幅,甚至消光.

散射振幅 F_{hkl} 是复数:

$$\begin{aligned} F &= A + iB, \\ A &= \sum f_j \cos 2\pi(hx_j + ky_j + lz_j), \\ B &= \sum f_j \sin 2\pi(hx_j + ky_j + lz_j), \end{aligned} \tag{4.45}$$

可以用模量 $|F|$ 和相位 α 表示 F:

$$\tan\alpha = B/A, \quad |F| = \sqrt{A^2 + B^2}$$
$$A = |F|\cos\alpha, \quad B = |F|\sin\alpha,$$
$$F = |F|\exp(\mathrm{i}\alpha). \tag{4.46}$$

4.2.5　反射强度

迄今为止,我们讲的都是 S 矢量决定的(一般情形)或倒易点阵矢量 H 决定的(晶体情形)方向上的散射振幅. 实验中由探测器记录的是按时间平均的散射强度,它和振幅的模量的平方成正比:

$$I_{hkl} \sim |F_{hkl}|^2 = F_H F_{H^*} = A^2 + B^2. \tag{4.47}$$

需要着重指出的是,由(4.47)式可见,衍射实验中能实际测量的仅仅是散射振幅的模量,相位信息无法测得. 在 4.7 节将会看到,这使晶体结构分析复杂化,显著地增加了由衍射数据得出结构的困难.

下面还要更详细地定义格点 hkl 处晶体的散射强度,现在先讨论强度和原子-温度因子之间的一些关系.

在结构振幅的(4.45),(4.46)式中和强度的(4.47)式中,除了所有原子的原子-温度因子外,还有它们的三角函数因子. 这些三角函数在 -1 和 $+1$ 之间变化并给出不同的 F_{hkl}. $f_{j\mathrm{T}}$ 随 $\sin\theta/\lambda$ 的增大(走向倒易点阵的外围)而单调下降. 平均值 $\overline{[\exp(2\pi\mathrm{i}\boldsymbol{r}\cdot\boldsymbol{H})]^2} = 1$,因此从(4.44),(4.47)式得到,强度随 $\sin\theta/\lambda$ 的下降由下式决定:

$$\overline{I}_{hkl}\frac{\sin\theta}{\lambda} = \overline{|F_{hkl}|^2} = \sum_{j=1}^{N} f_{j\mathrm{T}}^2 \frac{\sin\theta}{\lambda}. \tag{4.48}$$

由此可见,虽然强度 I_{hkl} 各有不同,但平均来说随 $\sin\theta/\lambda$ 的增大而下降. 观察的"限度"一般在 $|H_{\max}| = 1/d_{\min} = 1 - 2\ \text{Å}^{-1}$ 处,基本上取决于平均温度因子 [(4.25)式] 的下降. 由于原子因子 f_{aj} 曲线已知以及 $f_{a\mathrm{T}} = f_a f_{\mathrm{T}}$ [(4.23)式],利用 (4.48)式,可从平均强度 $\overline{I}$ 和 f_a 的理论值得到平均温度因子的值.

强度和 $f_{a\mathrm{T}}^2$ 之间还存在所谓的强度守恒定律. 由傅里叶级数理论可知,所有傅里叶系数的模量平方 $|F|^2$ 之和是常数,它由原函数均方值 $\overline{\rho^2(\boldsymbol{r})}$ 决定:

$$\sum_H |F_H|^2 = \frac{1}{\Omega}\int \rho^2(\boldsymbol{k})\mathrm{d}V_r. \tag{4.49}$$

根据(4.13)式, ρ 可以表示为各原子的电子密度 ρ_j 之和,而 ρ_j 可变换成形式上和(4.15)式类似的傅里叶积分,即表示为原子-温度因子的函数. 最后由(4.47)式和上述关系得出:

$$\sum_H I_H = \frac{1}{\Omega} \sum_j \int f_{jT}^2(S) 4\pi S^2 \mathrm{d}S. \qquad (4.50)$$

这说明,从所有倒易矢量 H_{hkl} 得到的强度和是常数,它可以利用原子-温度因子根据(4.50)式右边式子事先计算出来.

4.2.6 热漫散射

以上介绍的散射都来源于晶体结构的三维周期性,它可以被记录成衍射图样的强度 I_{hkl}(即集中在倒易阵点上的强度).但点阵中还存在另一种形式的周期性.我们已经讲过由温度因子描述的原子热运动,但(4.22)式并没有概括热运动的全部内容.点阵中原子的振动是互相关联的.这些互相联系的振动可以看成格波(声子)系统,各个晶体都有自己的声子谱(卷 2,第 4 章).声子波长 Λ 是周期 a_1, a_2, a_3 的整数倍.描述这些格波的函数的傅里叶变换类似(4.12)式:格波散射极大值 I_T 是倒易阵点 H_{hkl} 周围的一个弥散区. I_T 比晶体结构本身引起的强度小几个量级,但可以用特殊的方法把热漫散射记录下来(图 4.16).显然 I_T 和温度有关.它的极大值和不同方向上的延伸范围由晶体中格波的各向异性振幅决定.

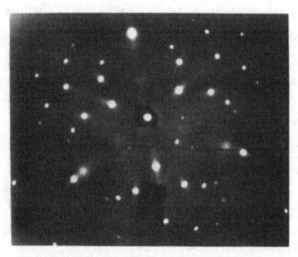

图 4.16 季戊四醇晶体的 X 射线图样可看到
热漫散射极大值(经 Kolontsova 同意)

4.2.7 衍射图样对称性和点对称性的关系

如果不考虑格点的"权重"(结构振幅 F 或衍射强度 I),倒易点阵[(4.35)

式]是周期性的;如果考虑权重,它就是非周期性的,但仍保持晶体学点群对称性 K.从(4.45)和(4.46)式可见:hkl 和 $\bar{h}\,\bar{k}\,\bar{l}$ 反射(它们的 H 和 $\bar{H}$ 相对 000 格点中心对称)的结构振幅是复数

$$F_H = F_{hkl} = F^*_{\bar{h}\,\bar{k}\,\bar{l}} = F^*_{\bar{H}}. \tag{4.51}$$

它们的模量 $|F|$ 和强度 I[(4.47)式]是相同的:

$$I_H = I_{\bar{H}}. \tag{4.52}$$

这就是著名的**夫里德耳定律**:倒易点阵是中心对称的,格点 H 和 $\bar{H}$ 有同样的权重.因此倒易点阵中强度分布的对称群是 11 个中心对称(反演)点群 K(表 2.4)中的一个,这 11 个群在衍射现象中被称为劳厄类.衍射图样的中心对称性与结构是否属于中心对称点群 K(和相应的空间群 Φ)无关.换句话说,从权重倒易点阵的对称性不能弄清楚晶体是否有对称中心,因为衍射无例外地给点群 K "附加"了对称中心;衍射图样劳厄类 K 对应的可以是晶体的同一中心对称群 K,也可以是它的非中心对称子群 K(表 2.3).

由于晶系由最高的中心对称群决定,所以由衍射实验得到的晶体劳厄类可以直接确定晶体的晶系.

如果注意到 F_{hkl} 的复数性质,则它们的数值在倒易点阵中的分布可以用反对称点群 K' 和色对称群 $K^{(p)}$ 描述,例如非中心对称群中的 F_{hkl} 和 $F_{\bar{h}\,\bar{k}\,\bar{l}} = F^*_{hkl}$ 是反等同的.但是对实验观察到的强度 I_{hkl} 分布只能采用 11 个中心对称劳厄类.除了从衍射图样测定劳厄类外,还存在获得晶体其他对称性信息的可能性,因为上面讲的仅仅限于从衍射图样的对称性得到什么,超出这个范围可以得到新的信息.

在特殊情形下夫里德耳定律不成立.这里的一种情形是所谓的 X 射线异常散射,这时原子振幅 f[(4.15)式]是实数之外还有虚部(4.7 节),使(4.52)式不再成立,即 $I_H \neq I_{\bar{H}}$.夫里德耳定律不成立的其他情形和单晶整体散射的特点有关,这时须要用所谓的动力学散射理论描述(4.3 节).

4.2.8　衍射图样显示的晶体空间群　消光

结构因子公式(4.44)中含有晶胞中原子的坐标 r_i.如空间群是非对称的 $P1$,则(4.44)式是最终表达式.在所有其他空间群中存在坐标之间的对称联系或正规点系(RPS)(2.5 节).晶胞中的原子可以占据一个或几个 RPS.图 2.81 给出了空间群 D^{16}_{2h} 的 RPS.由于 RPS 中所有 n 个原子的坐标 xyz 可以从晶胞独立域中一个原子的坐标导出,再利用三角函数关系,可以将结构因子(4.44)式

的一般式子进行变换,使每一个 n 个原子组成的 RPS(n 是位置的多重性)由一个式代表.于是结构因子划分为 k 项,每一项代表 n 个原子组成的一个 RPS. 晶胞中原子的总数 $N = k_1 n_1 + k_2 n_2 + \cdots + k_n n_k$.

对称性影响的最简单例子是对称中心的影响.如结构中存在对称中心 $\bar{1}$ 并取为原点,则 xyz 位置和 $\bar{x}\,\bar{y}\,\bar{z}$ 位置的原子同时存在.这时(4.44)式中的 exp 被 cos 代替,F 变为带正或负号的实数,$B = 0,\alpha = 0$ 或 π,

$$F_{hkl} = 2\sum_{j=1}^{N/2} f_j \cos 2\pi(hx + ky + lz). \tag{4.53}$$

这里只需对无对称联系的原子求和.前面讲过,对称素可直接由 RPS 的坐标集合表示,考虑对称素在晶胞中的位置之后,所有其他对称操作可以给出 F [(4.44),(4.45)式]的其他简化公式.例如简单对称面或滑移对称面使(4.44), (4.45)式中的三角函数转变为下列形式:

$$\begin{bmatrix}\cos 2\pi hx \\ \text{或} \\ \sin 2\pi hx\end{bmatrix} \begin{bmatrix}\cos 2\pi ky \\ \text{或} \\ \sin 2\pi ky\end{bmatrix} \begin{bmatrix}\cos 2\pi lz \\ \text{或} \\ \sin 2\pi lz\end{bmatrix}. \tag{4.54}$$

图 4.17 给出国际表上 D_{2h}^{16} 群结构振幅的一般公式和特殊公式.每个空间群都有类似的公式.但在计算机计算中常常可以简单地利用基本公式(4.45),或存在对称中心时利用(4.53)式以及所有点的坐标.

如果晶体空间群 Φ 中的对称素(如螺旋轴、滑移反射面)含有平移分量或 Φ 群的平移子群 T 带心,则它将直接显示在倒点阵的结构中并出现消光,某些 F_{hkl} 系统地等于零,相应地不发生反射.

以和 z 轴重合的螺旋轴 2_1 为例,此时 x,y,z 原子和 $\bar{x},\bar{y},z + 1/2$ 原子同时在晶胞中存在,将这一对坐标代入 $00l$ 结构振幅(沿倒易点阵 c^* 轴),因 $h = k = 0,x$ 和 y 不出现在公式中,由(4.44)式得到

$$F_{00l} = \sum f_j \left\{ \exp(2\pi \mathrm{i} lz) + \exp\left[2\pi \mathrm{i} l\left(z + \frac{1}{2}\right)\right] \right\}. \tag{4.55}$$

对奇数 l,此式为零;对偶数 l,此式不等于零.这说明在倒易空间 c^* 轴上由螺旋轴引起反射的消光.如果螺旋轴是 3_1,只出现 $l = 3n$ 的反射 $00l$,$l \neq 3n$ 的反射消光,等等.

设垂直 b 轴有滑移反射面 a,x,y,z 原子和 $x + 1/2,\bar{y},z$ 原子同时存在.将这一对坐标代入,得到类似(4.55)式的式子,在倒易空间 $k = 0$ 平面(平行实际空间滑移面)上的 F_{h0l} 中,$h \neq 2n$ 的反射消光,$h = 2n$ 的 F_{h0l} 反射仍存在.

Pnma   No. 62

D_{2h}^{16}

原点为 $\bar{1}$ $\pm \left| x,y,z; \frac{1}{2}+x, \frac{1}{2}-y, \frac{1}{2}-z; \bar{x}, \frac{1}{2}+y, \bar{z}; \frac{1}{2}-x, \bar{y}, \frac{1}{2}+z \right|$

$$A = 8\cos 2\pi\left(hx - \frac{h+k+l}{4}\right)\cos 2\pi\left(ky + \frac{k}{4}\right)\cos 2\pi\left(lz + \frac{h+l}{4}\right); B = 0$$

$\begin{cases} h+l=2n \\ k=2n \end{cases}$ $A = 8\cos 2\pi hx \cos 2\pi ky \cos 2\pi lz$

$F(hkl) = F(\bar{h}\,\bar{k}\,\bar{l}) = F(\bar{h}\,kl) = F(h\,\bar{k}\,l) = F(hk\,\bar{l})$

$\begin{cases} h+l=2n \\ k=2n+1 \end{cases}$ $A = -8\sin 2\pi hx \sin 2\pi ky \cos 2\pi lz; A = B = 0,$ 如 $h=0$

$F(hkl) = F(\bar{h}\,\bar{k}\,\bar{l}) = -F(\bar{h}\,kl) = -F(h\,\bar{k}\,l) = F(hk\,\bar{l})$

$\begin{cases} h+l=2n+1 \\ k=2n \end{cases}$ $A = -8\sin 2\pi hx \cos 2\pi ky \sin 2\pi lz; A = B = 0,$ 如 $h=0$ 或 $l=0$

$F(hkl) = F(\bar{h}\,\bar{k}\,\bar{l}) = -F(\bar{h}kl) = F(h\bar{k}l) = -F(hk\bar{l})$

$\begin{cases} h+l=2n+1 \\ k=2n+1 \end{cases}$ $A = -8\cos 2\pi hx \sin 2\pi ky \sin 2\pi lz; A = B = 0,$ 如 $l=0$

$F(hkl) = F(\bar{h}\,\bar{k}\,\bar{l}) = F(\bar{h}\,kl) = -F(h\bar{k}l) = -F(h\,k\,\bar{l})$

$$\rho(XYZ) = \frac{8}{V_c}\left[\sum_0^\infty \sum_0^\infty \sum_0^\infty \overset{h+l=2n, k=2n}{F(hkl)}\cos 2\pi hX \cos 2\pi kY \cos 2\pi lZ \right.$$

$$- \sum_0^\infty \sum_0^\infty \sum_0^\infty \overset{h+l=2n, k=2n+1}{F(hkl)}\sin 2\pi hX \sin 2\pi kY \cos 2\pi lZ$$

$$- \sum_0^\infty \sum_0^\infty \sum_0^\infty \overset{h+l=2n+1, k=2n}{F(hkl)}\sin 2\pi hX \cos 2\pi kY \sin 2\pi lZ$$

$$\left. - \sum_0^\infty \sum_0^\infty \sum_0^\infty \overset{h+l=2n+1, k=2n+1}{F(hkl)}\cos 2\pi hX \sin 2\pi kY \sin 2\pi lZ \right]$$

图 4.17 *Pnma*—D_{2h}^{16} 空间群电子密度函数的结构因子普遍式和特殊式(文献[4.4]的卷 1, 文献[4.11])

    除了从结构因子公式(4.44)形式地得到上述消光外,可以直观地解释清楚对称素有平移分量时对衍射图样的作用. X 射线从晶面"反射"时,对结构因子重要的仅仅是沿 $\boldsymbol{H}_{hkl}$ 的原子坐标(或反射原子面在 $\boldsymbol{H}_{hkl}$ 上的投影),在反射面上的原子坐标不起作用. 存在螺旋轴时,例如 2_1 轴的平移分量将使轴上的投影的周期减为一半(图 4.18),这意味着倒易点阵中这个方向上的周期增为 2 倍,即从 c^* 变为 $2c^*$,使奇数 l 格点消失. 滑移面的作用可以类似地解释:结构在滑移面上的投影沿滑移分量的周期降为一半,相应地在对应的倒易坐标平面上的周期增大一倍,使奇反射消光. 须要着重指出的是:由螺旋轴或滑移面引起的消光只在对应的倒易点阵坐标轴或平面上发生,因为沿其他方向的投影不发生周期的变化(图 4.18c).

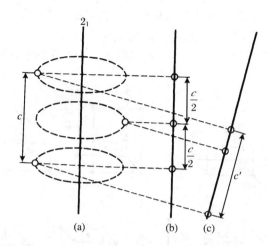

图 4.18 有 2_1 轴的结构(a)和这个轴上的投
影(b)及在任意方向上的投影(c)

由实际点阵带心(A,B,C,I,F)引起的消光不仅在倒易点阵坐标轴或平面上,而且在其他 hkl 反射中发生.设点阵是 C 点阵,即 ab 面带心,则 x,y,z 原子和 $x+1/2,y+1/2,z$ 原子同时存在.类似于(4.55)式,我们得到:任何 F_{hkl} 不等于零的条件为 $h+k=2n$,$h+k\neq2n$ 的 $F_{hkl}=0$,相应地反射消光.这些消光可以用初基胞加以解释;初基胞基矢 $a'=(a-b)/2$,$b'=(a+b)/2$,这里的 a,b 是带心晶胞的基矢(图 4.19a).倒易基矢等于 $a'^*=2(a^*-b^*)$,$b'^*=2(a^*+b^*)$(图 4.19b);在倒易点阵中由倒易初基胞决定的所有反射都可观察

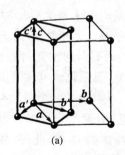 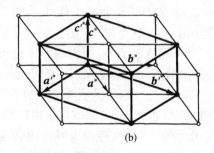

图 4.19 底心晶胞 a,b,c(a)和相应的倒易胞 a^*,b^*,c^*(b)
粗线给出初基胞 a',b',c' 和相应的倒易初基胞 a'^*,b'^*,c'^*

到;如果换成非初基胞,就得到上述的衍射条件 $h+k=2n$.如果点阵的 3 个面都带心,则 $h+k=2n$,$h+l=2n$,$k+l=2n$ 同时满足时才能观察到反射.对体心点阵,$h+k+l=2n$ 时才有反射.3 个面带心的反射相当于倒易胞各周期扩大

一倍后顶点和体心有反射,体心的反射相当于倒易胞扩大一倍后顶点和面心有反射(图 4.20).因此我们常说:正底心点阵的倒易点阵带底心(图 4.20b),正体心点阵的倒易点阵带面心(图 4.20c),正面心点阵的倒易点阵带体心(图 4.20d).

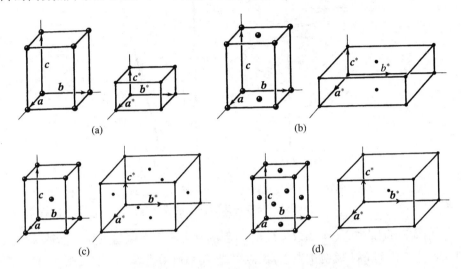

图 4.20 实际点阵和相应的倒易点阵
(a) 初基;(b) 底心;(c) 体心;(d) 面心

总之,晶体点群 K 在倒易点阵中表现为劳厄类,布拉菲群和空间群 Φ 的带平移分量的对称素在衍射图样中表现为消光(但 Φ 群的点对称素表现不出来).每个 Φ 群的倒易点阵中都有一定的系统的消光或消失,如 D_{2h}^{16}—$Pnma$(或完全符号 $P2_1/n\ 2_1/a\ 2_1/m$)是初基平移群,没有普遍的 hkl 系统消光,但滑移面 a 使 $h\neq 2n$ 的 $h0l$ 反射消光,面 n 使 $k+l\neq 2n$ 的 $0kl$ 反射消光.另一个空间群 C_{2v}^{9}—$Pna2_1$ 具有同样的消光,因为前一个群的 m 不引起消光,而且两个群都有 2_1 轴.一般情形下同一套消光对应的不是一个,而是几个 Φ 群(虽然有若干个 Φ 和消光一一对应).根据劳厄类和系统消光,一共有 120 个劳厄类和消光不同的"X 射线群"与 230 个空间群对应.由此可见,衍射实验可以告诉我们晶体是几个 Φ 群中的一个,有时还可以唯一地确定晶体的 Φ 群.此外,如果原子占据的不是一般位置,而是特殊位置,在某些 Φ 群会出现附加的消光.在国际表和许多其他著作中给出了消光表和与之对应的 Φ 群(图 2.81).

在结构因子实验数据的总体中还包含另一种晶体对称性信息.如前所述晶胞中的原子坐标间有对称性,并影响到(4.44)和(4.45)式中的三角函数因子.但这些式子中还包括原子-温度因子 f_{jT}[(4.23)式],它使 F 系统地随 $\sin\theta/\lambda$ 增大而下降.为了得到只和原子位置有关的量,引入所谓的单位结构因子:

$$\hat{F}_{hkl} = \frac{F_{hkl}}{\sum\limits_{j=1}^{N} f_{jT}} = \sum_{j=1}^{N} n_j \exp[2\pi i(hx + ky + lz)],$$

$$n_j = \frac{f_{jT}}{\sum\limits_{j=1}^{N} f_{jT}}. \tag{4.56}$$

这里的 n_j 在晶胞中只有一种原子的情形下是常数, 在有几种原子的情形下实际上是常数, 因为可以相当满意地认为不同原子的 f_{jT} 曲线相似.

我们假设三角函数的幅角可以均匀地随机地取 0 至 2π 之间的值, 再来考察和 hkl 无关的 $|\hat{F}|$ 的整套数据. 这时所有 $|\hat{F}_H|$ 处在 0 和 1 之间, 按照 (4.56) 式, 均方值 $|\hat{F}_H|^2 = \sum n_j^2$. 对称性对 $|\hat{F}_H|$ 在上述值之间的统计分布函数有影响. 如果晶胞中没有任何对称性, 由 (4.45) 式决定的 F_{hkl} 将在复数平面单位圆中分布; 如有对称中心 $\bar{1}$[(4.52) 式], 则 F_{hkl} 将在 $(+1, -1)$ 间的实数轴上分布. 这种差别对分布的积分累积函数 $N(\zeta)$ 的形状有影响, 这里 $\zeta = |\hat{F}|^2 / |\overline{\hat{F}}|^2$, $N(\zeta)$ 表示强度小于等于 ζ 的反射的分数; 这种差别对 $x = |\hat{F}|^2 / \overline{|\hat{F}|^2}$ 的值也有影响, 无对称中心和有对称中心的式子如下:

$$_1N = 1 - e^{-\zeta}, \quad _1x = \frac{\pi}{4} = 0.785,$$

$$_{\bar{1}}N = \mathrm{erf}\sqrt{\frac{\zeta}{2}}, \quad _{\bar{1}}x = \frac{2}{\pi} = 0.637. \tag{4.57}$$

最有效的方法是作出 $N(\zeta) \sim |\hat{F}_{实验}^2|$ 曲线和含或不含对称中心的理论曲线进行比较 (图 4.21).

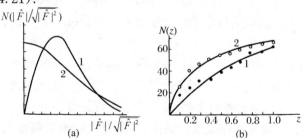

图 4.21　有对称中心和无对称中心的强度分布函数
(a) 结构振幅分布曲线: 1. 无对称中心; 2. 有对称中心;
(b) 强度分布 $N(\zeta)$ 实验曲线 (点) 和理论曲线 (实线) 的比较: 1. 无对称中心; 2. 有对称中心, 实心点, 马高铁血红蛋白, 分辨率 0.6 nm[4.12], 空心点, β-萘粉 [100] 投影[4.13]

　　这样的方法还可用来确定是否存在 2(或 2_1 轴)(如从其他数据得不到结论时)，这个轴在投影上的作用在 $h0l$ 反射带中和对称中心的作用类似. 在 4.7 节中我们将介绍 $|F|^2$ 数值中显示出来的另外的对称性信息，它和所谓原子间距离函数有关.

4.3　单晶散射强度的运动学和动力学理论[①]

4.3.1　运动学理论

　　在上一节讨论晶体中短波的散射时，我们的注意力集中在晶体周期结构引起的散射效应. 我们的计算归结为对入射波照射的晶体体积中发生的次波求和. 由这种方法得出的散射理论被称为运动学理论. 它能说明晶体衍射的基本特点——衍射束方向的间断性，并可在一定条件下对衍射束强度进行近似的计算.

　　运动学理论忽略了一些过程. 入射波在晶体中传播时振幅应该逐渐减小，因为能量在激发散射次波的过程中不断损失，这样到达光程"远"处晶胞的入射波将减弱. 入射波还因吸收而减弱. 运动学理论忽略的最重要的效应是衍射次波和入射波之间、衍射波自身之间的干涉，以及衍射波的散射和吸收.

　　考虑所有上述效应的现象的理论是动力学理论. 运动学理论是这种普遍理论的近似.

　　由于动力学效应是随着入射波不断深入晶体而逐渐发展的，所以对足够薄的晶体来说运动学理论可给出准确的结果. 在厚度不大时入射波没有显著减弱，衍射波还没有积累足够的强度，吸收效应也可忽略.

　　换句话说，运动学理论成立的条件是：散射束的绝对强度和入射波强度相比仍很弱. 下面我们的估计指出，运动学近似可用来计算 X 射线反射强度的条件是：晶体的临界厚度

$$A^k < 10^{-4} \text{—} 10^{-3} \text{ cm.} \tag{4.58}$$

---

　　① 本章由作者和 Pinsker 一起编写.

如厚度大于 A^k，就必须用动力学理论.

    X射线结构研究中使用的晶体的线度是十分之几毫米，比(4.58)式的 A^k 值大得多，但实验测得的强度与运动学理论公式符合得很好.这可以用晶体的实际结构来解释.这种晶体是 10^{-5} cm 尺寸晶块组成的镶嵌结构，晶块相互间有十分之几分的角度差(卷2，第5章).这种晶体被称为理想镶嵌晶体.在这种晶体中散射波的相干作用或干涉在晶块范围内发生，所以运动学理论适用条件得到满足.镶嵌晶体整体的衍射由各个晶块衍射强度之和决定.考虑这种镶嵌性时相当于引进了一些修正.

    如果晶体是"理想的"非镶嵌结构，则厚度超过 A^k 时需要用动力学理论.

4.3.2　运动学散射时的积分反射强度

    现在考虑运动学散射时单晶的反射强度.设晶体处在布拉格反射位置并产生 hkl 反射，反射由X射线底片记录(图4.22).这时厄瓦耳球和 hkl 格点相交(图4.14).外形为 Φ 的晶体散射振幅由(4.40)式决定，hkl 反射的强度由此式中的 $|F_{hkl}|^2|D(xyz)|^2/\Omega^2$ 项决定，这里的 D 是晶体外形引起的振幅轮廓.

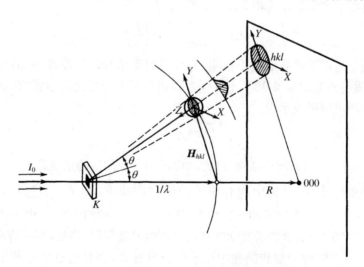

图4.22　阵点 hkl 和厄瓦耳球的 XY 截面在X射线相上形成相
应的 hkl 反射(阵点和反射均已放大)
I_0 照射晶体 K 的面积为 $S = A_1 A_2$

    衍射斑点中的强度分布取决于这个函数在厄瓦耳球截面上的值的分布；截面上每一点在X射线底片上产生的强度显然和晶体的转角有关.从固定晶体得到的积分反射强度是 hkl 反射中各个点的总强度，即反射所占立体角内的强度.在实际空间的 X 射线底片上按 x,y 坐标进行的积分相当于倒易空间中厄瓦耳球和 hkl 格点截面(近似于平面)上按 X,Y 坐标积分.从图 4.22 可见两种坐标间的比例系数为 $R/\lambda^{-1} = R\lambda$,这里 R 是晶体到底片(探测器)的距离.角因子 $L(\theta)$ 则与晶体和探测器的相对角度取向有关.散射波是球面波,强度与 $1/R^2$ 成比例.考虑(4.7)式后

$$I(\theta_z) = \frac{I_0}{R^2}\frac{e^2}{mc^2}\frac{|F_{hkl}|^2}{\Omega^2}L(\theta)\,|\,D(XYZ)\,|^2(R\lambda)^2\mathrm{d}X\mathrm{d}Y. \quad (4.59)$$

这里 I_0 是入射强度.对平行六面体晶体,沿 X,Y 的积分给出 $|D|^2$ 中的 A_1 和 A_2[(4.42)式]. $|D|^2$ 中的第三项由晶体转角 θ 和相应的量 $[\sin\pi A_3 Z/(\pi Z)]^2$ 决定[(4.41)式].如厄瓦耳球和格点中心相交($Z=0$),则第三项等于 A_3^2.此时(4.59)式变为

$$I_{hkl} = I_0\left(\frac{e^2}{mc^2}\right)^2 L(\theta)\lambda^2\left|\frac{F_{hkl}}{\Omega}\right|^2 VA, \quad (4.60)$$

这里 $V = A_1 A_2 A_3$ 为晶体体积,$A = A_3$ 为晶体厚度.

引入晶体被照射的面积 $S = A_1 A_2$ 后,晶体衍射强度和入射总强度的比,即布拉格角度下固定晶体的积分反射系数为

$$\frac{I_{hkl}}{I_0 S} = L(\theta)\left(\frac{e^2}{mc^2}\right)^2\lambda^2\left|\frac{F_{hkl}}{\Omega}\right|^2 A^2. \quad (4.61)$$

这一运动学近似下得到的式子说明:积分反射系数和晶体厚度 A 的平方成正比.当然适用的范围是 A 远小于 A^k,否则衍射强度会超过入射强度.因此运动学理论适用范围可表示为

$$\lambda\left|\frac{F_{\mathrm{abs}}}{\Omega}\right|A^k \lesssim 1, \quad (4.62)$$

这里 $F_{\mathrm{abs}} = F_{hkl}e^2/(mc^2)$[见(4.7)式,角因子 $L(\theta)$ 的值的量级是 1].

为简单起见,设晶胞中所有原子的散射同相位,即 $F = \sum f_{\mathrm{e.x}}, f_{\mathrm{e.x}} \sim 10^{-11}$—$10^{-12}$ cm,一个原子的体积约为 10^{-23} cm^3,λ 约为 10^{-8} cm,由(4.62)式得出的 $A^k \lesssim 10^{-4}$ cm.这就是运动学理论适用的厚度限制.当然,不同的晶体有不同的 A^k,因为结构振幅和晶胞中原子的位置有关,并且通过 $f_{\mathrm{e.x}}$ 和原子序数有关.

(4.60)式为严格布拉格条件下固定晶体的积分反射强度.但结构分析中实际上不可能在严格反射位置上测定每一个反射的强度.所有实际的探测和记录强度的方法都使晶体在射线中旋转.晶体旋转时随着倒易阵点和厄瓦耳球依次相交,不同的反射产生又消失,并记录在 X 射线像上.随着反射球在第三个方向上通过 hkl 格点(图 4.22),反射强度按照函数 $\sin^2\pi A_3 Z/(\pi Z)^2$ 先上升到极大

值,再降下来(图 4.12b).这样得到的是第三个方向 Z 上,也就是倒易格点整个体积内的积分强度.在底片和探测器中记录的正是这种积分强度 I_{hkl}^{int}.要指出的是:按角度的积分已自动地考虑到了晶块间的取向差,这些镶嵌块的反射的角度差很小,使得所有这些反射都落在倒易点阵的 hkl 格点范围内,从而只在 X 射线底片上产生一个 hkl 反射.

按运动学理论在第三方向上的积分排除了和晶体厚度 A 的依赖关系,留下的是和镶嵌晶体总体积 V 的关系.积分强度公式与照相方法的具体几何有关,要考虑到角因子 L(洛仑兹因子)[4.15]、晶体旋转的角速度 $\dot\omega$ 等.最后得到积分强度公式为

$$I_{hkl}^{int} = I_0 \left(\frac{e^2}{mc^2}\right)^2 pL \frac{\lambda^3 V}{\dot\omega \Omega^2} \mid F_{hkl} \mid^2 B \mathscr{E} G. \qquad (4.63)$$

这里 p 是极化因子,B 是穿透因子(和吸收系数 μ 有关),G 是异常散射修正,$\mathscr{E}$ 是消光系数.后者与晶体的镶嵌性有关,并且有两个组成部分.其一是每一晶块中的动力学效应引起的强度减弱,即所谓的初级消光.其二是光程前面部分的晶块的反射引起的,这使得照射到光程后面部分晶块上的入射波强度减弱,即所谓的次级消光.两种效应(第二种是主要的)一起由实验测定的系数 $\mathscr{E}$ 表示.

X 射线研究的实际单晶中除了镶嵌结构外,在晶块中还有许多其他缺陷,如点缺陷,位错等.通常这些缺陷的数目不很大(小于 $10^{10}/\mathrm{cm}^3$),理论估计和实验数据都说明,它们对(4.63)式实际上没有明显影响.

在运动学理论中积分强度 I_{hkl}^{int} 和 $\mid F_{hkl} \mid^2$ 成正比,这是晶体结构研究的 X 射线衍射和其他衍射方法的基础.

如果晶体包含有大量的各种缺陷,如填隙和替代固溶体中或应变晶体中的点阵畸变和原子偏离平衡位置的位移等,X 射线散射对这种畸变敏感.原子静位移统计上和热运动的作用相同,它和(4.22)式的温度因子类似地使大角反射的强度进一步下降.点阵畸变引起周期的涨落,从而影响到倒易格点的形状(4.6节).晶体结构缺陷研究是 X 射线学的组成部分(卷 2 第 5 章).

4.3.3 动力学理论基础

这一理论讨论短波在理想和近理想晶体中的散射,它的要点是晶体中所有波(包括入射和衍射波)之间交换能量、相互作用[4.16].

在 19 世纪 20 年代就出现的 X 射线动力学散射理论沿着两个方向发展.厄瓦耳-劳厄理论的出发点是电磁波在周期介质中的传播.另一种理论来源于达尔文的思想,它从运动学近似开始并进一步考虑多重散射、散射波的相互作用

和吸收.对理想晶体来说,两种理论原则上是等价的,仅仅在处理具体问题时一种方法比另一种更方便些.

可以在两种场合研究理想晶体的 X 射线衍射强度:(1) 劳厄场合:透过晶片的射线束发生干涉;(2) 布拉格场合:反射回来的束和入射束发生干涉(图 4.23).

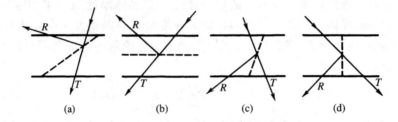

图 4.23 晶体表面和衍射束的相对位置

R 为反射束;T 为透射束;布拉格场合:(a) 不对称,(b) 对称;劳厄场合:(c) 不对称,(d) 对称;虚线是反射面

动力学理论建立了晶体衍射摇摆曲线和波前宽度、晶体外形、取向、完整程度之间的联系.它处理的其他重要问题是:衍射束给出的晶体内部缺陷像的解释和 X 射线干涉术等.在经典的结构分析(测定晶胞中原子坐标)中实际上不用动力学理论,但这个理论是可以用来确定对称性的,是可以用来从衍射图样几何直接精密测定简单结构的结构振幅模量$|F_H|$的.

4.3.4 达尔文理论

达尔文提出了布拉格场合的动力学理论,他认为:晶体分解为薄"反射面"后可用运动学方法[4.17].这些面和表面平行,充满晶体(图 4.24),入射波按布拉

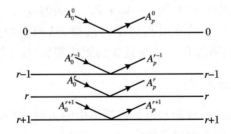

图 4.24 依次从平行表面的晶面反射,形成衍射束

格-乌耳夫条件反射,反射波的振幅 A_p 和入射波的振幅 A_0 之比由结

构因子决定并等于某个系数 $iq(\theta)$. 透射波可认为发生了前"散射"(沿原方向"散射")并有所减弱, 前散射振幅和入射振幅之比等于 $iq(0)$(i 表示相移). 到达晶体内部 r 平面的任何波都按此处理. 由于反复的布拉格反射和透射, 从 $r-1$ 面入射到 r 面的波的振幅已不同于初始的入射振幅. 利用 $r-1, r, r+1$ 面的反射系数 R 和透射系数 T 的循环关系, 可以得到厚晶片的反射强度. 如晶体缓慢地在布拉格角附近旋转, 得到无吸收的理想晶体反射系数 R 的曲线具有图 4.25 的形式. 在极大值处 R 等于 1, 这个区域的角宽度很小, 只有 $10''$—$40''$.

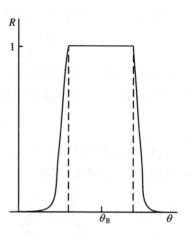

图 4.25　无吸收时理想晶体的反射曲线

对厚度为 $A = Nd$(d 为晶面间距, N 为晶面数)的晶体, 非极化波的积分反射系数为

$$R_{\mathrm{int}} = \frac{8}{3\pi} \frac{e^2}{mc^2} \frac{1 + |\cos 2\theta|}{2\sin 2\theta} N\lambda^2 |F_H|. \tag{4.64}$$

这和镶嵌晶体的运动学理论的式子不同, 那里的强度和 $|F_H|^2$ 成正比[(4.63)式], 这里的强度和 $|F_H|$ 成正比.

由于入射波和反射波的动力学相互作用, 所以透射波减弱. 这种初级消光现象在强反射条件下特别显著, 但是对足够小的晶体, 如理想镶嵌晶体的晶块来说, 仍然可以忽略.

4.3.5　劳厄-厄瓦耳理论

这一理论从分析电磁波和晶体介质的相互作用入手. 晶体具有周期性的电子密度 $\rho(r)$、介电常数 ε 和极化率 $\chi = \varepsilon - 1$. 这种理论中衍射现象由电感应矢量 D 的麦克斯韦方程描述

$$\frac{\partial^2 D}{\partial t^2} = -c^2 \nabla \times (\nabla \times D/\varepsilon). \tag{4.65}$$

由于入射波和所有次波的干涉在晶体中形成一定的电磁场, 它的振幅的周期与点阵的周期一致, 它的解可以表达为一系列平面波之和:

$$D = \sum_m D_m \exp\left\{2\pi i\left[vt - (k_0 \cdot r + H_m \cdot r)\right]\right\}, \tag{4.66}$$

这里 k_0 是入射(折射)波的波矢, r 是点阵中的位矢, H_m 是倒易矢.

极化率 χ 可以展开为傅里叶级数,最后得到

$$\frac{k_m^2 - K^2}{k_m^2} D_m = \sum_n \chi_{m-n} D_{n[m]}. \tag{4.67}$$

这里,K 是真空中入射波矢,$k_m = k_0 + H_m$ 是晶体中波矢,$D_{n[m]}$ 是 D_n 在垂直 k_m 方向上的分量,χ_{m-n} 是极化率 χ 在 H_{m-n} 反射中的傅里叶分量,

$$\chi_H = \frac{e^2}{mc^2} \frac{\lambda^2}{\pi} \frac{F_H}{\Omega}. \tag{4.68}$$

(4.67)式包含无限多方程,但是由于 D_m 随 $k_m^2 - K^2$ 的增大而急剧下降,方程的数目实际上很有限.

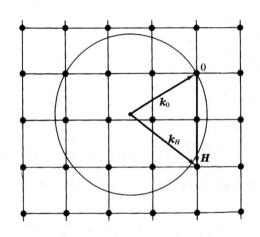

图 4.26 在厄瓦耳球不严格和 H 点相交时按动力学理论产生的 X 射线衍射极大值

最重要的情形是:除了入射(折射)波外在晶体中只有一个和入射波相互作用的衍射波.这就是所谓的双波解.和运动学理论一样,也可以用倒易点阵中的厄瓦耳球解释动力学反射(图 4.26),但差别是球不一定严格和阵点 H 相交,阵点可以和球有一定距离.这和真空-晶体界面上波的折射有关,折射使波矢 K 与 k_0 略有差别.在双波解中可以不用矢量 D_0 和 D_H,而用它们的标量分量:σ 分量和 π 分量 $D_{0\perp}$,$D_{0\parallel}$,$D_{h\perp}$,$D_{h\parallel}$,它们的极化分别垂直和平行入射面.

此时得到的振幅方程为($\perp$ 和 $\parallel$ 已省略)

$$\begin{aligned} \frac{k_0^2 - K^2}{k_0^2} D_0 &= \chi_0 D_0 + \chi_h D_h, \\ \frac{k_h^2 - K^2}{k_h^2} D_h &= \chi_h D_0 + \chi_0 D_h. \end{aligned} \tag{4.69}$$

这个方程组对每一极化状态给出 4 个波. 4 个波的相互作用引起两种不同的干涉效应.

第一种干涉效应是透明晶体(无吸收)中折射和衍射波的相互作用.在最简单情形(晶体有对称中心,由垂直表面的晶面引起对称反射)中,摇摆曲线具有有限宽度并相对布拉格角对称.

在峰内某一固定点上晶体内折射波和衍射波的振幅是深度 z(离入射面的垂直距离)的周期函数.振幅变化周期-消光距离的关系为

$$\tau_y = \tau_0 (1 + y^2)^{-1/2}, \tag{4.70}$$

这里 τ_0 是严格布拉格条件下的消光距离,y 是峰内偏离布拉格条件的角度差 $\Delta\theta$ 的函数.

y 的值由下式决定:

$$y = \frac{1}{2C\left[\frac{\gamma_h}{\gamma_0}(|\chi_{hr}|^2 - |\chi_{hi}|^2)\right]^{1/2}}\left[2\Delta\theta\sin2\theta + |\chi_{0r}|\left(1 - \frac{\gamma_h}{\gamma_0}\right)\right]. \tag{4.71}$$

这里 C 是极化因子(对 σ 极化是 1,对 π 极化是 $\cos2\theta$);$\gamma_{0,h} = \cos(\widehat{\boldsymbol{k}_{0,h}, \boldsymbol{n}})$,$\boldsymbol{n}$ 是晶体表面向内的单位法线矢量;χ_{hr} 和 χ_{hi} 是相应的晶体极化率傅里叶分量的实部和虚部.

τ_0 的值处于 10^4—10^5 nm 之间,对弱反射此值增大.

在晶体波场中发生的另一种干涉效应是两个折射波间的作用(和两个衍射波间作用).其振幅沿深度变化的周期等于反射面的间距 d_h.

劳厄场合下反射系数 R 和透射系数 T(晶体透明,厚度为 A)的计算需要考虑出射面的边界条件.对两个边平行的晶体,R 和 T 是晶体厚度和入射角(在相应的峰范围内)的周期性质的函数.这就是所谓的耦合摆解(图 4.27):

$$R_h(y) = \frac{\gamma_h}{\gamma_0}\left|\frac{D_h^{(d)}}{D_0^{(a)}}\right| = \frac{\sin^2\frac{\pi d}{\tau_0}\sqrt{1+y^2}}{1+y^2}, \tag{4.72}$$

$$T_h(y) = \left|\frac{D_0^{(d)}}{D_0^{(a)}}\right| = 1 - R_h(y). \tag{4.73}$$

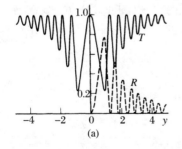 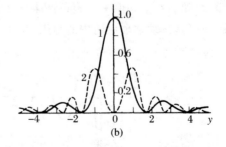

图 4.27　透明晶体峰值范围内 R 和 T 的变化

(a) 厚度为 $2n\tau_0$ 时的 R 和 T 曲线[4.14];(b) 不同厚度的曲线和耦合摆解的副峰值类似,1. 厚度为 $(2n+1)\tau_0/2$;2. 厚度为 $n\tau_0$[4.18]

在固定 A 值下 R_h 的上述解出现逐渐减弱的次峰.厚度 A 略为增大时(透明晶体近似)R 和 T 曲线上的振荡消失,相应的值用 $\overline{R}$ 和 $\overline{T}$ 表示(图 4.28).

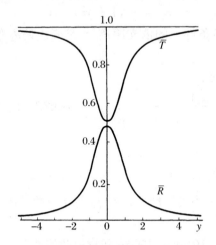

图 4.28　平均反射率 $\overline{R}$ 和透射率 $\overline{T}$
的峰形[4.18]

如晶体是楔状,在出射面上 R 和 T 是周期为 τ' 的周期函数,$\tau' = \tau/\sin\mu$(μ 为楔角),并产生等厚条纹.这个效应可用来测定结构振幅,因为根据(4.68),(4.71)—(4.73)式,$|F_H|$ 通过 χ_h 和 D 值联系.这种测量的准确度很高,并被用来精密地研究简单结构晶体中的电子密度分布(卷 2,第 2 章).

在劳厄场合对透明平行边晶片反射强度全峰进行积分后得到积分反射强度

$$R_i = \frac{\pi}{2}\int_0^{2a} J_0(x)\mathrm{d}x, \quad \alpha = \frac{\pi AC}{\lambda\gamma_0\gamma_h}\,|\,\chi_h\,|. \tag{4.74}$$

贝塞耳函数 $J_0(x)$ 的积分只和上限 2α 有关,在小 α 范围内 R_i 随 α 增大而线性地增大,随后在平均值 $\pi/2$ 附近产生逐步衰减的振荡(图 4.29).R_i 线性增大的范围正好是运动学理论适用的范围.这个范围的边界是 $\alpha\sim0.7$,这时在对称反

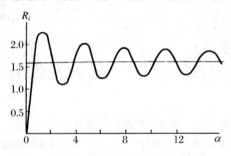

图 4.29　积分反射强度的变化曲线[4.8]

射下得到的晶体厚度 A^k 为

$$A^k = \frac{0.7\cos\theta}{\frac{e^2}{mc^2}\left|\frac{F_H}{\Omega}\right|\lambda},\qquad(4.75)$$

与(4.62)式一致.由此式得出:Mo K_α 的 Si 333 反射的 $A^k \sim 1.25 \times 10^{-3}$ cm,Cu K_α 的 Ge 220 反射的 $A^k \sim 1.5 \times 10^{-4}$ cm.从(4.75)式得出:重元素简单结构($|F_H|/\Omega$ 大)的 A^k 值小.而复杂的有机晶体的 A^k 比较大,可达 10^{-2} cm.

4.3.6 有吸收的晶体中的动力学散射 博曼效应

厚晶体的衍射与 X 射线吸收下的衍射机制有密切关系.

最有趣的动力学衍射现象是有吸收晶体中的异常穿透效应,即**博曼效应**[4.19,4.20].计算 R 和 T 时使用的总吸收系数来自平均值 σ_c 和衍射贡献($\sigma_h + \sigma'_h$).当晶体中一个波场的吸收异常大,而另一个波场的吸收异常小时,发生异常穿透.

博曼效应的直观的物理模型与两个波场中折射波和衍射波的干涉有关.在一个波场中干涉形成的准驻波振幅极大值和密排着原子的(hkl)面重合,使得波场被强烈吸收;在另一个波场中振幅极大值处于原子面中间,产生了异常穿透(图 4.30).

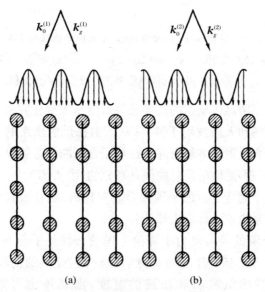

图 4.30 博曼效应的物理模型

(a) 异常穿透,准驻波的波节和原子面重合;

(b) 异常吸收,波腹和原子面重合[4.14]

$\mu A > 10$(μ 为线吸收系数,A 为晶体厚度)时博曼效应已经很显著,对 Ge 晶体 CuK_{α} 线,此时 $A > 0.28$ mm,对 MoK_{α} 线,$A > 0.35$ mm;对 Si 晶体 Cu K_{α} 线,$A > 0.7$ mm,MoK_{α} 线,$A > 7.0$ mm.博曼效应使次峰消失,并且使中间厚度区的透射率曲线很不对称,但反射率曲线相对坐标轴仍保持对称(图 4.31).

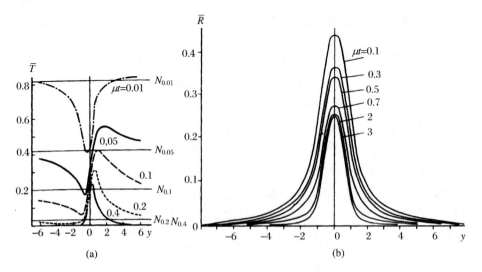

图 4.31 不同 μt(t 为厚度)对称测量时的穿透和反射曲线

(a) 透射的峰(NaCl200 反射,CuK_{α},$\mu = 160$/cm)[4.21];(b) 反射峰(Si220 反射,MoK_{α},$\mu = 13.4$/cm)[4.22];水平线 N 表示同样厚度在正常吸收时得到的值

布拉格场合下薄晶体反射的边界条件发生重大变化并引起两个效应.一部分反射回来的波场和入射波场干涉,使从入射面反射出来的主峰旁出现次峰.另一部分从下表面出射的波场引起布拉格场合下的穿透效应.

薄透明(无吸收)晶体的反射曲线是对称的(图 4.27),厚的半无限透明晶体的反射曲线有一个完全反射的平顶并且是对称的,随着吸收增加,在平顶区一个边界上出现愈来愈不对称的尖峰(图 4.32).

上面简略介绍的经典动力学理论考虑的条件是平面波入射到半无限晶体的情形.目前已经有了普遍的动力学理论,它处理的情况是:入射波可以有任何形状的等相位波前和任意的宽度,而晶体也可以有任意的外形(图 4.33).

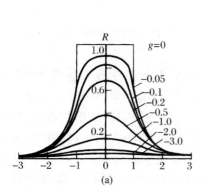

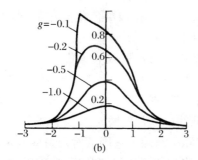

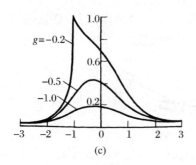

图 4.32 厚的有吸收晶体的布拉格反
射曲线

$$g = -\frac{\chi_{0i}\left[1 + \dfrac{|\gamma_h|}{\gamma_0}\right]}{2C|\chi_{hr}|\sqrt{\dfrac{|\gamma_h|}{\gamma_0}}} \qquad \kappa = \frac{|\chi_{hi}|}{|\chi_{hr}|}$$

(a) $-\kappa = 0$;(无吸收); (b) $-\kappa = 0.1$;
(c) $-\kappa = 0.2$

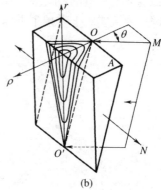

图 4.33 球面波通过楔状晶体后得
到的双曲线状条纹

(a) 干涉图像照片[4.24]; (b) 波
前在楔状晶体中传播并在出射
面形成双曲线条纹[4.25]

4.3.7　动力学衍射实验研究和应用

实际晶体动力学衍射研究最重要任务之一是建立实验测定的衍射数据和理论模拟之间的精确的对应关系.

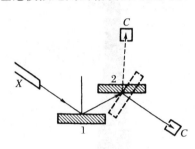

图 4.34　布拉格双晶谱仪

X. X 光源；C. 探测器；1. 单晶单色器；2. 晶体样品；实线和虚线分别表示样品相对单色器平行或倾斜

在实验中单色 X 射线入射到处于反射位置的晶体上,如晶体不动,得到的将是衍射束强度的空间分布,即 X 射线貌像;如晶体在准确反射位置附近转动,得到的将是摇摆曲线中的强度分布.

摇摆曲线可以在双晶或三晶 X 射线谱仪上测定,实验时 X 射线束经一块单晶或两块单晶单色器准直和单色化后入射到被研究的单晶上.

在经典的布拉格双晶谱仪(图 4.34)上测得的摇摆曲线是两块晶体反射的卷积,与理论衍射峰形不一致.入射束的角分散度和波长分散度(不平行度和非单色化)使实验曲线的角宽度增大.

利用 X 射线三晶谱仪(图 4.35)可以实际上消除上述因素对反射曲线形状和宽度的影响.使单晶单色器 1 和 2 处于适当的相互位置,利用不对称反射,可以使得实际上平行的、单色的、完全极化的 X 射线入射到样品上.这就是说,在三晶谱仪中从实验上实现了上面讲到的入射平面波近似.

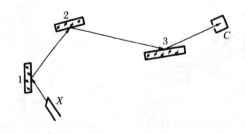

图 4.35　三晶谱仪

利用这种 X 射线束可以测定所谓的和理论一致的"本征"反射曲线,可以研究需要高角分辨率的精细衍射效应.例如理论上预言的吸收晶体反射曲线的不对称性就是首先靠三晶谱仪才观察到的.

精密测定摇摆曲线形状及其变化可以提供晶体结构完整性的定量信息,因为晶体缺陷是使摇摆曲线变化的原因.

X 射线貌像是某一布拉格反射中整个晶体的像. 设有一束大截面平行的 X 射线(利用同步辐射可以实现这一点,4.5 节)照射到处于反射位置的晶体上,则反射束具有晶体那样的尺寸并能显示晶体的内部构造. 在普通光源中实际上也可利用 Lang 的方法在薄晶片上实现这一点,这种方法用的光束虽细,但通过在劳厄场合下的晶片和底片的同步扫描获得了同样的结果(图 4.36a),这样得到的像是整个晶体的貌像(图 4.36b). 如在同步辐射中进行貌像研究,可以得到实

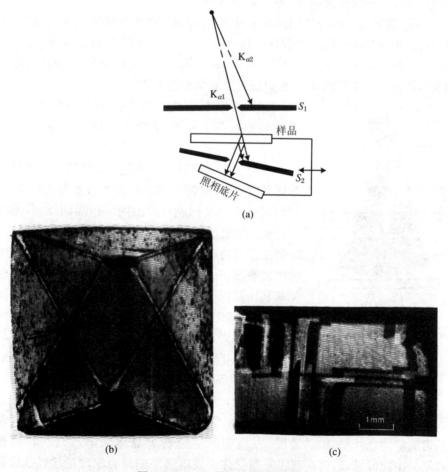

图 4.36 Lang 的 X 射线貌像方法

(a) 记录装置;(b) 用 Lang 方法得到的天然金刚石貌像,15×(经 Miuskov 同意);
(c) 由同步辐射得到的 KD_2PO_4 晶体的貌像,显示出居里点(115 K)以下的畴结构
(经 Aleshko-Ozhevsky 同意)

际晶体相变和生长过程的快速变化图像(图 4.63c).

如晶体中存在某种晶体缺陷,如位错,则通过缺陷的波将发生相对不通过缺陷的波的相移,这个相移使貌像上有缺陷处的衬度与其他完整部分不同.缺陷衬度是更暗还是更亮,依赖于晶体厚度和消光距离,如 $\mu A < 1$ 的近透明晶体中伯格斯矢量与反射矢量 H_h 平行的位错显示为暗线.在 $\mu A \gg 1$ 的吸收晶体的貌像中可观察到大镶嵌块边界、滑移带和耦合摆解的干涉效应等.这些现象是貌像理论的研究对象,这些年来它不仅在 X 射线衍射范围,而且在电子和中子衍射中得到了迅速的发展(参阅卷 2,第 5 章).

Lang 法貌像的曝光时间需几小时.在同步辐射中曝光时间缩短为几秒,因此它可以用于实际结构动态变化过程的研究,如形变、相变的研究等等.

这些年来发展起来的 X 射线干涉法和叠栅法使人们很感兴趣,这里观察得到的是透过一组完整晶片后 X 射线的反复多次的干涉像.

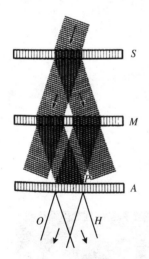

图 4.37 劳厄反射干涉仪示意图[4.15]

图 4.37 是 X 射线干涉仪示意图.整个仪器由三块晶片组成.分光片 S,镜片 M 和分析片 A 以及公共底座,它们是从一大块完整晶体切割出来的.晶片厚度取为 $\mu A \sim 20$,只有经典动力学理论第二波场才能异常穿透.入射到 S 晶片的 X 射线被分为两部分,它们通过 S 和其他晶片时由同一组晶面反射,形成折射波和衍射波.如果 A 中发生相对 S、M、A"总"点阵的位移或转动,或 A 中存在缺陷,则出射束图样中将出现叠栅图.干涉仪可用来观察和解释分析片中位移和转动所产生的叠栅图.如 S 和 M 的反射晶面平行,但面间距 d_1,d_2 有差别 Δd,此时引起的伸缩型叠栅图的周期等于 $d_1 d_2/\Delta d$.用这种办法测定的面间距的变化可达 d 的 10^{-8},即 Δd 可达 10^{-16} cm.如 S 和 M 的面间距相等,但相对垂直晶片的轴有一个微小转动,此时引起的旋转叠栅图的周期 Λ_R 是 d/φ,这里 φ 是转角(图 4.38).叠栅图对 φ 非常敏感,可测定的 $\Delta \varphi$ 是 10^{-8} 弧度.在叠栅图中能看到晶体缺陷,如位错等(图 4.38b).由此可见,当初在理想完整晶体中发展起来的动力学理论已经变成研究晶体缺陷的武器.

应该指出的是:中间厚度晶体的衍射分析最为困难,它既可以用纯运动学理论处理,又可以用纯动力学理论处理.

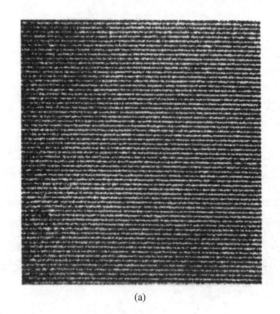

(a)

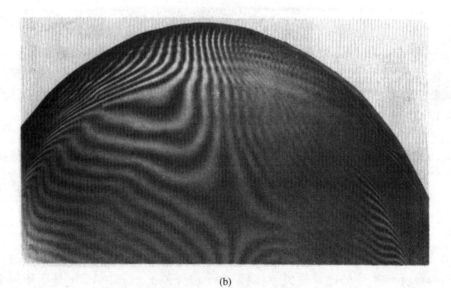

(b)

图 4.38　硅单晶 X 射线叠栅图

（a）2 个硅晶片的旋转叠栅图，转角 2.5″[4.16]；（b）复杂叠栅图，左上，位错的叠栅图，左下和右下，近旋转叠栅图，中间上，伸缩叠栅图，中心，混合叠栅图（经Miuskov同意）

4.4 非晶态的散射

4.4.1 无序系统散射强度的一般表达式 原子间距离函数

X 射线和其他衍射方法可给出晶体结构的最精确信息,但它们也可用来研究不那么有序的系统(聚合物、液晶、非晶态、液体和气体)的结构.系统在有序度上愈接近晶体,则此系统的散射中保留的晶体衍射的特点愈多.

由于无长程序,对非晶凝聚系统实际上计算不出散射振幅,但可以直接计算出散射强度.下面介绍一种算法.

傅里叶积分(4.12)式,或引入温度因子(4.25)式后的傅里叶积分(4.44)式

$$F(S) = \sum_{j=1}^{N} f_{jT} \exp[2\pi i(r_j \cdot S)] \qquad (4.76)$$

是普适的.它给出任意 N 个温度因子为 f_{jT} 的原子组成的凝聚体的散射振幅,式中 r_j 是原子的位矢.晶体中散射束的方向由 $S = H_{hkl}$ (4.30)式决定,是严格的间断的方向,但对非晶体来说,S 一般是任意的,即在任何 $k = k_0 + 2\pi S$ (图 4.13)方向上都有一定强度的散射.类似(4.47)式,强度为

$$I(S) = |F(S)|^2 = F(S)F^*(S). \qquad (4.77)$$

从(4.76)式得到 $F(S)$ 后就可计算强度.但问题是无法给出这种系统(如液体中)所有原子的位矢 r_j.我们可以把(4.77)式改写,直接把(4.76)式代入(4.77)式,并注意到要得出 F^*,只需将 F 中的位矢 r_j 改为 $-r_j$,即得到

$$I(S) = \sum_{j=1}^{N}\sum_{k=1}^{N} f_{jT}f_{kT}\exp[2\pi i(r_j - r_k)\cdot S]. \qquad (4.78)$$

(4.78)式形式上和(4.76)式完全一样,但(4.76)式中的原子-温度因子已被它们的乘积代替,位矢已被位矢差代替.这个位矢差 $r_j - r_k = r_{jk}$ 正是原子间距离.因此,只需知道原子间距离(不需知道原子的坐标),就可以计算强度.这对绝大多数非晶体是非常重要的,因为要指出非晶体中原子的位置是很困难的,而给出统计地描述所有可能的原子间距离的函数比较容易.

从物体的散射密度出发也可以得到完全类似的公式,例如可以从连续的电子密度出发,它的散射振幅是 $F(S)$[(4.12)式]. $F(S)$ 和 $F^*(S)$ 一起进入

(4.77)式,前者是 $\rho(r)$ 的傅里叶积分,后者是反函数 $\rho(-r)$ 的傅里叶积分 $F^*(S)=\mathscr{F}[\rho(-r)]$.根据卷积定理[(4.20)式],振幅的乘积是相应函数卷积的傅里叶积分

$$\mathscr{F}[\rho(r)*\rho(-r)]=F(S)F^*(S)=I(S),\qquad(4.79)$$

这里面的卷积可写成[参阅(4.19)式]:

$$Q(r)=\rho(r)*\rho(-r)=\int\rho(r')\rho(r'-r)\mathrm{d}V_{r'}.\qquad(4.80)$$

这里的 Q 函数被称为物体中原子间距离函数,它在原子位于 r' 和 $r'-r$ 点上时具有大的值,这说明这里的 r 是原子间距离.强度是函数 $Q(r)$[(4.80)式]的傅里叶积分[(4.79)式].

4.4.2　球对称系统:气体、液体、非晶态

现在回到(4.78)式,它含 N^2 项,其中 $j=k$ 的 N 项的指数函数等于1,可分开成为"零"项 $\sum f_{jT}^2(r_j-r_j=0)$.这一项和原子到"自身"的距离对应.先用(4.78)式计算气体中分子的散射.分子中原子的位置由一组位矢,也就是一组原子间距离 r_{jk} 描述.气体中分子的取向任意,相应地强度函数 $I(S)$[(4.78)式]应该按球对称求平均.和(4.15)式类似,平均后得到

$$I(S)=\sum_{j=1}^N f_{jT}^2+\sum_{j\neq K}^{N,N-1}f_{jT}f_{kT}\frac{\sin 2\pi Sr_{jk}}{2\pi Sr_{jk}}.\qquad(4.81)$$

研究各种气体或蒸汽中自由分子的结构的最有效方法是电子衍射,因为电子和原子的互作用很强(f 绝对值很大,见4.8节).气体分子的电子衍射图样由几个弥散环组成(图4.39d).测定 $I(S)$ 后可以求得原子间距离 r_{jk},最后可得到分子结构模型.

非晶体凝聚系的散射和它们的有序度和对称性有关.设晶体的结构有序度逐渐降低,只保持近似的周期性(图1.22),这样的"傍晶"系统使倒易点阵中的点变得模糊,模糊的程度随格点离原点距离的增大而迅速增加,$F(S)$ 在某一 $|S_{max}|=1/R$ 处变为零.这里的 R 是有序化的平均半径,在此半径内物体中原子的位置间还保留着相关性.这些系统的结构和散射强度 $I(S)$ 的模糊程度显示出各向异性,在比较有序的方向上干涉峰比较"锐",在比较无序的方向上比较模糊.如果原子间距离函数由一套 $r_{jk}=r_j-r_k$ 给定,则可以根据(4.78)式或连续函数 $Q(r)$[(4.80)式]计算散射强度.

气体、液体、非晶态固体统计上是各向同性的,它们的结构可以用径向分布函数 $Q(r)$ 即 $W(r)$ 描述,$W(r)$ 给出原子按距离的统计分布,但不能给出有关特殊方向的信息(图1.22).这里 $I(S)$ 也是球对称函数,得到的是模量 S(矢量

S 的长度),并且(4.78)式中的指数函数可以由 $\sin2\pi Sr/(Sr)$ 代替. 它们的 X 射线、电子、中子衍射和气体分子衍射类似,都由一组很弥散的环组成(图 4.39).

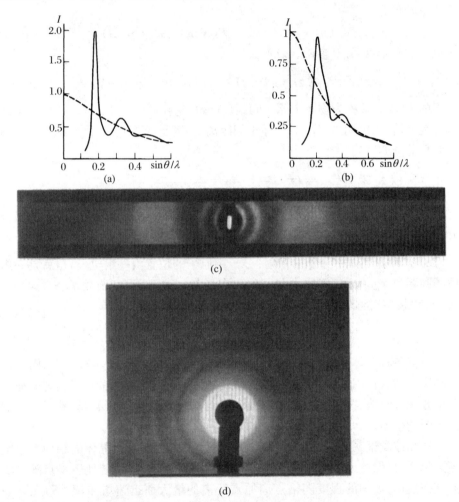

图 4.39 液体的衍射

(a) 液态铅的 X 射线散射强度 $I(S)$;(b) 锗的 $I(S)$,虚线是不相干散射强度;(c) 甲醇的 X 射线像(经 Skryshevsky 同意);(d) 甲苯气体的电子衍射图(经 Vilkov 同意)

4.4.3 柱对称系统:聚合物、液晶

$I(S)$ 函数的对称性依赖于决定 $Q(S)$ 的物体的对称性. 天然和合成聚合物的特有的有序度是指链状分子平行地堆积,但分子或分子团的方位角任意. 液晶也具有同样的分子的近似平行堆积. 这类物体统计上具有柱对称性. 它们的

$I(S)$ 也具有同样对称性,即在倒易空间中的一组多多少少模糊的环. S 矢量只需 2 个柱坐标: S_R 和 Z, Z 轴是倒易空间中的柱对称轴. 厄瓦耳球和这些环相交决定的衍射图样是一组排成层线的模糊弧状斑点(图 4.40). 层线间距离 c^* 和链状分子的周期 c 成反比.

将一般公式(4.44)变换成柱状坐标后可得到链状分子衍射的结构振幅

$$F(R,\psi,Z) = \sum_{n=-\infty}^{\infty} \exp\left[i\pi\left(\psi+\frac{\pi}{2}\right)\right]\int_0^\infty\int_0^{2\pi}\int_0^c \rho(r,\psi,z)$$
$$\times J_n(2\pi rR)\exp\left[-i(n\Psi)+2\pi\frac{zl}{c}\right]r\,\mathrm{d}r\,\mathrm{d}\psi\,\mathrm{d}z. \quad (4.82)$$

这里 r,ψ,z 是实际空间柱坐标, $R,\Psi,Z=l/c$ 是倒易空间柱坐标, J_n 是贝塞耳函数.

特别有趣的是螺旋分子的衍射. 这时进入(4.82)式的不是所有贝塞耳函数,而是符合下面的选择定则的一部分

$$l = mp + \frac{nq}{N}, \quad (4.83)$$

这里 l 是层线编号, p,q,N 是螺旋 $S_{p/q}N$ 的参量(2.7.3 节), n,m 是整数. 选择法则使螺旋分子衍射图显示出特色:反射斑点形成"斜交十字". 图 4.41 是这种分子的光学衍射图,卷 2 图 2.156 是 X 射线衍射图.

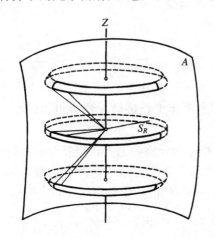

图 4.40 柱对称物体在倒易空间中形成的模糊环以及它们和厄瓦耳球 A 的相交

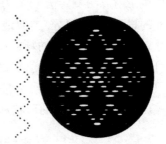

图 4.41 螺旋结构(左,对称性 s_{10})及其光学衍射图(右)

非晶体结构分析的要点是:由测得的强度的傅里叶变换得到柱对称 $Q(r)$ 函数(对聚合物)或径向分布函数 $W(r)$(对液体、非晶态固体、气体). 球对称时

和(4.15)式类似,得到

$$Q(r) = \frac{1}{2\pi^2} \int_0^\infty I(s) r^2 \frac{\sin sr}{sr} ds, \qquad (4.84)$$

这里 r 和 s 是球坐标.经约化后 $Q(r)$ 变为 $W(r)$.

柱对称时

$$Q(r, z) = 2 \int_0^\infty \int_0^\infty I(R, Z) J_0(2\pi rR) \cos(2\pi zZ) 2\pi R dR dZ. \qquad (4.85)$$

这里 r, z, R, Z 是实际和倒易空间的柱坐标,J_0 是零阶贝塞耳函数.原子间距离函数当然并不是结构,但它和结构紧密相连,而且可以给出许多有关结构的结论.我们在下面将较详细讲到,在晶体结构研究中也利用这种建立原子间距离函数的方法.

衍射实验给出的倒易空间中结构强度 $I(S)$ 的分布特征和散射物体的结构直接相关.物体愈有序,倒易空间中的强度分布愈有序、愈有"衬度",由衍射实验得出的信息愈精确.物体不那么有序,强度分布就变得"平坦"、模糊,衍射实验给出的信息也愈少.这并不是说,衍射实验的有效性变得差了,这里仅仅反应出一个事实,衍射和被研究的结构有序性在物理上对应.晶胞中有几百个原子时,描述晶体结构的参量达到 10^3—10^4 个,给出的倒易空间的 I_{hkl} 有几千个;描述液体结构的统计函数 $W(r)$ 只有几个峰,相应的 $I(S)$ 也很不明锐.

4.4.4　小角散射

不仅可以在原子水平上,而且可以在 1—100 nm 范围内利用衍射方法.我们可以用衍射方法测定分子量为 10^6 以上的生物大分子的形状、体积、大分子亚单元的相互位置,等等.类似地可以测定固溶体中超显微新像析出物的形状和尺寸、各种分散系统中的颗粒尺寸等.

可以把物体的电子密度(更确切地说,物体和介质的电子密度差)在一级近似下取为常数:$\rho(r) = \Phi(r) =$ 常数,并将物体外介质的电子密度(差)取为零. $\Phi(r)$ 给出颗粒(大分子)的形状和尺寸.这一物体的散射函数由(4.38)式给出

$$D(S) = \int \Phi(r) \exp(2\pi i S \cdot r) dV_r = \int_\phi \exp(2\pi i S \cdot r) dV_r.$$

$D(S)$ 可以有解析解或者数值解.由于 $\Phi(r)$ 从"衍射"角度看尺寸很大,函数 $D(S)$ 集中在 $|S| \to O$ 处,产生入射方向附近的小角散射.颗粒尺寸为 A 时,散射区尺寸为 $1/A$[(4.41)式],如 $A = 10$ nm,$\lambda = 0.15$ nm,$D(S)$ 的角范围 $\sim 1°$,而普通晶体散射的范围达 $90°$.

对零峰 $I_0(S) = K|D(S)|^2$ 的峰形分析要解决的任务是,从小角散射强

度得出物体的外形,即利用(4.41)式或类似的公式确定不同方向上粒子的尺寸.粒子取向常常是任意的,这使散射曲线叠加在一起,使粒子外形的测定复杂化.但粒子的另一些几何参量,如回转半径$\int \rho(r) r^2 \mathrm{d}V / \int \rho(r) \mathrm{d}V$、体积、表面积等可以从小角散射曲线单值地确定.小角散射实验可以绝对地测定微颗粒的分子量和链状分子单位长度上的质量.物体外形的细节可通过理论计算(给定几何外形的模型)和实验结果的比较获得.目前小角和中角衍射可以用傅里叶-贝塞耳变换(球坐标)解释.其逆问题也可以解决,即考虑物体对称性后从实验散射曲线得出电子密度的球面多极分量[4.28](图4.42).不均匀粒子(粉末、多孔体、固溶体中沉淀物)的平均尺寸和它们的尺寸分布也可以测定.

在透射束附近窄小区域内测量散射是一个复杂和特殊的任务,为此需要制造特殊的小角相机,它应保证能够从几分甚至若干秒角度起测量散射强度.

近年来除了 X 射线小角散射之外,中子和电子的小角散射工作也愈来愈多.

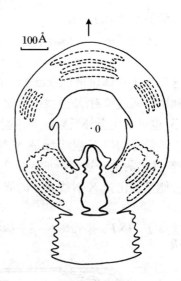

图 4.42 噬菌体 T7 的电子密度图(通过用箭头表示的柱对称轴的截面)

实线值 $0.38e/\text{Å}^3$(水合蛋白),虚线值 $0.42e/\text{Å}^3$(强水合 DNA),粗线值 $0.52e/\text{Å}^3$(弱水合 DNA)[4.29]

4.5 单晶 X 射线结构分析实验技术[①]

4.5.1 X 射线的获得和性质

X 射线是波长在 10^{-3}—10 nm 范围内的电磁波.晶体结构分析用的 X 射

---

① 4.5 和 4.6 节由 D. M. Kheiker 编写,参见 5.3 节.

线的波长约 $0.1\,\mathrm{nm}$.

X 射线的折射率 q 比 1 小, 但小得很少:

$$q = 1 - 1.3 \times 10^{-4} \rho \lambda^2, \tag{4.86}$$

这里 ρ 为物体密度 $(\mathrm{g/cm^3})$, λ 的单位为 nm. 由于折射率很接近 1, 所以不可能利用任何透镜对 X 射线进行聚集. 在 X 射线光学中通常用光阑限制光束的大小. 也可以用全外反射镜和衍射方法对 X 射线束进行聚集.

最常用的 X 射线源是 X 射线管 (图 4.43). 在 X 射线管中, 从热阴极 (钨丝) 发出的电子被电场加速后轰击金属阳极. 电子在阳极中急剧减速损失的部分能量转化为 X 射线光子的能量

$$h\nu = E_1 - E_2, \tag{4.87}$$

这里 E_1 和 E_2 是和阳极原子碰撞前、后的电子能量.

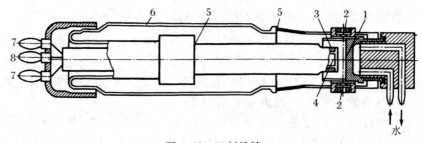

图 4.43 X 射线管

1. 阳极; 2. 窗口; 3. 聚焦杯; 4. 灯丝; 5. 金属玻璃密封; 6. 玻璃套;
7. 灯丝引线; 8. 聚焦电极引线

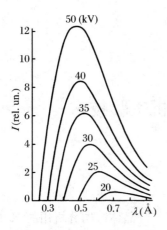

图 4.44 不同加速电压下钨靶的连续谱

电子损失全部能量 $(E_2 = 0)$ 时得到最高频率 $\nu_{\max}$ 或最短波长 $\lambda_{\min}$:

$$h\nu_{\max} = \frac{hc}{\lambda_{\min}} = E_1 = eU. \tag{4.88}$$

这里 U 是加速电压. 由于 E_2 可以取任何小于 E_1 的值, 因此连续谱长波一侧的限制来源于 X 射线管壁和空气对软 X 射线的吸收.

图 4.44 是钨靶产生的连续谱. 辐射总强度的公式可表示为

$$I = piU. \tag{4.89}$$

这里 i 是束流, $p = 1.1 \times 10^{-9}\,ZU$ 是电子束能量转化为 X 射线辐射的百分数, Z 是靶的原子序数, U 是加速电压. 连续谱的强度极大值大

约位于 $3\lambda_{\min}/2$ 处.

如高速电子的能量超过激发阈值,足以把内层电子从原子中电离出来,这时在连续谱背底上将出现标识 X 射线峰(图 4.45).原子中能量为 E 的外层电子填充内层空穴并发射光子

$$h\nu = E - E_0. \tag{4.90}$$

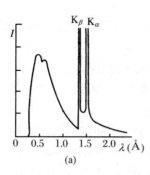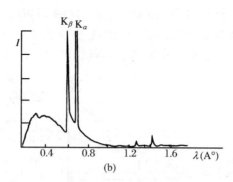

图 4.45　铜靶(a)和钼靶(b)的 X 射线谱

这个光子能量有特征性,它依赖于各个原子的能级.标识谱线分为 K,L,M,N,…系,对应于 K,L,M,N,…壳层电子的激发.在每个系中还有若干条线 $\alpha_1,\alpha_2,\cdots,\beta_1,\beta_2,\cdots$ 等,对应于跃迁下来的电子原来的不同能级.

电子的 L_{III}—K_I 跃迁产生的 K_{α_1} 线最强,靠近的 K_{α_2} 线(L_{II}—K_I 跃迁)弱一些.K_{β_1}(M_{III}—K_I 跃迁)的强度等于 K_{α_1} 的 15%—25%.其他线的强度更低,谱线频率和原子序数的关系遵循莫塞莱定律

$$\sqrt{\nu} = c(Z - \sigma), \tag{4.91}$$

这里 ν 是频率,Z 是原子序数,c 和 σ 是常数.

X 射线结构分析中最常用的单色辐射是铬($Z = 24$)到 Mo($Z = 42$)的 K_{α_1} 和 K_{α_2} 线,波长的范围是 0.23—0.07 nm.

阳极电流功率 $W = iU$ 时,标识谱强度 I_c 随 $(U - U_k)^{1.5}/U$ 增长,这里 U_k 是激发电压阈值,连续谱强度 I 则随 U 增长[(4.89)式].I_c/I 的值约在 $U = 3U_k$ 时达到极大值.

电子束能量的绝大部分消耗在靶的发热上,转化为 X 射线的部分小于 1%,转化为标识 X 射线的部分小于 0.1%.靶的发热限制了 X 射线管的功率,为提高功率需要使靶冷却.根据用途,X 射线管的结构和功率各不相同,焦斑(发射面积)从细聚焦管的几微米到普通管的几毫米,功率从 0.01 到 100 kW,在离光源 100 mm 处光子流强从 10^9 到 $10^{13}/\text{cm}^2 \cdot \text{s}$.

线焦点宽度愈小,散热条件愈好,焦点单位面积的功率愈大,X 射线源的亮度愈高.但此时总功率下降,光子通量密度也下降.例如焦点直径 40 μm、功率 20 W 的细聚焦管的比负荷达到 15 kW/mm^2,在 125 mm 处光子流密度是 0.006×10^{12}/(cm^2·s);在普通的 1 mm×10 mm 的 1.5 kW 功率的管子中比负荷是 0.15 kW/mm^2,125 mm 处光子流密度是 0.45×10^{12}/(cm^2·s).在水冷中空筒状转靶中管子的总功率和比功率可以增人 10—20 倍.

现代结构分析用 X 射线装置的电压最高为 60 kV,辐射的稳定性达 0.03%—0.3%.出射的 X 射线束经过准直和单色化.

最普通的准直系统由三个孔径(或狭缝)组成.第一狭缝从焦斑投影中划分出需要的一部分,第二狭缝限制入射到样品上的射线束的尺寸,第三狭缝阻挡第二狭缝上产生的杂散辐射(图 4.46).

晶体单色器的工作原理是布拉格-乌耳夫原理[(4.3)式],固定 d 和 θ 后晶体反射的谱范围很窄(其宽度依赖于镶嵌结构).

为改进聚焦,可使用弯晶聚焦单色器.单色器的光路图见图 4.47.弯曲的程度应保证发散入射束中所有光线入射角恒定,同时使反射束会聚于一点.这是可以做到的,例如弯曲晶体使它的表面圆弧的曲率半径等于聚集圆半径 r,同时使

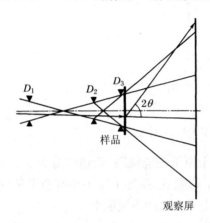

图 4.46　入射束准直器由 3 个孔径 D_1,D_2,D_3 组成

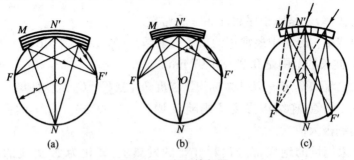

图 4.47　弯晶单色器

(a) 约翰逊法；(b) 约翰法；(c) Coshua 法. M. 弯晶, F. 实(或虚)焦点, F'. 衍射束聚集点, O. 聚集圆心, r. 半径, NN'. 晶体曲率半径

晶面曲率半径为 $2r$(约翰逊法),见图 4.47a,常用的单色器有完整的石英单晶、热解石墨等.

近年来利用电子回旋加速器及其储存环中的同步辐射作为强 X 射线源.在圆轨道上运动的电子发射准连续谱,其峰值 I_{max} 位于 $\lambda(I_{max})$ 处:

$$\lambda(I_{max}) = 0.235R/E^3 \quad (\text{单位为 nm}). \tag{4.92}$$

这里 R 是电子轨道半径(单位为 m),E 是电子的能量(单位为 GeV).当 $E = 2.2\,\text{GeV}$,$R = 6.15\,\text{m}$ 时,$\lambda(I_{max})$ 等于 $0.14\,\text{nm}$,这样的辐射很适合于 X 射线结构分析.同步辐射是在电子轨道平面内严格的偏振光,其出射方向是电子轨道的切线.经单色化后光子流密度可达 $10^{15}/(\text{cm}^2 \cdot \text{s})$,比高功率 X 射线管高二至三个量级.

在 X 射线学中还可以利用同位素源.这种同位素的核会俘获最近壳层上的 K 电子.外壳层电子跃迁到 K 壳层后发出标识 X 射线.这样的源既轻便又稳定,但强度低.穆斯堡尔谱源(^{125}Te,^{119}Sn 等)发出的相干 γ 光子的波长也适合于 X 射线分析.

4.5.2 X 射线和物质的相互作用

X 射线通过物质时发生下列基本过程:

1) 相干散射,产生衍射束,X 射线光子改变方向但不损失能量.

2) 非相干散射,光子既改变方向,同时又将部分能量传递给反冲电子(康普顿效应).

3) 吸收,光子的能量使光电子离开原子并具有一定的动能(光电效应).被激发的原子回复到基态时可以发射能量较低的光子(二次荧光),也可以发出俄歇电子(二次光电效应).

上述过程使一次束经过物质中的路程 l 之后强度降为

$$I = I_0 \exp(-\mu l), \tag{4.93}$$

这里 μ 是总衰减系数.

吸收系数近似和 λ^3 成正比,并近似和 Z^3 成正比.在这种关系上还需叠加上吸收(边)跳跃,光子能量超过吸收边能量后可以使某壳层电子电离,使吸收系数突然增大.

利用 Z 适当的元素制成的滤光片在 K 吸收边附近的选择吸收,可以在 X 射线图中减低短波长本底和消除 β 线(只保留 α 线).

现在讨论由电子引起的 X 射线的相干散射.根据经典电动力学,在入射 X 射线波的交变电磁场中自由电子将发生振动,其频率和电矢量振动频率相同,自由电子成为具有交变电矩的偶极子,即成为发射出同样频率的辐射源.振动

着的电子的辐射强度 I_e 在线偏振条件下为[见(4.7)式]

$$I_e = I_0 \left(\frac{e^2}{mc^2}\right)^2 \frac{1}{R^2} \sin^2 \varphi, \tag{4.94}$$

这里 I_0 是入射强度,φ 是散射方向和偶极间夹角,R 是离振动电子的距离.

如入射束偏振,$K_\parallel$ 和 $K_\perp$ 是垂直和平行散射面的偏振系数,此时电子的辐射强度为

$$I_e = I_0 \left(\frac{e^2}{mc^2}\right)^2 \frac{1}{R^2} (K_\perp + K_\parallel \cos^2 2\theta), \tag{4.95}$$

这里 2θ 是散射角 $(\varphi_\parallel = 90° - 2\theta, \varphi_\perp = 90°)$.

如入射束不偏振,则 $K_\parallel = K_\perp = 1/2$,

$$I_e = I_0 \left(\frac{e^2}{mc^2}\right)^2 \frac{1}{R^2} \frac{1 + \cos^2 2\theta}{2}. \tag{4.96}$$

一般假设晶体磁结构不会影响 X 射线的散射并且只能用中子衍射(4.11节)进行研究.实际上,X 射线和原子磁矩(原子有未配对电子)有相互作用,当然这种作用很弱(是电荷散射的 10^{-6} 倍),因此我们可以观察到铁磁体和反铁磁体的"磁"散射峰[4.30,4.31].

利用同步辐射后情况大为改善,特别有趣的是磁性 f 元素,如钬的吸收边磁散射[4.32].

4.5.3 X 射线的记录

X 射线散射图样的强度可用照相法或光子计数法测定.照相记录时底片同时或依次记录试样的不同角度的散射 X 射线,这是一种二维探测器.X 射线对照相底片的作用和可见光的作用相同,它们都使溴化银发生光化学分解.黑度 D 的定义为

$$D = \lg(J/J_0). \tag{4.97}$$

这里 J 和 J_0 分别是透过底片上受 X 射线照射区和未受 X 射线照射区的光强度.底片黑度绝对值在 0.3—1.2 间,和单位面积入射 X 射线光子数成正比.

肉眼估计黑度时可使用黑度标尺,它由一系列标准斑点组成,其黑度比是 $1 : \sqrt{2} : 2 : 2\sqrt{2} \cdots$ 或更小的比值,估计黑度时把 X 射线底片上的衍射斑和标尺进行对比.

光学显微光度计或显微光密度计可用来准确测定黑度,它把黑度或峰的轮廓记录成曲线.目前已有和计算机直接连接的显微光密度计.

记录 X 射线的另一种基本方法是衍射仪法,它使用的 X 射线光子计数器有电离室、闪烁体、半导体等类型.通常,计数器记录的是很小角范围内的射线

束,因此它是一种点探测器.

气体放电正比计数器和闪烁计数器用得最多,后者的发光晶体在 X 射线光子作用下发出的光经光电倍增管放大.Ge 或 Si 半导体探测器也可使用.

探测器的效率是记录到光子数和入射到探测器窗口处光子数之比,它可达 60%—98%.后面我们将更详细地介绍衍射仪装置.

4.5.4　单晶 X 射线结构分析步骤

单晶结构测定,即结构中原子坐标和其他参数的测定可分为两步:(1) 获得和处理衍射数据(包括对称性、晶胞的确定),(2) 用数学方法确定原子的坐标或电子密度分布.第一步将在本节和 4.6 节中讨论,第二步则在 4.7 节中讨论.

每一次 X 射线实验也分为两步:第一步是初步研究,包括点阵常数和对称性的确定、晶体位向的调整、镶嵌结构的确定以及吸收曲线的获得等;第二步是测定晶体一整套反射的积分强度.

须要指出的是,晶体取向测定和晶胞的精密测定可以是独立的任务.例如晶胞参数的测定被用来鉴定物相(以微晶形式存在),晶体取向测定可用来研究生长方向、外延、拓扑关系以及单晶体的应用问题,点阵参数精密测定可用来研究固溶体、热膨胀张量等.单晶体的 X 射线像可用来研究热漫散射,即晶体的声子谱.

X 射线研究之前有时须对样品进行挑选,并用光学测角仪和晶体光学方法进行初步观测.

单晶结构可以用单色光和多色(白)光进行测定.用单色光时,根据厄瓦耳图(图 4.13b),我们只能记录一个或几个反射,因此须要用各种方法使晶体依次进入不同的反射位置.用多色光时,厄瓦耳图是一系列连续的反射球,最小的半径为 $1/\lambda_{\max}$,最大的半径为 $1/\lambda_{\min}$,这样就可同时测得大量的反射.

4.5.5　劳厄法

此方法用平行多色光照射固定单晶得到 X 射线相.这种场合下,通常的厄瓦耳图可适当变一下,即用一个单位半径的球代替一系列连续的反射球(对应一系列不同 λ),同时连续变化 H_{hkl} 矢量的长度.这样倒格点就变成一段径向的线段,其长度为

$$q_{hkl} = \{H_{hkl}\lambda_{\min}; H_{hkl}\lambda_{\max}\}.$$

从图 4.48 可见,在 M 点上反射球和若干阶反射的线段相交,在 O_1M 方向上散射的 X 射线波长分别是 $\lambda_1 = OM/H_{hkl}$,$\lambda_2 = OM/H_{2h2k2l}$ 等,也就是一个衍射斑点中含有不同阶的 hkl 反射.

拍摄劳厄像的方法如下:钨或钼(有时用铜)靶的白光(包括标识谱)通过"点"

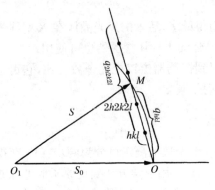

图 4.48 劳厄法的厄瓦耳图

准直器 $D_1 D_2$（图 4.49）射向样品，底片在样品后面得到的是透射劳厄像（图 4.49a），底片在样品前得到的是反射劳厄像（图 4.49b）. 后者适用于厚样品.

劳厄法主要用于晶体对称性和取向的测定，可应用于不同的场合，如机械加工前的定向、在其他相机拍摄前的定向等. 目前利用同步辐射白光快速收集积分强度数据的劳厄法已经得到广泛的应用，特别是在蛋白质晶体学中（5.3 节）.

从图 4.48 可以看出：底片上斑点

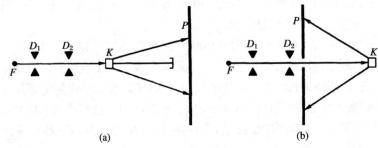

图 4.49 透射（a）和反射（b）劳厄像

位置和反射面族的法线方向之间存在简单关系. 利用心射切面投影把晶面法线投影到切面，此时晶面法线和反射线决定的面沿中心线和切面相交. 晶面法线投影 N_{hkl} 到切面中心 O_2 的距离在劳厄图上等于

$$O_2 N_{hkl} = 2\cot\theta = 2\cot\left(\frac{1}{2}\arctan\frac{OP}{L}\right), \tag{4.98}$$

这里 OP 是衍射斑和入射斑的距离，L 是样品到底片的距离.

对心射切面或极射赤面投影进行分析后并沿主轴获得劳厄像后，可测定晶体的倒易点阵的对称性. 一个晶带各个反射的分布在劳厄图上形成圆锥曲线（椭圆、抛物线或双曲线），它们的轴就是带轴. 转变到心射切面投影上晶带将由直线代表.

劳厄像的一个重要特性是：沿晶体的一个轴或对称面拍摄时得到的照像具有相应的对称素（图 4.50），可先在任意取向上拍晶体劳厄像找到主轴后，再沿主轴获得劳厄像以便最终确定对称性.

劳厄像是二维平面图样，因此它的对称性必定是 10 种二维晶体学群中的

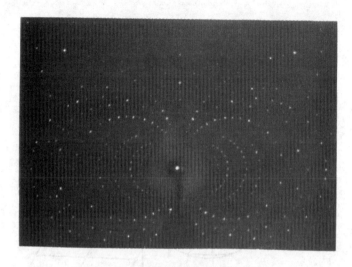

图 4.50 用未滤光 Mo 辐射得到的
$[C(NH_2)_3]_4[UO_2O_2(CO_3)_2] \cdot 2H_2O$
晶体的劳厄像
入射束和两个对称面的交线重合

一个.沿不同方向获得劳厄图后,就可以确定晶体的点群 K 是 11 种劳厄类中的哪一个,不管晶体的点群 K 有无对称中心,在倒易点阵对称性中"附加"上对称中心后就得到这个劳厄类(4.2.6 节).

从劳厄像最快速地测定取向和对称性的方法是利用光电转变器,它把衍射图样增强许多倍,使人们可以在显示屏上直接观察衍射图.还可以用计算机存储衍射图样、彩色显示并进一步加工,用二维探测器时也可以这样做.

4.5.6 转动晶体和回摆晶体法

这两种方法的原理是:晶体绕不与入射方向重合的轴转动时,它的倒易阵点将依次与反射球相交.照 X 射线像时,用平行单色光照射小单晶(0.2—1.0 mm),单晶绕垂直入射束的轴转动 $360°$ 或一个有限的 ω 角.调整晶体的取向使点阵的轴,如 a_1 轴和转动轴重合,此时倒易点阵的 $a_2^* a_3^*$ 平面和转动轴垂直.转动时这些所谓的层面和反射球相交成距离为 $1/a_1$ 的圆(图 4.51).由衍射线组成的圆锥的顶点位于反射球心,圆锥的轴和转动轴相重合.圆锥角是 $\pi - 2\nu$.底片可以是平的,但更好的形状是在圆柱相机中弯成绕转动轴的圆筒.这时圆锥和底片相交成层线(图 4.52).从层线间距离可由下式计算出沿转动轴的周期 a_1:

$$\nu_i = \arctan \frac{l_i}{R},$$

$$a_1^{-1} = \frac{\sin\nu_i}{i\lambda},$$

(4.99)

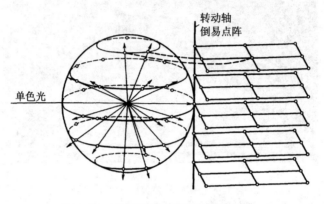

图 4.51　X 射线转动图样的厄耳瓦图

这里 l_i 为 X 射线像上第 i 层线到零层线的距离,R 为底片半径.

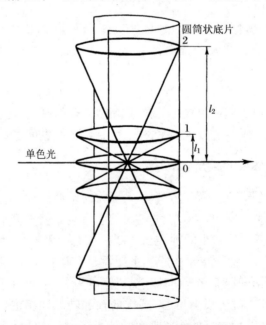

图 4.52　转动法中干涉圆锥和圆柱底片相交
形成层线

0,1,2 是层线号数

不仅坐标轴,而且其他指数简单的轴([110]、[111]等)都可以取作转动(或回摆)轴.

晶体转动时,由反射球旋转而成的超环面中的倒易点将依次到达反射位置;在层面上这些倒易点形成环,即超环面的截面(图 4.53).以小角度回摆时,到达反射位置的倒易点较少,这些倒易点位于层面的月牙状区域内.

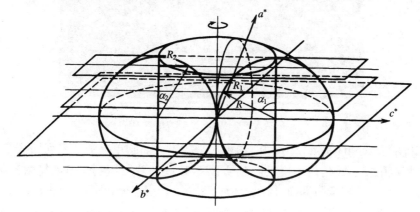

图 4.53 超环面内的倒易点在拍摄 X 射线转动相时依次到达反射位置
R 是反射球半径,R_1,R_2 是第一、第二层面和反射球的截圆的半径,α_1,α_2 是圆锥角

斑点到中心母线的距离与 γ 角成比例.用厄瓦耳图可以通过下式从 γ 确定倒易点圆柱坐标之一 ξ,即倒易点到转动轴的距离:

$$\cos\gamma = \frac{2 - \sin^2\nu - \lambda^2\xi^2}{2\cos\nu}. \tag{4.100}$$

这样从 X 射线转动图样可定出倒易点的两个圆柱坐标:ξ 和 ζ[等于 $\sin\nu$,参考(4.99)式];第三个坐标 φ(方位角)和发生衍射时的晶体转角 ω 有关

$$\varphi = \omega - \arcsin\left(\lambda\frac{\xi^2 + \zeta^2}{2\zeta}\right), \tag{4.101}$$

但确定不下来.在小晶胞条件下确定此坐标的方法是:在层面网格上画出由参数 a_2^* 和 a_3^* 计算出来的半径为 ξ 的圆,再把圆上倒易点的坐标 φ 和指数 h,k 赋予 X 射线图上的相应斑点.

图 4.54 是一张 X 射线转动像.一张指标化的图可以给出消光规律并可由此测定强度 I_{hkl}.但在大晶胞条件下,倒易晶胞很小,层线上的某些斑点重叠,不能得到唯一的指标.

在小的 ω 范围内得到的 X 射线回摆像排除了指标化中的重叠和不明确的问题.从一系列回摆像中可以得到一整套结构研究所需的强度值.有好几种特

图 4.54 白钛硅钠石的 X 射线转动像,MoK$_a$ 线

殊相机(如 Arndt-Wonnacott 相机)可用来拍摄大晶胞单晶的一系列回摆像.在这些相机中在小转角内各层线被记录下来.这些底片可以利用自动显微光密度计进行测量,光密度数据由计算机处理.图 4.55 是用 Arndt-Wonnacott 相机获得的一张 X 射线像.

图 4.55 蛋白质过氧化氢酶青霉素活体单晶的回摆
     X 射线像

$a = 14.4$ nm, $c = 13.4$ nm;回摆角 0.6°,CuK$_a$,转角为
c;晶体、底片距离 75 mm(经 Melik-Adamian 同意)

4.5.7 移动晶体和底片法

晶体转动时移动底片可以使层面上的反射沿第三个坐标分开,从而排除衍射斑点重叠和指标的不确定.在外森伯相机或 X 射线测角仪中的几何布置和转动相机是类似的,但是只有一个衍射线圆锥(对应一个层面)可以通过圆柱屏上的窗口(图 4.56).

在晶体转动的同时圆柱底片沿转动轴运动(图 4.56).底片上沿母线量出的坐标直接给出晶体转角 ω 的值.屏上窗口的位置决定角 ν 和坐标 ζ,根据底片上的两个坐标可算出柱倒易点的柱坐标 ξ 和 φ[利用(2.100),(2.101)式].点的直角坐标为

$$Z^* = \zeta, \quad X^* = \xi\cos\varphi, \quad Y^* = \xi\sin\varphi.$$
$$(4.102)$$

反射面指数(或倾斜晶体轴中倒易点的坐标)由(3.42),(3.43)式得出.

由于 X 射线测角仪一次只记录一个层 ν 线,所以入射线可相对转动轴转一个角 $\mu = -\nu$,对不同层这个角不同.图 4.57 是这种等角倾斜布置的侧视图.由于这样的倾斜使原先能产生衍射的层面上环状区(图 4.53)变为一个圆.即消除了中间的死角区.在不同层面不同等角倾斜下获得的 X 射线图可使可倒易空间中原先能产生衍射的超环面区域扩大为半径为 $2/\lambda$ 的球.这就是说,原则上等角倾斜相机

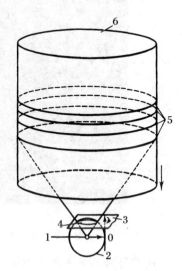

图 4.56 外森伯方法
1. 入射束;2. 反射球;3. 第 n 个倒格面;4. 此面和球的截面;5. 截面的投影;6. 运动的圆柱状底片

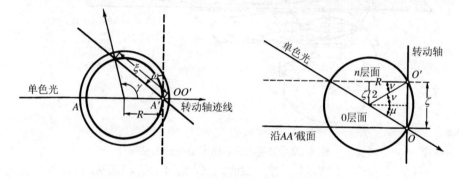

图 4.57 等倾角外森伯方法的厄瓦耳图

消除了倒易空间的死角(不能记录)区.图4.58是外森伯型 X 射线测角仪中得到的 X 射线像.

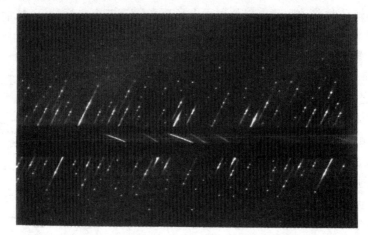

图 4.58 K$_2$HSO$_4$(IO$_3$)的外森伯 X 射线图(MoK$_\alpha$)

还有另外一些方法可以记录层面,其中之一是:底片在自己的平面内转动,其转动轴平行晶体的转轴(德荣-布曼方法),它被用来获得倒易点阵的像(图4.59).如晶体转动轴到底片转动轴的距离选得适当,底片上得到的倒易点阵层面的无畸变的像(图4.60).这时必须做到:底片转动轴相对底片和衍射锥的截圆的位置相似于晶体转动轴相对层面和反射球的截圆的位置.由于指标化简

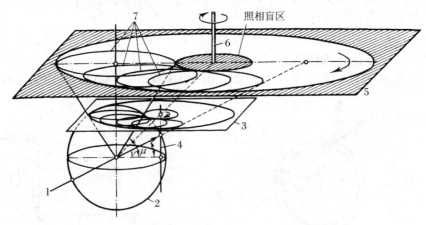

图 4.59 倒易点阵平面无畸变像的获得

1. 入射束;2. 反射球;3. 第 n 层倒易点阵面;4. 晶体转动轴;5. 底片;
6. 底片转动轴;7. 截面的投影

单,这种照相特别适宜系统消光的确定.

图 4.60 在倒易点阵面相机 (CPRL) 中得到的
KScGe$_2$O$_6$ 单晶的 X 射线像
Mo 靶,衍射图和倒易点阵的无畸变像对应

在伯格进动相机中采取的方法是:晶体和底片作相关的进动运动(图 4.61),得到的 X 射线像见图 4.15.这里反射圆相对层面的运动和倒易点阵面相机(图 4.59)中相同,不同的是后者的反射圆在空间是固定的,而进动相机中反射圆在反射球上运动,X 射线图样是和测角头轴平行的无畸变倒易点阵面的像(图 4.15).

观察劳厄像和 X 射线转动相的衍射图样,可以确定晶体的取向和晶胞.

由所有这些方法得到的 X 射线照像上的衍射斑有确定的形状和大小,它们和晶体的形状、镶嵌结构、衍射几何以及不同的仪器功能有关.扣除背底后得到的积分衍射强度,即整个衍射斑面积内的积分黑度(接收到的光量子数)和 $|F|^2$ 成正比.

积分强度由(4.63)式给出:

$$I_{kil}^{\text{int}} = I_0 \left(\frac{e^2}{mc^2}\right)^2 pL \frac{\lambda^3}{\dot{\omega}} \frac{V}{\Omega^2} \mid F_{hkl} \mid^2 B \mathscr{E} G. \tag{4.103}$$

式中的洛仑兹因子 L 用来处理不同方法的几何.例如,对倾斜 X 射线测角仪它等于

$$L = (\cos\mu \cos\nu \sin\gamma)^{-1}. \tag{4.104}$$

目前对衍射斑的人工指标化和对强度的肉眼估计已经被计算机自动控制

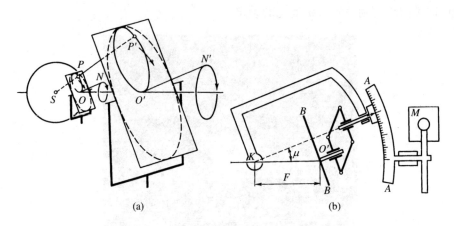

图 4.61　进动相机中倒易点阵无畸变像的获得

(a) 示意图；(b) 机构图. O. 倒易点阵原点；S. 反射球心；P. 倒易格点；P′. P 的像；N. 记录到的倒易面法线；N′. 底片法线；M. 马达；AA. 调节入射束倾角的弧；BB. 底片；K. 晶体；F. 晶体-底片距离；O′. 底片上的斑点（和倒易原点对应或和它在 i 层面上的投影对应）

的光密度计所取代.除了测出实验积分强度外,计算机可完成初步加工,在考虑角因数后把 I^{intg}_{hkl} 转化为 $|F_{hkl}|$.这种仪器对转鼓上的 X 射线底片全部面积进行扫描.测量的像元数可达 10^6—10^7.

计算机程序能提供精确的 β_{ik} 矩阵[(3.43)式]、晶胞参数和晶体取向（根据若干衍射斑）,给出不同 hkl 斑点的计算位置,对斑点周围一定范围进行强度积分,以及确定并扣除背底.

另一种显微光密度计依次测量 X 射线平底片上各个斑点的区域,把斑点送到仪器的光轴上以 50—100 μm 的间隔扫描,即每个斑点约测 100 个像元.光密度计的最慢测量速度是每个斑点需 2—3 s,测量整个底片需几分钟.照相法测量的光子数是 10^2—10^3/s,准确度 3%—5%.

4.5.8　单晶 X 射线衍射仪[①]

X 射线衍射仪用闪烁或正比计数器作探测器,使测量光通量强度的范围扩展为 10^{-1}—10^6/s、准确度约为 0.5%—1%.

有倾斜装置的衍射仪的几何和外森伯 X 射线测角仪类似（图 4.57）.将计数器倾斜 ν 角后可把倒易层面分离出来.探测器转轴 γ 和晶体转轴 ω 重合,绕

---

① 参考 5.3 节.

轴转 γ 角使探测器入射光阑和衍射束重合(图 4.62a).

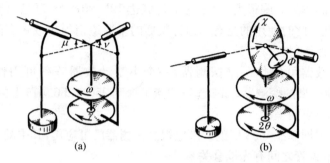

图 4.62 衍射仪上配置的角度

(a) 倾斜法；μ,ν 是入射束和衍射束倾角；ω,γ 是晶体、计数器绕测角仪主轴的转角. (b) 赤道法：Φ 为晶体绕测角头轴的转角；χ 为 Φ 轴的倾角；ω 为 χ 圆的转角；2θ 为探测器转角

在赤道法四圆衍射仪(图 4.62b)中探测器处于赤道平面内，测角头的轴可以倾斜 χ 角. 绕测角头转轴转 Φ 角可使倒易点到达入射、衍射线组成的$(180°-2\theta)$角的分角面. 测角头轴转动 χ 角后使倒易点到达$(180°-2\theta)$角的分角线. 计数器转 2θ 使 $2\sin\theta/\lambda = H_{hkl}$ 条件得到满足，此时分角面转角自动地转 $\omega = \theta$ 角. 上述使晶体(hkl)面到达衍射位置、计数器到衍射束位置的方法被称为倾斜法. 这种方法中各角度的值如下：

$$\Phi = \varphi, \quad \chi = \rho, \quad \omega = \theta,$$
$$2\theta = 2\arcsin\left(\lambda\frac{H_{hkl}}{2}\right), \tag{4.105}$$

这里 φ,ρ 和 H_{hkl} 是倒易点的球坐标.

衍射仪中也可利用晶体转动法，此时测角头轴处在水平位置，晶体绕测角头轴转角 Φ 后使倒易点到达赤道面，绕垂直轴转角 ω 后使它到达$(180°-2\theta)$角的分角线，这种方法中各角度的值如下：

$$\Phi = \varphi + 90°, \quad \chi = 90°, \quad \omega = \theta + 90° - \rho,$$
$$2\theta = 2\arcsin\left(\lambda\frac{H_{hkl}}{2}\right). \tag{4.106}$$

一般情形下，Φ,ω,χ 和 2θ 都可以变. 我们还可以增加一个衍射面绕法线转动的方位角 ψ.

此外，κ 测角仪中不用 χ 圆，换了另一个转动轴，它和 ω 轴的夹角小于 $90°$.

自动衍射仪中晶体和计数器的角度设置由跟踪系统完成，它的角度编码器准确度一般为 0.01°—0.02°.一个衍射积分强度的平均测量时间约 1 分.

蛋白质晶体的晶胞很大,给出的衍射斑达 10^4—10^5 个.现已可能同时测量 10—20 个衍射,此时使用的是有一组计数器的多通道衍射仪或带有阵列或位敏探测器的坐标衍射仪.

一列计数器可用作一维探测器,一个小型计数器阵列可用作二维探测器[4.18].其他类型的探测器,如多丝正比室可探测 256×256 方阵上的强度,用延迟线确定衍射束的坐标.

装有薄闪烁多晶 ZnS 屏的二维电视型探测器已可应用,其中的屏和光电亮度增强器、电视管之间有光耦合关系.

当晶胞参数达 10 nm 时,一维探测器使衍射仪效率比单道衍射仪提高 10 倍,二维探测器则使效率提高 100 倍或更多倍.

4.5.9　晶体取向、晶胞和强度的衍射仪测定

计算机控制的四圆衍射仪可以迅速、准确地测定取向和晶胞.

首先系统地研究倒易空间某一区域后找出若干个衍射,具体做法是相继地改变设置的角或把照相法结果和衍射仪的结果结合起来.再通过在所有角度下相继测定峰的中心点,使晶体的设置角准确地处于各个圆上.首先确定圆柱坐标,$\xi = H_{hkl}\cos\chi$,$\zeta = H_{hkl}\sin\chi$,再按(4.103)式得到倒易阵点的正交坐标(X^*,Y^*,Z^*).

在倒易空间对点阵进行分析的步骤如下.测量 5—15 个 H_i 矢量($i = 1,\cdots,N$),由这些起始矢量的差得到一系列导出矢量 $H_j = H_i - H_k$.把所有这些矢量按绝对值大小排队,从中选出 3 个最小的不同面的矢量为 a^*,b^*,c^*.这 3 个矢量确定(3.43)式中的 α_{ik} 矩阵.α_{ik} 的反演给出 β_{ik} 矩阵(3.31)式,由 β_{ik} 轴在正交轴上投影的分量可得出试探用晶胞.

利用这样得到的 a,b,c,按照 p_1,p_2,p_3 增大的次序把试探点阵的格点进行排队,由计算机选出可以作为晶胞边长的径矢 $t_{p_1 p_2 p_3}$,它们将给出对所有原先 X^*,Y^*,Z^* 适用的近整数的米勒指数

$$h_i = \beta_{i_1} X^* + \beta_{i_2} Y^* + \beta_{i_3} Z^*.\tag{4.107}$$

例如

$$k = b_x X^* + b_y Y^* + b_z Z^*.$$

最终的 a,b,c 以及 hkl 还需要对 $t_{p_1 p_2 p_3}$ 的值以及设定的晶胞边之间的夹角进行分析后才能选定.

由最终选定的 a,b,c 得出的 β 矩阵包括晶胞的 6 个参数

$$a = \sqrt{[M]_{11}}, b = \sqrt{[M]_{22}}, c = \sqrt{[M]_{33}},$$

$$\alpha = \arccos \frac{[M]_{23}}{bc}, \beta = \arccos \frac{[M]_{13}}{a}, \quad (4.108)$$

$$\gamma = \arccos \frac{[M]_{12}}{ab},$$

这里 $M = \beta\beta^{tr}$(β^{tr} 是转置矩阵). 用最小二乘法作精细调整, 使格点的实验和计算坐标符合得更好.

在计算机控制的衍射仪中这些步骤可自动进行, 随后计算机给出晶胞参数、用得到的 α 矩阵算出正交坐标 X_i^* [(3.42)式]、球坐标以及晶体和计数器的设置角. 衍射仪还可把晶体和计数器按需要的取向调整好以便进行下一步的测量.

为了测量积分强度, 在衍射仪上首先测定晶体的镶嵌结构和透射曲线. 随后按计数和控制程度进行下列操作:

1) 计算测量积分强度时用的设置角和参数;

2) 考虑到仪器不同部件有不同速度, 选定最佳组合后设定晶体和计数器的转角; 选定衰减滤光片;

3) 估计积分强度并调节峰和背底的测量, 排除弱衍射的测量和理论计算;

4) 测量积分强度;

5) 进行各种校正和检验;

6) 按照衍射强度对测量结果进行初步加工和优化.

从实验得到的衍射函数是晶体衍射函数和仪器、测量条件不完善引起的一系列仪器函数的卷积. 这些函数牵涉到入射束的发散、使用的辐射的范围、样品的镶嵌块结构和样品的有限尺寸等. 总之, 衍射强度与积分强度 $I_{积}^{衍}$ [(4.103)式] 成正比. 考虑仪器函数后我们可进一步确定实验的所有参数以及倒易阵点周围的扫描范围.

确定背底的最常用的方法是在衍射峰范围以外进行测量, 再线性内插到峰下面得到背底的积分. 背底的误差来自它的非线性.

制备确定形状 (球、柱、平行六面体) 的样品后就可以考虑吸收, 为此可查吸收积分表. 另外的方法是输入样品的形状、大小和吸收系数或输入晶体绕衍射面法线旋转时的实验穿透曲线由计算机计算吸收.

(4.103) 式中的消光校正因子 $\mathscr{E}$ 是用运动学近似计算衍射积分强度时得到的, 实际值处于运动学近似值和动力学近似值之间 (4.3 节), 它和晶块平均尺寸、晶块取向角分布有关, 可以通过计算 $|F_H|$ 并比较弱和强 (吸收校正重要的) 的实验 $|F_H|_{obs}$ 或其他方法来确定这个校正因子.

虽然夫里德耳定律[(4.52)式]是正确的,但是我们通常还是既测 hkl,又测 $\bar{h}\,\bar{k}\,\bar{l}$ 衍射强度以提高准确性.此外,在存在异常散射原子时,实验上常可测得 $|F_H|$ 和 $|F_{\bar{H}}|$ 的差别.这种差别可用来进行结构分析.

X 射线实验的自动化使光密度计或衍射仪的测量速度大大加快、准确度显著提高.在光密度计中不可能通过反馈优化实验,因为在底片冲洗前 X 射线相机中的实验已经结束.衍射仪则相反,它可以通过反馈改进实验.不仅如此,衍射仪强度测量的准确度也更高.照相法的优点是实验结果可以保存(X 射线底片可以重复处理).

结构分析自动化系统使中等复杂结构(晶胞内的独立区含 80—100 个原子)的实验时间降为一两个星期.自动化实验系统可以通过接口通道和大型计算机联起来并在计算机中进行结构分析.

4.6　多晶材料的 X 射线研究

4.6.1　用途

我们研究的材料常常不是单晶体.在许多天然和合成的技术上重要的材料中晶态的形式是多晶体和粉末,很重要的一点是要在这种原来的状态下研究它们的结构和性能.多晶材料由大量小晶体组成,它们可以紧紧地结合在一起(如金属、合金、许多矿物和陶瓷材料),或者以细粉形式存在.多晶材料还可以由不同相的小晶体组成.

多晶样品的 X 射线研究的用途有:

1)测定未知相的晶胞;

2)分析简单的结构;

3)相分析:定性相分析,和卡片上的 d_{hkl} 和 I_{hkl} 进行对比、鉴定矿物和合金中的晶态相;定量相分析,确定复相材料中各相的量以及研究相变;

4)通过测定衍射峰轮廓,确定样品中晶体或晶粒的平均尺寸或它们的分布;

5)通过测定峰轮廓和位移,研究样品中的内应力;

6)研究织构,即测定并描绘多晶样品中的从优取向.

如果样品中小晶体在各个可能的空间取向上的几率相等,这就相当于一个小晶体的球对称转动,在倒易空间中,这相当于 H_{hkl} 占据了以 H_{hkl} 为半径的球面上所有的位置.因此多晶样品在倒易空间中可以用一套半径为 H_{hkl} 的球代表,每个球有一个和 $|F_{hkl}|^2$ 成正比的权重.

对应于一束平行单色光有一个半径为 $1/\lambda$ 的反射球.反射球和倒易点阵同心球相交形成一系列圆.由反射球心出发的衍射束组成一套顶角为 4θ[等于 $4\arcsin(\lambda H_h/2)$]的圆锥.由厄瓦耳图清楚地看到多晶样品同时产生所有的 hkl 衍射束.多晶的 X 射线像常被称为德拜像.面间距由布拉格-乌耳夫公式 $d_{hkl} = \lambda/(2\sin\theta)$ 决定.

4.6.2 多晶样品相机

在德拜-谢乐相机中底片弯成圆柱形,它的轴与细杆状样品重合.这样的布置使底片和所有衍射圆锥相交成弧,即一系列四次曲线.从德拜相上中心对称的 2 条弧线的距离 l_{hkl} 可容易地得到 θ 角

$$\theta_{hkl} = \frac{l_{hkl}}{4R} \frac{180^\circ}{\pi},\qquad(4.109)$$

这里 R 是相机半径.图 4.63 是 $\alpha\text{-}SiO_2$ 的德拜像.

在德拜-谢乐相机中粉末样品通常做成杆状,制备的方法有:把样品粉末挤紧在毛细管中,或把粉末粘在玻璃纤维上.晶体必须尽可能小(不大于 0.01 mm),否则混乱取向的数目将不够,H_{hkl} 球将不会被格点填满,德拜弧线将由间断的片断组成.为了增加晶体的取向以形成连续弧线,实验中常使样品绕自身的轴转动.还有些相机可使样品绕 2 个轴转动,这样即使一个小晶体也可产生德拜像.

要使 X 射线像的分辨率高、θ 角的准确性好,杆状样品应愈细愈好,入射束愈平行愈好,但这时德拜相机中的照度显著降低,曝光时间显著增长.塞曼-玻林、普雷斯顿和纪尼埃聚焦相机克服了这一缺点.

塞曼-玻林和普雷斯顿聚焦相机见图 4.64.狭缝(光源)、弯曲样品和底片都位于圆柱面上.聚焦原理是在圆中同一段弧所张的圆周角相等.从样品不同点反射的射线近似会聚到一条锐线上,线的位置 l_{hkl} 从光源中心点算起,$\theta_{hkl} = l_{hkl}/(4R)$,这里 R 是聚焦圆半径.这种聚焦方式不能记录 $\theta < 15^\circ$—20° 的衍射.

如果束发散度不超过 1°—2°,可以用与聚焦圆相切的平样品代替弯曲样品.当底片放在以样品中点为圆心,R 为半径的圆上,可以得到一条聚焦的衍射线,此线到样品中点的距离等于 R.这种聚焦被称做布拉格-布伦塔诺非对称聚焦.如 X 射线源(或狭缝)放在离样品中点 R 处,得到的是布拉格-布伦塔诺对

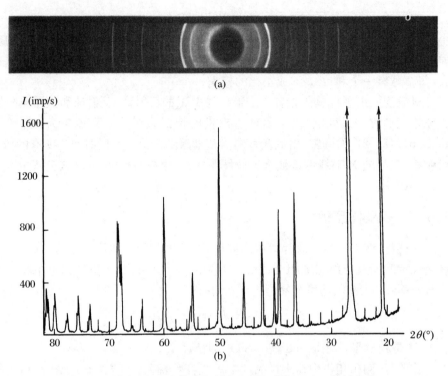

图 4.63 由相机(a)和粉末衍射仪(b)得到的 α-SiO_2 的德拜像

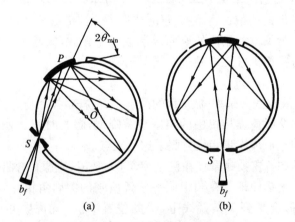

图 4.64 聚焦相机示意图

(a)塞曼-玻林相机;(b)背聚焦相机(普雷斯顿相机);b_f 为焦点投影宽度,s 为入射狭缝;p 为样品

称聚焦(图 4.65).

X 射线相的最简单的处理是测定衍射线间距离、转换到 θ 值、按布拉格-乌

耳夫公式得出 d_{hkl} 以及肉眼估计强度.

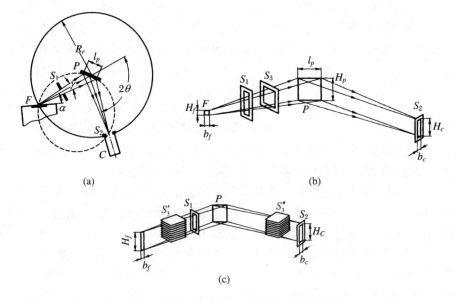

图 4.65 衍射仪的布拉格-布伦塔诺聚焦光路

(a) 赤道面；(b) 线焦斑；(c) 点焦斑、S_1, S_3 为入射狭缝；S_2 为计数器 C 前狭缝；α 为入射束选取角；γ 为发散角；H_f, b_f 为焦斑 F 尺寸；H_c, b_c 为计数器前狭缝尺寸；H_p, l_p 为样品 p 的尺寸；R_r 为测角计半径

德拜相的显微光密度测量（沿垂直衍射线的一条直线进行）同时给出衍射线位置、强度和轮廓.

4.6.3 德拜相的指标化和衍射线强度

从德拜相定晶胞时首先要指标化,即确定每一衍射线的 hkl 指数.原则上指标化问题总是可以解决的.在最一般的三斜晶胞情形下 d_{hkl} 由 6 个参数决定：3 个周期和 3 个角度.从 6 个一般的 H_{hkl}^2 式子得出 6 条线的指数后,就可以确定晶胞参数.但指标化问题会遇到下列障碍：德拜相上通常不出现弱结构因子 F 的衍射以及许多衍射（通常是小面间距的衍射）混在一起.这些事实特别使大的低对称晶胞的指标化很困难或不确切.

高对称晶体的指标化比较简单.对立方晶体,

$$\sin^2 \theta_{hkl} = \frac{\lambda^2}{4a^2}(h^2 + k^2 + l^2). \tag{4.110}$$

由此可见,立方晶体的上述值和一系列整数成比例,对于初基晶胞它们是

$1:2:3:4:5:6:8:9:10\cdots$，对面心立方晶胞它们是 $3:4:8:11:12:16:19\cdots$，对体心立方晶胞它们是 $2:4:6:8:10:12:14\cdots$. 如果一张 X 射线像不能用立方晶胞指标化，则可用六角或四方晶胞试探. 对这两种晶胞可以利用赫耳图进行指标化，此图给出 $\lg d_{hkl}^2$ 随 c/a 变化的曲线. 在正交晶体中利用的是 $H^2[=(d^{-1})^2]$ 之差

$$H_{h_i k_i l_i}^2 - H_{h_j k_j l_j}^2 = \left(\frac{h_i^2}{a^2} + \frac{k_i^2}{b^2} + \frac{l_i^2}{c^2}\right) - \left(\frac{h_j^2}{a^2} + \frac{k_j^2}{b^2} + \frac{l_j^2}{c^2}\right), \quad (4.111)$$

按照毕达哥拉斯定理，由上式得到的数列与衍射线的数列是等效的.

最常用到的平方差具有 h^2/a^2 或 k^2/b^2 或 l^2/c^2 的形式，它们与正交基矢 H_{h00}，H_{0k0} 和 H_{00l} 对应，由这些平方差可确定参数 a,b,c.

类似的方法可用来分析单斜晶体. 已经提出了一系列确定低对称晶胞的算法. 检验计算的与实验的 d_{hkl}^2 是否相符后，可对指标化进行校正. 必要时可通过 (3.51)—(3.57)式把得到的晶胞约化成标准的形式.

使用计算机进行指标化使上述计算大为加快，但不能消除上述困难.

德拜相上 hkl 衍射线的积分强度等于沿 θ 轴测得的谱线轮廓的面积. 在半径为 H_{hkl} 的球上，即在给定的衍射峰中，所有对称等同的倒易点（或所有晶体学等同晶面的衍射）重叠在一起. 这种晶面的数目和晶体的对称性有关并被称做多重性因数 p；它和晶体单形的面数相等（见表 3.1—3.4），所以它依赖于晶面指数和晶体对称性. 多重性因数的值是 48,24,16,12,8,6,4,3,2, 和 1. 对称性低时，d_{hkl} 相等、$|F_{hkl}|$ 不等的衍射可以在德拜像的一条线上重叠；d_{hkl} 偶然地相等的衍射线也重叠在一起.

德拜线的强度为

$$I = I_0 \left(\frac{e^2}{mc^2}\right)^2 \frac{1 + \cos^2\theta}{32\pi r^2 \sin^2\theta\cos\theta} \frac{\lambda^3 V}{\Omega^2} |F_{hkl}|^2 pB\mathscr{E}G. \quad (4.112)$$

这里，r 为平板底片上德拜环的半径. 我们已经说过，结构简单时，从德拜像得到的一套 I_{hkl} 就可以用来完全地定出结构.

4.6.4　多晶样品的衍射仪

在单道多晶 X 射线衍射仪中照相底片被带有一个入射狭缝的探测器所代替. 常用的探测器是闪烁计数器或正比计数器. 衍射图样是在保持布拉格-布伦塔诺聚焦条件下利用不断转动的探测器依次记录的. 计数器狭缝 S_2 和辐射源（靶焦斑的投影）F 位于测角仪半径为 R 的圆上，平板样品 p 的表面通过圆心（图 4.65）. 计数器转过 2θ 角时样品同时转动 θ 角，使样品表面始终与聚焦圆相切. 这个聚焦圆的半径 r 不断变化，其表达式为

$$r = \frac{R}{2\sin\theta}. \tag{4.113}$$

测角仪可配备转动或回摆粗晶粒样品附件、织构测定附件、小角散射附件和高、低温附件.保持塞曼-玻林聚焦(图 4.64)条件的多道衍射仪可以同时用几个计数器记录几个衍射线,装有阵列探测器的衍射仪可记录整个 X 射线图.

用白光可从多晶样品得到许多套 hkl 反射.把脉冲高度分辨率高(1.5%—3%)的半导体探测器放在固定的散射角 $2\theta_c$ 处,在不同通道中按不同的光子波长积累脉冲计数,利用多道分析器记录以 λ 为参量的衍射谱,从这个谱中由布拉格-乌耳夫公式得到晶面间距 $d = \lambda/(2\sin\theta_c)$.这种方法对例如高压或高温实验是很方便的,因为实验时只需将若干衍射束在一个方向上通过狭缝从测角仪引出.

多晶衍射仪的衍射峰强度的表达式为

$$I_{hkl} = I_0 \left(\frac{e^2}{mc^2}\right)^2 pL \frac{\Omega\lambda^3}{\dot{\omega}} p_{hkl} A \frac{S}{v^2} F_{hkl}^2 \frac{1}{\rho_i}, \tag{4.114}$$

这里 S 是入射束的截面,p_{hkl} 是多重性因数,$A\approx 1/(2\mu)$ 是布拉格-布伦塔诺聚焦条件下平板样品的透射因数,ρ 是材料的密度,L 是洛仑兹因数,$\dot{\omega}$ 是样品的转动角速度.

为了描述影响衍射峰位置和轮廓的各种因素和估计测量误差,可以引入仪器函数.多晶材料的 Rietveld 分析很重要,见 5.5 节.

4.6.5 相分析

X 射线像分析在矿物学、金属学和材料科学中都有应用,这是一种广泛的快速的实验方法.它的根据是每一种相的 X 射线粉末相有一套独特的 d_{hkl} 和 I_{hkl}.多相样品的 X 射线图是各个相 X 射线图的叠加.

相分析有照相法和衍射仪法等.有专门的手册收集相分析所需的数据.最完整的 X 射线数据是 ASTM 卡片库[①].目前已经有了几种版本的自动定性相分析计算机检索程序.

定量相分析的根据是一个相的衍射强度依赖于它的含量 x_j.一般用粉末衍射仪进行定量相分析.这时强度公式(4.114)可改写为

$$I_j(hkl) = I_0 m_j(hkl) \frac{S}{2\mu} \frac{\Omega}{\dot{\omega}} \frac{x_j}{\rho_j}, \tag{4.115}$$

这里的 $m_j(hkl)$ 是 j 相 hkl 面的反射本领.由此式可知 I_j 和 x_j/ρ_j 成正比.进

---

① 现已改称 PDF 卡片.——译者注.

行吸收修正后可以从测量的 I_{hkl} 值定出 x_j 值.

4.6.6 织构研究

"真正的"多晶样品中晶体各种取向的几率相等；虽然单个小晶体的性质各向异性，但是多晶体统计上是各向同性的. 然而，在不少场合，如在一定取向的场中生长晶体、对金属进行塑性形变(轧制、拉拔等)、小晶体呈丝状或片状时，小晶体将择优取向，形成织构.

可以用某 hkl 晶面法线 H_{hkl} 在球面上的分布描述择优取向. 这种分布被称为"极图"，以 ρ 和 φ 为坐标. 根据照相法和衍射仪法得到的数据，一般按照某几个特殊取向，如[100]，[010]和[001]作出极图.

在衍射仪中固定探测器和样品时，测得的衍射强度值与入射、衍射方向夹角($180° - 2\theta$)分角线上晶面法线的密度成正比. 为了得到与样品表面法线夹角为 ρ 的方向的数据，样品表面法线必须偏离上述分角线. 依次改变 ρ 后缓慢旋转样品测定给定晶面的衍射图，就可以得到极图，因为此衍射图给出的是衍射强度和 φ 的关系. 目前已有自动研究织构的衍射仪. 图 4.66 是轧制织构的极图.

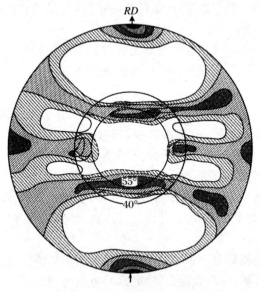

图 4.66 Fe－Si 合金的[110]极图

不同区域的标记表示不同的晶面法线密度(以无织构时为 1)，1. $<1/2$；2. $1/2\sim1$；3. $1\sim2$；4. $2\sim4$；5. 8；6. >8；RD 为轧制方向

4.6.7   晶粒尺寸和内应力的测定

多晶 X 射线相上衍射线的宽度和轮廓和晶粒尺寸有关.从(4.41)式可知,倒易阵点的尺寸和相应方向上衍射晶粒的尺寸成反比.晶粒在 hkl 晶面法线方向上的晶粒尺寸 A 和衍射线半宽度 β 的关系为

$$A = nd = \frac{\lambda}{\beta\cos\theta}, \tag{4.116}$$

这里 n 是面间距为 d 的晶面数.上式给出的是 A 的平均值.

当晶粒的尺寸小于 100 nm 时,德拜相衍射线展宽效应才显著.尺寸大于 1000 nm 的晶粒从衍射线展宽效应来看可以认为晶粒尺寸已经是无穷大(无展宽).可探测的晶粒尺寸的下限约为 1 nm,这时衍射线宽和非晶态衍射峰宽很相近.

(4.116)式给出的晶粒平均尺寸没有考虑晶粒尺寸的分布.另外,德拜相衍射线展宽还可以来源于实际晶体三维点阵中的各种畸变:微观应力、堆垛层错等.这些畸变实际上在平均 d_{hkl} 值附近引起许多不同的 d 值.衍射线轮廓和引起宽化的原因之间的关系复杂.精密测定衍射线轮廓有助于弄清楚缺陷的特征和有关参量如小晶粒尺寸的分布.线轮廓的傅里叶变换法也可以帮助我们找出晶粒尺寸的分布函数和微观应变的分布函数.

4.7   晶体原子结构的测定

4.7.1   有关结构的原始数据

晶体结构测定(确定晶胞中原子的位置和其他结构参数)的实验数据是一套 $|F_H|$ 值.在前面几节中已经介绍过测定晶胞、对称性和 $|F|^2$ 值的 X 射线衍射实验技术和方法.原则上,只须单独用这些数据就能测定任意的结构,但是利用其他信息可以使结构分析进行得更顺利.

这些信息中最要紧的是材料的化学组分.几乎在所有情形下都可以定出化学式.在晶体的构筑单位——晶胞中只能含有整数 n 个"化学式单元".衍射实验给出晶胞体积 Ω,如测定了样品的密度 ρ,则有

$$n \approx \frac{\Omega \rho}{M m_\mathrm{H}}, \qquad (4.117)$$

这里 M 是"化学式单元"的分子量(道耳顿),m_H 是氢原子质量.

从劳厄图得到的点群 K 的数据还可以用测角法、晶体光学法和晶体物理法的数据加以补充.这些方法可以帮助我们弄清楚是否存在极性方向、是否存在对称中心、晶体属于第一类还是第二类点群等问题(参阅第 2 章和卷 4).

由消光确定的 X 射线群,加上强度计算(4.2 节)和 K 群数据,常常可以唯一地给出费多洛夫群 Φ 或把 Φ 的范围缩小到两三个群.

由(4.117)式和化学式可以确定晶胞中某种原子的数目.设 A_1 原子数为 n_1,A_2 原子数为 n_2,A_3 原子数为 $n_3 \cdots$,把 Φ 群正规点系的特殊位置数和一般位置数 n(图 2.81)和原子数 n_i 进行比较后,可以确定原子的可能位置.有些场合,特别是在有机结构中,结构的化学式单元也就是物理的构筑单元——分子,它们在给定 Φ 群中能占据的正规点系可以唯一地确定.

结构分析中经常利用原子半径、原子或分子的堆垛、分子形状、配位、同形性和其他结构的类似性等晶体化学数据(见卷 2,1.4 节).在分析相对简单的结构或衍射实验数据不充分(如只得到一张 X 射线粉末像)时,这些信息特别有用.

严格意义下的结构测定包括获得所有上述几何方面、对称性方面以及晶体化学方面的数据,而且结构必须和晶体化学数据相符.不知道化学式或只有很近似的化学式时,仍可以进行 X 射线结构分析,这时结构分析可以用来代替化学分析.

4.7.2 傅里叶合成及相位问题

积分(4.34)式是一个傅里叶积分,它给出电子密度为 $\rho(r)$ 的物体的散射振幅 $F(S)$.傅里叶积分具有可逆性,即给出 $F(S)$ 函数后可以通过逆傅里叶变换得到 $\rho(r)$.如 $\rho(r)$ 是晶体的电子密度这样的一个三维周期函数,则逆傅里叶变换得到的是一个傅里叶级数:

$$\rho(xyz) = \frac{1}{\Omega} \sum_h \sum_k \sum_l F_{hkl} \cdot \exp\left[-2\pi\mathrm{i}\left(\frac{hx}{a} + \frac{ky}{b} + \frac{lz}{c}\right)\right], \quad (4.118)$$

这里的系数 F_{hkl} 是 hkl 衍射的结构振幅.这样,知道 F_{hkl} 的模量和相位 α_{hkl} [参阅(4.46)式],按上式求和,就得到电子密度分布 $\rho(r)$.这就是结构的解,因为 $\rho(r)$ 的峰给出(4.13)式中所有原子的位置 ρ_i.

傅里叶合成就是把(4.118)式中的项,即各个谐波

$$|F_{hkl}| \cos 2\pi\left(\frac{hx}{a} + \frac{ky}{b} + \frac{lz}{c} + \alpha_{hkl}\right), \qquad (4.119)$$

叠加起来.这里的每一项是一个平面波,其波长(波的极大值间的距离)是 d_{hkl} ,其法线是 H_{hkl} ,其振幅是 F_{hkl} .图 4.67a 是一个二维的谐波,它从物理上体现出一组平行的(hkl)反射面(图 3.29),它的反射本领(这一组面上的原子分布)由结构振幅绝对值 $|F_{hkl}|$ 表示.每一个垂直 H_{hkl} 的谐波可以沿矢量位移到任何位置,同时保持 d_{hkl} 和 $|F_{hkl}|$ 不变.这种位移可严格地由相位 α_{hkl} 的值决定.每个具有自己的 $|F|$ 和 α 的谐波的叠加产生更复杂的图案(图 4.67b 和 c),最后(4.118)式中一整套谐波的叠加和晶体中电子密度分布相对应(图 4.67d),这种分布通常用等密度线表示(图 4.68).

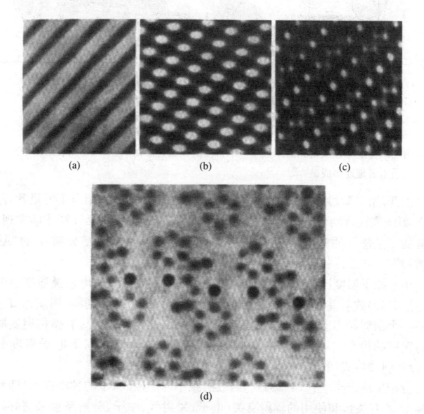

(a)　　　　　(b)　　　　　(c)

(d)

图 4.67　由谐波 F_{hkl} 叠加形成的傅里叶合成(二维情形)

一个谐波由正弦光密度分布表示(a);两个(b)或更多个(c)谐波的叠加使图案复杂起来,所有谐波的叠加(傅里叶合成)给出结构的像(d)[4.35]

从衍射数据计算出物的像,对此可以作如下的解释.光学中成像(例如在光学或电子显微镜中成像)可以分为两个阶段.第一阶段是物对入射波的散射并形成振幅为 $F(S)$ 的衍射束.这个阶段和 X 射线的散射完全相同,它相当于傅

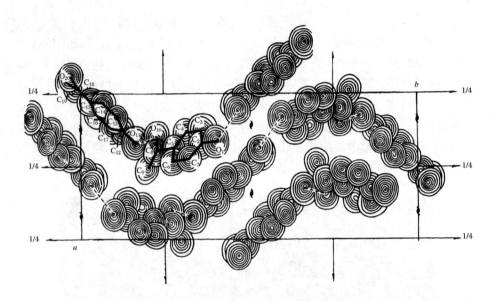

图 4.68   p-氧化苯乙酮在 xy 面上的投影像

由三维傅里叶合成得到的原子中电子密度的截面叠加而成(氢原子未表示出来).
分子由氢键连接成链[4.36]

里叶展开.第二阶段中透镜把衍射束聚焦并形成物的像,它相当于傅里叶合成.
对 X 射线来说,没有透镜可用,第二阶段,即像的形成只能靠计算才能实现.从
实验的 F_H 进行的这种傅里叶合成相当于一个原子尺度分辨率的"数学
显微镜".

由于原子温度因数 f_{aT} 的降低,随着 $\sin\theta/\lambda$ 的增大,平均来说强度逐渐减
弱[见(4.48)式],并且在极限值 $(\sin\theta/\lambda)_{max} = 1/2d_{min}$ 处降到零.周期为 d_{min} 的
最后一个谐波相当于电子密度的最精细结构.因此人们把 d_{min} 看做衍射实验本
征分辨率的度量.决定 d_{min} 的基本参量是原子热运动状态下电子密度分布
$\rho_{aT}(r)$[(4.21)式]的峰宽.

分辨率决定于 f_{aT}[(4.23)式]函数的减小,并且和原子的种类有关(即和原
子序数 Z 有关),和使用的辐射有关(电子、X 射线、中子,分辨率愈来愈好),在
很大程度上还和温度因素[在(4.24)式中出现在 $w(r)$ 中的 $\overline{u^2}$]有关.对无机晶
体 d_{min} 可达 0.05 nm,对有机物质,d_{min} 一般为 0.07—0.15 nm.热运动使原子的
电子密度模糊,各个电子壳层无法辨认.假如原子是静止的,那么原则上 X 射线
方法可以辨认出各个电子壳层(不包括最外层,见 4.7.10 节).对蛋白质晶体,
d_{min} 为 0.15—0.3 nm,一般情形下不能从电子密度图分辨各个原子,能显示的
仅仅是原子团.

根据上面的讨论,用 X 射线研究有机晶体和蛋白质时 Cu K_a 线($\lambda = 0.154$ nm)已经足够,它允许我们记录 d_{min} 达 0.077 nm 的衍射.对无机晶体,这个波长太大,应该用 Mo K_a 线($\lambda = 0.071$ nm,$d_{min} = 0.035$ nm).中子衍射分析的分辨率最好.

有时候在傅里叶级数中只包括进来大于"人为的"最小 $d'_{min}(> d_{min})$ 的结构振幅 F_{exp},显示分辨率也自然地由这一 d'_{min} 限定.此时由傅里叶合成得到的结构图上将出现所谓的级数收尾波,并使原子近旁的散射密度实际分布产生畸变.

傅里叶级数(4.118)中需要的结构振幅的模量 $|F_H|$ 直接由衍射强度(4.47式)决定:$|F_H| \sim \sqrt{I_H}$,但是实验得到的是积分强度相对值,即峰之间相比较后的 $|F_H|^2$ 或 $|F_H|$ 的相对值.为把实验 $|F_H|$ 的值表示为电子单位,必须把它们按照一定的比例转化为绝对值.这种转化的基础是(4.48)或(4.50)式,式中右边部分包括已列成表格的原子因数平方 f_{jT}^2 的绝对值,左边部分包括 $I_H \sim |F_H|^2$.把相对实验值 $|F_H|^2_{相对}$ 乘上由(4.48)或(4.50)决定的比例系数 k 就等于式中右边部分,即 $k|F_H|^2_{相对} = |F_H|^2_{绝对}$.将绝对值 $|F_H|$ 代入级数(4.118)式,就可得到电子单位的电子密度值 $\rho(r)$.这样我们就可以对 $\rho(r)$ 函数进行定量分析,例如找出每个峰中的电子数,从而鉴定某一原子,等等.

但是,确定傅里叶级数(4.118)式不仅需要知道模量 $|F_H|$,还要知道衍射波的相位 α_H,而后者在衍射实验中已经丧失.实际上这就是结构分析的主要困难.结构测定问题本质上就是:确定这些相位后通过(4.118)式的计算给出该结构的 $\rho(r)$.

目前在结构分析中采用的解结构和定相位的所有方法都是计算法.实验测定衍射束的相位困难很大.在某些特殊的电子和 X 射线的动力学散射条件下这个问题可以解决[4.37].原则上利用穆斯堡尔源的相干 X 射线可以直接测定相位,另一种还没有实现的可能性是发展 X 射线激光并利用全息术.

傅里叶级数(4.118)式给出电子密度三维分布 $\rho(x, y, z)$.可以把三维分布投影到坐标平面或任何其他平面.如下面的二维级数

$$\sigma(x, y) = \frac{1}{S} \sum_h \sum_k F_{hk0} \exp\left[-2\pi i \left(\frac{hx}{a} + \frac{ky}{b} \right) \right] \tag{4.120}$$

代表结构沿 c^* 轴的投影,它由 $hk0$ 衍射晶带中的振幅 F_{hk0} 组成.根据(4.44)式这些振幅和原子的 z_j 坐标无关.沿其他两个轴的投影的表达式是类似的,它们分别由 F_{h0l} 和 F_{0kl} 组成.还可以组成许多各式各样的其他傅里叶级数,例如,可以对任意方式选出的结构的一部分,而不是整个结构进行投影.三维分布(4.118)式的计算不仅可以在晶胞整个体积内进行,还可以在选定的二维截面内或沿直线进行.

4.7.3 尝试法及其可靠性因数

在结构分析发展的初期,尝试法是主要的方法.根据对称性、化学式、晶体化学数据建立结构模型,再从原子坐标 r_j 计算结构振幅 F_{hkl}[(4.44)式]:

$$F_{计算} = \sum_{j=1}^{N} f_j \exp\left[2\pi i(hx_j + ky_j + lz_j)\right]. \tag{4.121}$$

如果尝试结构起码近似正确,则

$$|F_H|_{计算} \approx |F_H|_{实验}. \tag{4.122}$$

这里重要的是:要求较大结构振幅的绝对值相符.如果计算值和实验值有显著的差别,那么模型就是错的,这时再去尝试另外的原子分布.接近正确解时,原子的微小位移就可以使振幅计算值和实验值符合得更好.因为在(4.121)式的幅角中原子坐标 x_j, y_j, z_j 分别和指数 h, k, l 相乘,大的 hkl 衍射(小的 d_{hkl})始终对原子坐标的值更为敏感.这一点从傅里叶展开的单个谐波(4.119)式也可以清楚地看出:谐波级次愈高,极大值愈锐,它们能更清晰地记录原子的可能的(沿 H_{hkl} 的)位移.

尝试法通常被用来分析具有少量一般位置原子的中心对称的结构.大量手工计算曾经使结构测定相当繁琐.为了缩短实验和计算时间,过去的大多数结构测定都利用投影,即只使用 $hk0, 0kl$ 和 $h0l$ 衍射晶带.

现在尝试法已经几乎被完全淘汰,但它的基本思想:比较拟合计算的和实验的 $|F|$[(4.122)式]仍被广泛地采用为判据,用来确定得到的结构是否正确和用来使结构更为完善.用来定量度量 $|F|_{实验}$ 和 $|F|_{计算}$ 是否接近的可靠性因数定义如下:

$$R = \frac{\sum_H ||F_H|_{实验} - |F_H|_{计算}|}{\sum_H |F_H|_{实验}} \tag{4.123}$$

更普遍地我们可以利用以下相关函数

$$R' = \sum_H w_H (k\,|F_H|_{实验}^{\alpha} - |F_H|_{计算}^{\alpha})^{\beta}, \tag{4.124}$$

这里 w_H 是描述例如 $|F|_{实验}$ 值的准确性或 $|F|_{计算}$ 值的可靠性的权重因数,k 是 $|F|_{实验}$ 值和它的绝对值之间的比例系数,α 和 β 是常数,α 取为 2 时相当于考虑的是衍射强度.

找到大体上正确的结构模型时,R 因数[(4.123)式]的值约为 20%—25%.这时由(4.121)式计算 F_H,把这一计算中得到的是相位 α_H 和用来代替 $|F_H|_{实验}$ 的振幅,它们被用来进行傅里叶合成[(4.118)式].进一步考虑各向异性温度因数后得到最后更完善的结构,使 R 因数降到 3%—5%.

4.7.4 帕特森原子间距函数

在 4.4 节讨论任意物体的散射时,我们看到:强度是物体的原子间距函数 $Q(r)$[(4.80)式]的傅里叶积分[(4.79)式],这就是说 $Q(r)$ 和强度 $I(S) = |F(S)|^2$ 互为傅里叶变换. 晶体中的原子间距函数是帕特森 1935 年提出的[4.38],我们把它表示为 $P(r)$. 和(4.80)式类似,这个函数的形式为

$$P(r) = \int \rho(r')\rho(r' - r)\mathrm{d}V_{r'} = \rho(r) * \rho(-r), \qquad (4.125)$$

即 $P(r)$ 是晶体电子密度 $\rho(r)$ 和它自身的反函数 $\rho(-r)$① 的卷积. 根据卷积定理(4.20)式,以及强度和 $P(r)$ 互为傅里叶变换这一事实,可以得出: $P(r)$ 可以表示为以 $|F_H|^2$ 为系数的傅里叶级数

$$P(r) = \frac{2}{\Omega} \sum_h \sum_k \sum_l |F_H|^2 \cos 2\pi(hx + ky + lz), \qquad (4.126)$$

这和电子密度的傅里叶级数(4.118)式相似. 但这里级数的系数是直接从实验得到的 $|F_H|^2$,它们全是正的,它们的相位 $\alpha = 0$. $\rho(r)$ 的傅里叶系数是 F_H. 卷积的傅里叶系数是起始函数的傅里叶系数的乘积、即 $F_H F_H^* = |F_H|^2$. 因为 $|F_H|^2 = |F_{\bar{H}}|^2$[(4.52)式],(4.126)式的级数由余弦项组成.

下面考虑帕特森函数 $P(r)$ 的一些性质. 晶体电子密度是原子电子密度之和: $\rho(r) = \sum \rho_j(r - r_j)$ 并且在原子中心处 r_j 有最大值. 这使得 $P(r)$ 的值在 $r = r_j - r_k$ 处极大, 这里 r 是原子间矢量. 图 4.69 表示结构和它的原子间矢量

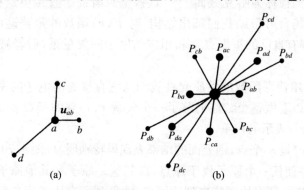

(a)　　　　　　　　　(b)

图 4.69　原子位置 $\rho(r)$(a)和原子间距离函数 $P(u)$
　　　　　(b)的关系

① 如(4.125)式中两个 ρ 的幅角相差 r, $P(r)$ 的值不变,因此被积函数常常写成 $\rho(r' + r) \cdot \rho(r')$. 还需指出: ρ 中心对称时, $\rho(-r) = \rho(r)$.

的函数的关系.直接从实验数据得到一整套原子间距离的可能性使结构测定任务大为简化.所以帕特森函数在结构分析中得到广泛的应用.

这个函数的主要性质如下:

1) 在 $\rho(r)$ 中连接每对原子 a 和 b 的矢量在 $P(r)$ 中由一个峰 $P_{ab}(u_{ab})$ 表示;矢量 u_{ab} 由原点出发(图 4.69);

2) 函数永远有对称中心,即 $P(r) = P(-r)$,即使原始结构并没有对称中心,也是如此,因为有一个 u_{ab} 矢量,永远有一个相等相反的 u_{ab} 矢量,这点还可以从所有(4.126)式中的谐波都是余弦项看出;

3) 峰 $P_{ab}(u_{ab})$ 的权重,即它的体积内的积分等于原子 a、b 的电子数 Z_a、Z_b 的乘积,如结构中的距离 u_{ab} 重复几次,则这个乘积还要乘上重复次数;

4) 如 $\rho(r)$ 含 n 个原子,则 $P(r)$ 含 n^2 个峰,其中 n 个在原点重合在一起,使 $P(0)$ 峰具有权重 $\sum Z_j{}^2$,它表示原子"相对自身"的 n 个距离 u_{aa},而其他 $n(n-1)$ 个峰在整个晶胞体积内分布.

在讨论从帕特森函数导出结构之前,还应指出这个函数可以用晶体的对称性进行分析.设晶体例如沿 c 轴有一轴 2,则任一坐标为 x,y,z 的原子必定有对应的 $\bar{x},\bar{y},z$ 的原子,相应的原子间矢量为 $2x,2y,0$.这说明由轴 2 引起的这种原子间矢量都处于和轴垂直的零平面上,即如通常说的那样处于帕特森函数的 $P(x,y,0)$ 截面上.很容易看出,由轴 2_1 引起的原子间矢量末端处于 $P(x,y,1/2)$ 截面上,由垂直 x 轴的面 m 引起的原子间矢量处于一维的 $P(x,0,0)$ 上等等.这样的截面被称为哈克截面[4.39].这些信息有助于直接由这种合成来确定结构,在某些场合可帮助我们解出结构.对 $P(r)$ 函数的最普遍的处理的基础是:每一 Φ 群有自己的正规点系和相应的原子间矢量系,后者被表示在 $P(r)$ 图上.

原则上,帕特森函数的性质允许我们从它直接通向电子的密度分布.积分(4.125)式可以看做整个结构平移了一个矢量 r,得到的函数 $\rho(r'-r)$ 在每一点乘上以 $\rho(r')$ 表示的权重.

如果 $\rho(r)$ 是 n 个点,则上面的结果表现得特别明显(图 4.70).把 ρ 作为一个整体平移并使任一个原子位于原点,得到这一原子到其他原子的矢量.继续位移这个结构 ρ,所有原子依次到达原点,就得到所有原子间矢量.这就是点表示下精确的 $P(r)$ 函数.

另一方面我们来考虑所有这些位移形成的集合,这些位移是把结构 ρ 相对原点移动某一原子的 $-r_i$ 距离(该原子的位置是 r_i).这样得到的 n 个结构的位置和 $\rho(-r)$ 结构相符,这里 $\rho(-r)$ 是给定结构 $\rho(r)$ 的中心对称结构.在 n 个结构中把每一给定原子标记出来可得到中心反对称结构 $\rho(-r)$，图 4.70 就是示意图．在这种重叠的结构系统中最简单的重复元素是原子间矢量．我们以图 4.70a 中的结构为例，从它的原子间函数（图 4.70b）找出所有等于例如矢量 41

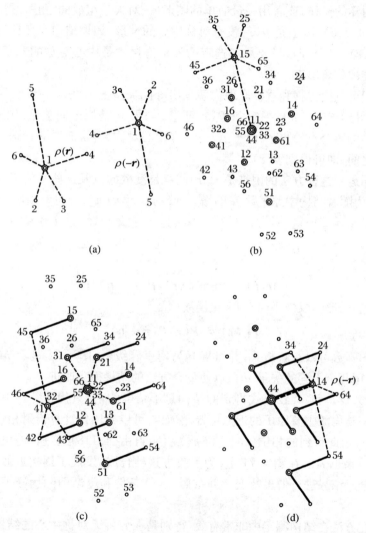

(a)　　　　　　　　　　(b)

(c)　　　　　　　　　　(d)

图 4.70　从对应的点帕特森函数中分离出点结构

(a) $\rho(r)$ 的 5 个原子和 1 个"重"原子（双重圈）以及中心对称的 $\rho(-r)$；(b) 结构的点帕特森函数（标出了一个位移结构）；(c) 把 $\rho(r)+\rho(-r)$ 孤立成一个由等同矢量（左）端点组成的系统；(d) 把 $\rho(-r)$ 孤立成一个最小图形"角"的系统[4.40]

的所有矢量(图 4.70c).由于这个矢量在 $\rho(r)$ 和 $\rho(-r)$ 中都存在(图 4.70a),这一重复性系统(例如它的全部左端)是起始结构和它的反结构之和:$\rho(r)+\rho(-r)$.要在总的点系中把 $\rho(r)$ 和 $\rho(-r)$ 分开是容易的,这只需要用另一矢量重复同样的操作,或者用一最简单的图形(一对矢量组成的"角")重复同样的操作(图 4.70d).以上是 $\rho(r)$ 没有对称中心的情形,如果结构本身具有对称中心,即 $\rho(r)=\rho(-r)$,只要最初选定的矢量连接的是中心对称的原子对,则 ρ 可以立刻被分离出来.

我们可以用位移和重叠原理代替画出等同矢量的方法.把 $P(r)$ 平移一个矢量 u,得到 $P(r-u)$,把它和 $P(r)$ 重叠.如果 u 是原子间矢量,则 $P(r)$ 和 $P(r-u)$ 的重合点给出 $\rho(r)+\rho(-r)$.在中心对称场合,把矢量 u 选在中心对称原子之间,即可得到 $\rho(r)$.

实际运用这种方法的困难是 $P(r)$ 的峰是漫散的以及这些峰的不可避免的重叠,因为随着结构中原子数 n 的增大,峰的数目 $n(n-1)$ 也急剧增大.

为了实际应用这一原理,伯格[4.41]引进了重叠函数.这个函数在 $P(r)$ 和 $P(r-u)$ 重叠时只增强重合的峰并删除不重合的峰.为达到这样的要求采用了极小值函数

$$M(r) = \min[P(r), P(r-u)], \tag{4.127}$$

(即从重叠图形中取极小值)和乘积函数

$$\prod(r) = P(r)P(r-u). \tag{4.128}$$

这个乘积函数可以有解析式,并可展开为傅里叶级数,图 4.71 显示 M 函数如何使用.用几个不同的矢量 u 可以使重叠方法的结果得到改进.

由(4.127)和(4.128)式得到的结构是不精确的,它只代表一种中间结果,给出的是结构的主要原子的近似位置.然而它可以被用作计算衍射相位的一种方法[4.43].由此得到的相位分配给 $|F_H|_{实验}$ 值,再由(4.118)式进行傅里叶合成.得到的结果也表示在图 4.71 上.为了改进这种合成,发展了逐次近似方法,即把中间合成结果进行傅里叶变换并按照 $\rho>0$ 条件和逐渐消除伪峰等要求"截去"背底.

上述方法在结构测定中非常有效,特别是在分析无对称中心的结构中它们得到了广泛的应用.在一个长时间内,它们的缺点是:必须首先在 $P(r)$ 图中找出至少 3 个(中心对称结构至少两个)原子的相对位置.曾提出了多种方案来克服这一困难:如用"多重"强峰分离出不仅一个而是 n 个重叠的结构;改进重叠函数使相位的计算更准确等等[4.44-4.48].

已经发展了有效的计算机算法,以便从 $P(r)$ 中找到若干重原子的相互位

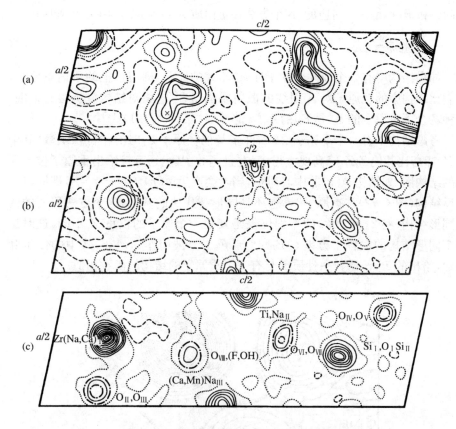

图 4.71 钙-氟钠钛锆石结构的投影 $\rho(x,z)$

(a) 帕特森函数，×为重原子间中心对称矢量的位置；

(b) 伯格函数 $M_2(x,z)$；（c）最终的傅里叶合成[4.42]

置.对可能的位置进行直接和完整的尝试后可得到这种结构的片段.随后这种片段被用来自动构筑重叠合成.合成给出结构模型后用最小二乘法加以改进.

如果某些片段的结构,如大有机分子中某些原子团,是已知的,仍可以通过另外的途径利用这个原子间距离函数.这时这一原子团在 $P(r)$ 中由一套预先知道的矢量组代表.在 $P(r)$ 中找到这个矢量组的取向,就可确定原子团在结构中的取向.类似的情况是:结构中含等同的取向不同的分子,并且它们之间没有晶体学对称性联系.这时每一分子在 $P(r)$[(4.125)式]中各有一套取向不同的等同的原子间矢量.为了找到它们之间的相互取向,可以设一个转动函数使 $P(r)$ 绕 $r=0$ 转动并找到它自身的最佳重合.达到这一条件的转角与两个分子间的相对转动相对应.这一转动也可以从倒空间中的 $|F_H{}^2|$ 函数直接找到,因为这

个函数和 $P(r)$ 是一一对应的.这个方法在蛋白质 X 射线晶体学中已得到应用.

4.7.5　重原子法

如果结构中有一个或几个原子序数 Z 大的原子,即习惯上的所谓重原子,它们比结构中的轻原子对 X 射线的散射要强得多,这将对结构分析很有帮助.这种场合下重原子的 f_a 是 F_H 的基本部分[(4.44),(4.121)式].

考虑结构中有一个重原子 Z_h 和许多其他轻原子 Z_l 时的帕特森函数.其中 Z_hZ_l 峰高比其他 Z_lZ_l 峰高要大得多,并且函数 $P(r)$ 还直接给出重原子位于原点的结构图.如结构 $\rho(r)$ 非中心对称,当然会产生 $\rho(r)+\rho(-r)$ 图,即同时存在反结构(图 4.72)."重原子"思想还是同形替代法的基础,这个方法研究的两个同形结构(卷 2,第 1 章)的差别仅仅是其中一个原子的权重 Z 不同,这时这两个同形结构的振幅平方差($|F_{H_1}|^2-|F_{H_2}|^2$)被用作(4.126)式中的傅里叶系数,给出的 $P(r)$ 函数在性质上与有一个重原子的结构的函数相似.

图 4.72　$Pt(NH_3)_2Cl_2$ 帕特森函数的投影

如果结构中有几个重原子,则从帕特森函数可找出它们的位置,这将有助于计算相位,因为它们对 $|F_H|$[(4.121)式]的贡献是主要的.

重原子法在有机和蛋白质大分子结构分析中有重要意义.这时的晶体结构测定基本上是确定构成晶体的大分子的三维结构.晶体结构也给出组成分子的结构.这个方法已用于分子中含 10^3—10^5 个原子的蛋白质晶体的结构分析.

在上述分析中我们设法制备蛋白质晶体 P 和同形晶体 $P+H$,后者含有重原子 H 的基团如 $PtCl_4$, HgY_2 等.至少要制备 2 个不同的衍生物,因为蛋白质晶体以及几乎所有其他天然化合物晶体都是非中心对称的(文献[4.3],2.8节),要测定相位 α_H 的值,而不仅仅是相位的正负号.首先,从重原子衍生物的帕特森合成确定 $P+H_1$ 和 $P+H_2$ 中重原子的坐标.衍生物的结构因数可写成:

$$F_P + f_{H_1}, \qquad F_P + f_{H_2}, \qquad (4.129)$$

这里 F_P 是组成蛋白质分子的所有轻原子的贡献,f_H 是重原子的贡献.从实验得到蛋白质和含重原子蛋白质的 $|F_P|_H$ 和 $|F_{PH_1}|_H = |F_P + f_{H_1}|_H$ 后,从图 4.73 的相位图上可定出 2 个可能的相位(F_P 和 F_P'),再利用 $|F_{PH_2}| = |F_P + f_{H_2}|_H$ 可以从 2 个相位中选定一个(图 4.73b)即 F_P.最好制备多于 2 个的衍生物,以减少相位的误差,增加它的可靠性.蛋白质结构分析是一个很复杂的问题,因为很难获得含重原子的同形蛋白质晶体,以及需要测量 10^4—10^6 个衍射强度.

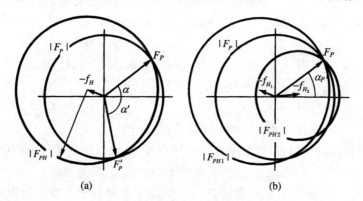

图 4.73 同形替代法测定相位[4.50]
(a) 从已知 f_H, $|F_{PH}|$, $|F_P|$ 得到两个可能的相位 α 和 α';(b) 由 2 个含重原子的衍生物唯一地确定相位(再加上已知的 f_{H_2} 和 $|F_{PH_2}|$)α_P

4.7.6 直接法

从一套 $|F_H|$ 值准确地或有一定把握地确定衍射相位 α_H 的方法称为直接法.这种方法的可行性来自以下事实:原则上可以用例如帕特森方法从实验数据导出结构.

在普遍情形(结构具有对称素 1),相位 α_H 可在相位圆 $(0, 2\pi)$ 范围内取任何值.有对称中心时(对称素为 $\bar{1}$),α_H 取 0 或 π,这就使问题的解容易得多.F_H 只有 2 个可能的值:正或负,F_H 的符号由 S_H 表示.

因为相位由原子的坐标决定,所以我们采用单位结构振幅 $\hat{F}_H$[(4.56)式],使它和原子因数无关,

$$\hat{F}_H = \frac{F_H}{\sum\limits_{j=1}^{N} f_{aT_j}}, \tag{4.130a}$$

这里的 $|F_H|_{\text{实验}}$ 必须用电子单位表示[(4.48)或(4.50)式].也可用所谓的归一化振幅,它由下式表示

$$E_H = \frac{F_H}{\langle F_H^2 \rangle^{1/2}}, \tag{4.130b}$$

这里 $\langle F_H{}^2 \rangle = \sum\limits_{j=1}^{N} f_{aT_j}^2$ 是一定 $\sin\theta/\lambda$ 范围内 F^2 的平均值.

直接法理论考虑到一套衍射的振幅、振幅的模量(数值)或模量平方之间有相位关系;这套衍射指数相互间存在线性组合,例如 $h_1 k_1 l_1$,$h_2 k_2 l_2$,$(h_1 - h_2)(k_1 - k_2)(l_1 - l_2)$ 或 H_1,H_2,$H_1 - H_2$ 3 个衍射等.这种指数的组合相当于倒易矢量 H_1,H_2,$\cdots H_n$ 的和或差,并可表示为矩阵形式:

$$\begin{pmatrix} 0 & H_1 & H_2 & \cdots & H_n \\ H_1 & 0 & H_1 - H_2 & \cdots & H_1 - H_n \\ H_2 & H_2 - H_1 & 0 & \cdots & \cdots \\ \cdots & \cdots & \cdots & \cdots & \\ H_n & H_n - H_1 & H_n - H_2 & \cdots & 0 \end{pmatrix}. \tag{4.131}$$

这里应该指出:由于相位值与原点的选择有关,必须确定的是各个相位 α_H 之间的关系,而不是它们的绝对值.如有对称中心,则把它取为原点.

直接法理论建立在某些普遍的数学概念之上并利用了电子密度函数的下列性质:它是非负值[$\rho(r) \geqslant 0$],它具有原子性[$\rho(r) = \sum \rho_{aj}(r - r_j)$],即电子密度函数存在锐峰.

有几种建立相位关系的方法.第一种利用三角公式,柯西不等式和行列式.三角公式证明相位关系存在.例如,一晶胞中二原子中心对称的结构的 $\hat{F}_H = \cos 2\pi r \cdot H$,考虑等式 $2\cos^2 \alpha = 1 + \cos 2\alpha$,得到

$$\hat{F}_H^2 = \frac{1}{2} + \hat{F}_{2H}. \tag{4.132}$$

其他余弦项有类似的关系.晶胞中通常含有大量原子,这时把三角公式和矩阵(4.131)式中出现的 F_H 结合起来,再利用柯西不等式

$$\left| \sum a_j b_j \right|^2 \leqslant \sum a_j^2 \sum b_j^2 \qquad (4.133)$$

并代入 $a_j = \sqrt{n_j}$，$b_j = \sqrt{n_j}\cos\alpha_j$ 后，得到一系列联系 $\hat{F}$ 和 $\hat{F}^2$ 的不等式．在最普遍和简明的形式下，所有不等式包含在下面的行列式中：

$$\begin{vmatrix} 1 & \hat{F}_{\bar{H}_1} & \cdots & \hat{F}_{\bar{H}_n} \\ \hat{F}_{H_1} & 1 & \cdots & \cdots \\ \hat{F}_{H_2} & \hat{F}_{H_2-H_1} & 1 & \cdots \\ \cdots & \cdots & \cdots & \cdots \\ \hat{F}_{H_n} & \hat{F}_{H_n-H_1} & \cdots & 1 \end{vmatrix} \geqslant 0, \qquad (4.134)$$

可以证明，上式永远非负．上式中也可设 $H_i = H_j$ 等等．例如在三阶行列式中使 $H_1 = H_2$ 并加以展开，我们得到替代（4.132）式的下式[4.51]．

$$\hat{F}_H^2 \leqslant \frac{1}{2} + \frac{1}{2}\hat{F}_{2H}. \qquad (4.135)$$

这个最简单的不等式以及其他不等式，只能在足够大的 $|\hat{F}_H|$ 的场合给出正或负的信息，例如当 $|\hat{F}_{2H}| = 0.5$，$|\hat{F}_H| = 0.7$ 时，$\hat{F}_{2H}$ 的正负号 $S_{2H} = +$；对于小的 $|\hat{F}_H|$，它给不出答案．考虑对称性后能做得更多些，例如存在轴 2 时

$$\hat{F}_{hkl}^2 \leqslant \frac{1}{2} + \frac{1}{2}\hat{F}_{2h02l}. \qquad (4.136)$$

特别重要的是振幅的三重关系：它们的指数之和等于零（$H_1 + H_2 + H_3 = 0$，或 $H_3 = -H_1 - H_2$）．利用中心对称条件，可得 $H_3 = H_2 \pm H_1$（其他对称条件如果存在，也可以考虑进来）．这时将（4.134）式行列式展开，得到

$$1 - \hat{F}_{H_1}^2 - \hat{F}_{H_2}^2 - \hat{F}_{H_2\pm H_1}^2 + 2\hat{F}_{H_1}\hat{F}_{H_2}\hat{F}_{H_1\pm H_2} \geqslant 0, \qquad (4.137)$$

如 $\hat{F}_{H_1}^2 + \hat{F}_{H_2}^2 + \hat{F}_{H_2\pm H_1}^2 \geqslant 1$，由上式得出

$$S_{H_1}S_{H_2} = S_{H_2\pm H_1}. \qquad (4.138)$$

上式说明振幅 $\hat{F}_{H_1+H_2}$ 和振幅 $\hat{F}_{H_1}$、$\hat{F}_{H_2}$ 乘积的符号相同．此外，还可以考虑在矩阵（4.134）式中出现的振幅之间的线性关系[4.52]，例如当 $|\hat{F}_{H_1}| + |\hat{F}_{H_2}| + |\hat{F}_{H_1\pm H_2}| > 3/2$ 时，也得到（4.138）式．从季达依哥洛特斯基乘积理论可以得到类似的结果，如 $|F_{H_1}F_{H_2}F_{H_1+H_2}| \geqslant 1/8$，则也满足等式（4.138）[4.53]．

另一种方法是：比较 $\rho(r)$ 和 $\rho^2(r)$ 后再考虑它们和 $P(r)$ 的关系．Sayre 曾指出[4.54]：在相同原子的场合，函数 $\rho(r)$ 和 $\rho^2(r)$ 重合，只是峰形不同．$\rho^2(r)$ 的 F 值可由卷积理论[（4.70）式]得出：

$$F_H = \frac{q_H}{\Omega}\sum_{H'} F_{H'}F_{H-H'}. \qquad (4.139)$$

此式确定了给定振幅和所有其他振幅的关系（q_H 因数包含上述峰形的差别）．

Karle 和 Hauptman 得到了一个类似的所谓 Σ_2 公式[4.55,4.56]. 分析 $|F_H|$,
$|F_{H_j}|$, $|F_{H_k}|$ 等的不同组合的几率分布函数后, 得到了其他的 F 之间的自
洽关系. 得到的最重要的普遍结论是: 在单位结构振幅 $|\hat{F}|$ 大时给出可靠正负
号的不等式也可在单位结构振幅小时给出统计的正确的结果. 因此对全套 $|\hat{F}|$
进行平均后就可得到正确的结果. 例如 (4.138) 式可以改写成 Cochran 和
Zachariasen 的统计等式[4.57,4.58]:

$$\overline{S_H S_{H+H_1}^H} \approx S_{H_1}. \tag{4.140}$$

上式的意义如下: 取出倒易点阵矢量差为 H_1 的所有 $\hat{F}$ 对, 把它们的符号相
乘, 得到的乘积的大多数的符号就是振幅 $\hat{F}_{H_1}$ 的符号. 利用 (4.140) 式, 有可能
判别各个振幅符号间的对称关系, 而每一空间群具有特征的振幅符号对称
关系.

相位关系可以用最普遍的形式写成

$$\alpha_{H_1} + \alpha_{H_2} + \alpha_{H_3} \approx 2n\pi, \quad n = 0,1,2,\cdots, \quad H_1 + H_2 + H_3 = 0. \tag{4.141}$$

从上式可得出: (4.138) 式是非中心对称结构的更普遍式子 $\overline{\alpha_H + \alpha_{H+H_1}^H} = \alpha_{H_1}$ 的
一个特例. 相位间的关系也可以用正切公式表示:

$$\tan\alpha_{H_1} \approx \frac{\sum_H |E_H E_{H_1-H}| \sin(\alpha_H + \alpha_{H_1-H})}{\sum_H |E_H E_{H_1-H}| \cos(\alpha_H + \alpha_{H_1-H})}. \tag{4.142}$$

(4.140) 式可以写成下列乘积为正的条件:

$$\hat{F}_{H_1} \hat{F}_{H_2} \hat{F}_{H_2-H_1} > 0 \tag{4.143a}$$

得到满足的几率 P^+ 为

$$P^+ = \frac{1}{2} + \frac{1}{2}\tanh\left\{\left[\left(\sum_{j=1}^N n_j^3\right)/\left(\sum_{j=1}^N n_j^2\right)^{3/2}\right] \times |\hat{F}_{H_1} \hat{F}_{H_2} \hat{F}_{H_2-H_1}|\right\}. \tag{4.143b}$$

如果结构由等同原子组成, 则 $\tanh$ 后面第一项简化为 $N^{-1/2}$. 上式证明: 乘积
(4.143a) 愈大 (即其中的 $|\hat{F}|$ 愈大) 几率 P^+ 愈大, 并且可靠的不等式在特别
大的 $|\hat{F}|$ 值下出现. 可以清楚地看出, 统计求和式 (4.142) 和 (4.143) 在很大程
度上与其中的强 $E_H E_{H_1-H}$ 对有关.

近年来三重相位几率分布分析已经扩展到更多的振幅[4.59—4.62]. 前面提到:
经典的三重公式中 $H_1 + H_2 + H_3 = 0$ 条件得到满足. 类似地, 可以研究四重、五
重和更多重振幅的组成. 现在考虑四重振幅 $H_1 + H_2 + H_3 + H_4 = 0$, 成套的相
邻矢量 $H_1 + H_2, H_2 + H_3, H_1 + H_3$ 以及相位 $\alpha = \alpha_{H_1} + \alpha_{H_2} + \alpha_{H_3} + \alpha_{H_4}$. 如果四

重项中和成套相邻项中振幅的模都大,则最可几的值是 $\alpha = 0$;如果成套相邻项中振幅的模小,则最可几的值 $\alpha = \pi$,这里和早期理论的显著区别是,以前只能得到相位之和的零值.

实际工作中的相位确定过程如下.选择约十个参考振幅组成的集合.集合中包括强振幅,从这些强振幅组成许多高几率 P^+ 的三重项(或四重项等).

可以任意地把相位分配到 3 个振幅(或更少,依赖于晶体的空间群);这意味着原点已被固定.在此之后可采取两种方法.

第一种是所谓符号附加法.把参考集合中振幅的相位用字母标明并给出它们之间的所有可能的关系.对非中心对称晶体,可能的相位值设为分立的,如 $\alpha = 0, \pi/n, 2\pi/n, \cdots, n \approx 8{-}16$,或更粗些,$\alpha = 0, \pi/2, \pi, 3\pi/2$.如某些字母标明的项不能确定,再给它们另外的值并对它们一一加以检验[4.63].

第二种是所谓的多解法.它直接检验参考集合中振幅相位间的全部方案.这个方法很费时间.对每一方案(方案数可达一千或更多)要计算几百个强振幅的相位.利用特殊的判据,选出 20—30 个最佳方案作进一步研究.在这一点上第一种和第二种解相位问题方法再次会合.对方案的进一步分析包括用已知相位得出近似电子密度函数,使它的极值局域化,以及用这些极值鉴别结构的原子.准确性的判据是给定位置上原子的数目和种类,原子间距离和晶体化学数据的相符程度,R 因数的值以及改进结构模型的可能性.

由于复杂结构 F_H 平均值低,故直接法的有效性也受到结构复杂性的限制.目前它可用于晶胞不对称域内原子数高达 100 个的结构分析.

4.7.7 晶体结构测定的"统计热力学"方法

热力学统计方法的基础是把晶胞中原子的所有可能的分布(包括真实分布)表示为状态的统计系综,使我们可以用热力学函数去描述这些状态.

先考虑一个简化的由近似等同原子组成的晶体模型,计算出它的幺正结构因子[(4.130a)式].设这一晶体的晶胞可以表示为由 $N = N_1 N_2 N_3$ 个点组成的规则网格,在结点上可以出现、也可以不出现原子的电子密度.所有可能的电子密度分布可以被处理成一组热力学"状态"组成的系统.

利用普遍的可靠性因子,即(4.124)式表示的函数

$$R = \sum w_H \big[\, | F_{计算}^2(H) | - | F_{实验}^2(H) | \,\big]^2.$$

这里的使 $R = 0$ 的结构对应于真实结构,所有其他结点上的电子密度分布("状态")对应于试探结构.实际上,普遍的可靠性因子 R 是系统组态的哈密顿量,并且可以用配分函数 $Z = \sum \exp(-R/T)$ 涉及所有的"状态".于是,自由能

$F = - T\ln Z = R - TS$,这里的 S 是系统的熵,T 是表征系统激发程度的温度,即离开真实电子密度分布的偏离度. 这样一来,结构策动归结为统计热力学的自由能的极小化[4.64].

基于上述状态统计系综方法的一个新进展是最大熵(Maximum Entropy,ME)法. 组态熵 S 被定义为:

$$S = \sum_j p_j \log p_j$$

这里 p_j 是一组分立的变量,或

$$S = - \int p(r) \log p(r) \mathrm{d}V_r$$

这里 $p(r)$ 是晶胞内的连续函数. $p(r)$ 的性质是"极大的均匀性"对应"极小的信息量",熵 S 是这种性质的数学表达式. 对不同的物体 ME 法已采用了不同的方案.

一个早期的方案是:决定晶胞中所有可以接受的电子密度分布,用可能的极小熵从可能的电子密度分布确定 $\rho(r)$. 可接受的电子密度分布是一个能正确代表(在实验误差范围内)物体所含信息的分布,例如结构因子的绝对值和(部分)相位. 由于熵不能用来计算负的分布,这个方案通常和寻找到的 $\rho(r)$ 分布不能为负的要求联合在一起执行.

同样原理的另一种方案[4.66]中每一个可接受的电子密度分布 $\rho(r)$ 图具有一定的存在概率 $p(\rho)$. 最终的分布图是包含权重系数、对结构因子的模和相位以及电子密度的可能值有所限制的一组图的平均,要求概率分布 $p(\rho)$ 给出可能的最大熵.

Bricogne[4.67] 利用附加的物体的原子性,发展了一种方案. 他设想结构因子的最可能的未知相位可以预报时晶胞中有大量随机分布的原子组成的结构可以选为以一定概率 $q(r)$ 表示的模型. 这种分布应该具有可能的最大熵.

另一方面,可以把结构振幅的组合看成对应的状态,即对应的原子分布. 这样一来,随机分布的原子模型显示出和结构振幅的联合概率分布 $p(F)$ 之间有一定的相关,这里的 $F = (F_{H_1}, F_{H_2}, \cdots, F_{H_n})$,每一个 F_H 被一个模和一个相位表征. 显然这些分布的概率是不同的. 由于 $|F_H|$ 值由实验强度数据决定,我们得到的是有条件的相位分布[4.67—4.70].

从信息论[4.71]得出:最大熵对应于真实的电子密度分布.

正如文献[4.72]所说明的:确定随机分布原子的结构因子的最大熵 ME 方法实际上是经典的直接法的推广. 直接法处理的是少量结构振幅的绝对值和它们的相位之间的关系(4.7.6 节).

利用 ME 法还可以考虑结构振幅测定中的误差. 这个方法已经成功地应用

于相当复杂结构的测定以及相位的精化和扩展.

从计算的角度看,上述统计方法的所有方案都可以归结为解不同的极小化问题.已经发表了不少文献介绍计算程序并用来检验各种物体的上述方案.

还有一些方案可以用来改进成套的相位.如果电子密度合成的解释缺乏足够的可靠性,可以从研究物体搜寻一些附加的信息.这些附加信息可以是:增加对电子密度分布函数的可能的数值谱的限制,例如除了 $\rho(r)$ 不能为负值之外,还可以从上限进行限制,即令 $\rho(r) \leqslant \rho_{\max}$,或令 $\rho(r)$ 限于分子之内并在溶剂中为零[4.73].另一类可能的物体的附加信息来源于包含在电子密度图中的一整套频率上的数值.这种频谱(直方图)[4.74]提供的信息不仅牵涉到可能的电子密度值,即非零频率上的值,而且牵涉到它们在电子密度图中出现的频度.已经发展了专门的方法用来预测蛋白质晶体的这种直方图,并利用包含在其中的信息确定和精化结构因子的相位.最直接地利用这种直方图的方案是:寻找相位时通过以下差值的极小化:

$$Q_{\text{hist}} = \sum_k \left(\nu_{k\text{真实}} - \nu_{k\text{计算}} \right)^2 \tag{4.144}$$

这里的 $\nu_{k\text{真实}}$ 是预测值,$\nu_{k\text{计算}}$ 是用试探相位值合成的计算值.

4.7.8 非局域探索法

结构振幅公式 F_H(4.44)式或它的模量 $|F_H|$ 可以看做未知原子坐标 x, y, z 的函数.类似的可靠性因数 R(4.124)式:

$$R = \sum_H w_H \left| |F_H|_{\text{实验}}^{\alpha} - |F_H|_{\text{计算}}^{\alpha} \right|^{\beta}$$

可以看做所有原子坐标的函数,如 $|F_H|_{\text{计算}}$ 和真实结构一致,此函数达到极小值.对一个相当复杂的结构,描述函数 R 的变量(独立坐标)数是几十或超过100,从计算角度看实际上不可能找到这个函数的绝对极小值.

对分子晶体,这个问题可用下述方法解决[4.76,4.77].晶胞中分子的位置由6个参量描述:3个重心坐标,3个取向欧拉角.根据分子结构化学数据,分子中的原子排列实际上常常能够足够准确地确定(卷2,第2章),所以分子中所有原子(可达 20—30 个)的坐标可以用6个参量表示.如果分子中还存在其他自由度,如绕某些化学键转动的可能性(图4.74),可引进附加的参量.如果晶胞中有2个独立分子,则它们的排列已经要用12个参量描述.可见函数 R 需要 $n \approx 10$—20 个广义参量 $\chi_1, \chi_2, \cdots, \chi_n$ 描述.在这种 n 维空间中,函数除了绝对极小值之外还有一系列不如绝对值那么小的局域极小值.局域极小值之间有较低 R 值的"沟"相连接.

设想一个分子可在晶胞中转动和"浮动";这相当于在 R 空间沿某曲线运

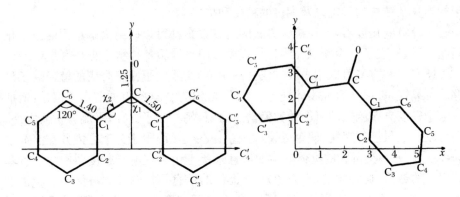

图 4.74　苯酚结构的研究

(a) 分子模型；(b)由非局域探索法得到的分子的位置和形状,使用的广义变量是晶
胞中分子取向欧拉角,分子坐标原点的位置和可变的 χ_1,χ_2 角[4.78]

动.如果此曲线沿"沟"走,并且不在局域极小处停止.则沿着 R 减小的方向可最
终达到绝对极小值.目前,这种寻找绝对极小值的方法已经用在有 $n \approx 10$—20
个变量的函数中,这个方法被称为非局域(可越过局域极小值)探索法,它的基
本思想就是沿着"沟"运动.

这里分子在晶胞中的浮动要受环境的限制,即相邻分子的原子间距 $r_{j,k}$ 必
须不小于范德瓦耳斯半径之和,而且分子不能互相穿插(卷 2,1.2.4 节).分子
间允许接触函数 M 也用广义参量 $\chi_1,\chi_2,\cdots,\chi_n$ 表示.当上述条件满足时,函数
值小,反过来时函数值急速上升.为了计算 R 和 M,要选用 100—200 最大的
$|F_H|_{实验}$值.由下列函数

$$S = R + \alpha M \qquad (4.145)$$

的绝对极小值给出解,这里 α 是一个常数,通常选为 0.1—0.2.

图 4.75 是沿"沟"运动到给出解的示意图,这仍是一个初步的模型($R \approx$
20%),还需要改进.

4.7.9　绝对构形的确定

由于夫里德耳定律(4.52)式,普通衍射实验并不能区分晶体的对映性.但
是,许多晶体只具有两种可能的绝对构形——"右旋"和"左旋"中的一种.它们
由第一类费多洛夫群描述.几乎所有自然化合物都形成这样的结构,但是我们
不能预先知道两种对映中哪一种是实际存在的,因为二者给出相同的一套 F_H,
即 $F_H^r = F_H^l$(r 是右,l 是左).

接近吸收边时 X 射线的所谓异常散射可用来测定绝对构形,因为夫里德耳

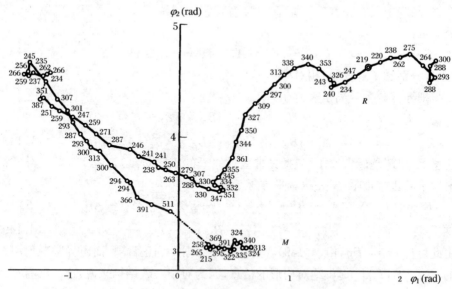

图 4.75 由非局域探索法解 L-脯氨酸结构

M 逐渐下降,R 沿沟运动.欧拉角 φ_1 和 φ_2 投影在平面上[4.77]

定律在此不再成立.此时原子因数增加一个复分量:

$$f = f_a + \Delta f' + \Delta f'' = f_a(1 + \delta_1 + i\delta_2). \qquad (4.146)$$

图 4.76 是 $\Delta f'$,$\Delta f''$ 和 ω_i/ω_e(入射波频率/散射原子的吸收边频率)的关

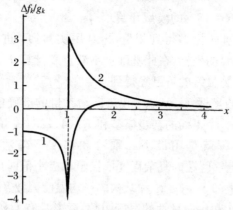

图 4.76 $\Delta f'_k/g_k$(曲线 1),$\Delta f_k/g_k$(曲线 2)和 x
(ω_i/ω_k)的关系 g_k 为 K 电子振子强
度,ω_k 为 K 吸收边频率,ω_i 为入射波频
率(经 A. N. Chekhov 同意)

系. 如晶胞中既有异常散射原子 r, 又有正常散射原子 t, 结构振幅可以分为两个分量:

$$F_{hkl}(F_{\bar{h}\bar{k}\bar{l}}) = A_t \pm iB_t + A_r \pm iB_r, \qquad (4.147)$$

($\pm$ 号分别和 F_{hkl}, $F_{\bar{h}\bar{k}\bar{l}}$ 相对应).

把异常分量分离出来:

$$F_{hkl}(F_{\bar{h}\bar{k}\bar{l}}) = A_t \pm iB_t + A_{r_0} \pm iB_{r_0} + (\delta_1 + i\delta_2)(A_{r_0} \pm iB_{r_0})$$

$$= A + iB + \delta_1(A_{r_0} \pm iB_{r_0}) + \delta_2(iA_{r_0} \mp B_{r_0}). \qquad (4.148)$$

这里 A 和 B 是所有原子, 包括异常散射原子的正常贡献), A_{r_0} 和 B_{r_0} 是异常散射原子的正常贡献. 结构振幅平方等于:

$$F(^2_{hkl})(F^2_{\bar{h}\bar{k}\bar{l}}) = A^2 + B^2 + 2\delta_1(AA_{r_0} + BB_{r_0}) \pm 2\delta_2(-AB_{r_0} + A_{r_0}B)$$

$$+ (\delta_1^2 + \delta_2^2)(A_{r_0}^2 + B_{r_0}^2). \qquad (4.149)$$

由此可见, $F_H \neq F_{\bar{H}}$, 由 (4.149) 式可从实验数据得到正常项, 而由异常散射引起的 $|F_H|^2 - |F_{\bar{H}}|^2$ 提供绝对构形的信息, 因为对于对映结构来说, 这一项有相反的符号. 空间螺旋特性——对映符号可以用尝试法得到, 即分别计算两种对映的 R 因数. 另一种途径是建立类似 $P(r)$ [(4.126) 式] 的合成, 即使用正弦谐波并以上述差值为傅里叶系数. 异常散射有助于确定相位, 特别是在研究蛋白质的重原子衍生物时更有用处.

4.7.10 结构的精化

改进阶段应从 $R \approx 15\%$ 的模型开始.

由 (4.121) 式从初步模型得到相位, 再利用实验 $|F|$ 进行傅里叶合成的计算. 从合成图形定出峰的坐标, 在此基础上不断重复计算 F 和 $\rho(r)$ 直到相位正负号不再改变时, 认为最终的解已经得到.

为了得到原子的坐标 x_j, y_j, z_j 和热振动参量的准确值, 可使用 $|F|_{计算}$ 和 $|F|_{实验}$ 最大拟合法. 一个正确的初步模型和 R [(4.123) 式] 的绝对极小值对应. 改进这个结构的过程就是用最小二乘法和梯度下降法找到相关函数 R' [(4.124) 式] 的最低点. 问题的复杂程度依赖于求极小值时用的参量的数目. 这些参量包括原子的坐标 x_j, y_j, z_j 和结构的平均温度因数 B. 还可以引入个别的各向同性 [(4.25) 式] 和各向异性的温度因数, 后者具有下列形式以适应相对晶轴取向不同的椭球轴 [(4.26) 式]:

$$T(H) = \exp\left(-2\pi^2 \sum_{i=1}^{3} \sum_{j=1}^{3} U^{ij} h_i h_j\right), \qquad (4.150)$$

这里 h_i, h_j 是倒易空间坐标, U^{ij} 是振动张量的分量, $U^{ij} = \overline{U^2}/(a_i^* \cdot a_j^*)$.

函数 R'[(4.124) 式] 极小时,它的导数(相对精化参量 x_i)等于零,要获得 N 个变量的修正值 Δx_i 时必须解 N 个以 $\alpha_{ij} = \sum w_H \dfrac{\partial |F_{\text{计算}}|}{\partial x_i} \dfrac{\partial |F|}{\partial x_j}$ 为系数的方程,要对系数的对称方阵进行反演. 如参量数很大,在计算机中对整个矩阵进行反演将遇到困难(N 可达几百). 这时可使用循环对角方块法改进结构,先改进坐标再改进各向异性热参量,或先改进某原子团的 N' 个坐标和热参量再改进另一个原子团等等. 如有氢原子存在,它们对 F 的贡献也可在最后阶段加以考虑. 如需要,在用最小二乘法改进结构时可引入个别的权重因数 w_H,它可用来考虑 F_H 测量值的准确性的差别并调节每个结构振幅对求极小的函数的贡献.

4.7.11 差分傅里叶合成

通常合成法不容易确定晶体电子密度分布的细节,用差分傅里叶合成可做到这一点. 此时

$$\rho_{\text{diff}} = \frac{1}{\Omega} \sum \sum_H \sum (F_{H\text{实验}} - F_{H\text{计算}}) \exp\left[-2\pi\mathrm{i}(\boldsymbol{r} \cdot \boldsymbol{H})\right], \quad (4.151)$$

这里的系数是实验 F 和计算 F 值之差. 显然 ρ_{diff} 可以有这种或那种意义,依赖于我们减掉的计算 F 值. 如果只对结构的部分原子减去计算 F 值,未减的原子将保留在 ρ_{diff} 图上. 这可用来检测有机或其他化合物中的氢原子. 当其他较重原子存在时,很难看清氢原子的电子密度 ρ_H,把较重原子的 F 计算值减去后得到 ρ_H(图 4.77):

$$\rho_H = \rho_{\text{总}} - \rho_{\text{h}}. \quad (4.152)$$

这里 ρ_{h} 是较重原子的电子密度.

类似的方法可用于蛋白质的 X 射线晶体学,差分合成可显示附着在蛋白质大分子上的小分子.

如果在计算 F 时采用球对称温度因数,差分密度将给出原子振动各向异性引起的 ρ_{at} 相对球状分布的偏离(有正有负).

差分合成方法在研究原子间化学键电子分布精细结构时特别重要. 这里需要尽可能高的实验精密度并进行适当的修正(如吸收等,见 4.5 节),使实验 F 值尽量精确. 这种场合下可从所谓差分形变合成得到电子密度的重要信息:

$$\rho_{\text{def}} = \frac{1}{\Omega} \sum_H (F_{\text{实验}} - F_{\text{计算}}) \exp\left[-2\pi\mathrm{i}(\boldsymbol{r} \cdot \boldsymbol{H})\right], \quad (4.153)$$

这里的 $F_{\text{计算}}$ 由"静止"原子球对称理论 f 值、原子的位置 x_i, y_i, z_i 和晶体各向异性温度参量 $T(H)$[(4.150)式]得出. 这样的合成可明显给出由化学键引起的电子密度再分布图:电子浓度增大处(共价键的电子浓度增大)为正峰,减少处

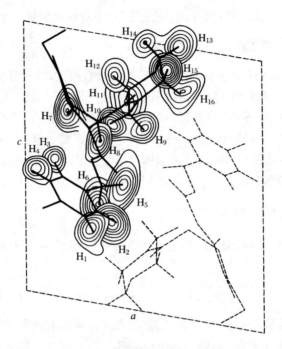

图 4.77　差分傅里叶图(截面)

由此可定氢的位置(等密度线,任意单位);结构

为 2H-硫代吡喃 p-溴苯酯[4.79]

为负峰;这里的增大或减少都是相对孤立原子球对称电子密度的叠加而言的.
进行这种合成时常用中子衍射给出的位置和原子的温度各向异性参量(中子法
给出的值最准确,见 4.9 节)以及 X 射线 f_a 理论值(4.14)式.图 4.77 是差分合
成的一个例子(参阅卷 2 图 1.20,1.32,1.37).

也可以用不包含化学键的内壳层电子散射振幅 f(图 4.4b).代入这样的 F
后,(4.153)式将给出价电子的分布 ρ_{val}.这种合成(卷 2,图 1.32)也有用,但不
如 ρ_{def}[(4.153)式]那样能提供更多的细节.两种情况都能给出峰中 ρ 的分布和
电子数.有时原子的电子密度分布表示成某种函数,如高斯函数的线性组合(卷
2,1.2.7 节).

结构分析以误差估计终结.目前原子坐标的误差通常是万分之几纳米.在
电子密度分布 ρ 的精密测量中,它的绝对值的误差是 $\Delta\rho \approx 0.05\ e/Å^3$ 或更好.

结构分析完成后,除了原子坐标外,通常还给出接近某些原子的面或直线
上的键长和键角.利用计算机控制的绘图仪和显示器可得到等电子密度线图,
分子的立体图(如图 4.78)和结构的局部.

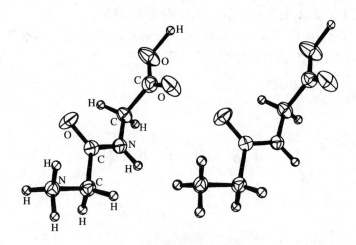

图 4.78 甘氨酰-甘氨酸二肽的立体图

非氢原子的热振动以椭球表示,椭球半轴的尺寸对应于椭球内找到原子的几率为 50 %. 氢原子表示为半径为 0.01 nm 的球[4.80]

4.7.12 结构分析自动化

从整体来看,目前 X 射线结构分析的实验和理论方法实际上已经可以解决所有的结构问题.除了一些复杂的分子结构和生物结构之外,在结构分析的实验和理论阶段都可以自动化.计算机可以方便地完成计算,包括 F 的计算、相位的确定、将 10^3—10^6 个 F 的傅里叶级数求和、合成 10^5—10^6 个点上的 $\rho(r)$,以及最费时的结构精化计算.

在现代的程序中有常规的按指数排列的 F 数据、还有原子坐标、结构振幅、ρ 和 F 的分布、晶胞参数等的标准格式.晶体结构分析软件包括有:

1) 衍射仪操作自动化,包括角度计算、测量优化、位敏衍射仪的监测等;

2) 衍射仪和光密度计的数据处理;

3) 对称性分析,数据编辑,转化为绝对值;

4) 帕特森函数的解释;

5) 直接法确定相位;

6) F_{hkl} 的计算,普通的和差分的傅里叶合成的计算;

7) 结构的精化;

8) 结构的几何分析(距离、角度、面等);最小二乘法(全矩阵或对角方块矩阵),能考虑 X 射线异常散射、二次消光、原子热振动的各向异性;

9）结果的显示、计算机绘图、打印各种表格，等等.

在结构分析中既可以用大内存、高速计算机，也可以用与衍射仪或光密度计联机的高性能微机进行实验和许多计算.

4.8　电 子 衍 射

4.8.1　方法的特点

电子的运动由薛定谔方程

$$\nabla^2 \psi + \frac{8\pi^2 m}{h^2}(E - U)\psi = 0. \tag{4.154}$$

描述.这里 ψ 是波函数，E 是总能量，U 是势能.设入射波为 $\psi_0 = a\exp(i\boldsymbol{k} \cdot \boldsymbol{r})$.电子由电压 V 加速后能量 $E = eV$，

$$\frac{k}{2\pi} = \frac{1}{\lambda} = \frac{\sqrt{2mE}}{h}. \tag{4.155a}$$

考虑相对论修正后得到 $V = V^*\left(1 + \frac{eV}{2mc^2}\right)$（单位为 V），此时

$$\lambda = h(2meV^*)^{-1/2} \sim 1.226V^{*-1/2}(\text{nm}). \tag{4.155b}$$

经常使用的两个能量范围是：高能电子衍射（HEED）的 V 约为 100 kV，λ 约为 0.0037 nm；低能电子衍射（LEED）的 V 约为 10—300 eV，λ 约为 0.4—0.1 nm.在物体中 $U(\boldsymbol{r}) = e\varphi(\boldsymbol{r})$，这里 $\varphi(\boldsymbol{r})$ 是静电势.

电子衍射的"散射物质"是静电势 $\varphi(\boldsymbol{r})$.和 X 射线衍射时的电子密度 $\rho(\boldsymbol{r})$ 有同样的作用.运动学近似下，物体 $\varphi(\boldsymbol{r})$ 对电子波 ψ_0 的散射由一般的傅里叶积分公式(4.12)、原子振幅(4.15)式和结构振幅(4.34)，(4.44)式等描述.但这些公式中应代入 $\varphi(\boldsymbol{r})$ 的值和电子散射的原子因数 f_e，它和 f_x 的关系见(4.17)式.由晶体的薛定谔方程(4.154)式严格解得出的动力学理论方程将在后面讨论.

我们已经知道电子和物质的作用比 X 射线强得多(4.1 节).电子衍射方法的基本特点如下.电子在 1—10—100 nm 的薄膜中发生衍射.f_e 和散射原子的原子序数的关系比 X 射线弱，$f_e \sim Z^{2/3}$.实验需在高真空中进行.

电势对电子的散射给出实验结构振幅 Φ_H，经傅里叶合成后可得到电势分

布 $\varphi(\mathbf{r})$

$$\varphi(\mathbf{r}) = \sum_H \Phi_H \exp\left[-2\pi\mathrm{i}(\mathbf{r} \cdot \mathbf{H})\right]. \qquad (4.156\mathrm{a})$$

晶体的势 $\varphi(\mathbf{r})$ 与电子密度 $\rho(\mathbf{r})$ 一样是处处为正值的三维周期函数,它的极大值与原子核的位置对应.经过适当的约化,$\varphi(\mathbf{r})$ 的值可以用伏特表示.由于电子散射与原子序数相对较弱的关系,与重原子同时存在的轻原子在电子衍射方法中显示得比 X 射线衍射更清楚.这一点被利用来检测有机化合物中的氢原子、金属碳化物中的碳原子等.可以从测定的电势峰高度估计原子电离度,以及在非化学比缺陷结构中计算晶格缺陷位置的填充百分数.

和(4.118)—(4.120)式的推导类似,除了电势的三维分布(4.156a)式之外,我们还可以计算电势的投影:

$$\varphi'(xy) = \frac{1}{S} \sum_{hk} \Phi_{hk0} \exp\left[-2\pi\mathrm{i}\left(h\frac{x}{a} + k\frac{y}{b}\right)\right]. \qquad (4.156\mathrm{b})$$

4.8.2　实验技术

图 4.79 给出 ER-100 电子衍射仪的结构图.电子被电压为 50—100 kV 的电子枪加速.它们通过光阑,被磁透镜聚焦,并被样品散射.样品放置在可移动、倾斜和转动的样品架上.在样品上的束斑大小约为 $0.2\ \mathrm{mm}^2$.散射倾斜角不超过 $3°$—$5°$.样品-荧光屏距离 L 通常为 500—700 mm.衍射图样可以在荧光屏上用肉眼观察,也可以用底片记录下来.曝光时间为几秒.用计数器或法拉第杯记录也是可以的.在特殊的仪器中有减速场,用来研究散射电子的能量分布,特别是用来排除经过样品时损失能量的非弹性散射电子.

电子衍射仪与电子显微镜很接近.在电子显微镜中衍射束被电子光学系统进一步合成为图像.两种方法的结合扩大了图像和选区衍射、微衍射的对应观察,以及衍射束成像等应用范围.所有现代的电子显微镜都有电子衍射装置.

利用多种电子衍射方法和电子显微术进行的晶体研究近来被统称为**电子晶体学**.

透射样品的制备可以把溶液或悬浮液滴到很薄的(低达 10^{-7} cm)有机膜或碳膜上.样品可以是多晶、织构样品,或是镶嵌结构的单晶体.单晶样品的制备方法通常是在加热的解理单晶衬底(NaCl、CaF_2 等)上真空沉积成薄膜,再把膜转移到支持网上.其他制样方法有腐蚀减薄等.

已经出现加速电压达几百 kV 的仪器,为开展更广泛的工作准备了条件.

和上面介绍的透射电子衍射(TED)不同,用反射高能电子衍射(RHEED)可以研究块状样品,入射束几乎平行地射向表面,在很浅的深度内或穿过粗糙

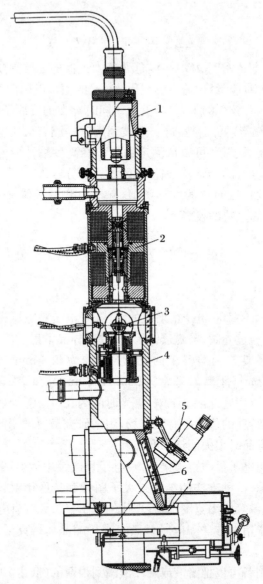

图 4.79 电子衍射仪的镜筒
1. 电子枪；2. 磁透镜；3. 样品台；4. 相机；
5. 观察荧光屏的光学显微镜；6. 照相室；
7. 底片盒

表面突起部分而发生衍射.显然,这时只能观察到衍射场的一半.

将电子束引向材料的蒸气或气体细喷口前,可对气体中的自由分子进行电子衍射研究(GED,见图 4.39d).

4.8.3 电子衍射结构分析

高能电子的波长短(0.004 nm),使电子衍射图样(EDP)的几何理论显著简化.厄瓦耳球半径很大,使得球面的一部分实际上变为平面(图 4.14),衍射图样不是别的,正是倒易点阵中心截面的像.联系中心透射斑-衍射斑距离 r 和 $d_{hkl}(1/H_{hkl})$ 的基本公式为:

$$H_{hkl}/\lambda^{-1} = r/L, \quad rd_{hkl} = L\lambda, \quad r_{hkl} = LH\lambda, \quad (4.157)$$

这里 L 为样品到底片的距离,λ 为波长(图 4.80).换句话说,倒易截面可由尺度比例为 $L\lambda$ 的电子衍射图样直接表示.(4.157)式可以在 $\sin\theta \approx \theta$ 近似下(电子散射角 $2\theta < 5°$)由布拉格-乌耳夫公式[(4.3)式]得到.

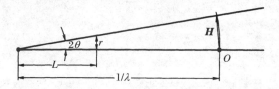

图 4.80 电子衍射图样的计算

单晶样品电子衍射图样(图 4.81,4.82)给出相应取向样品的衍射带,即通

图 4.81 $BaCl_2 \cdot 2H_2O$ 镶嵌晶体的点状电子衍射图样

加速电压 60 kV,$L = 700$ mm[4.81]

过原点的某一倒易点阵平面.倾转样品可以使其他倒易平面进入衍射位置.除了波长 λ 小外,"单晶"样品的镶嵌结构(晶块间有小的角度差别)也有助于晶带内所有衍射斑点的同时出现.

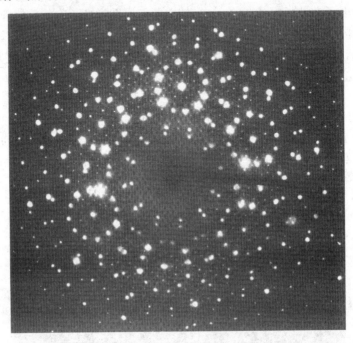

图 4.82   两个重叠的利蛇纹石晶体的电子衍射图样
有二次衍射效应,加速电压 400 kV[4.82]

点状衍射图样的解释在正交点阵的场合下是相当简单的.在单斜和三斜点阵的场合晶体的(001)和入射束垂直时晶体的衍射图样一般不包含 $hk0$ 衍射斑,因为晶体的 ab 面和倒易的 a^*b^* 面不重合.

改变非正交点阵的晶体取向时可以获得含有 $hk0$ 衍射斑的 a^*b^* 倒易面图样.利用电子衍射斑点图样可以容易地测定晶胞和晶体的劳厄对称性.

织构的电子衍射图样已经得到广泛的应用.当小晶体在平滑衬底上沉积时,它们常择优取向使某一晶面平行衬底,但方位角混乱.这相当于使倒易点阵围绕垂直于此平行衬底的晶面的轴转动.设此轴为 c^*,h 和 k 确定的倒易直线和 c^* 平行.在上述"转动"中倒易点变为同轴圆柱体上的环(图 4.83).如样品相对电子束倾斜 φ 角,上述的许多环和厄瓦耳球的截面给出衍射图样是椭圆,这是织构电子的衍射图样中最有特色的曲线(图 4.84).如点阵是正交的,所有米勒指数 l 确定的阵点形成许多层面,在电子衍射图样中给出相应的许多层线.

已经有了适用于所有晶系倾斜织构的完整几何理论,它可用于电子衍射图样的指标化和各个晶系晶胞的测定(测定衍射斑的 r 值或椭圆短轴 B_{hk} 值,以及测定零级层线、高级层线之间的高度 η 等之后).

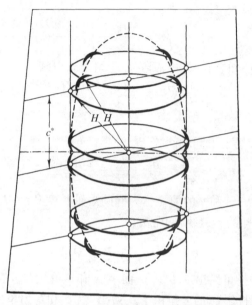

图 4.83　织构电子衍射图上干涉曲线(椭圆)
的形成

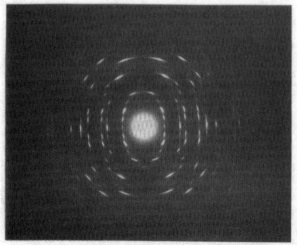

图 4.84　In_2Se_3 六角相倾斜织构的电子衍射图
倾斜角 $60°$[4.83]

晶胞测定和衍射斑指标化需要的数据是 d 值（$d = 1/|H| \approx \lambda/2\theta$）、$hk$ 椭圆限定的衍射斑位置和离开零层的高度 η。倒格矢 a^* 和 b^* 可直接从 h_{100} 和 h_{010} 得到，如果 c^* 和 $a^* b^*$ 面（后二者的夹角 γ^* 取任意值）垂直，c^* 可用下式（其中的 l 是米勒指数）计算出来：

$$c^* = \frac{\eta}{l} = \frac{(H_{hkl}^2 - H_{hk0}^2)^{1/2}}{l}. \tag{4.158}$$

如果 c^* 不和 $a^* b^*$ 面垂直（倾斜点阵），c^* 由下式得到：

$$c^* = \frac{\left(\dfrac{H_{l_1+l}^2 + H_{l_1-l}^2 - 2H_l^2}{2}\right)^{1/2}}{l}. \tag{4.159}$$

在倾斜点阵的一般场合下同轴圆柱 hk 的半径 b_{hk} 为

$$b_{hk} = \frac{1}{\sin\gamma}\left(\frac{h^2}{a^2} + \frac{k^2}{b^2} - \frac{2hk\cos\gamma}{ab}\right)^{1/2}. \tag{4.160}$$

在织构衍射图样中 b_{hk} 和 η 的值显示为椭圆短轴长度 $B_{hk} = L\lambda b_{hk}$ 和 hkl 衍射斑到短轴线（衍射图样的赤道线）的距离：

$$D_{hkl} = \frac{L\lambda\eta}{\sin\varphi} = hp + ks + lq. \tag{4.161}$$

对 B_{hk} 值的分析可给出 a, b 和 γ，而 p, s 和 q 可从 D_{hkl} 值算出。重要的 c 轴在 ab 面上的垂直投影 c_n 的分量由下式给出（以 a 和 b 为单位）：

$$x_n = \frac{c}{a}\frac{\cos\beta - \cos\alpha\cos\gamma}{\sin^2\gamma} = -\frac{p}{q},$$
$$y_n = \frac{c}{b}\frac{\cos\alpha - \cos\beta\cos\gamma}{\sin^2\gamma} = -\frac{s}{q}. \tag{4.162}$$

得出 x_n 和 y_n 后，可以得到：

$$c_n = [(x_n a)^2 + (y_n b)^2 + 2x_n y_n ab\cos\gamma]^{1/2}.$$
$$d_{001} = \frac{L\lambda}{q\sin\varphi}, \tag{4.163}$$
$$c = (c_n^2 + d_{001}^2)^{1/2}.$$

α 和 β 的值由下式给出：

$$\cos\alpha = \frac{x_n a\cos\gamma + y_n b}{c},$$
$$\cos\beta = \frac{x_n a + y_n b\cos\gamma}{c}. \tag{4.164}$$

绕与入射束不垂直的平面的法线连续转动单晶可以得到类似倾斜结构衍射图样的转动衍射图样，它包含更多的信息[4.84]，见图 4.85.

多晶样品的电子衍射图样（图 4.86）和 X 射线德拜像相似．它们由一系列

图 4.85 云母单晶的转动电子衍射图

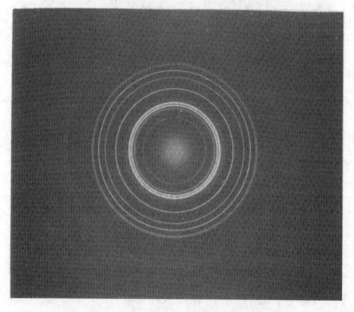

图 4.86 多晶六角氢化镍的电子衍射图[4.85]

环组成,由于(4.157)式成立,它们的解释更为简单.反射电子衍射图样(图 4.87,4.88)主要用于测定表面和外延薄膜的相组成和结构完整性[4.86].

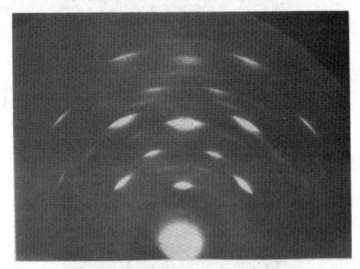

图 4.87 银镶嵌结构薄膜的反射电子衍射图
弱的附加反射来自样品中的 Ag_2O

图 4.88 锗单晶的反射电子衍射图
由于构造很完整,故衍射具有动力学特征;衍射图中可清楚
地看到菊池线和菊池带(经 V. D. Vasiliev 同意)

非晶态的透射电子衍射图由一组漫散环组成(图 4.89),按(4.84)式得到径向分布函数后可以得到结构中短程序的信息.类似的方法可用来研究液体.从气体或蒸汽的电子衍射图(图 4.39d)可测定分子的结构.

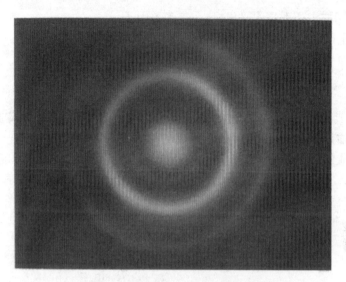

图 4.89 非晶态 CuSbSe₂膜的电子衍射图

晶体的散射强度决定于原子的散射振幅

$$f_e^{abs}(s) = 4\pi K \int \varphi(r) r^2 \frac{\sin sr}{sr} dr$$

$$K = 2\pi me/h^2, \quad f_e = K^{-1} f_e^{abs},$$

(4.165)

这里的 $\varphi(r)$ 是一个原子的势能,$s = 4\pi\sin\theta/\lambda$. 在选区电子衍射中使用不带 K 的原子振幅 f_e 比较方便.

电子的原子振幅 f_e 和 X 射线的原子振幅 f_X 的联系是:

$$f_e(s) = 4\pi Ke \frac{Z - f_X(s)}{s^2},$$

(4.166)

这里 Z 是核电荷,见(4.17)式和图 4.5,4.7 和 4.8.

晶体衍射强度 I_H 由结构振幅的平方确定,它的计算公式与(4.44)式类似:

$$\Phi_{hkl} = \sum f_{jeT} \exp[2\pi i(hx_j + ky_j + lz_j)].$$

(4.167)

这里的 f_{eT} 是各原子对入射电子的带温度修正的原子因数,参考(4.23)式.

对镶嵌单晶,薄膜衍射积分强度是

$$I_h = J_0 S\lambda^2 \left|\frac{\Phi_h}{\Omega}\right|^2 \frac{td_h}{\alpha} \sim \Phi_h^2 d_h,$$

(4.168)

对织构

$$I_h = J_0 S\lambda^2 \left|\frac{\Phi_h}{\Omega}\right|^2 \frac{t\lambda p}{2\pi R'\sin\varphi} \sim \frac{\Phi_h^2 p}{d_h R'}.$$

(4.169)

这里 J_0 是入射电子束强度,S 是辐照面积,t 是厚度,α 是镶嵌结构平均角分布,

R' 是衍射图样中衍射斑水平坐标, p 是多重因子.

因为电子与材料的作用强, 在晶体厚度 A(即上两式的 t) 比较小时也观察到动力学散射现象. 运动学理论适用范围可由下式估计:

$$\mathscr{A}' = \lambda \frac{|\overline{\Phi}|}{\Omega} A \lesssim 1, \tag{4.170}$$

它和 X 射线的公式[(4.62)式]类似, 这里 $\overline{\Phi}$ 为 Φ_H 绝对值[(4.167)式]的平均值.

简单估计得出: 由中等 Z 原子组成的不太复杂的结构, $A \approx 30$—50 nm; 由重原子组成的简单结构, $A \approx 10$ nm. 由于电子衍射研究的样品的厚度达到这一量级, 所以动力学效应出现的情形比 X 射线衍射更多. 镶嵌单晶薄膜和织构的积分强度公式和 X 射线的公式(4.60)类似:

$$\frac{I_{hkl}}{J_0 S} = \lambda^2 \left| \frac{\Phi_{hkl}}{\Omega} \right|^2 \mathscr{L}, \tag{4.171}$$

$$\mathscr{L}_M = A \frac{d_H}{\alpha}; \quad \mathscr{L}_T = \frac{A\lambda p}{2\pi R' \sin \varphi} \tag{4.172}$$

这里 S 为样品上的照射面积, $\mathscr{L}$ 为与样品类型有关的因子($\mathscr{L}_M$: 镶嵌块单晶, $\mathscr{L}_T$: 织构), A 为样品厚度, α 为镶嵌块结构平均角分布, R' 为织构电子衍射斑水平坐标, φ 为样品倾斜角, p 为织构衍射图的多重因数(重合在环中的倒易格点数目).

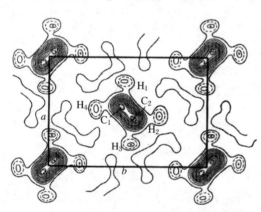

图 4.90 石蜡结构的电势傅里叶合成(沿 C_n H_{2n+2} 链的轴投影), 可明显看到氢的峰

电子衍射图样的强度可以用光密度计测量, 精确的测量用定位光度计和闪烁体、光电倍增管或电荷耦合器件(多通道)等. 强度测量准确度达 1%. 样品中小晶块厚度 A 常大于运动学理论适用条件[(4.170)式]规定的厚度. 在动力学散射场合, 镶嵌单晶或织构的 I_{hkl} 与 Φ 成正比, 即与结构振幅的一次幂成正比. 有时候散射处于运动学和动力学之间. 将平均强度曲线 $I(\sin\theta/\lambda)$ 和 $\sum f_0$ 或 $\sum f_0^2$ 在同一个角范围内进行比较后可以估计"动力散射的程度". 进行适当校正后可以从 I_{hkl} 的值得到 Φ_{hkl} 的值, 这一点在后面还要进一步讨论.

电子衍射结构分析的主要方法是建立 Φ^2 级数, 得到原子间距离函数

(4.126)式,再完成电势的傅里叶合成(4.156)式(图 4.90)[4.81].

在电子衍射研究中也可以运用相位测定的直接法[4.87].图 4.91a 是电子显微镜中用选区衍射法得到的酞菁铜(Cu phtalocyanine)样品的电子衍射图样.图 4.91b 是样品的势场投影图,可以清楚看到所有原子.结构振幅$|\Phi_{hk0}|$的相位由直接法确定.

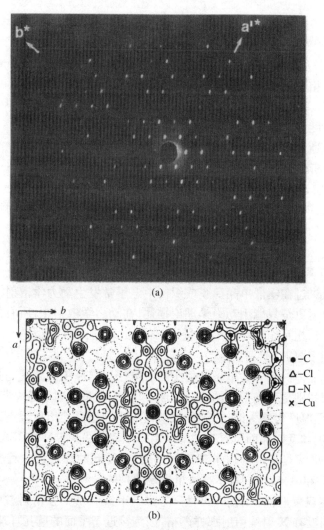

图 4.91　高氯酸酞花青(perchloraphtha locyanine)Cu 盐
CuCl$_{16}$C$_{32}$N$_8$ 薄样品的电子衍射图样(a)和薄样品
对入射电子的静电势投影图(b)[4.87]

上述特点促使电子衍射方法在许多重要的材料类型中得到应用,例如在高度弥散状态下的材料实际上无法用 X 射线方法进行研究.用电子衍射方法已研究过多层离子晶体、氢化物或氢氧化物晶体以及含氢的有机和无机物结构.电子衍射广泛地应用于分析层状硅酸盐和土壤矿物.真空沉积技术适合于研究两相和复相系统中各个相的结构(金属碳化物和氮化物、Ⅲ,Ⅳ,Ⅴ,Ⅵ族化合物半导体,等等).

从(4.17)和(4.166)式可见,电子散射对原子序数 Z 的依赖弱于 X 射线散射.这有助于在傅里叶合成中鉴别重原子旁的轻原子(包括氢原子,见图 4.90[4.88,4.89]).从(4.166)式还可注意到,电子衍射对化合物中化学键形成时价电子的再分布相当敏感.实际上(4.166)式中的 Z 值不是中性原子的电荷,而是离子的电荷 Z'.因此 f_e 的值在小的 $S(\leqslant 3/\mathrm{nm})$ 场合有明显的变化,从而使我们可以测定电离度[4.90].

衍射束通过样品时,由于声子、等离体子、价带间激发而损失部分能量.电子束能量分析可给出材料化学成分、电子结构和短程序的信息,类似于 X 射线的 EXAFS 方法.近来电子能量损失谱(EELS)被用来研究非晶态薄膜的结构[4.91].

聚合物、非晶体和液体结构的电子衍射研究给出不少有趣的结果.蒸汽和气体中分子的电子衍射研究是一个广阔的专门领域.

4.8.4 电子的动力学散射

前面已讲过在镶嵌单晶薄膜或织构中电子常发生动力学散射.在大的完整单晶中的散射更是只能用动力学理论描述.在动力学散射中,所有的波、包括入射和衍射波都相互作用并传递能量.在弹性散射的同时,还发生显著的非弹性相干和不相干散射.

在完整晶体的动力学电子散射中随着电子在样品中的路程超过(4.170)式的值,衍射、特别是背向衍射的绝对值逐步增强,多重散射后各个衍射强度趋向均匀化,样品厚度再增大时,非弹性散射效应不断增强使衍射强度减弱,背底增大,以至出现和反射晶面位置有关的所谓菊池消光线和带(图4.88).

Bethe 早就奠定了动力学理论的基础,他得到的薛定谔方程(4.154)式的 Ψ 解形式上和(4.67)相似,不过这里出现的是标量波.

可以在双束近似下求解,此时只考虑入射波和一个强衍射波的相互作用.这里的限制没有 X 射线衍射那样严格,因为接近于平面的厄瓦耳球面可以和许多倒易点相交或在它们近旁通过.在双束近似下,与(4.69)式类似,得到

$$(K^2 - k_0^2)\psi_0 + \nu_H\psi_H = 0, \quad \nu_H\psi_0 + (K^2 - k_H^2)\psi_H = 0, \quad (4.173)$$

这里

$$k_0 = k + \frac{v_0}{2k}, \quad k = \sqrt{2meE/h}, \quad v_H = \frac{4\pi\,|\varPhi_H|}{\Omega}. \quad (4.174)$$

在透明晶体的波场中波函数 ψ_0 和 ψ_H 是穿透深度的周期性函数.电子衍射峰宽的数量级是几角分,而 X 射线衍射峰宽约 $10'$ 或更小.积分强度和 $|\varPhi|$ 成正比.

在镶嵌块晶体中电子衍射动力学衍射效应比多晶和织构样品更强.这里的最重要现象是强衍射(以及它们的高级衍射)的强度比运动学理论给出的值弱,这就是消光效应.

双束近似的动力学衍射强度公式(4.171)式变为

$$\frac{I_H}{I_0 S} = \lambda^2 \left|\frac{\varPhi_H}{\Omega}\right|^2 R(\mathscr{A})\mathscr{L}, \quad R(\mathscr{A}) = \frac{1}{\mathscr{A}\,|\,A\,|}\int_0^{\mathscr{A}} J_0(2x)\,\mathrm{d}x. \quad (4.175)$$

这里 $\mathscr{A}$ 由(4.170)式给出,$\mathscr{L}$ 由(4.172)式给出,J_0 为零级贝塞耳函数.上式与(4.74)式相似.通常动力学修正函数 $R(\mathscr{A})$ 被画成图,根据实验和计算强度符合得最好的原则从图中找到 $\mathscr{A}$ 值.考虑若干强衍射的消光后为平均 $\mathscr{A}$ 值最终选定 $R(\mathscr{A})$ 值.

在二级 Bethe 近似中,用下式代替 $v_H = 4\pi\,|\varPhi_H|/\Omega$[(4.174)式]

$$u_H = v_H - \sum_{g\neq 0} \frac{v_g\,v_{H-g}}{k^2 - k_g^2}. \quad (4.176)$$

引入这一修正的必要性实际上既依赖于实验强度的测量准确度,又依赖于结构的复杂程度[4.86,4.92].

薛定谔方程的多束近似解[(4.154)式]更为严格.这时须考虑散射矩阵 M,此时衍射强度由下式表示:

$$I_H = \left|\left[\exp\left(\mathrm{i}\frac{A}{2k}M\right)\right]_{H^0}\right|^2. \quad (4.177)$$

当晶体处于 H 衍射位置时,M 的对角线矩阵元由所有衍射偏离准确布拉格角的值决定,而非对角矩阵元由任两个衍射($H \neq H'$,包括透射波)的互作用势 $v_{HH'}$ 决定.动力学理论方程可以用类似达尔文理论的形式得到.

非弹性散射的半经验理论(包括产生普通的强背底的非相干散射和以菊池线、带、包络形式出现的相干散射)也已经得出.

4.8.5 电子衍射的特殊方法

上面我们讨论了高能电子衍射(HEED)方法和选区电子衍射的主要应用.下面我们介绍这些方面提供的新的技术.这些技术和电子显微镜中多种电子光学系统的设置有关,也和电子和样品的二次相互作用过程的选定有关.

电子显微镜中电子衍射的基本技术是选区电子衍射(SAED).由图 4.92a

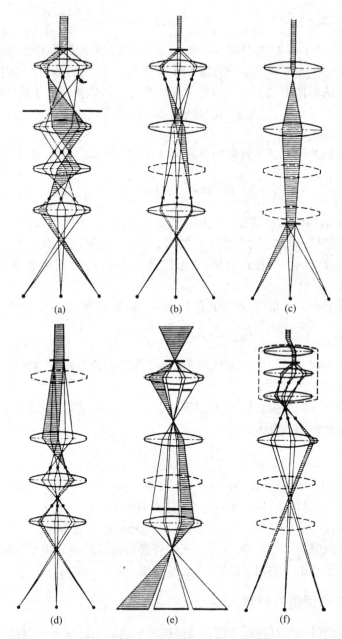

图 4.92　TEM 中各种 ED 模式的光路图
（a）SAED；（b）微束 ED；（c）高分辨 ED；（d）高分散 ED；
（e）CBED；（f）扫描微束 ED

可见,此方法依赖于物镜和投影镜之间的中间镜是使样品的中间图像,还是使物镜焦平面上的电子衍射图样,在荧光屏上成像.由中间像平面上的光阑选定的产生衍射的样品面积不小于 1—2 μm^2,见图 4.93.小于此范围时图像和衍射图样之间的对应将由于球差而发生偏离.在这种场合,电子衍射图样常常是一个单晶区域的衍射.

图 4.93　叶蛇纹石(antigorite)晶体的 SAED 图样显示出 a 方向的超周期

右下角是选区光阑选定的微区像

电子显微镜中的现代电子光学系统可以给出微束电子衍射(MBED)、扫描和摇摆束电子衍射,使电子衍射图样采自几 nm 尺寸的样品(纳米束衍射).

在微束衍射场合下,成像范围和衍射范围对应得很好,它们仅由微束的截面尺寸决定,对应的范围可限于几 nm.选区衍射和微束衍射特别适用于解决均匀性-不均匀性问题,对多型分析和结构分析也很有用.

在电子显微镜中把样品放在投影镜之后可以实现高分辨电子衍射 HRED(图 4.92c).但是,由于样品和屏幕之间的距离太短,衍射图样的尺寸太小,使最重要的衍射信息和入射束的散射背底相互干扰.

高分散电子衍射(图 4.92d)可以增大入射束近旁电子衍射效应的尺度,有助于研究细微不均匀性结构、调制结构、超周期性、外延和亚稳分解、无公度相、准晶态和非晶态的短程序等,高分散电子衍射还可以用来研究很微小(1—2 nm)的孤立粒子.会聚束电子衍射(CBED)方法[4.93](图4.94)具有广泛的应用.图4.92e显示的CBED的目的是获得高角度分辨率的衍射强度轮廓.还有另外几种CBED方法."Kossel - Möllenstedt"CBED[4.93]中的衍射盘和平行入射束在单晶中产生的衍射斑对应,并且互不重叠.衍射盘重叠时被称为"Kossel"CBED.在常规TEM中只有采用微探针操作模式才能得到CBED.电子束被圆光阑限制时,每一衍射斑扩大为一个圆盘(CBED中的束发散角约为10^{-3} rad).对会聚束中每一个入射角我们可以建立对应的厄瓦耳球并确定其衍射强度.由入射束发散角增大引起的衍射盘的相互重叠会产生干涉效应,例如入射盘和衍射盘的重叠会产生平行带状强度带,类似于双波相互作用中产生的强度带,这就是说,Kossel线和X射线衍射中的Kossel线类似.

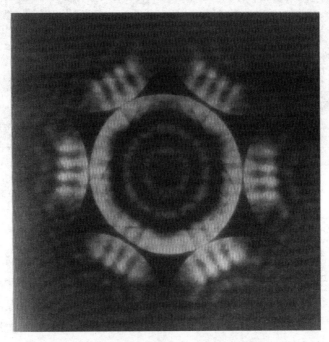

图4.94 衍射盘不重叠的Si(111)晶带轴CBED
高阶劳厄带(HOLZ)的Kossel-Möllenstedt线在0阶衍射盘中表现为黑线,它们是厄瓦耳球面和HOLZ衍射相交的结果[493]

Kossel图样形成的几何和菊池(Kikuchi)图样形成的几何是类似的,在两种场合中都出现衍射束圆锥和荧光屏相交而成的近似的直线(由短波长、大厄瓦耳球半径引起).成对的 Kossel 线是等价的,都显示为紧靠着的黑-白衬度,菊池线对则一白一黑,并且紧靠着中心斑.

CBED 被用来准确(达 1%)测定低阶衍射的结构振幅,使用的方法是使多波多束衍射理论计算得到的理论强度分布曲线和实验曲线相符.特殊的大角 CBED 光路帮助我们避免不同衍射盘之间的重叠,并给出各个衍射盘在大角范围内的强度变化.中空锥体 CBED 模式中入射电子沿圆锥表面进入样品.

可以从 CBED 图样测定样品的厚度.结构振幅的相位也可以直接从 CBED 获得.

CBED 的最重要的应用是测定晶体的对称性.和 X 射线衍射方法只能把 32 种点群区分为 11 种劳厄群不同,基于动力学理论的 CBED 可以鉴别极性晶体和非极性晶体,从而可以确切地识别点群[4.94].螺旋轴 2_1 和滑移镜面可以通过动力学效应进行识别.当晶体具有这样的轴和面,在衍射盘中被运动学禁止的地方就会出现特殊的消光线[4.95].综合零阶和高阶劳厄带的 CBED 图样,就可以识别任一个空间群[4.96].对于不同的空间群和不同的入射束方向的 CBED 图样已经计算出专门的图表,使得我们可以确定任何一个点群和空间群.

EM 光学系统也被用来实现布拉格入射角附近的厚样品的异常穿透电子沟道(EC)效应.EC 效应可以给出原子及其同形替代原子分布的某些特点.

在许多研究中通过测量衍射束本身以及衍射束之间的能量损失来显示电子和样品的强相互作用.在这样条件下能量过滤系统给出的电子谱衍射可以提供不同能量窗口内的电子衍射图样,从而可以分别考虑弹性散射和非弹性散射电子对 ED 的贡献.这样一来,一方面改进了结构研究,另一方面,给出了电子和样品相互作用的信息.电子衍射方法和电子显微术的结合以及和其他方法的结合显著提高了它们的效益.

EM、SAED 和 X 射线能谱(EDS)的结合产生了分析电子显微术(AEM),它可以显示 TEM 像中微区的结构和成分的精细变化.电子能量损失谱(EELS)是另一种可以和 EM,ED 结合的方法,它可以提供元素成分以及电子结构的信息.

总之,所有电子晶体学方法可以用来解决广泛的问题,如结构测定、多形性分析、材料鉴别、样品的不均匀性、有序无序转变、缺陷分析、表面分析、短程序研究、成分变化、相变、准晶体和电子结构的研究等.

4.8.6 低能电子衍射(LEED)

由于点阵的周期势终止于晶体表面,所以表面原子排列原则上和体内不同.换句话说,薄薄的表面层结构可以和晶体的其余部分不一致.晶体表面在电子和离子发射、吸附和催化、新相成核和扩散(在外延层中)、离子注入、氧化等过程中有重要的作用.吸附气体原子可形成二维有序结构.能量为 10—300 eV 的电子可透入晶体表面几个原子面.因此 LEED 是研究晶体表面的有效方法,研究的对象有:表面原子排列、它们的热振动性质等等[4.97—4.99].

在 LEED 仪中入射束与样品表面垂直或成约 45°角.仪器的真空为 10^{-10}—10^{-12} torr.由弹性散射束形成的衍射图样给出几层、甚至单层表面原子的结构信息.

在一级近似下,电子衍射图样由二维表面点阵决定.还可以从衍射强度得出其他结论,但是电子衍射图样的唯一的解释在很大程度上受到多重散射的妨碍.俄歇电子谱仪可以提供更多有关能量谱、化学组分和价态的信息.

俄歇电子能谱与表面原子的种类和状态有关.用能量为 10—2000 eV 的入射电子束使样品原子电离后,内层电子无辐射跃迁到更低空能量状态的同时可以从表面发射出俄歇电子.现代 LEED 仪通常带有俄歇谱仪.俄歇谱的灵敏度可达到表面单层原子中有百分之一的异类原子.如果要获得杂质随深度的分布,可以用离子枪逐层溅射掉表面原子后再进行测量.

已有许多论文报道各种晶体(Ge,Si,CdS,GaAs,W,Mo,Au,Pb,NaCl 等)原子级清洁表面、吸附层、起始外延层的结构研究结果.

半导体研究的最有趣的结果是:退火过程中表面结构发生改变或重新排列,引起某些超结构.人们认为,这种重新排列可使自由能降低、使悬键配对.

图 4.95a 是 Si 表面周期比体内扩大 7 倍的原子结构.

图 4.95b 是 W(110)面吸附氧化钡过程中结构变化的 LEED 图样.随着 BaO 浓度增加,在表面上出现不同的二维结构.其中的一种(4×3)结构表示在图 4.95c 上.

离子晶体(NaCl,LiF,KCl)的(100)面,PbS 型半导体(100)面的 LEED 图样都没有超点阵斑点,说明表面结构与体结构对应.许多金属表面也是如此,但有例外,如 Pt 和 Au 就有 1×5 超点阵.

吸附的气体原子或分子在表面上的排列可以无序、也可以有序,这依赖于气体的性质和它对表面的覆盖度.

表面结构的 LEED 研究可以有效地和以下方法结合:扫描探针显微术(扫描隧道和原子力显微术,4.10 节)、场发射 SEM(FESEM)和俄歇电子谱(AES).电子沟道(EC)方法和微束分析方法的适当结合可以提供原子位置的沟道增强微分析.

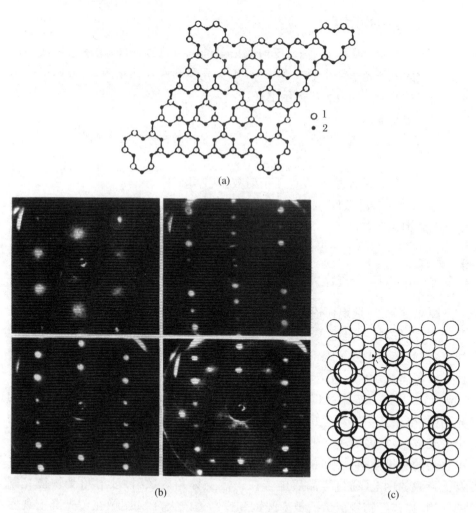

(a)

(b) (c)

图 4.95 Si(111)(7×7)表面的一种模型[4.54](a)和 W(110)上的 BaO 的 LEED 图样(b)及 W(110)上的 BaO 的一种(4×3)结构(c)[4.100]

4.9 电子显微术

4.9.1 方法的特点

　　电子显微镜中从样品透射、反射或出射的电子可以成像. 由磁透镜或静电透镜组成的电子光学系统形成电子束. 用荧光屏和底片记录图像,或用电子敏感探测器把像记录和放大后显示出来.

　　方法的基本特点如下:

　　1) 很高的放大倍数,原子级别的高分辨率和对物体的直接观察.

　　2) 除了提供物体的电子光学信息(像)外,还有一系列其他电子-物体互作用提供的化学分析数据,以及电子衍射数据(4.8 节).

　　3) 可以在各种条件(加热、冷却、形变、辐照等)下对样品进行原位观察,用电视系统记录动态过程.

　　4) 可以用扫描电子显微术观察样品表面起伏并进行化学成分分析等.

4.9.2 透射电子显微术

　　图 4.96[4.101] 是现代透射电子显微镜的结构图. 这是一种很复杂的物理仪器. 它的部件,特别是电子光学系统部件须要用特殊材料并经过特别精密的加工. 镜筒必须十分抗震,还需要特殊的地基和高电压支持系统. 加速电压的稳定度需高达 10^{-6},透镜电流也需十分稳定. 电子光学系统直接放大 80—130 万倍,再进一步用照相放大电子图像 5—20 倍. 图 4.97 是电子显微镜的光路图. 电子从阴极灯丝出射后被阴极和阳极间的高电压加速. 电子通过两个聚光镜后,截面缩小并聚焦到样品上. 在物镜的狭小空间(约 2 mm)内伸进可移动的和可倾斜达 $60°$ 的样品测角台. 样品直接放在特殊的微栅上或放在有支持膜的网上. 通过样品后电子在一定立体角内散射. 散射角受物镜光阑的限制. 物体经物镜成像后被中间镜和投影镜放大. EM 图像在荧光屏上观察或用底片记录.

　　真空系统已完全自动化,能够将电镜真空抽到 10^{-7} torr,并保持样品室

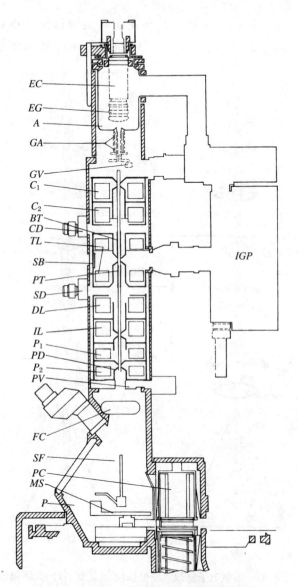

图 4.96 Philips CM12 型电子显微镜结构图

EC.电子发射室;*EG*.电子枪;*A*.阳极;*GA*.电子枪对中偏转线圈;*GV*.专用于隔离发射室的阀;C_1.第一聚光镜;C_2.第二聚光镜;*BT*.样品之上的束偏转线圈;*CD*.聚光镜光阑调整器;*TL*.对偶物镜(小聚光镜未显示);*SB*.调整"测角台"的零件(未显示);测角台允许样品座上的样品移动;*PT*.样品之下的偏转线圈;*SD* 和 *SA*.光阑调整器;*DL*.衍射透镜;*IL*.中间镜;P_1第一投影镜;*PD*.分隔阀;P_2.第二投影镜;*PV*.隔离投影室的阀;*FC*.软片盒;*SF*.荧光屏,带精确聚焦用双目镜;*PC*.底版盒;*MS*.可通过投影室 *P* 的铅玻璃窗口观察像的荧光屏;*IGP*.离子收集泵

和镜筒的无油空间,在特殊仪器中甚至用超导透镜以保证透镜电流的高稳定度,并在超高真空条件(10^{-9}—10^{-10} torr)下对深冷样品进行低温显微学研究.

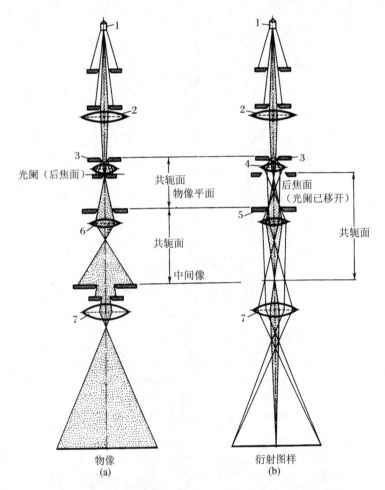

图 4.97　透射电子显微镜成像(a)和选区衍射(b)光路简图
1.源；2.聚光镜；3.样品；4.物镜；5.选区光阑；6.中间镜；
7.投影镜

入射电子束和样品的作用产生多种信号,如 X 射线、二次电子、俄歇电子的发射等.所有这些信息可以提供样品的有价值的附加数据.20 世纪 70 年代扫描透射电子显微术(STEM)得到发展.在 STEM(或带 STEM 附件的 TEM)中电子束在样品上扫描,探测器将信号输入 STEM 中的阴极射线管,控制其电子枪,在荧光屏上产生和常规方法不同的扫描图像.图4.98表示经常使用的多种探测器[4.102].探测器接收的信号有：

1）从样品背散射出来的高能电子；

2）从样品中二次发射出来的低能电子；

3）样品中被电离的原子发出的 X 射线；

4）未散射的透射电子；

5）散射的透射电子；

6）由电子谱选出的损失特征能量的透射电子能量损失谱（EELS）.

其中的 1）—3）信号在常规扫描电子显微镜（SEM）中使用.在特殊设计的专用装置中测定俄歇电子能谱.

样品制备方法主要是晶体或其他材料的薄化或粉碎.有些样品可以在研钵中研磨,有些晶体可以解理.晶体碎片放置在覆盖有碳膜的铜网上.通常晶体样品从大块样品沿所需的位向切割成片.随后,样品机械抛光到 30—70 μm 厚,再用化学方法或离子轰击薄化.

TEM 像的形成.电子波长 λ 由加速电压 V 决定.一般用的 100 kV 下的 λ 为 0.0037 nm.1 MeV 电子的 $\lambda \approx$ 0.0008 nm.任何光学系统的分辨率 δ_D 由点物的像的衍射模糊斑决定：

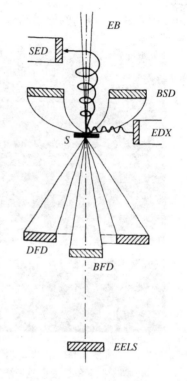

图4.98 主要用于 SEM 中的样品周围和投影室中的主要探测器示意图[4.102]

EB.电子束；SED.二次电子探测器；BSD.背散射电子探测器；EDX.X射线能谱仪；BFD.明场探测器,测未散射透射电子；DFD.暗场探测器,测散射透射电子；EELS.电子能量损失谱探测器,测损失特征能量的电子

$$\delta_D = 0.61\lambda/\alpha, \quad (4.178a)$$

这里 2α 是物镜的孔径角.这一关系也可以用物的傅里叶变换（4.12）,（4.118）式进行解释.根据布拉格方程 $n\lambda = 2d\sin\theta$[（4.3）式],这里的 $2\theta \approx \alpha$（$n = 1$ 时）.将（4.3）式代入上式后得到：

$$\delta_D = 0.61d, \quad (4.178b)$$

这说明点分辨率由物镜光阑限制的衍射束能观测的最小晶面间距决定.要得到高分辨率,须要用大光阑,但是 α 增大后,像差(主要是磁透镜的球差)显著增大.因此,须要用照顾到各种因素的适当的优化物镜光阑,使分辨率达到 0.2—0.14 nm.图 4.99 是得到的原子结构像的一个例子(还可参看图 1.18 和 1.21).

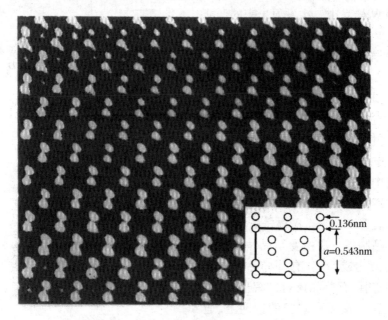

图 4.99　像平均增强法得到的 Si(110)结构像
右下角是投影原子结构(经 J. L. Hutchison 同意)

下面讨论 TEM 中像的形成(图 4.97a)和像差影响的机制.

图像波函数 ψ_I 可以表示为:

$$\psi_I = \mathscr{F}^{-1} T \mathscr{F} q \psi_0, \tag{4.179}$$

这里 ψ_0 是入射波.由(4.179)式描述的像形成过程应当从右到左进行解读.进入物体的 ψ_0 波和势函数 φ 相互作用.结果在物体出射面上波转变为 $q\psi_0$,这里的 q 被称为透射函数. $q\psi_0$ 波的散射或衍射用傅里叶算子 $\mathscr{F}$ 的作用表述,参阅(4.12)式.这个作用确定了物镜后焦面上的波函数.随后这个波函数受到透镜传递函数 T 的调制.散射波转化为像的过程由傅里叶逆变换算子 $\mathscr{F}^{-1}$ 描述.

现在须要找到具有 $\varphi(r)$ 电势的物体出射面上波函数的表达式.如果物体中电子的散射没有能量损失, φ 的作用使波的相位移动即引起折射,这种物被称为**相位物**[4.103,4.104].

真空中,波长 λ 由加速电压 V 决定,物体中的 λ' 由 $\varphi(r) + V$ 决定.折射指

数 n 是：

$$\frac{\lambda}{\lambda'} = n \approx 1 + \frac{\varphi}{2V}. \tag{4.180}$$

经过厚度为 A 的相位物,出射面上波函数是

$$q\psi_0 = \psi_0 \exp\left[\frac{2\pi i}{2V\lambda}\int_0^A \varphi(r)\mathrm{d}z\right] = \psi_0 \exp(i\chi). \tag{4.181}$$

这就是说, ψ_0 的额外相移 χ 由 $\varphi(xy)$ 势沿物体厚度 A 的积分决定,即

$$\chi = -\sigma\varphi(xy), \quad \sigma = \frac{2\pi me\lambda}{h^2}. \tag{4.182}$$

这里的 σ 被称为互作用常数.

波穿过原子中心时相移 χ 最大,因为此处的 $\varphi(r)$,即 $\varphi(xy)$ 的值最大,当波穿过原子之间的位置时,相移小,因为此处的 φ 接近 0.由于互作用常数 σ 小,穿过少数原子或材料薄层后,相移的绝对值小.

TEM 中的物体薄时,由于(4.181)和(4.182)式中的 $\sigma\varphi$ 小,可得到:

$$q = \exp(i\chi) \approx 1 - i\sigma\varphi(xy); \tag{4.183}$$

这就是"弱衬度"相位物近似.设入射到物的波在入射面上具有单位振幅和零相位,我们得到 $q\psi_0 = q_0$.波离开物传播长距离后,波可以用二维傅里叶积分表示为:

$$\mathscr{F}q = Q(XY) \approx \delta(XY) - i\sigma\Phi(XY), \tag{4.184}$$

这里 X,Y 是倒易空间坐标.上式中第一项代表穿透空间的物的透射波,第二项代表新出现的带有物体结构信息的散射波.

Scherzer[4.105]推导了衬度传递函数(CTE)的表达式 T:

$$T(\alpha) = \exp(i\chi)D(\alpha)G(\alpha), \tag{4.185}$$

$$\chi(\alpha) = 2\pi\lambda^{-1}\left(\frac{\Delta_f\alpha^2}{2} - \frac{C_s\alpha^4}{4}\right). \tag{4.186}$$

如果我们用倒易空间径向坐标 $U = \alpha/\lambda$, $[U = (X^2 + Y^2)^{1/2}]$ 改写上式,就可以得到:

$$\chi(U) = \frac{\pi C_s\lambda^3 U^4}{2} - \pi\lambda\Delta_f U^2. \tag{4.187}$$

上式右侧第一项是物镜球差 C_s 引起的,它和光学中相应的公式一致.但是相移还依赖于第二项物镜的欠焦 Δ_f,由此引起的透镜旁轴区(paraxial zone)相移更大.改变 Δ_f 可得到优化的相移值,使分辨率和衬度最高.在纯相位衬度的场合,(4.185)式中的 $\exp(i\chi)$ 刚好等于 $i\sin\chi$(图 4.100a).厚样品中电子的散射伴随着能量损失,这相当于电子被样品吸收.此时晶体中发生的非弹性散射过程有:点阵电子的集体振荡-等离(子)体子、声子激发、漫散射,等等.这些结

果可以唯象地用样品对电子的吸收系数 $\mu(x,y)$ 来描述,并影响到(4.181)—(4.183)式中的 q 函数.这就产生了振幅衬度,在(4.185)式中函数 T 的对应部分是 $\cos\chi$.在薄的弱衬度相位物中这一项可以忽略并近似为 1.(4.185)式中的 $D(\alpha)$ 是光阑函数.在明场像中物镜光阑对称地围绕着显微镜的光轴:

$$\alpha \leqslant \alpha_{\max} \text{ 时},D(\alpha)=1; \quad \alpha > \alpha_{\max} \text{ 时},D(\alpha)=0.$$

这里的 $\alpha_{\max}$ 是光阑尺寸限定的最大半张角.(4.186)和(4.187)式中的球差系数的数值通常是 1—4 mm.(4.185)式中的 $G(\alpha)$ 是多种仪器的不稳定性引起的阻尼效应,这里包括透镜电流、加速电压的不稳定性,机械振动,等等.

图 4.100 是不同 Δ_f 下的 $\sin\chi(\alpha)$ 曲线.它们是 α(或空间频率 $U=1/d$, d 是晶面间距)的振荡函数,当正弦函数改变符号时,信息传递的方向相反,使传送的物谱带上相反的符号.从图 4.100(a)的曲线 2 可见,存在一个优化的 Δ_f 值使 $T(\alpha)$ 第一个零点向右延伸到极大值,从而使 $\sin\chi(\alpha)$ 在能量广的范围内接近 -1 .从图还可看到,$\sin\chi$ 的变化开始时缓慢,后来变快.(4.187)式的第一个零点给出的优化的 Scherzer 欠焦值是:

$$\Delta_{f\mathrm{Sch}}=(C_s\lambda)^{1/2} \tag{4.188}$$

它确定传递正确衬度的范围.此时的分辨率是:

$$\delta=\frac{1}{U_{\max}}\approx AC_s^{1/4}\lambda^{3/4}, \tag{4.189}$$

其中 $A\approx0.64$—0.70 ,总之,根据(4.179)和(4.184)式,我们得到 $\mathscr{F}^{-1}TQ=\psi_n$ $\approx1-i\sigma\varphi(x,y)=q$,观察到的弱衬度相位物的准确度达到二阶项,即强度分布为:

$$I\approx1+2\sigma\varphi(x,y), \tag{4.190}$$

这个公式表示相位衬度的强度 I 代表物体的投影势 φ[即(4.156b)式].显然,像的坐标 x' 和 y' 还需要乘上放大倍数.

一般来说,样品的所有空间频谱都是可以利用的,只要显微镜能够把它们传递过来.但实际上需要某种图像处理方法把这些信息通过适当的途径提取出来.此时分辨率受传递函数 G 的限制,因为 G 使 T 的高空间频率的值显著衰减,见图 4.100b 中 CTF 由于各种不稳定度引起的 T 的绝对值的显著下降,由此可以定义另一个信息分辨率极限为:显微镜能传递的最大空间频率[4.107],并表示为:

$$\delta_2=\left(\log\frac{1}{D_L}\right)^{1/4}\left(\frac{\pi\Delta Z\lambda}{2}\right)^{1/2}, \tag{4.191}$$

这里 D_L 是设定的 CTF 绝对值的截止值,ΔZ 是仪器不稳定度引起的欠焦量的涨落,即

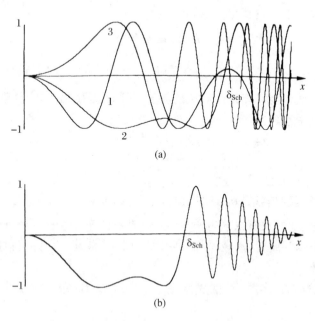

图 4.100　衬度传递函数 CTF 的 sin 部分(单位任意)(a)
　　　　　与(a)类似的 CTF(b)[4.106]

1. $f<0$, 2. f: Scherzer 值, 3. $f>0$；(b) 中已经包括高频
下的阻尼

$$\Delta Z = C_c \left[\left(\frac{\Delta V}{V} \right)^2 + 4 \left(\frac{\Delta I}{I} \right)^2 + \left(\frac{\Delta E}{E} \right)^2 \right]^{1/2}. \tag{4.192}$$

降低色差系数 C_c,可以改进信息分辨率 δ_2 的值,此外还须要减小加速电压、物
镜电流、入射电子能量的涨落 ΔV、ΔI、ΔE.

从(4.191)式可见,δ_D 的值[见(4.178a)式]可以通过减小电子波长 λ,即增
大加速电压 V 得到改进.这样还可以观察更厚的样品,因为此时电子穿透能力
增强了.已经建造了 1—3 MeV 的高压电镜,它们主要用于材料学中的中分辨
率研究和辐照损伤研究.最近推出了新一代高分辨率"中"压(300—400 kV)电
镜,使 d_1 值改进到 0.165—0.2 nm.还可以同时降低 ΔZ 值,使信息极限 δ_2 改进
到 0.1—0.14 nm.

以上讨论了薄的弱衬度相位物的像形成机制,此时的电子衍射实际上对应
于运动学近似.这不适用于较厚样品,厚样品须要用电子衍射的动力学理论
(4.8.4 节).此时晶体中的散射也可以用 Bloch 波有效地描述.

按照薛定谔方程(4.154)式,在晶体周期势中运动的电子的波函数可以表
示为 $\psi(r) = \exp(\mathrm{i}kr) u_k(r)$,$u_k(r)$ 是周期和晶体点阵一致的周期函数.在倒

空间中可推导出以下方程组:

$$(k_0^2 + v_0 - k_h^2)\psi_h + \sum_g{}' v_{g-h}\psi_g = 0. \tag{4.193}$$

这里 $k_0^2 = 2mE/h^2$, $v(k) = \sum_g v_g \delta(k - 2\pi g)$ 是 $\varphi(r)$ 的傅里叶变换, $k_h = k_0 + 2\pi h$; k_0 是和倒点阵原点对应的波失, h 和 g 是倒格失, $\sum{}'$ 表示求和号中不包含 $g = h$ 的项.

(4.193)式的解是第 i 个 Bloch 波

$$\Psi^i(r) = \sum_h \Psi_h^i \exp(ik_h^i r). \tag{4.194}$$

最终的电子波函数是各 Bloch 波的线性组合: 即 $\Psi(r) = \sum_i C_i \Psi^i(r)$, C_i 可以由晶体上表面(此处只有入射电子束)的边界条件确定. 弱相位薄物体的原子像通常和第一 Bloch 波对应. 较厚物体中次级 Bloch 波起作用并使衬度反转, 使像的解释相当难[4.76].

另一种被称为"多层"法的成像理论是 Cowley 和 Moodie 提出的[4.108,4.109]. 厚度为 H 的晶体被设定由 N 个薄"二维"相位振幅物("多层")组成, 层间的距离为 $\Delta z (N\Delta z = H)$. 对每一层可以用运动学近似.

在这些层中电子波函数改变它们的相位和振幅, 而层间波的传播等同于真空中波的纯菲涅耳衍射. 这样穿过第 n 层的电子波 ψ_{n+1} 可以表示为递推方程:

$$\Psi_{n+1}(r) = [\Psi_n(r) * p_n(r, \Delta z)]q_n(r), \tag{4.195}$$

这里的 $*$ 表示函数之间的卷积, $p_n(r, \Delta z)$ 是传播函数:

$$p_n(r, \Delta z) = \frac{i}{R\lambda}\exp\frac{-ikr^2}{2\Delta z}.$$

$q_n(r)$ 是透射函数:

$$q_n(r) = \exp[-i\sigma\Phi_n(r)\Delta z - \mu_n(r)].$$

上式中的 $\Phi_n(r) = \int_{\Delta z} \Phi(r)dr$, $\mu_n(r) = \int_{\Delta z} \mu(r)dr$, $\mu(r)$ 是吸收系数.

在倒空间, (4.195)式和下式等价:

$$\Psi_{n+1}(R) = [\Psi_n(R)P_n(R)] * Q_n(R), \tag{4.196}$$

这里 Ψ_n, P_n, Q_n 分别是 ψ_n, p_n, q_n 的傅里叶变换. $n = N$ 时得到最终的下表面电子波函数.

为了模拟实际的 TEM 像, 显微镜的 CTF 需要计算出来.

直到此处我们讨论的是明场高分辨像, 但暗场高分辨像方法也在应用. 使用暗场法时物镜后焦面上中心(未散射)束不能通过物镜, 基本方法是用一个小挡板挡住常规明场法中使用的强入射束(后者给出明场法中相当恒定的像强度).这种暗场像仅由衍射束之间的干涉形成,而明场高分辨像依靠未散射的透射束和衍射束的干涉.这种暗场像引起非线性的衬度传递,同时振幅衬度也有显著的贡献.此时原子和其他较大的结构不均匀性在没有透射波的暗场"背底"中"闪耀",在明场像中原子一般呈现为亮背底中的黑斑.暗场法产生高衬度像,但像的解释比明场像(图4.101)困难,不那么直接.

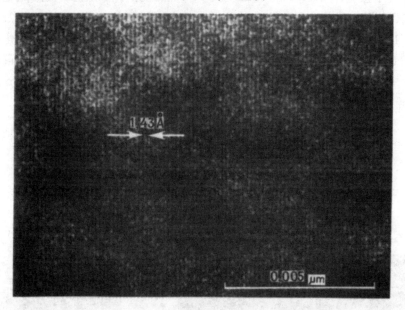

图 4.101 金的电子显微像:一系列(220)面的像[4.79]

4.9.3 晶体原子结构的高分辨电子显微像(HREM)

现代高分辨像可以给出晶体结构像,因此它常被称为"原子像".这是被晶体散射后通过光阑的电子形成的图像.如前所述,电子衍射被描述为投影势的傅里叶变换.如果只有入射波和一个衍射波通过光阑,则只有和一个面间距 d 对应的傅里叶分量成像(图4.99).这种像通常称为"点阵平面像".整个衍射谱透过时产生一系列相互交叉的分量(图4.67).最后显示的是晶体结构像(图4.99).晶体结构像是纵向重叠晶胞的投影,即原子柱的像.这些原子柱的轴平行于电子束方向(在薄样品中,原子柱中通常包含10—30 个原子).

在⟨110⟩取向 Si 单晶中两套{111}晶面处在近邻垂直位置并被一起观察到(图4.99).选适当的欠焦量使透过的衍射 022 和 004 束的 CTF 的 $\sin\chi$ 很接近

于 1 并为正号[4.110]，此时可以观察到单独的原子柱. 靠得太近的原子柱有时候分辨不清，例如[110]取向 Si 的像中，相距为 0.136 nm 原子柱有时分辨不清（图 4.99）①.

在倒空间 XY 面上有很多倒点阵的格点 Φ_{hk0}，所有电子在这些格点之间散射，即电子按整个 $F(X, Y)$ 进行变换[4.111]. 因此像不仅能显示投影晶胞的结构，它还能显示晶体中的小面和缺陷. 图 4.102a 和 b 是 Si 晶须的 EM 像. 晶须在 Si(111)上通过 VLS(汽-液-固)转变而生长. 化学浸蚀使晶须"锐化"（图 4.102a）.[110]取向晶体点阵像由入射 000 束，2 个 220 束和 2 个 200 束合成（图 4.102b）. 晶须小面也显示在像中. 此外，晶须顶覆盖有一层约 2 nm 厚的 SiO_2 膜[4.112].

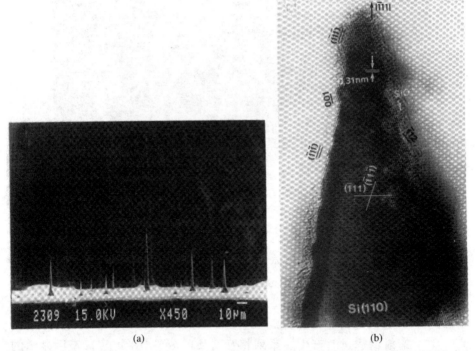

(a)   (b)

图 4.102　用 VLS 法在 Si(111)上生长的 Si 晶须 SEM 二次电子像(a)和晶须尖端的⟨110⟩
　　　　　HREM(b)

(b)的尖端有三角形截面，标明了晶须的小面，晶须左边界近似和像平面垂直，尖端表面有一层 SiO_2[4.111]

---

① 新型球差校正高分辨电子显微镜可以分辨清. ——译者注

HREM 还被用来研究外延层和界面. 在 InAs/GaAs(100) 超点阵的(001) 横截面像中,适当的样品厚度和物镜欠焦可以形成不同的 GaAs 和 InAs 点阵像,在像中,Ga 原子柱显示为暗斑,而 As 为亮斑. 在 InAs 像中 In 和 As 原子柱都显示为亮斑,见图 4.103[4.113]. 图 4.104[4.83] 是 $InAs_{0.4}Sb_{0.6}$/(001)InAs 界面上错配 Lomer 位错的⟨110⟩横截面点阵像. 这些位错的平均距离约为 6 nm,和这样程度的晶格错配度下的相应估计值相近.

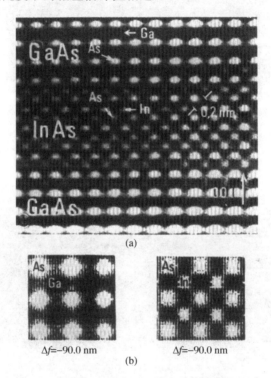

(a)

(b)

图 4.103　InAs/(001)GaAs 的(100)横截面像
(a) 数值滤波像; (b) GaAs 和 InAs 模拟结
构像. 样品厚度 8 nm, $\Delta f = -90$ nm[4.113]

从重金属的复杂氧化物中获得了有趣的电子显微研究结果(图 1.18a, 4.105 和 4.106). 在 U-W 氧化物结构中由不同八面体组成的二维层交替地出现(图 4.105)[4.115]. 层状硅酸盐有类似的观察结果[4.116].

可以用傅里叶滤波法处理电子显微结构像(图 4.106). HREM 给出了畴或晶粒的连接,以及外延结构中原子排列等重要结果. 研究了金和其他材料结晶过程中生长表面上原子迁移动力学的实时过程[4.118]. 研究过准晶体的原子结构(图 1.21).

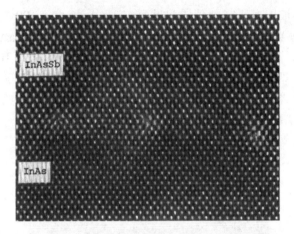

图 4. 104　InAs$_{0.4}$Sb$_{0.6}$/(001)InAs 界面上错配
Lomer 位错的⟨110⟩横截面点阵像

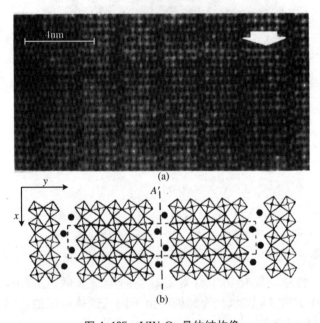

(a)

(b)

图 4. 105　UW$_5$O$_{17}$ 晶体结构像
（a）箭头指明的部位的组成是 UW$_6$O$_{20}$；（b）八面体的
堆积图，黑点是 U 原子．只能看见重原子，八面体投影间
的孔道较暗[4.115]

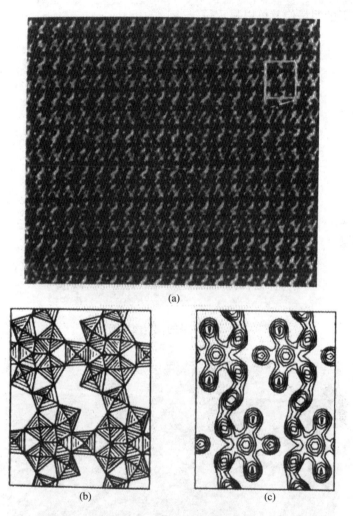

图 4.106 薄 $K_{8-x}Nb_{16-x}W_{12+x}O_{80}$ 晶体结构电子显微像(a)和
MeO$_6$ 和 MeO$_7$ 多面体组成的结构图(b)及从(a)中的一
个投影晶胞的灰度轮廓图经两次傅里叶变换后得到的
像(c)
密度图的峰给出的是被电镜函数模糊了的 W 和 Nb 原子(未见 K
和 O).图中投影坐标的准确性达 0.01 nm[4.117]

研究晶体的成核、特别是微晶体的二十面体的连接(图 4.107)[4.119]是非常
有趣的.用电子显微术广泛研究了位错和表面结构.利用缺陷近旁衍射条件的
变化观察晶体的结构缺陷(5.8.2 节)[4.120],例如,在位错周围像强度重新分布,

低分辨率下的明场像就可以显示位错(图 4.108).

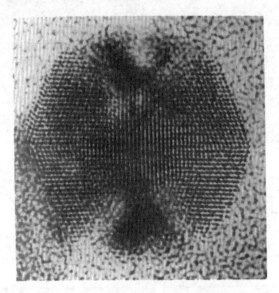

图 4.107　Ag 微晶的二十面体连接[4.120]

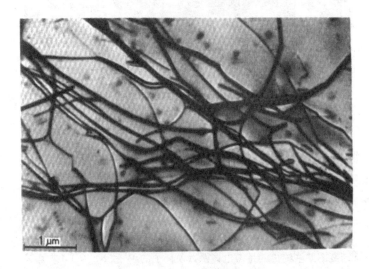

图 4.108　形变 Si 晶体中的位错像(经 Yu. V. Malov,
V. N. Rozhansky 同意)

研究晶体和其他表面形貌时,广泛应用了复型和缀饰方法[4.120,4.121]. 利用 TEM 反射模式可以获得高分辨晶体表面起伏图像(图 4.109)[4.123].

HREM(图 4.110)显示,低指数晶面被原子均匀地填充的经典晶体学观点有时不一定成立.

图 4.109 Si(111)表面反射电子显微像

约 830 ℃时从 1×1 高温相(亮区)向 7×7(暗区)低温相转变,暗区左侧的弯折线是晶胞高度(0.31 nm)的原子台阶[4.121]

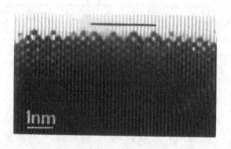

图 4.110 Au 的(110)表面出现 2×1 超结构区

4.9.4 分子生物学 EM 及实验技术

电子显微术被用来广泛地研究生物晶体和单个大分子[4.124, 4.125].生物样品有多种制备和研究方法,得到的研究对象有悬浮大分子(RNA,DNA,大蛋白质)、分子集合和复合体(核糖体等),以及以二维晶态层出现的微晶体等.

生物分子活体一般在水环境中,在电镜高真空中它们将失水而失去活性.生物分子主要由轻原子组成,它们不能产生足够的 EM 衬度.它们的 EM 衬度需要加强.

须要指出,生物样品对电子辐照十分敏感,电镜中约 5×10^4 e/nm^2 的正常束流造成样品中的辐照剂量达 10^{10} — 10^{11} rads,这是活样品不能忍受的大剂量.因此需要避免对样品的强照明、发展灵敏曝光的照相材料等,即发展"小剂量技术".

上述各点要求制备和成像时精心预防样品的损伤,并增强像的衬度.为此发展了以下技术:金属投影、负染、冰冻等.

负染可以表示为把颗粒浸入对电子微观稠密的基体.此法包含沉积一滴样品在基底薄膜上,随之进行染色.包围颗粒的染剂(通常是醋酸铀)层保护颗粒不脱水并在一定程度上免除辐照损伤(图 4.111).在 EM 像中可看到染剂中和物对应的空腔.负染样品的分辨率通常是 2 nm.原则上负染法可以显示尺寸达 0.8 nm、甚至 0.5 nm 的样品细节.不同高度 z 处(z 沿入射方向)的物体细节在像中重叠,因为 EM 的景深很大.

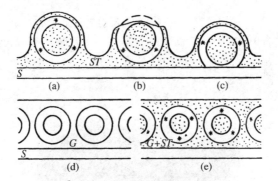

图 4.111　在亲水小分子(如葡萄糖)溶液中负染
　　　　　和包埋的示意图[4.125]

ST. 染剂,*S*. 支撑膜,*G*. 葡萄糖,∗ 标示蛋白质和染剂可能作用的地点.(a)刚性管状结构,沿轴侧视;(b)管状结构,紧靠基底的边界染色;(c)对着基底的边界染色;(d)包埋在葡萄糖内;(e)包埋在含染剂的葡萄糖内

生物电子显微术的困难之一是将样品保持在水溶液中(这在通常条件下是很自然的,但在高真空中运转的电镜中却有困难).解决办法之一是冷却和冰冻生物材料成为固态样品.使样品周围的介质玻璃化,从而使样品成为自然环境中不挥发的未损伤的生物体.

实际的玻璃化过程是将小样品快速浸入有效的冷冻剂.在液氮中冷却即可结冰的液态乙烷和丙烷可选为冷冻剂.

还发展了一些简单而相当有效的实验技术[4.127]. 例如, 有些小的亲水分子液体很类似水但不挥发, 可用来替换样品四周的水(图4.111). 这种方法可以显著改进图像分辨率.

在生物样品场合下也可以考虑利用衬度传递函数CTF. 实的振幅值可以从电子衍射强度测出. 但相位信息只能从一般场合下受到CTF干扰的图像的处理中适当提取出来.

4.9.5　生物分子图像处理及三维重构

图像处理方法广泛应用于生物样品的电子显微术中. 实际的电子显微像可以区分为2个部分:

$$J(x,y) = I(x,y) + N(x,y). \tag{4.197}$$

这里的主要部分$I(x,y)$是电镜中得到的物的"理想"二维图像. 但是物体成像过程和信息传递到探测器的过程中存在多种来源的噪音$N(x,y)$, 如发射电流、加速电压的涨落, 透镜电流、机械的不稳定性等. 此外, 样品也不稳定. 在制备、染色、冷冻刻蚀中, 样品可能有化学变化或其他相变引起变化. 辐照损伤是又一种结构扰动源.

可以合理地假设样品的所有偏离"理想"图像$I_k(x,y)$的涨落$\Delta I_k(x,y)$包含在噪音项$N_k(x,y)$中.

像增强意味着最大限度地抑制$N(x,y)$噪音, 也就是从实际像$J(x,y)$中尽可能准确地提取信号$I(x,y)$. 当信号噪音比I/N约为5—10时人们就须要启用增强方法. 这个问题的解决通常是对一套图像$J_k(k=1,\cdots,n)$运用统计处理方法.

像增强方法分为两类:(1) 在实空间的图像平均. (2) 在倒空间中的傅里叶变换和滤波.

图像增强可以通过重叠法(光学、照相法为主)进行, 或在正空间和倒空间中用计算方法处理数值化图像.

周期性结构像可以按投影结构的a和b周期移动后重叠起来. 可以在同一张照相纸上依次重复打印位移过的图像来完成这个过程.

可以利用光学衍射和滤波方法改善电子显微像(图4.112). 晶体的电子显微像放在光学衍射仪中, 周期结构的光学衍射在衍射面上形成二维倒点阵斑点(图4.112a,b,c). 可以在衍射面上放一屏("掩模"), 只允许光从倒易阵点处的孔通过(图4.112c), 也就是使通过的光组成的像仅仅来自$I(x,y)$, 消除周期结构中的"噪声$N(x,y)$"(非周期分量). 这就是电子显微像的光学滤波, 得到图4.112d.

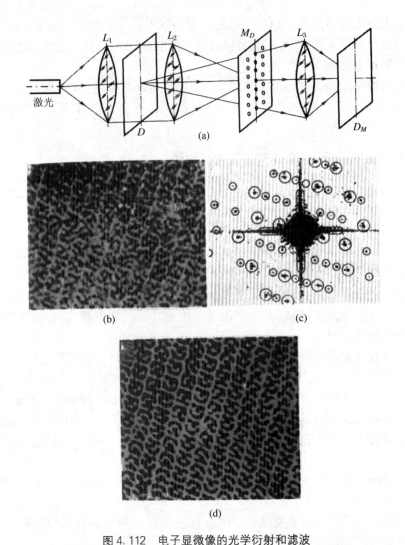

图 4.112　电子显微像的光学衍射和滤波

（a）光学衍射仪，L_1，L_2，L_3 为光学透镜，D 为显微像，M_D 为衍射面及掩模，只允许周期性光束通过，D_M 为滤波像平面；（b）磷酸化酶 B 蛋白质晶态层的电子显微像；（c）像的衍射图样（圆代表掩模孔）；（d）滤波像[4.128]

　　实际上以上过程目前都用计算机来完成. 显微像首先由密度计扫描, 后续的滤波和傅里叶变换都由计算机完成.

　　如果物体本身、以及它的投影具有 N 重旋转对称性, 则转动 $2\pi/N$ 角度后的结构互相重合. 如果把相片上的像旋转一定角度, 得到和初始像的最佳密度

重合发生在旋转角 α 处,则 $\alpha = k2\pi/N, (k=1,\cdots,N)$. 此时得到增强结构像,它的背底减小为 $N^{1/2}$ 倍.

在像的极坐标傅里叶展开的基础上也可以完成转动滤波.

在非对称图像的场合,要用计算机法或模拟法处理一组图像.最初图像的选择应当满足最大相似条件.

n 幅像在实空间的平均给出增强相如下:

$$I_{\text{enh}} = \frac{1}{n}\sum_{k=1} J_k(x,y) = \langle I_k\rangle(x,y) + \frac{1}{n}\sum N_k(x,y). \quad (4.198)$$

平均像的信号/噪音比被增强了 $n^{1/2}$ 倍.

两个图像的相似程度和重叠(平移和转动后)的准确性可以用选定的像 J_1 和 J_2 的交叉相关函数来估计:

$$k(x') = J_1 * J_2 = \int J_1(x)J_2(x+x')\mathrm{d}x. \quad (4.199)$$

通过卷积理论的傅里叶变换可以完成相关函数计算.利用所谓的最大类似方法[4.129]和其他方法进行图像分析.

多变量统计分析(**MSA**)[4.130,4.131]是当前图像处理的主要工具.在最近的研究中,单粒子像通常首先区分为几类.使同类中的像相互间高度相似,异类中的像各不相同.每一类中的方差应当极小,而异类之间的方差极大.

电子显微像的主要局限是它的二维性,它只是物的放大了的"阴影".但是数学上可以从三维物的不同方向上的投影把三维结构重建起来.这种方法被称为**三维重构**,这种方法特别是在分析生物结构时得到日益广泛的应用.

二维像 $\varphi_2(x_\tau)$ 是三维物 $\varphi_3(r)$ 的投影:

$$\varphi_2(x_\tau) = \int \varphi_3(r)\mathrm{d}\tau \quad (\tau \perp x). \quad (4.200)$$

投影方向由单位矢量 τ 决定,投影形成在和 τ 垂直的平面 x 上.此时,三维重构问题可以表示为:

$$\text{一组 } \varphi_2(x_{\tau,i}) \rightarrow \varphi_3(r). \quad (4.201)$$

在电镜中倾斜样品,即改变投影方向 τ_i,可以得到不同的投影.有时候在衬底上的各个粒子具有不同的取向,这些取向的确定需要用新发展起来的特殊技术[4.132].如果物体是对称的(如噬菌体的尾巴的螺旋,二十面体、近球状的病毒),即使是一个投影方向,对称操作给出一组等价的投影,进而重构出三维结构.

所有现代重构方法可以分为两类:级数展开方法和积分方程求解方法[4.133,4.134].前者包括递推方法,球函数和 Legendre 和 Chebyshev 多项式级数展开方法.卷积和傅里叶变换为基础的方法属于后者.

这样,在投影函数方法中[4.134,4.135],各个投影受所谓的 Radon 算子 R 的作用而发生改变.改变函数之和给出三维结构:

$$\varphi_3(\boldsymbol{r}) = \sum_i R\varphi_{z,\tau_i}(x_i). \tag{4.202}$$

傅里叶方法利用的结果是:投影 $\varphi_2(x_{\tau,i})$ 的傅里叶变换 $\mathscr{F}_{2i}$ 是三维变换 $\mathscr{F}_3(\varphi_2) \equiv \varphi(X_i)$ 的中心截面,这里的 X_i 是垂直于 τ 的倒空间平面 X_i 的坐标.从一系列二维截面可以得到三维的傅里叶变换 $\varphi(X, Y, Z)$,进而得到 $\varphi_3(r)$.这样的重构可以用简图表示如下:

一组 $\varphi_2(x_{\tau i})$ → 一组 $\Phi_2(x_i)$ → $\Phi_3(X, Y, Z)$ → $\mathscr{F}^{-1}(\Phi_3) = \varphi_3(\boldsymbol{r})$.

$$\tag{4.203}$$

图 4.113a 是噬菌体 T6 的电子显微像,图 4.113b 是三维重构后它的尾巴中的一个单独的盘.

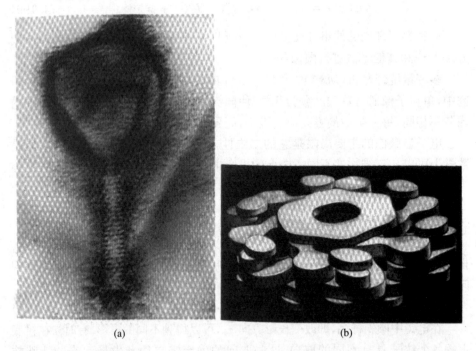

(a)　　　　　　　　(b)

图 4.113　噬菌体 T6 的电子显微像(550 000×)(a)和三维重构后得到的尾部的
一个盘的结构(b)[4.136]

4.9.6　二维生物晶体

许多生物颗粒,如蛋白质或更大的分子复合体(如核糖体)可以形成晶

体.其中的一些可以是薄到 1—2 个分子厚的二维晶体膜.图 4.112b 是一个二维晶体的例子(磷酸化酶,Bphosphorylase B).膜蛋白质也可以在类脂物膜中规则排列.可以从二维晶体适当地得出它们的三维结构.它们的三维变换由一系列具有 hk 指数的 Z 方向(垂直于膜平面)的许多一维杆组成.倾斜样品可以得到连续的 $|F(h,k,Z)|$ 结构因子.这些因子可以代表完整三维变换的绝大部分.这样,按(4.203)式所示方案,可以通过傅里叶合成计算得到结构.

上述方法的分辨率属于中等(晶体面内达 2.0 nm,垂直平面方向达 4.0 nm),一个实例是桃红荚硫菌(Thiocapsa roseopersicina)的加氢结构.图 4.114a 是用醋酸铀负染的二维晶体,其中有许多倾斜投影.图 4.114b 是三维傅里叶合成得到的模型[4.137].晶体的堆垛单元是由 12 个畴组成的双层扭转圆柱体.这是加氢分子的六聚物,其中的单个分子具有"哑铃"状.

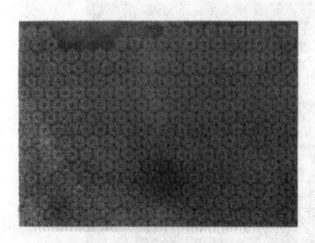

图 4.114 加氢二维晶体(a)和加氢六聚物(hexamer)三维模型(b)[4.137]
用 2%醋酸铀染色.空间群 $P321$,周期 $a = 12.2$ nm

对同一样品联合进行电子显微像和电子衍射图样的分析可以提供附加的信息.可以从像计算出相位,从衍射图样测定强度得出 $|F_{hkZ}|$.进一步结合两方面的数据进行傅里叶合成[4.138].

这个方法的最突出的例子是 Henderson 等对细菌视紫红质的研究[4.139—4.141].首先处理 EM 像和衍射图样后提取信息.再利用 CTF 校正和大量元胞的相关平均,等等.最后,借助蛋白质晶体学方法[文献 4.120 中的 2.9.4 节和第 6 章].这样,不仅确定了 α 螺旋的堆垛,还获得多肽链和外侧氨基酸残基位置上的数据(图 4.115).

在研究过氧化氢酶[4.142]和核糖体[4.143]二维晶体时从 EM 像计算得到相位,把它和 X 射线数据结合起来,得到的三维像的分辨率达 3—4 nm.

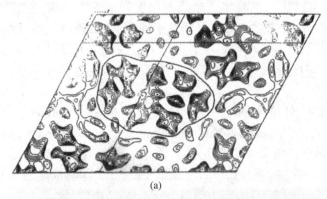

(a)

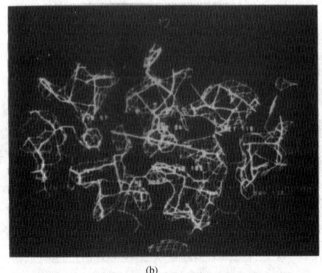

(b)

图 4.115　细菌视紫红质的结构,分辨率 0.35 nm
(a)平行膜平面的截面,视网膜高度;　(b) 0.7nm 厚薄层,重叠有原子模型[4.139]

4.9.7　单个生物颗粒的 TEM

单个生物颗粒的典型图像分辨率在常规工作中约为 2.0—2.5 nm.单个颗粒主要用负染法研究,近来此领域中玻璃化技术逐步普及.颗粒的放置和排列仍是问题,随后是选好互相匹配的颗粒(4.9.2 节).按不同取向对颗粒像进行分类并运用数据处理的统计方法.为了显著抑制噪音,需要处理几千甚至几万颗粒像,因此须要用多变数统计法处理数据.

当今数据采集和处理的概念之一是"锥体倾斜重构"[4.144].样品几次倾斜可以为三维重构提供足够数量的像.倾斜像中不同颗粒的相对取向可以用交叉相关方法从零倾斜像容易地确定.图 4.116 是用这种方法确定结构的例子,即大肠杆菌(E. coli)亚单元中的 50S 核糖体的结构[4.145].用计算机从多张投影确定颗粒取向的方法也得到了发展[4.132,4.133].

球状病毒中的二十面体 532 点群对称性使一张像等价于 20—60 张像.近来,考虑几个不同的病毒颗粒以增加投影数目的新方法得到发展[4.147,4.148].图 4.117 是 Rhesus 病毒的三维重构[4.148].

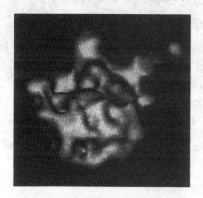

图 4.116　由锥体倾斜重构计算
　　　　　得到的 50S 核糖体亚
　　　　　单元的三维模型

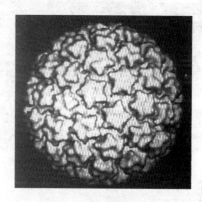

图 4.117　未染色玻璃化 Rhesus
　　　　　轮状病毒(rotavirus)
　　　　　的三维结构

4.9.8　固体的扫描电子显微术(SEM)

在 TEM 中,像由同时穿透样品各点的电子形成[4.101],电子束的尺寸比样品细节的尺寸大得多.另外一种成像方法是:将聚光镜会聚得很细的电子束在样品上逐点扫描,记录透射和反射信号.样品上的扫描由特殊设计的偏转系统实现.因此像是依次记录不同区域的信号后形成的.样品"点"上的响应表现在像的对应点上.这就是 SEM 的原理.分辨率和束的直径有关,在透射模式(STEM)中最高的分辨率可达到 0.2—0.5 nm.在好的商品反射 SEM 中分辨率为 1.5—3.0 nm.各种探测器可记录透射电子、二次电子、阴极发光、X射线、俄歇电子等等.在 SEM 中像被显示在阴极射线管的屏幕上[4.149],管中的电子束和样品上的电子束同步扫描,用信号调制阴极射线管上的亮度.可以同时用几个屏幕分别显示"通常的"EM 像、样品化学元素的分布或微区的化学成分.

SEM 是研究形貌和单晶上微起伏的有效仪器,SEM 的焦深大大超过光学显微镜的焦深,可用来观察起伏很大的三维结构(图 4.102a,4.118).

 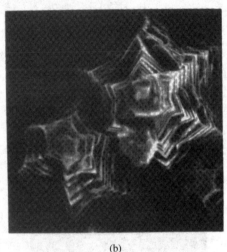

(a)　　　　　　　　　　　　　(b)

图 4.118　SEM 像

(a) 硅单晶上的晶须,生长时有周期的不稳定性(20 000×)[4.150];

(b) 针镍矿(7000×)[4.151]

SEM 和 STEM 的重要特点是两者都是分析仪器,都可以测量样品化学组分,入射电子束从样品表面各点激发出来的 X 射线由晶体谱仪或半导体探测器测量.也可以测量微区的俄歇电子谱.

许多 STEM 带有特殊装置以便使用反射和透射模式操作,进行化学成分微分析或其他测量.它们常配置微机,用来处理图像并自动给出粒子尺寸、形状的分布和化学元素的分布等信息.

除了这些常用仪器外,还有光发射和场离子显微镜.在前者中样品受热或紫外线作用后发射出电子.电子光学系统把这些电子投影到荧光屏上形成物的像.在特殊条件下,场离子显微镜也可得到原子级的像(图 1.19).

在反射电子显微术中,样品加上阻止电子运动的电势.电子束不到达样品,它接近样品后向反方向偏转、进入电子光学系统在屏幕上形成物体的像.

4.10 扫描隧道显微术(STM)

扫描隧道显微术是研究晶体表面结构吸附层和薄膜、固－液界面的十分有效的非破坏性的实验技术.它主要用来测量导体材料的表面.这一技术的若干变种可以用来研究介电材料的表面.STM 提供的表面电子密度分布的实空间图像可达到原子级分辨率.它是 Binnig 和 Rohrer 在 1986 年①发明的[4.151].目前它已成为结构分析和纳米技术中的快速发展的领域[4.152]

4.10.1 操作原理

STM 纯粹是一种量子力学现象:被很薄绝缘层隔离的两个导体间可以有隧道电流.绝缘层形成的电子势垒的有效高度为:$\varphi^* = (\varphi_1 + \varphi_2)/2$,这里 φ_1 和 φ_2 是两导体的功函数.如果在间隙为 d 的两个平行的平板间加上远小于 φ^* 的电势 V 时(图 4.119),隧道电流 I 是均匀的并随 d 的增大而指数地衰减:

$$I = \frac{2\pi e^2}{h} \cdot \frac{k_0}{4\pi^2 d} \cdot V \cdot \exp(-2k_0 d). \qquad (4.204)$$

在上述公式中 e 是电子电荷,h 是普朗克常数,k_0 是表面外势垒下面的波函数密度的衰减长度的倒数.有关材料的所有信息包含在 k_0 之中,它和势垒有效高度的平方根成正比

$$k_0 = \frac{(2m\varphi^*)^{1/2}}{h}, \qquad (4.205)$$

这里 m 是电子质量.在较高电压下,势垒有效高度成为 V 的函数.常数 φ^* 依赖于隧道势垒两侧的电子态密度.实际上,仅仅是费米能级 $E_F(1)$ 和 $E_F(2)$ 之间的电子态对隧道电流有贡献(图 4.119b).典型的 φ^* 值是 4—5 eV,此时 k_0 约为 0.1 nm,隧道电流约为 10^{-9} A($V \sim 10$ mV,$d \sim 1$ nm),很容易测量.

现在考虑一个针尖和另一导体凸起表面间距为 d 值时的实例(图 4.119c).在非自由电子和非平面势垒的场合下,总电流不能简单地用(4.204)式表示.然而,有重要意义的是 I 对某一针尖－表面有效距离和某一有效势垒高度的指数

---

① 一般认为 STM 发明于 1981 年.——译者注

依赖关系仍存在. 靠近费米能级 $E_F(1)$ 的电子可以隧穿到 $E_F(2) + V$ 的空态, 它们在总的隧道电流中的贡献最大, 因为它们面对的是最小的有效势垒. 显然, 总电流中的主要部分来自针尖端处的若干原子 (距离另一表面的距离为 d), 此时必须引入一个大于 d 的有效针尖-平面间距 d^* ($> d$).

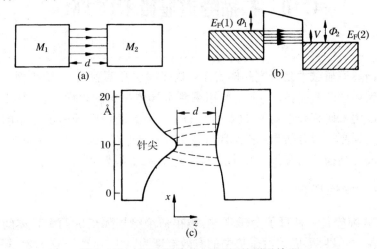

图 4.119　金属/绝缘体/金属间的隧道效应

(a) 不同金属平板电极间均匀分布的隧道电流; (b) 上述系统的势垒;

(c) 金属针尖和突起导体表面间的隧道电流[4.153a]

当针尖沿皱褶表面运动并保持两者之间的平均距离不变时, 隧道电流强度按隧穿间隙 $d(x)$ 而变. 隧道电流在针尖端部和物体的间隙中局限成丝状. 扫描隧道显微镜的基本特征是隧道电流随间隙而变化的极端敏感性. 间隙增大 0.1 nm, 电流减小约一个数量级. 点状针尖引起的电流丝的直径可以极端地小, 直至达到原子尺寸. 电流丝的尺寸决定 STM 的空间分辨率. 不论隧穿势垒是真空、气体或液体, 电流丝都可以沿表面扫描, 并不引起样品损伤.

4.10.2　STM 的基本结构

图 4.120 是 STM 操作示意图. 它的主要部件是金属针尖 (T) 和 3 个压电驱动元件, 后者驱动针尖十分精密地沿 x, y 和 z 3 个坐标轴移动. 实际上这 3 个元件组成细针尖的三维定位部件, 另外的粗定位器 L 保证样品 S 进入针尖能到达的范围. 弹簧系统把仪器和外界震动隔离.

仪器可以用两种模式运转. 设加在 Z 驱动器的电压固定, 针尖沿 x, y 的扫描引起隧道电流的变化, 因为隧道间隙发生了变化 ("固定高度"模式). 此模式可以达到原子分辨率. 另一种固定电流模式适合于研究表面的粗糙结构. 此时在 x, y

扫描时电子学反馈系统通过 Z 驱动器控制电压改变针尖－表面距离以保持电流恒定.在固定电流模式中针尖的轨迹(例如沿 y 轴的轨迹)几乎可以完全跟随表面形貌,虽然任何一个电学不均匀性、如带电原子都会在针尖轨迹中引起干扰.

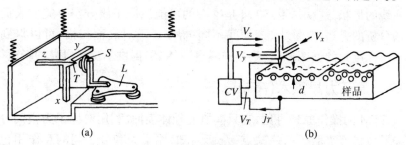

图 4.120　STM 示意图
(a) 主要部件；(b) 按固定电流模式运转[4.153a]

4.10.3　STM 的特征

以下我们从 STM 运转的最基本的原理总结 STM 的特征.首先,它是实空间中的高分辨率、无损伤的探测技术.由于隧道电流和温度无关,STM 可以在从液氦温度到几百度的很宽广范围内运转.仪器还可以在液体中工作.相当快的扫描速度使一幅表面像在几分钟、甚至更短时间内完成.这样一来,它可用来研究表面上的动态过程,如吸附扩散、浸蚀或其他化学反应.对数据进行计算机处理可以三维地显示表面起伏.

从最简单的角度看,STM 的空间分辨率主要受上述电流丝的直径 L_{eff} 限制.进一步看,这个直径被隧穿过程中三个特征距离(针尖的曲率半径 R,隧穿间隙宽度 d 和波函数强度的衰减长度 k_0^{-1})决定.更确切的结果是:振幅为 a_s 的可分辨的正弦表面皱褶的最小周期 $\lambda_{\min}$ 是:

$$\lambda_{\min} = \left(\frac{\pi}{\ln A}\right)^{-1/2} L_{\text{eff}} \sim \pi(\ln A)^{-1/2}\left(\frac{R+d}{k_0}\right)^{1/2}. \tag{4.206}$$

(4.206)式中的对数因子 $A = a_s/a_d$ 考虑了间隙宽度的不确定参数 a_d.对于典型的针尖曲率半径(约 1 nm),势垒高度(决定 k_0 值,约几个 eV),分辨率在 1 nm 范围之内.适当改进后可以达到 0.2 nm.

尽管 STM 的分辨率很高,对于获得的像的解释仍存在一些原则性的困难.因为隧道电流依赖于参与过程的两个导体,被研究的表面的像是它的电子性质和针尖电子性质的卷积.如果针尖的几何外形、结构和电子性质均已知,利用一些数学方法可以把被研究表面的电子密度像计算出来.图像处理(如空间滤波)也可以被用来改进图像.

图 4.119b 显示:增大外电势后我们可以探测导体中远低于费米能级的电子态.此时电压-电流曲线反映电子态密度的谱.事实上,这种曲线被称为**隧道谱**.当隧穿间隙充满液体,电子发生非弹性隧穿,它们的能量损失会影响电流-电压曲线的形状.这就是说,STM 是唯一的可能以原子级分辨率完成表面**局域**电子谱分析的方法.在针尖、表面间不同电压 V 下对表面扫描,可以得到能量坐标不同深度处的谱图像.这些扫描隧道谱(STS)提供了材料研究的新途径.

4.10.4　原子力显微术(AFM)

从 STM 的操作原理可见,它只能研究导体表面.利用对原子力空间分布敏感的新装置已经克服了这一缺点.众所周知,原子间和分子间的互作用包括范德瓦耳斯吸引力和排斥力.例如 Lenard-Jones 势给出的力-距离关系:

$$U(r) = \frac{A}{r^{12}} - \frac{B}{r^6}. \tag{4.207}$$

用对这些力敏感的细探针在表面上扫描,可以研究表面起伏并且不受材料电导

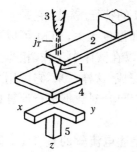

图 4.121　原子力显微镜
示意图[4.155]

性的影响.此时力随距离的衰减虽然不是指数函数,但它的变化也很快,足以保证所需的灵敏度.

探针可以用如下方法制备:将一小块金刚石晶体或 Al_2O_3 单晶(1)的锐边粘到悬臂(2)上,后者相当于弹性常数 K 很小的弹簧.原子力 ΔF 的变化引起悬臂末端的微小偏转 $\Delta d = \Delta F/K$.这个小偏转(不到 1 nm)可以用导体悬臂,针尖(3)组成的 STM 的隧道电流的变化测出[①].样品(4)用 $X, Y,$ Z 三维压电元件(5)定位.AFM 可以用短程排斥力(距离 $d < 0.2$ nm,$F > 10^{-8}$N),或者长程吸引力

$(d > 0.4$ nm,$F \sim 10^{-10}$—10^{-12} N)工作.前一模式分辨率较高,但扫描会破坏表面.后一模式是非破坏性的,但仪器的灵敏度要求更高,以便测出悬臂的偏转.最好的解决办法是利用激光干涉仪.

悬臂端部为一小块磁性材料传感器时,仪器对表面的磁结构敏感.这种装置特别适于研究铁磁、亚铁磁材料的磁化、磁畴和其他磁性.

4.10.5　表面像的若干实例

图 4.122 是 Si 单晶表面的典型 STM 像,能分辨 Si 原子.当 Si 表面暴露在

---

① 目前已简化为利用反射激光束的偏转,不用另一套 STM.——译者注

H 中, H 的化学吸附使像模糊(图 4.123). 图 4.124 显示达到原子级分辨率的石墨表面的 STM 像, 图中 Au 原子团簇中的原子也可分辨. 图 4.125a 是得到的 AFM 像(a)和 STM 像(b). 晶态 $TaSe_2$ 表面的原子清晰可见. 用 STM 研究的同一表面还显示有更大的周期, 原因是电荷密度波在晶体中形成超点阵. 和 AFM 不同, STM 可以"感知"荷电的点并看到波. 吸附在导体表面的单独的有机分子, 特别是聚合物的结构可以用 STM 研究(图 4.126).

图 4.122 清洁 Si(111)7×7 表面 STM 像, 达到原子级分辨率[4.156]

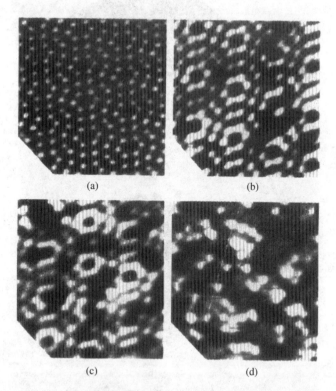

(a)

(b)

(c)

(d)

图 4.123 化学吸附 H 的 Si, Si(111)7×7 表面的非占据态 STM 像随 H 浓度的变化

(a) 0; (b) 0.1; (c) 0.25; (d) 0.7 单层[4.157]

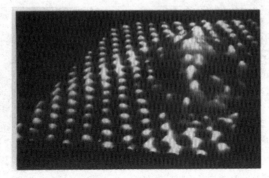

图 4.124 石墨上 1.2 nm 的孤立 Au 原子团簇
(高为 2 个原子层)的 STM 像

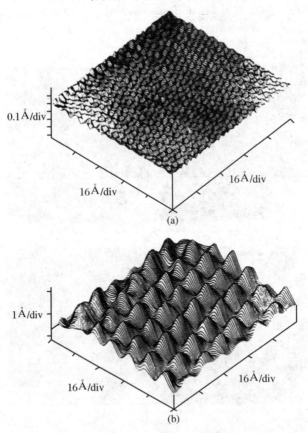

图 4.125 $TaSe_2$ 表面 AFM 像(a)和 STM 像(b)的比较
(a) 中的周期是点阵原子的周期;(b) 中的周期对应电
荷密度波的 $\sqrt{13} \times \sqrt{13}$ 超点阵[4.159]

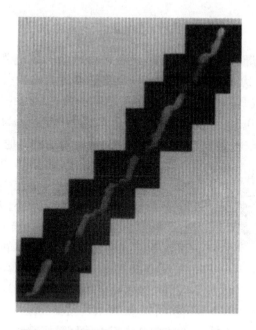

图 4.126 在石墨表面的单独的十二烷基甲基(laurylmethyl)纤维素分子特征的单扭折可见. STM 像宽度 9.5 nm[4.161]

4.11 中子衍射、穆斯堡尔衍射和晶体中的核粒子散射

4.11.1 中子衍射的原理和技术

中子是质量为 1.009 u 的重粒子,自旋为 1/2,磁矩为 $1.91319\mu_N$. 中子衍射利用中子的波动性.

中子衍射需要强中子源,如高通量慢中子反应堆;脉冲反应堆也可以用.在反应堆中,中子和减速剂原子达到热平衡.根据德布罗意公式,它的波长为

$$\lambda = \frac{h}{mv} = \frac{h}{\sqrt{3mkT}}, \qquad (4.208)$$

这里 m 为中子质量, v 为中子速度, h 和 k 分别为普朗克常数和玻耳兹曼常数, T 为绝对温度.从反应堆引出的中子束具有连续的谱("白光"),它们与麦克斯韦速度分布一致,100 ℃ 时的极大值相当于 $\lambda \approx 0.13$ nm.

需要 0.5—3.0 nm 长波中子时可使反应堆中子通过冷却剂使整个谱位移.冷却剂可以是液氮、液氢室,也可以是冷却到液氮温度的其他减速剂(如铍).

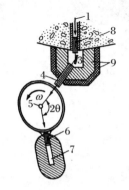

图 4.127 中子衍射仪

1. 反应堆中子束;2. 准直器;3. 单色器;4. 准直器;5. 样品;6. 准直器;7. 中子探测器;8. 反应堆屏蔽墙;9. 中子和 γ 射线屏蔽墙

在现代反应堆中,芯部热中子的通量大约为 $10^{15}/(\text{cm}^2 \cdot \text{s})$,但打到样品上的准直的单色中子通量要低得多.图 4.127 是中子衍射装置示意图."白"中子束通过反应堆屏蔽墙窗口沿通道射向单色器.通道有初步准直作用.单色器通常是大的 Cu、Zn、Pb 等金属单晶或热解石墨.单色中子束强烈地依赖于单色器的质量和准直性,在良好的装置中中子通量为 10^7—$10^8/(\text{cm}^2 \cdot \text{s})$.强脉冲中子源的使用开辟了固体材料研究的新途径.在同步加速器产生的高能质子束轰击重元素(如 U)的散粒过程中产生中子束,再进一步获得高分辨中子衍射图样(见下面的图 5.29)用来进行多种研究[4.160].

衍射仪原理和设计上与 X 射线衍射仪相似,但由于需要厚的屏蔽层包围探测器,因此尺寸较大.探测器一般是 ^{3}He 或 ^{10}BF$_3$ 正比气体计数器.多晶样品只需二圆衍射仪,单晶样品最好用方便的四圆衍射仪.衍射仪是全自动、远距离控制的.需要时可加各种附件,用于使样品冷却和加热、磁化、均匀受压,等等.由于中子通量和散射截面都比 X 射线小,所以中子衍射样品比 X 射线衍射样品大,一般为几 mm.在多色装置中,中子衍射实验与 X 射线劳厄法类似.这时可固定探测器,转动晶体,用飞行时间法测量不同波长的衍射中子束.

我们在 4.1 节已经讲过中子与物质的相互作用.中子与核的作用由核散射振幅 b 描述,其量级为 10^{-12} cm,一般用费米单位 f(1 f $= 10^{-13}$ cm)表示.b 随原子序数非单调地变化(图 4.128).同一种元素的 b 不同,某些同位素因存在核共振能级而使其 b 取负值(在 X 射线和电子散射中没有这种情形).例如 ^{1}H 的 $b = -3.74$, ^{2}D 的 $b = 6.57$, ^{12}C 的 $b = +6.6$, ^{14}N 的 $b = +9.4$, ^{55}Mn 的 $b = -3.7$(单位均为 f).由于核的尺寸(10^{-13} cm)比波长 λ($\sim 10^8$ cm)小得多, b 的值不随散射角增大而减小,它们对所有 $\sin\theta/\lambda$ 都是常数.具有非零的自旋和(或)轨道磁矩的原子或离子中还存在与中子磁矩间的相互作用,它与核势作用的量级相同.磁散射原子振幅 f_M 依赖于相应电子壳层的形状,并随 $\sin\theta/\lambda$ 的增大而减小.温度因素与 X 射线的情况[(4.22)—(4.27)式]相同.此外,中子也有吸收、非弹性相干和不相干散射等效应.

晶体对非极化中子的相干弹性散射强度由两种结构振幅平方之和决定:

$$| F_{nH} |^2 = | \sum_{j=1}^{N} b_j f_T \exp(2\pi i r_j \cdot H) |^2 + q^2 | \sum_{j'=1}^{N'} f_{j'mT} \exp(2\pi i r_{j'} \cdot H) |^2, \tag{4.209}$$

这里 $f_{j'mT}$ 只牵涉到 N' 个磁散射原子(如结构中存在的话),q 为衍射面法线单位矢量与入射束矢量的乘积.积分强度公式与(4.77)和(4.103)式相似.

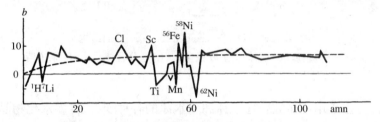

图 4.128 中子的相干核散射振幅和元素原子量的关系
虚线是核势的散射振幅[4.162]

4.11.2 原子结构的研究

中子衍射分析主要用于改进 X 射线方法研究过的结构或获得补充的信息.这种研究常常与 X 射线研究同时进行,因此晶胞、对称性和大多数原子的位置等数据已有.这时通过相位计算(4.46)式可以建立核密度的傅里叶合成:

$$n(r) = \sum_{H} F_{nH} \exp(-2\pi i r \cdot H). \tag{4.210}$$

不存在磁散射时这种合成的峰代表热运动引起的核的分布.峰高与相应核的散射振幅 b 成正比,如 b 为负,峰也为负,并在傅里叶合成中显示出原子处在"坑"中(图 4.129).为改善核的位置,也可用差分合成和带各向异性温度因数的最小二乘法.中子衍射数据对后一方法特别适用,因为如上所述 b 值是常数,强度下降仅仅由热运动引起.

上述核振幅 b 的特点使中子衍射结构分析具有以下优点.首先是它比 X 射线分析更能测定与重原子共存的轻原子的位置,它在各种晶体中氢原子的测定上,显示出很大的优势.氢原子可全部或部分地被氘(D)代替,后者可提供附加的信息,因为根据散射振幅的符号,H 峰在傅里叶合成图上是负值,而 D 峰是正值.

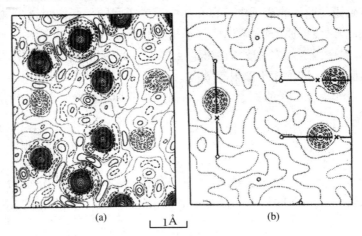

$$(a) \qquad \boxed{1\text{Å}} \qquad (b)$$

图 4.129 铁电态 KH_2PO_4 在 $-180\,^\circ\!C$ 的结构

(a) 核密度在(001)面的傅里叶投影；(b)差分合成投影,H 原子清
晰可见(外电场反号时,H 原子位移到以×表示的位置)[4.163]

这种方法常用于研究普通水冰和重水冰的各种变态、许多水化物晶体、一
系列有机和无机化合物(包括金属氢化物和含氢铁电体)以及它们的相变(图
4.130,4.131).在其他被研究的结构中原子序数的差别也很大,例如重金属的

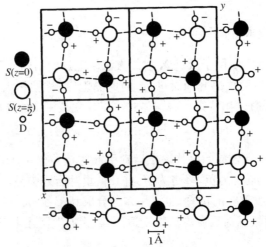

图 4.130　102 K 下 D_2S 晶体结构

(001)面上的投影,与[100]、[010]轴平行的曲折
氢键链由虚线表示[4.164]

氮化物、碳化物、氧化物等.

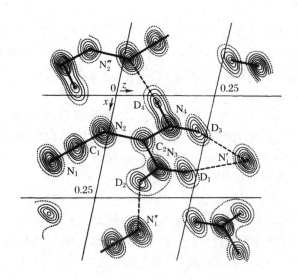

图 4.131 $C_2N_4D_4$ 晶体结构核密度的投影
虚线连接由氢键结合的原子[4.165]

中子衍射的另一优点是可以研究 Z 很接近的原子组成的结构,而 X 射线方法对它们几乎无法辨别.研究过的例子有 Fe、Ni、Co、Cr 合金及其化合物(如铁尖晶石和其他复杂氧化物)和含 Mg、Al 的硅酸盐等.这些原子或它们的同位素的振幅 b 差别之大足以确定它们各自的位置.同位素的振幅 b 的差别原则上可用来研究晶体中同位素核的有序化.

由于 b 值与散射角无关,结构振幅 F_{nH}[(4.209)式]随 $|H|$ 增大而下降完全是温度因数的影响,因此可以在更大的 $\sin\theta/\lambda$、即更大的 hkl 或更小的 d_{hkl}(与 X 射线衍射相比)测得中子结构振幅.这意味着中子衍射给出的位置和热运动参量比 X 射线衍射更为准确.建立 X 射线-中子衍射差分合成时这一点特别有用[参阅(4.153)式].

中子衍射的 F_n 和 X 射线的 F_X 的比较为测定结构提供了更大的可能性.由于在结构-振幅公式中出现的各个原子的 X 射线与中子振幅不同,所以这种比较相当于同形替代.此外,中子也有与 X 射线异常散射类似的效应,对某些 λ 这种"异常"核有[113]Cd,[149]Sm 等.改变波长使结构的 b 与 F_{nH}[(4.168)式]也跟着变化,据此可以把给定结构中异常散射原子的位置确定下来.

中子衍射研究过的最复杂的化合物有维生素 B_{12}(使 X 射线测定的结构改进到分辨率达 0.1 nm)和肌红蛋白.

4.11.3　磁结构的研究

在这种研究中中子衍射提供的信息是独一无二的[4.166].磁性原子(过渡金属,稀土元素,铜族元素)的各种自旋有序包括:自旋取向平行(铁磁性)、反平行(反铁磁性)、倾斜、成圆锥状、成螺旋状,等等(卷 2,第 1 章和 2.11 节),它们通过磁结构影响散射振幅.

磁性原子自旋有序可以有不同的方式.一种场合是:自旋有序发生在 X 射线测定的通常的晶体学,即"化学"晶胞范围内.也就是材料的"磁"晶胞和"化学"晶胞重合.这时磁的贡献和核的贡献一起在强度公式(4.209)中表达出来,因此要得到磁结构就必须将核的贡献减去.

另一种场合是:磁结构晶胞尺寸是普遍"化学"晶胞的整数倍,即它是普通晶胞的超晶胞(图 4.132).这时衍射中的磁贡献表现为出现新的纯"磁"衍射峰,它们是大磁晶胞产生的,并且可以在没有核衍射峰的地方产生(图 4.133).两种场合下除了用 Φ 群描述化学结构外,都可以用反对称群 Φ' 或色对称群 $\Phi^{(c)}$ 和 $\Phi^{(q)}$(2.9 节)描述磁对称性.

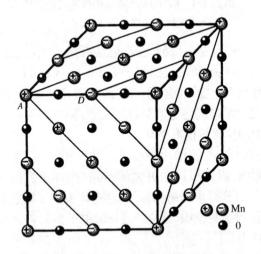

图 4.132　MnO 磁结构模型

Mn 原子在 A(+)和 D(−)位置上磁矩反平行,A 和 D 面垂直晶体[111]轴,磁晶胞线度比"化学"晶胞大一倍[4.167]

在有些类型的螺旋磁有序中,螺旋周期和"化学"结构的周期间可以无公度.这时普通对称性 Φ 和属于 G_1^3 型的磁对称性间没有相关性,此时沿与磁螺

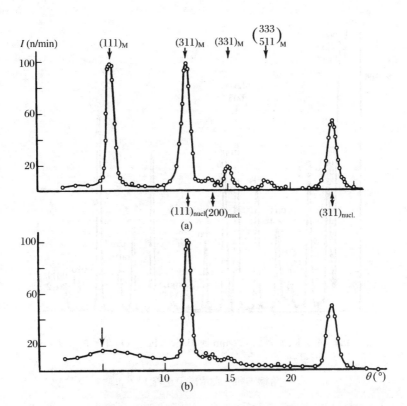

图 4. 133　80 K(a)和 293 K(b)(低于和高于居里点)MnO 粉末的
　　　　　中子衍射谱

低温下出现大磁晶胞(和"化学"晶胞相比)引起的衍射,高温下残
余短程磁有序的衍射效应由箭头指出[4.167]

旋有序轴对应的倒空间轴出现相应的磁衍射峰(图 4. 134).

　　从某些磁化的铁磁单晶衍射出来的可以是极化的单色中子束,利用它可以
做更多的工作.这时磁的和核的贡献可以区别得更清楚,使显示的磁结构的细
节比利用非极化中子衍射得到的结果更好.

　　借助磁性材料的中子衍射分析可研究许多类型的磁结构,它们之间的相
变,以及接近居里点时自旋的行为等[4.34].

　　用磁散射 F_M 计算得到的傅里叶合成给出磁性原子的自旋密度分布.图
4. 135 是扣除球状分量后得到的体心立方 α-Fe 的自旋密度分布.在 α 相中,Fe
原子未抵消自旋的壳层电子的分布相当复杂.除了 3d 电子引起的正磁化区外,
还有环状负磁化区组成的三维链;对后者的解释还有疑义.对其他一些金属也
进行过类似的研究,它们也给出了磁壳层电子分布的信息.

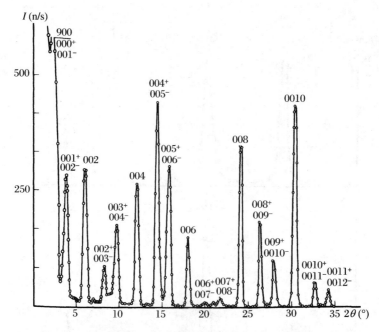

图 4.134   4.2 K，λ 为 0.122 nm 时 $BaSc_{1.5}Fe_{10.5}O_{19}$ 单晶的 00l 中子
衍射谱

角标＋和－表示磁卫星峰[4.168]

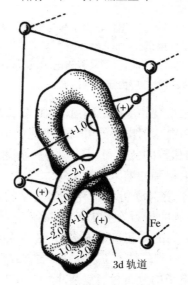

图 4.135 α-Fe 的自旋密度
分布[4.169]

中子的非弹性相干磁散射与 X 射线的声子散射类似,利用它可研究磁振子,即晶体自旋波.

4.11.4 中子衍射方法提供的其他应用

热中子的能量和晶格振动(声子)能量接近,因此中子和晶格间发生非弹性散射,相互交换能量[4.170].中子-声子互作用中能量可从中子传递给晶格,也可以反过来.散射中子的角度和能量分布的测量被称为中子谱学.单晶的非弹性相干散射谱是研究晶体声子谱以及引起这种谱的原子间力的有效工具.从非弹性非相干散射中也可得到类似的数据.

中子衍射分析和其他衍射方法一样,可用来研究非晶态结构.研究非晶态、玻璃和液体时,非常有意义的是它能把散射曲线扩展到很大的 $\sin\theta/\lambda$ 值,因为核振幅 b 是常数,使散射曲线下降的仅仅是温度因数.因此中子衍射可以提供材料的高精度径向分布函数.

中子小角散射也有它的应用.0.1—3.0 nm 的波长可用来研究不同尺寸的不均匀性.小角方法得到的信息有:铁族合金固溶体(Z 相近)的分解及其中的新相的形成、玻璃的结构、金属的位错结构以及聚合物和生物样品的结构.

中子散射的动力学效应也已观察到并得到了应用.

4.11.5 穆斯堡尔辐射的衍射

^{57}Fe,^{119}Sn,^{125}Te 等元素的核是能量为 1—100 keV 的穆斯堡尔 γ 辐射源.这些辐射的波长是十分之几到百分之几 nm,它们正好是经典 X 射线分析中使用的波长,因此可以利用晶体的穆斯堡尔辐射开展衍射研究[4.171].

穆斯堡尔衍射有不少特点.这种 γ 光子的能量宽度特别窄,只有大约 10^{-8} eV,而 X 射线管的普通标识谱的宽度为 1 eV.对穆斯堡尔辐射,除了像 X 射线那样受到原子壳层电子的散射之外,核的共振散射也很重要.若晶体含有穆斯堡尔核,则它们受到与能级跃迁对应的辐射的激发后将随之发射 γ 光子,这种真正的共振散射现象在时间和空间上的相干性是其他方法无法得到的.通过源或探测器的运动引起的多普勒效应可以得到严格共振条件下的核散射,利用这种多普勒效应可以在实验上测定散射振幅和相位(图 4.136).

与普通 X 射线散射不同,那里原子振幅是与原子电子密度 $\rho(r)$ 和散射角有关的标量,而穆斯堡尔衍射的原子振幅 f_M 为

$$f_M(\boldsymbol{k},\boldsymbol{P},\boldsymbol{k}_0,\boldsymbol{P}_0) = f_e(\boldsymbol{k},\boldsymbol{P},\boldsymbol{k}_0,\boldsymbol{P}_0) + f_R(\boldsymbol{k},\boldsymbol{P},\boldsymbol{k}_0,\boldsymbol{P}_0). \quad (4.211)$$

它由电子分量 f_e 和核分量 f_n 组成.二者均与入射和散射波的波矢 $\boldsymbol{k}_0,\boldsymbol{k}$ 和极化

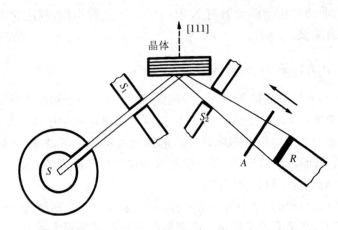

图 4.136　穆斯堡尔衍射装置

S. 源；S_1 和 S_2. 准直器；A. 测多普勒效应的振动共振吸收
片；R. 探测器

矢量 P_0, P 有关，并且在一般情形下为矩阵量. 晶体中的核处在周围原子的电场和磁场中，它们的能级被分裂，使 f_n 从而也使 f_M 改变. 在运动学近似下，晶体衍射方程已很复杂，考虑动力学效应后更加复杂. 正是由于这些特点而产生不少突出的现象，所以它们在晶体研究中获得不断增长的应用. 不幸的是，穆斯堡尔源强度较弱（每分钟只出射几十个光子），而且源的寿命小于一年，这些因素限制了这一方法的潜力. 另一个限制是研究的晶体必须含有穆斯堡尔核.

穆斯堡尔衍射的基本特点为：

1）至少在 3 个不同的多普勒频率位移上测定 $f_M = f_e + f_n$ 后可以实验确定结构振幅的相位. 对简单结构已经这样做过，对更复杂结构，包括蛋白质，正在进行类似的工作.

2）由于 f_n 依赖于核处的磁场和原子磁矩的取向，所以它可用来研究晶体磁结构，补充或代替中子衍射研究.

3）穆斯堡尔衍射与核处的电场梯度有关，因此可用来研究由此引起的精细现象，特别是用来确定普通对称性不能区别的（等同的）点阵位置上电场梯度张量的不同取向. 这些结果也可用色对称性进行描述.

晶体核和入射、散射穆斯堡尔辐射的集体互作用也有不少特点，如晶体核的散射振幅在能量特征上与自由核的散射有所不同. 这种互作用特点仅在弹性散射时有效，而在非弹性散射中受到抑制[4.172]. 由此引起布拉格角下动力学散射时的异常穿透现象，这种 γ 核效应与 X 射线衍射时的博曼（Borrmann）效应类似.

　　用能量高分辨穆斯堡尔探测器可以从晶体衍射束中分开弹性和非弹性分量,从后者可得到晶格动力学信息.这一点即使在晶体不含穆斯堡尔核时也能做到.

　　在 γ 光子相干散射现象中也出现双折射和光激活效应.

　　由此可见,穆斯堡尔方法是晶体结构分析的一个有前途的方向.但是,有效源品种稀少等一系列实验困难阻碍了它的广泛应用.

　　最后应再次强调:所有衍射方法(X 射线、电子、中子、穆斯堡尔辐射)在现象的本质(晶体或非晶态材料中短波的散射)上和理论的数学处理上是很相似的.但是,由于它们与物质作用的物理实质上有差别,所以每一种方法都有自己的应用领域.原则上所有这些方法都是独立的,每一种方法都可分别解决几乎所有结构问题,但实际上它们是互相补充的.自然我们还要考虑实验条件上的不同,因为每种方法都有自己的优点和缺点.考虑到所有这些因素后,我们才能选定适当的方法去解决手头的问题.

4.11.6　粒子的沟道和阴影效应

　　在一定条件下,重离子(质子、离子、α 粒子)通过简单结构晶体时发生的现象可以不用波动方法,而可以用经典力学方法处理[4.173].在简单密堆积结构晶体中,晶面在物理上是很明确的:它们是由原子核和电子壳层中心部分所构筑的平行平面,在晶面之间是和原子外缘部分对应的低电子密度"空"面(图4.137).显然,"居住"面和"空"面的差别在低指数时最为明显,间距也大.类似地,存在沿低指数方向的一维密排原子链和"空"沟道.

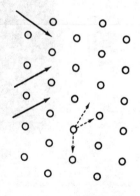

图 4.137　沟道和阴影效应二维示意图
圆圈表示原子;粒子沿实箭头(沟道)在原子间"滑动";虚箭头表示阴影效应(低指数原子列阻挡粒子运动)

　　沟道现象包括带电粒子在晶体中沿空面穿行(面沟道效应)和沿空轴穿行(轴沟道效应).在空面或空轴周围的原子以它们的静电场保持粒子准确地在沟道中通过.只有在粒子入射方向和沟道的角度小于一定值(1°左右)时,粒子才能越过沟道,这个临界值与粒子动量、原子序数比值和晶面间距等有关.

　　在晶体沟道中沿原子外缘"滑动"的沟道粒子和原子的互作用弱,而在任意方向运动的非沟道粒子与原子的核和电子的互作用强得多.

　　晶体缺陷抑制沟道效应,因此沟道效应可以用来研究晶体缺陷.

　　阴影效应可以看成"负"沟道效应.这种情形下发射快速带电粒子(质子、氘和重离子)的源是晶体结构中的原子本身.在点阵中引入辐射 α 粒子的放射核或用适当辐照激发晶体原子的核反应后产生这一效应.这时发射核粒子的原子核处在"居住"晶面上,出射粒子严格沿此面或其他低指数面和轴运动时遇到最多的原子,不能穿过并发生偏转.于是逸出单晶的粒子的角分布出现明锐的极小值,这些"阴影"沿低指数晶面和晶列方向出现.阴影的强度是任意方向平均强度的 1%,阴影图样可用底片记录(图 4.138),它有时被称为质子或离子图样,它实际上是晶体的心射切面投影.

　　阴影效应可用于晶体和单晶膜取向的测定、晶体缺陷研究和核物理研究.

图 4.138　钨单晶的离子阴影图样

(经 A. F. Tulinov 同意)

第 5 章

晶体学及其实验方法的新进展

5.1　准　晶　体

5.1.1　准晶体的发现

1984 年 Shechtman 等[5.1]用电子衍射方法研究急冷 $Al_{86}Mn_{14}$ 合金的结构. 在衍射图样(图 5.1)中他们发现一系列衍射斑具有倒空间的二十面体 $m\bar{5}m$ 对称性. 这说明合金的结构在正空间中也具有二十面体点对称性.

对大多数晶体学家来说,这是一个引起轰动的发现,因为在晶体的经典对称性理论中五重转动对称轴和晶体结构的三维平移对称性是不相容的,因而是被禁止的.这一事实已经被几十万个实验所证实.

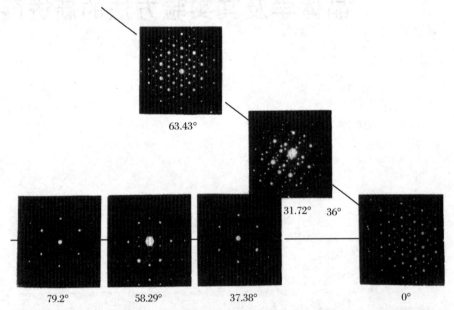

图 5.1　从二十面体相的一个晶粒得到的在不同倾斜角下的选区电子衍射图样
倾斜 0° 和 63.43° 的图样指明五重转动轴的存在(参阅图 5.6 的极射赤面投影图)

这样的结果清楚地显示出,得到的结构不可能具有三维的平移对称性,但它是高度有序的,因为得到的衍射斑十分明锐.

　　这样的结构以及后来被研究的一系列其他合金的类似结构被称为"准晶体".准晶体的发现唤起了人们对 Penrose 卓越工作[5.2]的关注,他曾在平面上拼接成具有五重对称轴的图形(图 5.2a).这种 Penrose 拼图由两种菱形(图 5.2b)组成,具有特殊的准周期性和长程序.

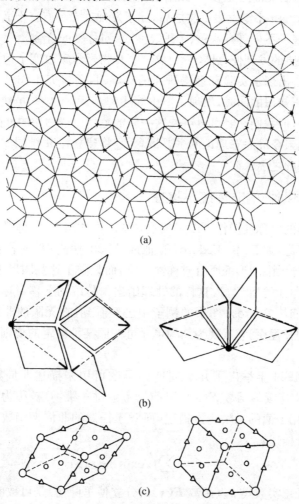

图 5.2　二维 Penrose 拼图(a)是由虚线勾出的两种菱形
　　　　(b)构成[5.3]的,三维 Penrose 格子可以用两种(锐
　　　　的和钝的)Ammann 菱面体(c)构成
菱面体上可能的原子位置用大圆(Mn)、三角形和小圆(不
同位型的 Al 原子[5.4])表示

Mackay[5.3,5.4]预见到材料的原子结构可能具有五重对称性.他用 Penrose 菱形的三维类似体(锐和钝的菱面体,Ammann 的发明,见图 5.2c)三维拼接成无空隙的具有五重对称性的菱形三十面体(见图 5.9).它有 30 个面、32 个顶和 60 条边,它是使用两种类型的 Ammann 菱面体各 10 个组成的类似晶体的结构,它和 Penrose 拼接图类似,可以给出由明锐斑点组成的衍射图样.

在 Shechtman 小组发表论文之后,除了发现许多具有二十面体对称性的合金之外,还发现了不少具有八重、十重、十二重对称轴的合金.

准晶态物质的发现使晶体学家、数学家和物理学家改变了他们固体结构的传统概念.随之出现了实验和理论研究的热潮.目前研究工作已经达到稳定状态,在不断积累知识的同时,出现了不少综述和专著[5.5—5.10].虽然还有若干主要问题没有解决,但我们已经可以讲授这一新的范例——物质的准晶态.

下面介绍当今准晶态理论的主要概念,它将建立在 n 维周期空间向较低维空间投影的基础之上.

5.1.2 非周期物的非传统对称性

无限图形的对称性操作可以用颇不寻常的方式运行.晶体学的几位奠基人对此曾有所考虑,如 E. S. Fedorov 在他推导 230 种空间群的著名论文中写道:"我不准备推导无限图形的所有对称性类型,而只限于这些图形中被称为'规则图形系'的对称性类型[5.11]".这样的处理给出了传统的平移对称性即晶体的三维周期性.我们从 Penrose 图形的例子中已经看到,在无限的非周期结构中也可能存在某种长程序,它表现为结构单元可按照某种确定的规则在空间中依次排列起来.

Bohr 在 1924 年举出了几乎周期的函数可用来描述非周期物的特殊例子[5.14].空间中连续的函数 $F(x)$(以前只考虑过一维物)被称为几乎周期的条件是,它可以用下面的无限级数描述(而对于任意的非周期函数则须要用连续的傅里叶积分描述):

$$F(x) = \sum_n f_n \exp(2\pi i x \lambda_n), \tag{5.1}$$

这里的无限任意实数集 λ_n(函数 $F(x)$ 的分立傅里叶谱)是可数的.对于几乎周期的函数 $F(x)$,替代平移不变性(2.2)式的条件是:存在一个最终的平移使平移后引起的可能变化最小,即对任一最小的可能值 ε,平移 t 之后对所有 x 点都存在以下关系:

$$| F(x') - F(x) | \leqslant \varepsilon, \tag{5.2}$$

这里的 $x' = x + t$.从物理上看很清楚的是:几乎周期物的衍射将产生间断的衍

射谱,和间断的傅里叶谱 λ_n 相符.几乎周期物的特例是周期函数,它的 λ_n 集是简单的整数集.

具有更重要意义的是所谓的**准周期函数**,它的无限的傅里叶谱的每一个 λ_n 可以表示为有限数目的无理数 $\alpha_k (k=1,2,\cdots N)$ 的集合:

$$\lambda_n = \sum_{k=1}^{N} p_{nk}\alpha_k. \tag{5.3}$$

这里的 p_{nk} 是整数系数.

此时(5.1)式可以被替换为以下 N 维空间的周期函数:

$$\varkappa(x_1,x_2,\cdots,x_N) = \sum_n f_n \exp[2\pi \mathrm{i}(x_1 p_{n1} + x_2 p_{n2} + \cdots + x_N p_{nN})].$$
$$\tag{5.4}$$

这里的 p_{nk} 可以看成米勒指数,准周期函数 $F(x)$ 表现为 N 维空间的周期函数 $\varkappa(x_1,x_2,\cdots,x_N)$ 在 N 维直线 $x_1 = \alpha_1 x, x_2 = \alpha_2 x, \cdots, x_N = \alpha_N x$ 上的截面:

$$F(x) = \varkappa(\alpha_1 x, \alpha_2 x \cdots, \alpha_N x) \tag{5.5}$$

这就是说,准周期函数自然地关联着更高维空间(所谓的超空间 superspace)的周期函数.

引入这些定义后,自然会考虑它们的可能的推广和变化.首先,N 维空间可以被 $d(<N)$ 维空间切割,从而产生 d 维准周期结构,例如设 $d=1,2,3$ 以获得在我们的三维空间可实现的结构.此时切割亚空间(subspace)被称为平行空间(parallel space,其维数 $d_\parallel = d$),而和它正交的亚空间被称为垂直空间(perpendicular space,其维数 $d_\perp = N - d_\parallel$).在二维和三维准周期物中,可以有转动对称素.这就是说,在普遍的场合,不等式(5.2)在 $x' = gx + t$(g 表示基体转动 $2\pi/m$ 角)下也是有意义的.须要强调的是:在准周期结构中,m 不限于晶体中的整数 $1,2,3,4$ 和 6,m 可以是任意值.

除了连续的准周期函数,还可以考虑它们在不同维下的分立类同体,这些类同体被称为拼接体或准点阵.此时平移和/或转动对称操作后,(5.2)式被替换为:$F(x')$ 和 $F(x)$ 应该几乎在所有位置上重合,即 $F(x')$ 和 $F(x)$ 不重合点的相对数目应该小于 ε.为了产生拼接或准点阵,须要利用"细带"(或切割投影)法,在此方法中选定 N 维空间的一个范围(它受到垂直亚空间的限制),N 维点阵中位于细带中的点被投影到平行亚空间上.结果在平行亚空间出现准周期点阵,而其中的点的密度依赖于垂直亚空间中细带的尺寸.还有其他产生准周期结构的方法,它们不牵涉到多维空间的操作.利用准晶体密度 $\rho(x)$ 的傅里叶谐波和傅里叶谱的对称性可以对准晶体的空间群进行分类.

5.1.3 一维准晶体($d=1,N=2$)

一个简单的一维模型可以清楚地显示二维或三维空间中存在的准晶体结构的许多特征.一个一维准晶体可以用二维正方点阵中斜率为无理数的细"带"中的阵点向物理轴 $x_\parallel$ 的投影来描述(图5.3).在此图中相对 x_2 轴倾斜的"细带"的正切等于黄金均值 $\tau=(1+\sqrt{5})/2=1.61804\cdots$,而细带的宽度对应于正方点阵晶胞的尺寸.向 $x_\parallel$ 轴投影之后(只画出一例)出现了由线段 A(较长)、B(较短)组成的准周期 Fibonacci 列(Fibonacci 讨论了母兔、幼兔一代一代成长、生育后形成的序列).

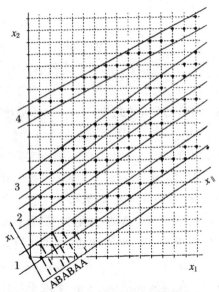

4-ABAABAABAABAABAABAABAABA
3-BAABABAABABAABABAABABAAB
2-ABAABAABABAABAABABAABABA
1-ABABAABAABABAABAABABAABA

图 5.3 一维准周期序列(1 和 2)以及它们的
有理数(周期)近似物(3 和 4①),
由二维正方点阵的投影获得
左下是以 A 和 B 组成的 4 个序列

首先要注意的是:细带(如图5.3中的带1,2)沿 $x_\perp$ 移动时,可以得到无限多个不同的准周期序列.这种移动被称为相位子移动.但是,当我们注意到上面定义的平移不变性,所有这些序列应该被认为是相似的.实际上可以证明:对于任意两个序列,存在一个物理平移(沿 x_φ 轴的平移),使平移后这些序列中的不重合的点密度无限小.

在均匀的相位子移动中,无限数目点列中 A 和 B 的相邻线段间发生替换,移动随点密度的减小而减小.迄今为止仍存在如下的模型:模型中原子在相位子移动中不替换,而是连续地改变它们的位置.

除了平移对称性,准晶体列可以具有尺寸不变性,即相似对称性.如线段 A 被 $A'B'$ 替换,得到的线段 A'、B' 组成的准周期列,是 A、B 准周期列的 $1/\tau$ 倍.显然,这种替换可以进行许多次.A、B 线段既可以变长,也可以变短(这种变换分别被称为膨胀和收缩).单

---

① 周期分别为 BAABA 和 ABAABA.——译者注

一的线段(如 A)可以由 $A \rightarrow AB, B \rightarrow A$ 的无限多次变换形成完整的准晶列. 所以我们可以得出结论:准晶可以在胀缩后不变,即在不同尺寸下等同. 这种性质是所谓的分形(fractal)结构的特征. 须要指出的是:与传统的相似性系统(2.9.6 节)不同,准晶一般并不具有特殊点,胀(或缩)均匀地发生在整个空间.

图 5.3 中的序列具有反演不变性. 结构 1 在 $x_{\parallel} = 0$ 点是传统晶体学意义上的反演中心,原因是细带 1 的中心和点 $(0,0)$ 重合. 显然,细带经过无限小的相位子移动后实际的反演中心应该消失,此时准晶列一般具有无限多个反演中心,和平移场合下的含义相同,见(5.2)式.

除了整体对称性,准晶体列还有局域对称性. 这就是说,从准晶体列任选一长度为 L 的线段,我们将找到无限多个这样的线段,最近邻的列间距离不超过 L.

5.1.4 准周期列的傅里叶变换

为了获得傅里叶谱我们必须计算细带限制的二维晶体的变换(对周期结构已经在 4.2.1 节进行过讨论),并将所有倒点阵矢投影到 $x_{\parallel}$ 轴. 显然二维空间中所有倒点阵的阵点在 $x_{\parallel}$ 方向显示为无限窄(属于 δ 函数类型),而在 $x_{\perp}$ 方向的宽度相当于细带宽度的倒数. 任一倒点阵矢向 x_{φ} 轴的投影给出:

$$k_{\varphi} = \frac{h'\tau + h}{a \sqrt{1+\tau^2}}, \tag{5.6}$$

这里 a 是二维点阵晶胞的尺寸,h' 和 h 是二维倒点阵的米勒指数. 显然(5.6)式是(5.3)式在 $N=2$ 时的类似式. (5.6)式类型的数密集地填充整个轴,即任一实数可用(5.6)式以无限的准确率靠近,但是在通常的准晶体中只有具有相对小的 h' 和 h 的衍射才有足够的强度,实验得出的是(5.6)式类型的分立的衍射谱. 这样倒点阵中的任一矢量可以用两个整数指标化,但在准晶体结构中这种指标化本质上是不明确的,因为这种结构具有尺度的不变性.

实际上我们在 $x_{\parallel}$ 空间中事先不知道二维空间晶胞的尺寸,当我们选择的尺寸比(5.6)式大 τ 倍($a_1 = \tau a$)时,$k_{\parallel}$ 可以表示为:

$$k_{\parallel} = \frac{m'\tau + m}{a_1 \sqrt{1+\tau^2}}, \tag{5.7}$$

这里 m', m 和 h', h 的关系是 $m' = h' + h, m = h'$. 准晶体的另一个特征是:细带进行相位子移动时结构振幅 $F_{h'h}$ 有相位的变化,即

$$F_{h'h} \rightarrow F_{h'h} \exp(\mathrm{i}k_{\perp} x_{\perp}), \tag{5.8}$$

这里波矢的垂直分量 $k_{\perp}$ 是

$$k_\perp = \frac{h' - \tau h}{a \sqrt{1 + \tau^2}}. \tag{5.9}$$

这就是说,准晶体的相位问题和晶体的相位问题相比不那么重要.

除了均匀相位子移动,值得观察非均匀移动,即依赖于 $x_\parallel$ 坐标的移动的后果,此时的移动被称为相位子形变.相位子形变的最简单例子是细带斜率(即 $x_\perp$ 和 $x_\parallel$ 之比)的变化.如果斜率的正切是无理数(但不等于 τ),我们得到一种没有尺度不变性的准周期结构.如果它是有理数,我们得到一个周期结构(周期可能很大).这些结构被称为晶体近似物或正当近似物,因为它们和准周期结构很接近.如果斜率正切等于 Fibonacci 数之比 F_{n+1}/F_n(见图 5.3 的细带 3 和 4)出现的是特别有用的近似物(n 阶 Fibonacci 数近似物).Fibonacci 数由以下的迭代关系产生:$F_{n+1} = F_n + F_{n-1}$,这里 $F_1 = 1$ 和 $F_2 = 1$ 给出 Fibonacci 序列($F_i = 1,1,2,3,5,8,13,21,34,\cdots$).Fibonacci 数之比 F_{n+1}/F_n 接近 τ 的程度比其他有理数的可比的分数值更好,由此可见 Fibonacci 近似物在它们的局域结构上接近准晶体.例如,任一 n 阶近似物和准晶体序列在大于 2 个周期(近似为 F_{n+4} 个 A、B 单元)的长度内和准晶体序列的某一部分重合.每一次 $A \to AB$,$B \to A$ 的尺度变换后近似物的序增加一阶.因此,准晶体可以看成无限多次这种变换的极限.

在三维场合下有一系列晶体近似物.这一点可以解释为什么下列研究工作很多:把准晶体的结构处理成具有大的晶胞的通常的三维晶体.这种处理肯定促进了对真正准晶体结构的理解.

5.1.5　二维准晶体及其对称性($d = 2, N = 3, 4, 5, \cdots$)

和一维准晶体相比,二维空间中只须要加进可以存在的转动对称素.这里存在着二维和三维场合下非晶体学转动轴,这是传统晶体学角度最难以接受的.在二维准晶体中任一转动对称轴都可以存在,图 5.2a 是二维准点阵的一个例子(Penrose 拼接),图 5.4 是另外的例子.

目前在二维准晶体领域中虽然还没有可能的空间对称群的完整理论,但 Rokbsar 小组[5.16,5.17]已经提出了二维准晶点阵(二维布拉维点阵的类似物)的分类及相应的实际上包括所有有级别转动轴的二维空间群.

首先出现的是由点群对称性(五重,七重轴等)引起的非周期性点阵.如果实行这种限制,对于给定点群指标化所需的基矢数应当最小,这样的点阵将被称为准晶点阵.另一类非周期点阵可以处理成准晶和/或周期点阵的叠加(这样的结构也有许多种)并被称为"无公度调制结构(incommensurately modulated structure).

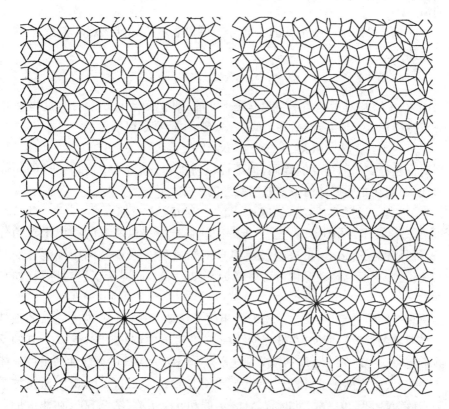

图 5.4　十二重转动对称(左)和十四重转动对称(右)的二维准周期拼接
上半部和下半部分别由高维点阵的不同类型投影得到[5.15]

他们提出的二维群的分类不是来源于多维晶体学的概念,而是从衍射图样和倒空间的对称性的分析演化而来. 首先引入的是带有 N 重转动轴的二维"标准点阵",用来表示由 N 个基矢(长度相同,夹角 $2\pi/N$)组成的所有可能的线性组合(带有整数系数)集. 当 N 为非晶体学的数目($N = 5, 7, 8, \cdots$)时,这样一个点阵密集地覆盖二维平面,但是在倒空间它们不重要(不如在实空间中),因为它们并不能给出倒阵点间的最小距离. 如果我们把二维点阵的那些点看成是属于这一复平面的点,标准点阵将等价于 1 的 N 次根的所有线性组合(带有整数系数)的 Z_N 集;特别是 Z_4 和 Z_6 集等价于正方和六角布拉菲点阵 $4mm$ 和 $6mm$. 这个等价性允许我们应用数的代数理论的方法,这种方法被用来证明:$N < 46$ 的任一个二维点阵等价于一个标准点阵(或者在 $N > 46$ 时等价于若干个点阵). 进一步的空间群分析限于具有标准点阵的结构,它们具有 $N < 23$ 空间群中各级转动轴(N 为奇数时点阵具有 $2n$ 重轴). 这一分析已关注到所有最重

要的情形.

任一(准)晶体结构的密度的空间分布可以表示为标准倒点阵矢量 k 的傅里叶级数[见(5.1)式]

$$\rho(r) = \sum_{k} \rho(k) \exp(2\pi i k r). \tag{5.10}$$

如果函数 $\rho(k)$ 相对于晶体学空间群是不变的,即 $\rho(gr + t_g) = \rho(r)$,这里 g 是点群对称操作,t_g 是相应的平移,傅里叶分量 $\rho(k)$ 满足以下关系

$$\rho(kg) = \rho(k) \exp[2\pi i(kgt_g)]. \tag{5.11}$$

点群对称性提供衍射强度的等同,但不提供傅里叶分量 $\rho(kg)$ 和 $\rho(k)$ 的相位的等同,因此在非周期结构中一般用另外的公式:

$$\rho(kg) = \rho(k) \exp[-2\pi i \Phi_g(k)], \tag{5.12}$$

这里 $\Phi_g(k)$ 被称为相位函数.进一步的空间群分析提供所有的相位函数的分析.这种处理对 Fedorov 群来说已经很早就知道了[5.18].继续利用规范转变时所有相位 Φ_g 对所有转动对称素可以降为 $0(\Phi_r = 0)$,而对于反射对称素(如它们在空间群中存在)可以得到 $\Phi_m = 0$ 或 $\Phi_m = 1/2$.在多维项中这种规范转变既包括物理空间中的平移,又包括均匀的相位子移动(粗略地说,转变之后的细带位于最对称的位置).例如,在准周期结构1(图 5.3)中,对于相对点 $x_{\parallel} = 0$ 的反演我们有 $\Phi_m = 0$,在结构2中却没有这一点.Φ_m 值为 $1/2$ 的可能性的条件只能是 $N = 2^j$;此时有两个群:协形($pNmm$)和非协形($pNgm$),见图 5.5.对正方布拉非点阵($N = 2^2$)也一样,此时有 $p4mm$ 群和 $p4gm$ 群(图 2.56).在非协形群 $pNgm$ 中自然会观察到衍射的系统消光.表 5.1 是 $N < 23$ 的二维空间群的名单.

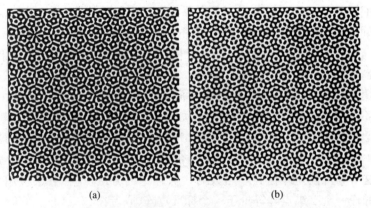

(a)　　　　　　　　　(b)

图 5.5　二维准晶体结构
(a) 协形空间群 $p8mm$;(b) 非协形空间群 $p8gm$[5.16]

表 5.1　准晶体的二维空间群(Rokhsar et al.[5.16])

	点群	点阵	空间群	Φ_r	Φ_m
N 偶	N	Z_N	pN	0	−
	Nmm	Z_N	$pNmm$	0	0
$N = 2^j$	Nmm	Z_N	$pNgm$	0	1/2
N 奇	N	Z_{2N}	pN	0	−
$N \neq p^s$	Nm	Z_{2N}	pNm	0	0
$N = p^s$	$Nm1$	Z_{2N}	$pNm1$	0	0
$N = p^s$	$N1m$	Z_{2N}	$pN1m$	0	0

虽然借助于标准点阵对二维准晶体进行描述和分类是相当方便的,但这种描述不是最小,我们总是可以找到矢量数目小于 N 的基.在一般情形下最小基包含 $\Phi(N)$ 个矢量,这里的欧拉函数 $\Phi(N)$ 等于整数 1 到 $N-1$ 的数目,它和 N 相互间都是初基的.在多维项中这意味着超空间的最小维数等于 $\Phi(N)$[5.19],在此超空间中周期的布拉菲点阵和 N 重转动轴是兼容的.值得指出的是:所有观察到的二维准点阵(八角 $N=8$,十角 $N=10$,十二角 $N=12$)中 $\Phi(N)$ 是相同的:$\Phi(8) = \Phi(10) = \Phi(12) = 4$,因此它们可以从四维周期点阵的投影获得.$\Phi(N)$ 个米勒指数对衍射的指标化已经足够了,但通常选择更对称的指标化(用较多的 N 个指数).

5.1.6　三维准晶体($d = 3, N = 4,5,6,\cdots$)

如上节中对二维情形所做的处理那样,也应该从准周期结构的整体来区分准晶体(我们只把非晶体学点群确定的非周期结构区分为准晶体).在三维情形下准晶体是带有五重,七重或更高重轴的单轴结构,并且可以被描述为二维晶体拼块的不同堆积[5.17],或被描述为二十面体点群.后者引起人们很大的兴趣并写出了大量论文.这就是下面我们要讨论的内容.

二十面体点群 532——Y 和 $m\bar{5}m$——Y_h 包括五重、三重和二重轴,Y_h 还含反射面 m.在 $m\bar{5}m$ 群中对称素的位置表示在图 5.6(极射赤平投影)中,还可参阅图 2.49.这些群是非晶体学群,所以这种点群中的长程序只能是准周期序.

我们必须注意在准晶体(二维和三维)中存在刚性的长程取向序.它被确定为几何结构单元(如填充二维空间的 Penrose 菱形或三维空间的菱面体)的等同取向.按二维空间的 $5m$ 对称性,两种菱形各有 10 个取向,并仅有这些取向到处可重复,使所有十面体具有相同的取向(图 5.2a).在三维空间的 $m\bar{5}m$ 对称性中两种菱面体各有 60 个取向可到处重复. 这意味着: 在三维准晶体中的长程取向序是通过原子间的相互取向实现的, 例如通过图 5.2b 所示的"缀饰"在菱面体中的原子. 赝周期的、刚性的长程取向序的存在可以被准晶体的规则的实际惯态外形所证实(图 5.7). 值得注意的是长程取向序还在另一类有序凝聚态材料、如所谓的六角(hexatic)液晶中被观察到, 见本书卷 2 第 2 版(1995 年)或第 3 版(2000 年)6.9 节.

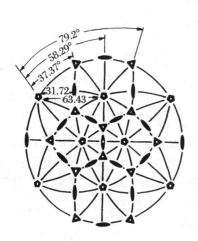

图 5.6　二十面体点群对称素的极
　　　　射赤平面投影[5.1]

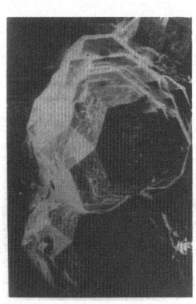

图 5.7　二十面体准晶体的单个
　　　　颗粒[5.20]

Janssen[5.22], Levitov 和 Rhyner[5.19], Rokhsar 等[5.23] 用不同的方法确定二十面体对称性的可能的空间群. 得到的结果是: 带有点对称性 Y 和 Y_h 的准晶体有 3 种布拉菲点阵(初基、体心和面心)以及较少的(只有 11 种)非等价空间群.

周期点阵和二十面体点对称性兼容的空间的最低维数是 6, 所以为指标化电子衍射图样的斑点至少需要 6 个基矢和 6 个米勒指数. 通常将 6 个有理的独立的沿五重轴指向二十面体的顶的矢量选为基矢(图 5.8). 还可以用 6 个有理的独立的沿三重轴(指向十二面体的顶)的矢量或沿二重轴的矢量. 图 5.8 显示的 6 个基矢 $e_1, \cdots, e_6$ 的米勒指数为 $(100000), \cdots, (000001)$, 在笛卡儿坐标系中它们被表示为

$$e_1 = A(0, -1, \tau); \quad e_2 = A(0, 1, \tau); \quad e_3 = A(-\tau, 0, 1);$$
$$e_4 = A(-1, -\tau, 0); \quad e_5 = A(1, -\tau, 0); \quad e_6 = A(\tau, 0, 1). \quad (5.13)$$

这些矢量 e_i 的长度由对应的衍射的晶面间距离 d_0 决定（$|e_i| = A \sqrt{1+\tau^2} = 2\pi/d_0$）并且可以通过 6 维立方体的晶胞尺寸表示出来（我们将在后面看到，后者的选择是不明确的）.

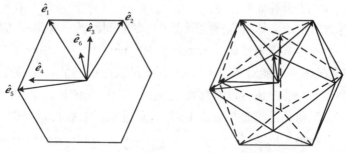

图 5.8　二十面体准晶体的一组可能的基矢[5.17]

利用基矢 $e_1, \cdots, e_6$ 可以容易地写出包含五重和三重轴的二十面体点群的矩阵 A_5 和 A_3（和三维的点群生成矩阵表 2.5 比较）：

$$A_5 = \begin{vmatrix} 1 & 0 & 0 & 0 & 0 & 0 \\ 0 & 0 & 0 & 0 & 0 & 1 \\ 0 & 1 & 0 & 0 & 0 & 0 \\ 0 & 0 & 1 & 0 & 0 & 0 \\ 0 & 0 & 0 & 1 & 0 & 0 \\ 0 & 0 & 0 & 0 & 1 & 0 \end{vmatrix} \quad A_3 = \begin{vmatrix} 0 & 0 & 1 & 0 & 0 & 0 \\ 1 & 0 & 0 & 0 & 0 & 0 \\ 0 & 1 & 0 & 0 & 0 & 0 \\ 0 & 0 & 0 & 0 & -1 & 0 \\ 0 & 0 & 0 & 0 & 0 & -1 \\ 0 & 0 & 0 & 1 & 0 & 0 \end{vmatrix} . \quad (5.14)$$

准晶体倒点阵的任一矢量是带有整数系数（6 维米勒指数）的基矢的组合：

$$h = (h_1, h_2, h_3, h_4, h_5, h_6) = \sum_{i=1}^{6} h_i e_i. \quad (5.15)$$

如准点阵是初基的，h_i 是任意整数，如它是体心的，$\sum h_i$ 是偶数，如它是面心的，则（5.15）式中所有 h_i 具有类似的宇称（parity）. 除了和准点阵中心对称相关的系统消光之外，和螺旋轴、滑移面相关的消光也是可能的.

和一维和二维情形相同，这里的对称性也包含胀缩相似性和衍射位置对称性，如果 $\sum h_i$ 为偶，相似系数等于 τ^n；当 $\sum h_i$ 为奇，相似系数等于 τ^{3n}（后者显然只存在于初基准点阵中）. 这里的 n 是任何整数. 相似对称性 τ^n 在图 5.1 中清楚可见.

对二十面体衍射进行指标化时须要小心，例如（101000）和（010100）衍射在三维空间是不等价的，并具有不同的长度. 另外，不同学者选择的基矢方向不同. 相似对称性在选择基矢长度上有一定的自由度，见前面的一维情形的讨论

(图 5.1 只给出一种指标化方法).

带有二十面体对称性的准晶体的空间群可以是协形的和非协形的,如点群是 Y,则非协形群含五重旋转轴(没有二重、三重螺旋轴). 如点群是 Y_h,则它的非协形特性取决于滑移面的存在.

在推导带有二十面体对称性的所有可能的空间群的完整集时,它们的抽象等价性——协形性有重要意义. Levitor 和 Rhyner[5.19]、Rokhsar 等[5.23]已经证明:除了通常晶体学中的对形-协形对(由反射镜面引起的相互转变的一对结构),在准晶体空间群中还可以有标度变换(胀缩)引起的协形. 其结果是:带有螺旋转 5_1,5_2,5_3 和 5_4 的群是抽象协形群,而且这些群的数目相当少(见表 5.2,其中包含相应的消光规则).

表 5.2　三维二十面体空间群名单、含 2 种二十面体群 $Y(532)$ 和 $Y_h(\bar{5}\,\bar{3}m)$ [5.23]

点群	空间群	生成元相位函数		消光点指数
532	P^*532	$\Phi_u = \Phi_t = 0$		
	P^*5_132	$\Phi_u = \left(00\,\frac{4}{5}\,\frac{4}{5}\,0\,\frac{1}{5}\right)$	$\Phi_\tau = \left(\frac{1}{5}\,00\,000\right)$	$(hkk\ kkk), h \neq 5n$
	F^*532	$\Phi_u = \Phi_t = 0$		
	$F*5_132$	$\Phi_u = \left(\frac{1}{5}\,0\,\frac{1}{5}\,\frac{1}{5}\,00\right)$	$\Phi_t = \left(\frac{1}{5}\,00\,000\right)$	$(hkk\ kkk), h \neq 5n$
	I^*532	$\Phi_u = \Phi_t = 0$		
	I^*5_132	$\Phi_u = \left(\frac{4}{5}\,0\,\frac{3}{5}\,\frac{3}{5}\,00\right)$	$\Phi_t = \left(\frac{1}{5}\,00\,000\right)$	$(hkk\ kkk), h \neq 5n$
$\bar{5}\,\bar{3}\,\dfrac{2}{m}$ $(\bar{5}\,\bar{3}m)$	$P^*\bar{5}\,\bar{3}\,\dfrac{2}{m}$	$\Phi_u = \Phi_t = 0$		
	$P^*\bar{5}\,\bar{3}\,\dfrac{2}{q}$	$\Phi_u = \left(000\,\frac{1}{2}\,\frac{1}{2}\,0\right)$	$\Phi_r = 0$	$(h\bar{h}k, lm\bar{k}), l+m$ 奇
	$F^*\bar{5}\,\bar{3}\,\dfrac{2}{m}$	$\Phi_u = \Phi_t = 0$		
	$I^*\bar{5}\,\bar{3}\,\dfrac{2}{m}$	$\Phi_u = \Phi_t = 0$		
	$I^*\bar{5}\,\bar{3}\,\dfrac{2}{q}$	$\Phi_u = \left(0\,\frac{1}{2}\,0000\right)$	$\Phi_r = 0$	$(h, \bar{h}, \bar{h}+k, l, m, \bar{k})h$ 奇

符号 P^*,F^* 和 I^* 表示初基、面心和体心点阵,星号指明点阵处于波矢空间中. 符号 2/q 表示存在和二重轴垂直的(准)滑移面.

在晶体学群理论中,对形在几何上是不同的(虽然是抽象协形的),对准晶体来说,标准化一套基矢去区分带 $5_1,5_2,5_3,5_4$ 螺旋轴的结构是合理的.这一点是重要的,因为这些结构也可以用它们的物理性质(如极化平面的符号和转动,或它们对 X 射线和穆斯堡尔衍射的极化性质)加以区分.

5.1.7 准晶体结构分析

在发现准晶体之前很久,Penrose[5.2],Mackay[5.3,5.5]就讨论过用实际的原子和分子填充非周期拼接以构成准点阵的问题.

从实验角度看,目前研究准晶体的方法和研究普通晶体的方法是一样的.电子衍射(特别是用来发现准晶体的微区衍射)被用来测定准晶体的对称性、畸变和缺陷.X 射线和中子衍射被用来测定原子的坐标,当然此时必须使用相当完整的准晶体(尺寸达 0.1 mm 甚至 1 mm).除了这些主要的方法,EXAFS 谱、穆斯堡尔谱和核磁共振(NMR)都被用来研究局域结构.已经开始研究大的准晶体的物理性质(磁性,弹性等).

显然,这里和结构分析经典方法的基本差别是:不能使用三维倒空间中的"晶胞"这一常用和方便的概念,须要寻找一般的描述结构的方法.这种场合下晶体近似物方法是有用的.

目前常用的以下三种主要方法都以赝周期性为基础,在定义和模拟合金的准晶体结构方面互相补充.第一种最简单的方法是:用原子缀饰形成 Penrose 点阵的几何单元(例如,用原子缀饰二维空间的菱形和三维空间的菱面体,见图 5.2).这种缀饰考虑到原子尺寸等晶体化学信息,它们的可能坐标,等等.还可以用更复杂的构件,如二十面体或其他菱面体的组合(图 5.9).

第二种方法是利用前述晶体近似物,即成分接近准晶体的周期结构.这种近似物可包含几百和几千个原子,和准晶态有差别的原子序仅仅出现在超过晶胞尺寸以外[5.24—5.27].

第三种最严格而复杂的方法是把准晶体处理为六维周期空间的三维"截面".此时在完成衍射数据的六维指标化[见(5.15)式]后得到六维帕特森函数:

$$P_6(x_1,x_2,x_3,x_4,x_5,x_6) =$$
$$\sum_h |F_h|^2\cos[2\pi(h_1x_1 + h_2x_2 + h_3x_3 + h_4x_4 + h_5x_5 + h_6x_6)],$$

$$(5.16)$$

这里 $|F_h|^2$ 是(4.126)式表示的实验衍射结构振幅模量的平方.由此可以得出三维的"截面".进一步可以完成衍射振幅的类似的傅里叶合成,如果可以得到它们的相位的话.

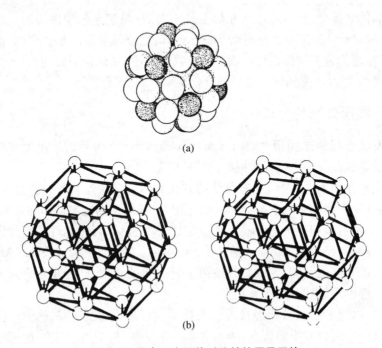

图 5.9　具有二十面体对称性的原子团簇

（a）Mackay 二十面体有 54 个原子，可以是 AlMnSi 准晶体和
α-AlMnSi晶体近似体中的结构单元[5.24]，此处仅画出最外层原子.
（b）菱形三十面体是三维 Penrose 图形的构件（Mackay，1981）[5.5]，
它可以被认为是图 5.2 中锐和钝菱面体的组合. 此团簇是 AlLiCu
准晶体和 R-AlLiCu 晶体近似物中的结构单元

第一种（有时第三种）方法也利用近似物的结构知识.

最简单近似物的一个例子是一个立方 MnSi 晶体的略为理想化的结构[5.27]，它的 $a = 0.46$ nm，空间群 $P2_13$；每个晶胞中 8 个原子在 4a 位置（图 5.10）.

在这一理想化结构中的 Mn 和 Si 原子的坐标是(x, x, x)，其中 Mn 的 $x_{Mn} = (\tau - 1)/4 \approx 0.155$，而 Si 的 $x_{Si} = 1 - x_{Mn} \approx 0.845$. 其结果是每一个 Mn 原子被位于十二面体顶位的 7 个 Si 原子包围，反过来 Si 同样被 Mn 原子包围. Mackay二十面体的局部也被观察到（晶胞大小不足以放进去完整的二十面体）. 即使这一简单结构产生的衍射图样类似于实际二十面体准晶体的衍射图样. MnSi 结构包含较高级的近似体（α-Al-Mn-Si 和 R-Al$_5$Li$_3$Cu）和较低级近似体. 较低级近似体是一个标准的体心立方结构，所以在 MnSi 中可以找到体心立方结构的 8 原子团簇，其原子位于(000)，(001)，(100)，(010)，(1/2,1/2,1/2)，

$(-1/2,1/2,1/2)$，$(1/2, 1/2, -1/2)$ 和 $(1/2, -1/2, 1/2)$.

利用一个晶胞含一个原子的六维立方点阵中的点的投影可以获得 MnSi 结构. 如图 5.1 所示，十二面体的中心原子是从 (000000) 点投影而来，最近的 6 个原子从 (100000)，…，(000001) 点投影而来，第 7 个原子从 (000111) 点投影而来，较远的 6 个原子来自 (000011) 类型各点的投影. 如果六维空间的"细带"适当地选定后，可以得到周期结构. 其他位置"细带"产生较高阶的近似体和准晶体.

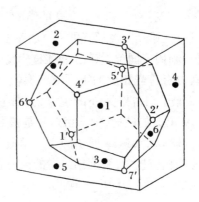

图 5.10 最简单的近似物之一——(MnSi 晶体)的理想化结构[5.27]

有用的近似体有：α-Al-Mn-Si 中带有立方 $Pm\bar{3}$ 结构（类似 $Im\bar{3}$）的近似体，点阵周期 1.2625 nm，每个晶胞 136 个原子；T-Mg$_{31}$(AlZn)$_{49}$ 及其协形 R-Al$_5$Li$_3$Cu 合金（$Im\bar{3}$，$a = 1.4$ nm，每个晶胞 160 个原子）；见图 5.11. 还得到许多非立方对称的近似体，见 Shoemaker，Shoemaker 的综述[5.26].

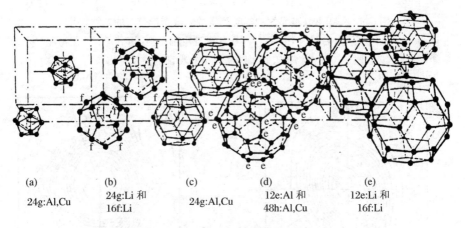

(a)	(b)	(c)	(d)	(e)
24g:Al,Cu	24g:Li 和 16f:Li	24g:Al,Cu	12e:Al 和 48h:Al,Cu	12e:Li 和 16f:Li

图 5.11 R-Al$_5$Li$_3$Cu 近似体心立方结构[5.25]

(a) 中心(无原子)位于 0,0,0 和 1/2,1/2,1/2 的小二十面体；(b) 十二面体；(c) 二十面体和十二面体相加形成的小三十面体；(d) "足球"；(e) 大三十面体

在 Al-Mn-Si 合金中观察到一系列立方近似体，晶胞尺寸分别为 0.46，1.26，3.31 和 8.66 nm，相邻尺寸之比近似为 τ^2.

Al$_{5.70}$Cu$_{1.08}$Li$_{3.22}$合金的结构(中子衍射研究,还用了 X 射线数据)[5.21]是六维→三维切割-投影的一个实例. 这里的六维立方点阵是初基的(P). 为确定相位,利用了同位素(^{6}Li 和 ^{7}Li)替代(类似 X 射线衍射的协形替代),这两个同位素具有符号相反的不同散射振幅. 得到的结果是 Al 和 Cu 占据统计相似位置,Li 原子则占据另外的位置. 这样可以把此合金看成赝二元合金(Al,Cu)Li. (Al,Cu)的散射(中子衍射时是核散射)密度在此例中显示为六维密度的二维切片(图 5.12a),Li 原子的切片见图 5.12b. 图 5.13a 和 b 给出两者在三维垂直空间的相应投影. 系列结果中的第三种图(图 5.14a 和 b)显示在实际三维拼接的局部(二维切片)中平均的(Al,Cu)原子和 Li 原子的位置.

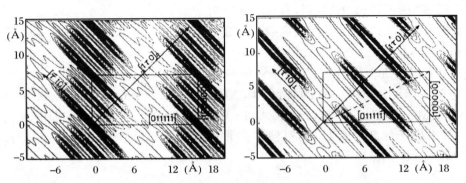

图 5.12 AlLiCu 准晶体的实验测定的六维密度分布的二维切片

左图为 Al + Cu 亚点阵;右图为 Li 亚点阵. 切片沿五重轴切割,其中一个轴在物理空间,另一个在垂直空间. 原子位置由物理五重轴和密度分布特征的交叉得出[5.21]

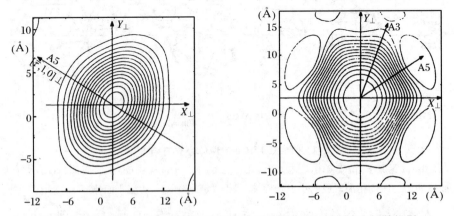

图 5.13 根据图 5.12 的密度分布得出的原子体积向三维垂直空间的投影

左图为 Al + Cu 原子;右图为 Li 原子[5.21]

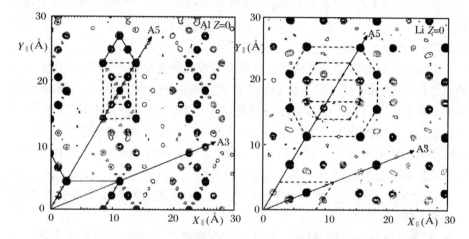

图 5.14 从六维结构的一个细带获得的 AlLiCu 三维物理密度的二维切片的例子

左图为三维 Penrose 拼接的中边和顶位的缀饰(Al + Cu)原子,右图为 Li 原子出现在对角位[5.21]

上述准晶体结构和它的晶体相似物(具有略有不同的理想成分 $Al_5 Li_3 Cu$,见图 5.11)的比较显示出两者的原子堆积有许多共同的特点. 很自然,我们的"三维"想象力更容易看清楚近似物晶体模型,后者是了解准晶体结构的基础.

5.1.8 准晶体结构的序和无序

准晶体的发现和研究不仅扩展了物质有序态的概念,而且证明了这些概念的普适特征. 它们可以被用来描述许多类型的结构,从最简单的晶体到活细胞的构件.

三维晶体序概念基于刚性空间对称性原理. 这一点也已被下述热力学观点证实:均匀的局域序和整个空间内对称的长程相关性之间是可以符合的. 几何上曾证明:空间有限的三维周期序导致无限的三维原子系统的周期性(空间对称性的局域条件见 2.8.13 节).

Penrose 的思想[5.2]、准晶体的发现和研究已经证明:晶体学家认为很不寻常的 5 重对称性导致整个空间的新的非周期序即空间的准周期序. 实际上堆垛本身——二维 Penrose 菱形拼接——需要准周期性. 三维空间的情形类似. 什么原因引起原子的二十面体堆垛? 如 1.2.3 节所指明的,在某些材料的微团簇中就观察到原子的二十面体组态,已经知道金属玻璃的宏观结构中也存在这种组态,最后在一系列晶体结构(包括准晶体的晶体近似物的结构)中存在这种组态. 从晶体化学观点看,局域二十面体或"部分二十面体"组态可以被原子之间的适当的尺寸(半径)所推动.如果这些组态足够稳定,它们就在适当的三维周期晶体结构中找到它们的位置,或者在更为刚性的条件下形成没有三维周期性的准晶体,即仅具有特殊的二十面体对称性.

上述准晶体和准周期结构的处理方法目前已经达到标准的程度,但它对新的思想仍是开放的.除了前面提到过的可能的相位子无序之外,必须指出:理想的准晶长程序不可能在全部空间内存在.这一点类似于实际晶体的"理想的"周期性实际上由镶嵌块组成.因此我们也可以讨论实际准晶的镶嵌块.实际准晶还可以有其他类型的无序,如位错、块间重叠,以及各种点缺陷.准晶体结构的无序还显示在它们的某些物理性质之中.

如前所述,观察到的准晶体的衍射图样一般是明锐的布拉格衍射斑,但在某些准晶体中观察到漫散的衍射.不少研究人员为了解释这一现象提出了"二十面体"玻璃这样一个准晶体模型,这里没有规则的 Penrose 拼接,而是二十面体区块间混乱地夹杂着空隙(一种挫组,frustration).

准晶的另一种模型是混乱的紧密拼接.这是"理想"准晶体和二十面体玻璃之间的一种中间模型(图 5.15).这种模型产生明锐的衍射峰.

图 5.15　准晶体结构的二维混乱拼接模型,可以产生明锐的衍射峰,
　　　　围绕着峰有弱的晕[5.28]

与此有关的是,还应当和空间布居(划分)的几何问题相联系.在经典晶体

学(2.8.14 节)中模型的基础是立体多面体、平行多面体等概念,以及更一般的立体域(stereon)概念,它们都按照三维周期性"进行工作". Penrose, Mackay 和其他学者已经证明:可以把空间划分为若干基本(不同类型的)区,划分时周期性条件并不满足. 这种处理对准晶体范式(paradigm)是一个重大贡献,有助于我们对三维和二维空间以及它们与 n 维几何的关联的理解.

挫组发生机制是另一个问题. 图 5.15 是这种结构的一种二维模型——规则五边形的混乱拼接. 如果我们力图把它们排列紧密,我们会面临图形的重叠或在图形间留下空隙的必要性. 这种类型的挫组是我们空间的性质和序参数的性质的结果. 对于三维空间的十二面体也有这样的结果. 实际上挫组被原子的不规则组态充满.

事实上其他复杂系统也是挫组的结果,因为即使就局域序的相对简单的机制来说,如果它延展到整个空间,它也会导致某些组元的错误堆积、形成各种类型的缺陷. 在许多复杂结构中存在着这些缺陷,它们的分布可以是周期的,如Frank-Kasper 金属相、液晶中的蓝相、立方易溶(lyotropic)晶体,也可以是准周期的或遵循其他的复杂规则.

迄今为止,还有一个未解决的重要问题:准晶体在热力学上是平衡相还是亚稳相? 尚未解决的原因是对准晶体的生长知之甚少.

Shechtman 使用的急冷过程给出准晶态细颗粒. 对这类准晶(Al-Mn 型)随后的加热导致不可逆的向常规晶体的转变,这就是说,这些准晶是亚稳的,近年来研究的其他准晶体可以像常规晶体那样缓慢地生长. 它们能维持其稳定性直至它们的熔点. 这说明这些合金是热力学平衡相. 由此可见,准晶相既可以是亚稳相,也可以是平衡相.

5.2 无公度调制结构

前面介绍的有关准晶体结构的多维晶体学可以成功地用来描述无公度调制结构[2.14]. 多维处理方法对于无公度调制结构(准周期结构的特例[5.22,5.30])对称性的描述是相当有效的. 晶体性质(如原子位移、座位布居数、磁矩方向等)的无公度调制可以来自不同的物理机制,主要来源于两个或几个有序模式的竞争. 无公度相的点对称性和它们的周期性并不是不相符的. 基本的有公度的(晶体)结构(被调制者)通常是存在的.衍射图样显示出:既有来自基本结构的周期衍射,又有来自无公度调制的卫星衍射.

当无公度调制限于一个方向时,对所有可能的结构的对称性描述可以限于 4 维[(3 + 1)维]超空间.这些(3 + 1)维空间群的完整单子已由 De Wolff 等人[5.31]得到.这一单子并没有包括所有的 4 维空间群.因为若干不同的 4 维空间群可以对应于一种类型的 3 维晶体调制.

多维空间群对无公度相的相变等现象的描述也是特别有效的.

5.3　X 射线结构分析实验技术的发展

5.3.1　强 X 射线源

利用强 X 射线源并快速收集衍射数据对许多工作如微小晶体(矿物或超导单晶中的夹杂物)的探测、在金刚石对顶装置中的高压材料研究和薄膜的微弱衍射研究等是很重要的.对蛋白质和病毒的 X 射线晶体学研究须要记录大量(10^5—10^6)衍射强度时强源更加重要.强源还可用来探测磁结构的弱 X 射线散射.

在某些场合下需要快速地记录衍射数据以降低统计数不足引起的误差,增加强度测量的准确性.例如,研究激光晶体中的杂质、各种物理因素(激光泵浦、加电场或磁场等)引起的微小结构变化时都需要高速收集衍射数据.

研究非稳态的、快速的结构变化(如无机晶体和金属合金中的相变)、研究生物大分子时高速收集衍射数据也很重要.

增大 X 射线源的亮度可达到更快的晶体学数据收集速率.近年来同步辐射源日益显示其重要性.同步辐射(SR)提供的 X 射线源的亮度超过常规转靶 X 射线管 6,7 个数量级,即达到 10^{16} 光子/sec・mm^2・$mrad^2$・mA・0.1%BW (第二代 SR 源,BW 是带宽).不久的将来,SR 源的亮度会再增大 3,4 个数量级,达到 10^{20}(第三代 SR 源,用波荡器).

提高强度测量速率的另一种方法是在衍射仪中用二维位置灵敏探测器进行衍射强度的所谓平行测量.这种衍射仪使数据采集速率(以蛋白质单晶为例)比普通的单道衍射仪增大许多倍的平方.图 5.16 是莫斯科储存环中扭摆器的

SR被用来进行X射线结构分析的示意图,其中的入射X射线束被聚焦,并使用了双坐标(二维)位敏探测器.

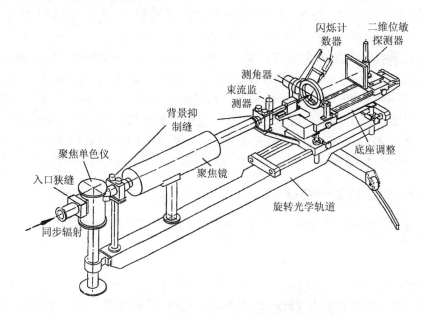

图5.16 X射线结构分析的同步辐射 BL-W1A站

最后,第三种增加强度测量速率的方法是利用辐射源白光谱中范围相对宽的X射线而不是单色辐射,即利用所谓的劳厄法.

5.3.2 同步辐射源

同步辐射(SR)是速度接近光速的电子(或正电子)在同步加速器或储存环的磁场中作圆周运动时产生的.SR沿轨道切线方向出射,并且偏离轨道平面很小.

应该指出的是:20世纪70年代开始的SR研究是在为高能物理研究建造的同步加速器上进行的(所谓的第一代兼用SR源),很快人们就认识到须要设计专门的SR源,使它具有很高的强度、稳定性和长的束寿命.目前,第三代SR源已经出现.它们的特点是高亮度、小尺寸辐射束以及广泛使用插入件(扭摆器和波荡器).

在储存环中作周期圆周运动的电子束团提供了SR的时间结构.束团的时间宽度一般为50 ps到1 ns.因此射线是由短脉冲组成的序列.其间的时间间隙(从几纳秒到几毫秒)由束的数目和回转周期决定.

SR 的宽谱范围使得劳厄法可以包括较长的波长.为了利用异常散射现象,可以选择吸收边附近的波长.扩展的高强度辐射谱可以保证能谱衍射仪具有很高的数据采集速率.极化 SR 可以用来进行形貌研究.利用更硬的 X 射线(30—300 keV)可以提供结构研究的新结果[5.32].

目前进行结构研究的储存环有:LURE(Orsay,法国)、DESY(Hamburg,德国)、SRS(Daresbury,英国)、NSLS(Brookhaven,美国)、CHESS(Ithaca,美国)、SPEAR 和 PEP(Stanford,美国)、Photon Factor(Tsukuba,日本)、VEPP－2 和 VEPP－3(Novosibirsk,前苏联).建设中的项目有:ESRF(Grenoble,法国)、APS(Argonne,美国)、ALS(Berkeley,美国)、ELETTRA(Trieste,意大利)、新的 NTK 储存环(日本)、SR 源(Moscow 和 Zelenograd,俄罗斯).

5.3.3 同步辐射的特征

SR 谱依赖于电子能量 E 和使电子转动的磁通密度 B,它的特征波长 λ_c 是:

$$\lambda_c = \frac{186.4}{E^2 B} = 5.59\frac{R}{E^3}$$

λ_c 把 SR 谱一分为二,各自具有相等的积分强度.上式中的轨道半径 $R = 33.3E/B$,λ 的单位是 0.1 nm,E 的单位是 GeV,B 的单位是 kG,R 的单位是 m.谱强度急剧地随波长减小而下降,随波长增大而不断延展(图 5.17).

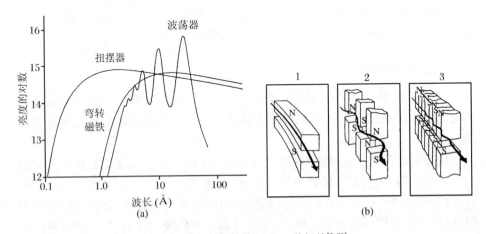

图 5.17 同步辐射谱(a)和三种部件[5.33]
(1)弯转磁铁,(2)扭摆器和(3)波荡器(b)

和强度极大值对应的波长 λ_m 可以表示为:

$$\lambda_m = 2.38\lambda_c$$

如果超导磁体的 $B = 45$ kG,谱向短波方向移动到 $\lambda_c = 0.104$ nm, $\lambda_m = 0.25$—0.20 nm.

对许多应用来说,重要的特征量是源强度的谱分布,即每秒向环平面内单位角度发射的单位谱带宽度(如 eV)内的光子数. $\lambda > \lambda_c$ 时,谱分布 N 可以表示为下式:

$$N[\text{光子数}/\text{s} \cdot \text{eV} \cdot \text{mA} \cdot \text{mrad}] = 4.5 \times 10^{12} j[\text{mA}] (R[\text{m}])^{1/3} (\varepsilon[\text{eV}])^{-2/3}.$$

在现代储存环中束流 j 约为 100—300 mA. 图 5.17 给出了典型的 SR 能量谱.

同步辐射可以严格地极化在储存环平面之内,稍稍偏离此平面时将引起垂直极化分量. SR 束的垂直发散度愈小,极化愈接近线性.同步辐射谱及其强度可以被特别地插入储存环直线部分的部件(如扭摆器,波荡器等)改变.由几个强(超导)磁体组成的扭摆器引导电子(或正电子)沿半径更小的轨迹运动.此时谱向更硬的辐射方向移动.如果插入件使电子(或正电子)的转动有若干个周期,所有周期的强度可叠加起来使辐射强度显著增大.波荡器实际上是由中等强磁体组成的多极扭摆器.在波荡器中电子(或正电子)仅仅稍稍偏离直线轨道.

5.3.4 一次 SR 束

一次 SR 束经过单色器形成.在几个 mrad 内会聚到储存环平面的 SR 束被不对称的 Si(111) 或 Ge(111) 弯曲单色器聚焦,这些单色器晶体约 150 mm 长,在探测器表面或入口狭缝上的切割(cut)角 $\alpha = 8°$, $\Delta\lambda/\lambda$ 为 10^{-3}—10^{-4}.借助于分割开的石英玻璃反射镜(能引起全外反射并能排除单色器中产生的 $\lambda/2$, $\lambda/3$, … 谐波)把垂直面上发散度约 0.5 mrad 的束聚焦到探测器的表面或入口狭缝.八块 200 mm 长的平面镜片把聚焦束的垂直尺寸从 8 mm 降到 1 mm(离辐射源 20 m 处),使光子束密度增大 8 倍.单色器和反射镜的调节由计算机控制的步进马达实现.

SR 强度的增大使单色器和反射镜发热.因此,反射镜要用热稳定的 SiC 制成,单色器则用流动的冷水或液态金属冷却.

时间分辨的实验需要用高速的机械斩波器实现,信号区间长达 2 μs. 光反应和温度跳变由激光触发.

衍射图样的强度由照像底片或两维位敏积分探测器记录($> 10^6$ 光子数/s). 蛋白质单晶的衍射强度的底片记录常用到 Arndt-Wonnacott 相机.成像板技术也经常广泛地使用.

5.3.5 采集单晶晶体学数据的劳厄法

和 X 射线管的辐射谱不同, SR 谱在广阔的波长范围内是均匀的. 这有利于劳厄法的应用. 这里测量的是固定单晶受到多色辐照后产生的积分衍射强度. 厄瓦耳作图法(图 5.18)说明: 倒点阵的许多点处在半径为 $1/\lambda_{min}$ 和 $1/\lambda_{max}$ 的两个厄瓦耳球之间的区域, 这些阵点(相距超过一定尺寸的分辨率球)在同一时间内处于衍射位置. 此时整套强度可以用 1 到 3 张 X 射线衍射图样获得, 而用单色光时需要用几十张摆动衍射图样. 因此在多色束中获得整套积分强度的时间约为 10^{-1}—10^{-3} s[①]. 在第三代储存环中获得这一套衍射强度的时间大约是一个电子束团的飞行时间(~ 10 s). 使用劳厄法时需要解决以下几个问题:

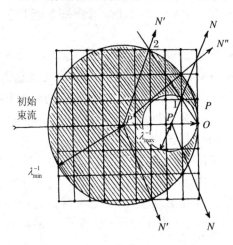

图 5.18 倒空间的劳厄法示意图

半径为 $1/\lambda_{max}$ 和 $1/\lambda_{min}$ 的厄瓦耳球之间的斜线区域内产生 X 射线衍射(如 N, N', N''), 通过原点 O 的倒阵点列上的点 1 和点 2 产生同一方向(PN 和 $P'N'$)的衍射

1) **谐波的重叠(多重性)**. 波长为 $\lambda, \lambda/2, \lambda/3, \cdots$ 的射线被间距为 $d, d/2, d/3, \cdots$ 的晶面衍射到同一 2θ 角, 使所有衍射重叠成一个衍射斑(图 5.18 的 PN 和 $P'N'$). 如果 λ_{min} 和 λ_{max} 不受反射镜反射的限制并能透射过滤光片, 这样重叠的衍射数目不超过总数的 17%. 在常用的范围($\lambda = 0.05$—0.16 nm)重叠得更少.

2) **空间的重叠**. X 射线衍射图样包含一系列过于靠近或重叠的衍射斑. 轮廓拟合的积分强度测量方法只能分开测定相距 0.1mm 以上的衍射斑的强度.

3) **按波长归一化**. 在不同波长下测定的衍射强度是不同的, 因此须要考虑到一次束的强度、它们和晶体的互作用以及探测器的不同效率后归一化.

5.3.6 用 SR 源得到的一些结果

在劳厄像机中用常规样品 1/10 倍的金刚石晶体获得了 X 射线衍射图样.

---

① 似为 10—10^3 s. ——译者注

衍射图样用成像板记录,曝光时间约 1 小时.

SR 被用来研究结构转变运动学.样品上单色束强度的增大不是借助于晶体单色器,而是借助于多层膜单色器($\Delta\lambda/\lambda = 10^{-2}$, $E = 5$—8 keV).衍射图样被线状光电二极管同时探测(每 17 ms 测 1024 点).利用金刚石高压装置和能谱仪记录系统进行的相变研究的时间分辨率达 10 s,压力高达约 10 GPa,温度高达 1500 ℃[5.34].

5.3.7 二维位敏探测衍射仪准晶体结构分析

位敏探测器在蛋白质 X 射线衍射分析中已得到广泛应用.蛋白质晶体的大晶胞参数($\geqslant 10$ nm)须要对几个到几千个衍射强度进行测量,对病毒来说,甚至须要测定几百万个衍射强度.当前的重要课题是具有大分子质量的复杂蛋白质的高分辨结构和功能研究.蛋白质大晶胞同时形成的几十到几百个衍射斑可平行地用二维探测器记录.这种平行记录显著减小了数据采集时间并且使辐照剂量减小.平行测量还可以用无屏幕摆动或进动 X 射线相机和 Weissenberg 测角计进行.

底片的低灵敏度、小的动态范围、低的测量准确度和必需的化学处理,以及不能实时反馈和控制使照相法遇到一定的限制.

底片的灵敏度受到化学药膜的限制,只能在 0.3 mm×0.3 mm 的衍射面积内记录 10^4 个光子.它的动态范围(最大强度和最小强度之比)是 10:1,用三张底片的一套时是 100:1.底片强度测量的误差约 5%.在衍射仪中衍射强度的平行测量方法利用的是面电子探测器(它也具有在底片上二维记录光子数的优点).常用的面电子探测器有多丝正比室[5.30,5.35]、球状漂移间隙正比室[5.35,5.36]、电视型闪烁计数器[5.37]和光触发荧光成像板[5.38].

一种正比室的组成是:位于一个平面上的阳极丝和位于另一个平面上 2 个互相垂直方向上的阴极丝.正比室填充 Xe 和淬灭剂.Xe 原子对 X 射线的吸收产生一次电离电子云.在电场作用下电子云向阳极丝移动,形成一个雪崩式电离冲击.阳极丝上的负电荷在近处互相垂直的几根阴极丝上感应出正电荷.正电荷的重心决定了被记录光子的 X 和 Z 坐标(图 5.19).X 和 Z 坐标的测定须要借助于垂直于 Z 和 X 丝的延迟线.像元数是 256×256.衍射斑处的适当的相机背底<1 脉冲/分,动态范围是 10^7:1,强度测量的精度是 1%—2%.在正比相机之前还可以放置球状漂移间隙室,使空间分辨率提高一个数量级(达到 0.2—0.3 mm).像元数是 512×512.

二维闪烁计数器由薄层磷光晶体(如 Gd_2O_2S)和贴在一起的光纤板组成,后者联结电光亮度放大器,进而联结到发送电视管的输入端.电视管上的扫描

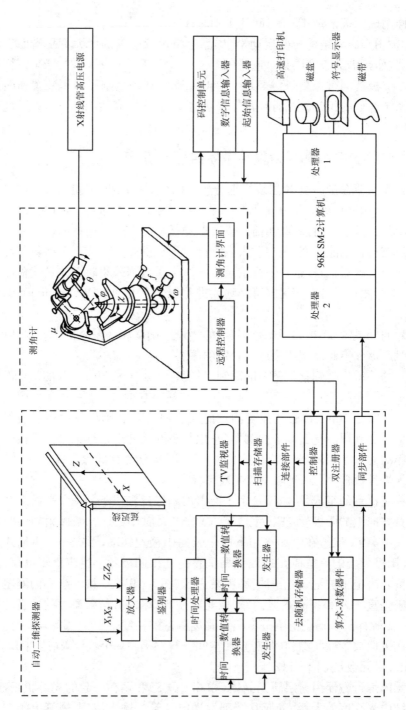

图 5.19 利用二维正比室的 KARD 四坐标衍射仪框图

和快速运作的记忆件的地址调整互相同步.模拟电视信号被转变为数字形式并存储到相应的记忆单元中.像元数是(150—300)×(200—400).动态范围是100:1.计数器的速率很高.

成像板探测器的理论基础是光触发荧光现象.X射线光子入射到 BaFBr (Eu^{2+})基成像板探测器后形成潜像,使 X 射线衍射图样存储为 F 心分布.这种薄膜被狭窄的 He-Ne 激光束($\lambda = 632.8$ nm)扫描时潜像被读成光子触发荧光图样.$\lambda = 390$ nm 的荧光图样由光电倍增器记录并存入计算机.成像膜可以重复使用(高达 10000 次),衍射图样读入计算机的时间是 2—8 分钟.探测器的背底比照像膜低 300 倍,动态范围是 $10^5:1$.表 5.3 是二维探测器的主要参数.

表5.3　二维探测器主要参数

	底片+密度计	正比室	球状漂移隙 正比室	闪烁 TV 计数器	光触发荧光膜+ 激光读取器
像元数	2000×2000	256×256	512×512	300×400	2000×2000
像元尺寸	0.05	1.3	0.2	0.15	0.1
动态范围	10:1	$10^7:1$	$10^7:1$	100:1	$10^5:1$
衍射斑探测器背底光子	10^4	1/分	1/分	暗电流	30
高速率	几乎无限	$2.5×10^5$	$6×10^4$	几乎无限	几乎无限
CuK$_a$ 效率	60	70	80	70	100

图 5.19 是带有二维正比室的 KARD 衍射仪示意图[5.39].这一计算机控制的衍射仪的组成为:有 256×256 快速延迟线的二维正比室、数据采集电子学线路、特别的可视器件、中间存储器、多元测角器、稳定的高压电源、投影聚焦斑为 0.4 mm×0.4 mm 的封闭 X 射线管、石墨单色器.探测器前有特殊的 He 缓衡室.KARD 测角保证一次束绕互相垂直的两个轴(μ 和 γ 轴)转动,而探测器不转动,但晶体和探测器间距离可变.晶体样品可以自动地绕三个 Euler 轴 ω, χ, φ 转动.

衍射斑的 X, Z 坐标和 γ, ν 角的关系为:

$$X = R\tan(\gamma - \gamma_0) + X_0,$$
$$Z = R\frac{\tan\nu}{\cos(\gamma - \gamma_0)} + Z_0, \tag{5.17}$$

这里 R 是晶体样品和探测器之间的距离. 利用第 4 章 (4.100) 和 (4.101) 式, 可以确定倒阵点的圆柱坐标, 利用 (4.102) 式确定正交坐标, 进而确定和精化取向矩阵. 随后从已知取向矩阵和指数 hk, 利用 (3.42) 式确定倒空间阵点的正交坐标以及角 ν, γ, ω. 在一般的倾斜几何场合, 我们有

$$\nu = \sin^{-1}(\lambda Z^* + \sin \mu_0),$$
$$\gamma = \cos^{-1} \frac{\cos^2 \nu + \cos \mu_0 - \lambda^2 (X^{*2} + Y^{*2})}{2 \cos \nu \cos \mu_0}, \tag{5.18}$$
$$\omega = \sin^{-1} \frac{\cos^2 \mu_0 - \cos^2 \nu + \lambda^2 (X^{*2} + Y^{*2})}{2 \lambda \sqrt{X^{*2} + Y^{*2}} \cos \mu_0} + \tan^{-1} \frac{Y^*}{X^*}.$$

这样就可以在给定的晶体转动角 ω 下从二维探测器中的记录计算出衍射图样.

二维探测器衍射仪中进行的晶体结构分析分为以下三步:

第一步包括用局部或完全自动方法进行指示化和晶体的初步定向. 这一步中晶体取向和晶胞参数自动精化, 参照衍射的吸收曲线和强度也被确定.

第二步是正确的数据采集. 缓冲存储器采集和储存衍射图样于跑动的 $\delta \omega$ 范围内. 计算机也提供衍射指数、衍射间隔、斑点尺寸、衍射斑中光子总数、衍射峰和背底的强度以及统计误差等表格.

第三步, 改进获得的初步处理的衍射数据, 引入漂移、洛仑兹、极化和吸收因子的校正. 把对称性联系的衍射进行平均, 计算可靠性因子和结构振幅的模量.

相对晶体样品移动面积探测器, 改变晶体-探测器距离 R, 直至相邻衍射斑可分辨, 从而可以得到适当的实验分辨率.

正比室的高速性能使得封闭 X 射线管和转靶 X 射线管也能做实验. 对 SR 实验来说正比室还不够理想. 在 SR 场合工作的衍射仪常使用敏感的光触发荧光薄膜.

这种衍射仪有几种类型: (1) 探测室和常规 Arndt-Wonnacott 或 Weissenberg 相机类似, 但有读取信息的独立激光装置; (2) 带有 1 个平板或 2 个平板的系统, 包括光触发荧光敏感薄膜和激光读取装置; (3) 有快速机械更换平板装置, 可进行时间分辨实验.

第 1 类衍射仪的优点是: 对几个相机只用一个读取装置. 这些装置的缺点是须要手工地把薄膜-探测器装进读取装置.

第 2 类衍射仪的优点是: 全自动数据采集并传送到计算机存储器 (多幅传送需相当长时间), 不需晶体学家的干预, 并且可在面积内引入不均匀探测效率的校正. 其缺点是: 须要在读取衍射图样时中断曝光, 并对一系列衍射仪使用几

个读取系统.

减少中断曝光的另一方法是使用双板联合部件(图 5.20).一块板在读取数据时另一块在曝光.如果曝光时间大于读取时间,曝光实际上没有中断.

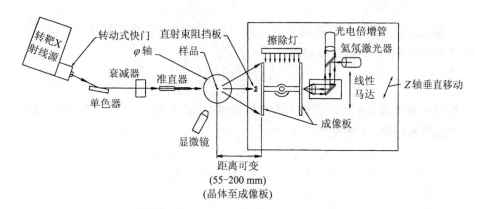

图 5.20　有两块光触发荧光板的衍射仪示意图,带配套的 HeNe 激光器[5.39]

光触发荧光板衍射仪可以成功地和常规 X 射线源联合使用,和 X 射线底片相比,前者具有更高的灵敏度、动态范围和记录短波辐射的效率.

在时间分辨研究中,可以方便地使用快速机械更换平板(0.2 s 内更换 40块 100 mm×108 mm 的平板)的装置.也可以使用沿着放置成像板的圆柱状底座曝光得到一系列条状 X 射线衍射底片的装置.另一种时间分辨照相法在曝光中采用平板探测器斩断替换装置.

所有二维探测器装置中对称性联系的积分强度的可靠性因子是 4%—8%,是照相法的一半.除了大分子晶体结构测定之外,二维探测器衍射仪可以用来对高聚物、纤维、液晶和非晶材料等进行晶体定向和结构研究.

5.4　晶体表面的 X 射线研究

近年来晶体表面的 X 射线研究和相应的处理方法得到了广泛的关注[5.40].表面相变、吸附和脱附、外延生长的起始阶段、重构和弛豫等研究具有很大的科学兴趣和重要的实际意义.在这些过程中,结构的重新安排发生在表面的几个原子层内.因此用 X 射线技术研究这些结构变化时须要把表面原子的信号从大块原子层的信号中分离出来.利用 SR 谱的高亮度几乎可以进行所有的这些研究.

5.4.1 表面衍射

表面衍射方法[5.40]的基础是 X 射线从固体表面的全外反射现象.波长为 λ 的 X 射线的折射系数(index)可以表示为:

$$n = 1 - \frac{\lambda^2 e^2 F(0)}{2\pi mc^2 V},\qquad(5.19)$$

这里的 c 是光速,m 和 e 是电子的质量和电荷,V 是晶胞体积,$F(0)$ 是入射束方向的结构振幅.忽略吸收后,得到:

$$n = 1 - \delta = 1 - 2.701 \times 10^{-6} \frac{\sum\limits_{j} Z_j}{\sum\limits_{j} A_j} p\lambda^2,\qquad(5.20)$$

这里 Z_j 和 A_j 是原子电荷和原子质量(求和遍及整个晶胞),p 是密度(单位:g/cm³),λ 是波长(单位:0.1 nm).由此可得:折射系数比 1 约小 10^{-5}.全外反射临界面的典型值是 $0.2°$—$0.6°$(λ 为 0.15 nm 时).

X 射线的全外反射的特征是折射波的指数衰减.当入射角 $\alpha_i < \alpha_c$ 时,穿入深度 L_i 是:

$$L_i = \frac{1}{2k\sqrt{\alpha_c^2 - \alpha_i^2}},\qquad(5.21)$$

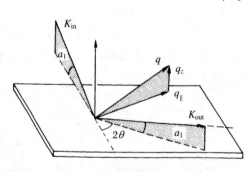

这里 k 是入射波矢绝对值.在全外反射范围内,X 射线的穿入深度为 1—3 nm.利用这一现象可以研究表面结构.图 5.21 是表面衍射实验几何的示意图.改变入射角 α_i(或出射衍射的角度 α_f),可以改变穿入深度并进行表层分析.

图 5.21　表面衍射示意图
k_{in} 和 k_{out} 分别是入射波矢和衍射波矢,$q_{\parallel}$ 和 q_z 分别是平行和垂直表面的散射波矢分量

表面衍射方法的早期研究对象之一是 GaAs 衬底上分子束外延生长的晶态薄 Al 膜的结构完整性[5.41].研究结果显示:第一层 Al 膜的结构由衬底结构决定;Al 的继续沉积使 Al 的点阵常数随层厚度的增大而线性地变化.沉积到约 25 原子层时 Al 的结构相变到单晶 Al 的结构.

表面衍射方法可以有效地用来研究表面有序—无序转变.研究过 Cu₃Au 单晶的(111)和(100)面上的相变[5.42,5.43].Cu₃Au 单晶是有序的 fcc 合金[文献5.29,图 2.96b].低于相变温度($T_0 = 663$ K),Au 占据晶胞顶位,而 Cu 占据面心位置;高于 T_0,Au 和 Cu 原子混乱分布.表面无序化研究对半无限系统的一级相变热力学来说是很有趣的.

这些研究显示:厚度约 2 nm 的表面层是有序的,更深的层(10—60 nm)仍保持为无序结构.

绝大多数表面衍射研究是在原子级清洁的表面上进行的.实验装置应该为这种研究提供超高真空、样品的精密转动和入射束的单色比和聚焦.这种研究用的衍射仪应当提供样品的转动(ω),需要方便地设置好探测角($2\theta_B$)、入射和出射角(α_i 和 α_f)以及提供所有需要的可调的平移和倾斜.位敏探测器可用来记录不同角度的衍射束.可以在 SR 装置以外的真空相机中用传统的 LEED,RHEED 和俄歇谱检查和研究制备好的样品.也可以把超高真空相机中的样品放进另外的小型超高真空相机或衍射仪中进行研究.圆环状 Be 窗口可以提供所选择的任何衍射角.

在许多实验室中超高真空装置被设计成可以把样品直接放置到 SR 源前,从而提供原位的表面衍射研究.

X 射线表面分析的物理基础和大块晶体的常规 X 射线结构分析是相似的.需要强调的是:发生在二维薄层中的这种衍射的物理和几何特点和低能电子衍射(LEED)是相似的.设 p_s 是表面原子层电子密度在晶体表面的投影.我们有:

$$p_s(x, y) = \int p(r)\mathrm{d}r_z = \frac{1}{A}\sum_{hk}F_{hk}\exp[2\pi\mathrm{i}(hx + ky)], \qquad (5.22)$$

这里的 A 是二维晶胞的面积.由于二维结构振幅可表示为:

$$F_{hk} = |F_{hk}|\exp(\mathrm{i}\alpha_{hk}),$$

即

$$p_s(x, y) = \frac{1}{A}|F_{hk}|\cos[2\pi(hx + ky) - \mathrm{i}\alpha_{hk}]. \qquad (5.23)$$

在许多情形下可以利用帕特森函数并构建 $P(x, y)$ 级数以确定结构.表面研究的特征如下:大块晶体的三维倒点阵是一系列点,而表面的二维倒点阵是一系列沿表面法线方向伸展的杆(所谓的布拉格杆).二维衍射的积分强度是沿杆的横截面的强度的积分.积分强度可以表示为:

$$I_{hk}(q_z) = \frac{I_0}{\Omega}\frac{a\lambda^2 P}{A\sin2\theta}\frac{e^4}{m^2 c^4}|F_{hk}|^2\frac{\lambda}{2\pi}\Delta q_z, \qquad (5.24)$$

这里 I_0 是入射束强度,Ω 是角扫描速度,P 是极化因子,a 是参与衍射的表面面积,Δq_z是沿布拉格杆的探测器分辨率,见(4.63)式.在大多数实验中角 α_i 和 α_f 是如此之小,使得 q_z 可看做 0(图 5.21).此时散射面和布拉格杆垂直,得出:

$$\frac{\lambda}{2\pi}\Delta q_z = \frac{L}{R},\qquad(5.25)$$

这里 L 是垂直散射面的方向上探测器的尺寸,R 是样品－探测器距离.强度沿布拉格杆的分布包含有沿表面法线的结构变化的信息.

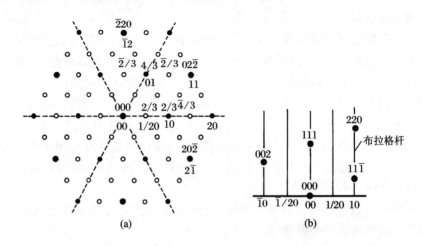

图 5.22　闪锌矿晶体(111)2×2 表面的倒点阵

(a)(111)面平行晶体表面,大块晶体倒点阵用黑圈表示,表面重构的有分数指数的布拉格杆用白圈表示;(b)垂直表面的(220)$_c$面包含着(10)$_h$方向

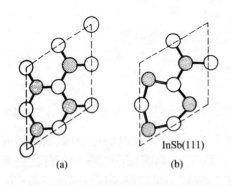

图 5.23　未再构的(a)和 2×2 再构的 (b)InSb(111)表面

带虚点的圆是 V 族原子

具有闪锌矿结构的晶体的(111)表面由二维晶胞组成.和 LEED 类似,X 射线表面衍射研究的晶胞的基矢 a_1 和 a_2 平行于表面,而矢量 a_3 和表面垂直.图 5.22 是(2×2)再构表面的倒点阵,其参数为 $2a_1$ 和 $2a_2$.点阵参数成倍数的增大产生含分数指数的 h、k 衍射.这些衍射提供了表面超点阵的结构信息.图 5.23 表示 InSb(2×2)再构表面的晶胞[5.44].表面衍射研究确定了原子顶层中原子间键长度和角度的变化.表面衍射方法已经成功地应

用于下列表面研究：(2×2)GaAs,(2×2)InSb,(2×2)GaSb,(7×7)Si 和(7×7)
Ge.在原子级清洁的 Ge、Si 和其他表面上的吸附研究也取得了进展.

5.4.2 X 射线驻波方法

X 射线驻波由完整单晶体中入射波和衍射波在动力学衍射条件下重叠干涉而产生[5.46].驻波强度可表示为：

$$I(r) = |E_0|^2 + |E_h|^2 + 2|E_0||E_h|\cos(hr + \alpha), \qquad (5.26)$$

这里 h 是倒格矢,$|E_0|$ 和 $|E_h|$ 是入射波和衍射波的振幅,α 是复数 E_h/E_0 比的相位.驻波的周期和所考虑的反射面的间距相等或前者比后者小一个整数因子,同时平行于晶体反射面的平面上的场强度是恒定的.上述 $|E_h|/|E_0|$ 比和 α 依赖于实验条件,特别是依赖于衍射几何以及入射角相对布拉格角严格值的偏差.在使用得最广泛的布拉格几何中,在全反射衍射条件下 $|E_h| = |E_0|$.在这个角度范围相位从 0 变化为 π.相位变化 π 导致驻波的波腹位移半个面间距[5.47].

驻波的发生伴随着 X 射线的非弹性散射（包括光电子吸收、康普顿散射和热漫散射）.它们在光发射、荧光、康普顿量子产额的异常的角度曲线中显露出来.图 5.24 是 X 射线反射系数 $P_r = |E_r|^2/|E_0|^2$、相位 α 和原子面上场强度 χ 的角度曲线.图 5.25 是晶体表面上异类单原子层的荧光-角度变化曲线.对于间距等于 d 的异类原子层的有序排列,荧光产额的角度依赖性的特征和图 5.24 中的曲线(3)相比是相同的.如果异类原子层位移 $d/2$,驻波的波腹对应于基体原子位置,其波节对应于异类单层原子.

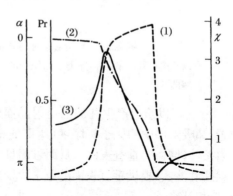

图 5.24 X 射线反射率(1)、相位(2)和原子面上场强度(3)在全外反射附近的角度曲线

这就使(5.26)式中出现附加相位 π,使两种情形下荧光产额-角度曲线中极小值和极大值的位置相互改变.如果异类原子层是无序的(见图 5.25 右上图),有相同数目的原子分别和波节、波腹对应,对异类层中原子坐标平均后(5.26)式中场强度的干涉项趋于零,角度曲线也趋于反射曲线的对称形状.

SR X 射线驻波实验的主要研究对象是原子级清洁表面上吸附的单原子

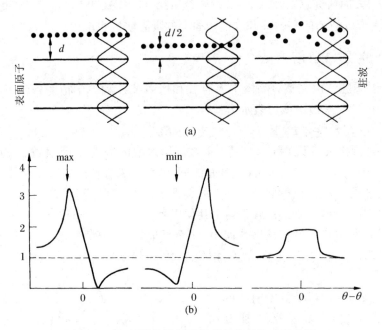

图 5.25　X 射线驻波方法提供的结构信息示意图

（a）相对驻波的三种异类表面原子的分布；（b）对应的三种荧光产额角
度曲线

层[5.48].它可以给出产生驻波的衍射晶面外的吸附层的平均位置（所谓的相干
位置）和吸附层中的原子有序度（所谓的相干分数）.在大多数实验中利用对称
反射条件（倒格矢垂直表面）,从而可测量异类原子离开表面的位置.由此可见,
X 射线驻波法（提供垂直表面的原子位置）和表面衍射法（提供沿表面的原子位
置）互相补充.

　　吸附原子的荧光辐射由固态探测器记录.利用现代强 SR 源可以分析很少
量的原子（0.01—0.1 单层）.吸附原子首先由 X 射线驻波法发现其局域
性[5.49].论文作者测量了化学吸附在 Si(220) 面上的 Br 原子的荧光产额.测量
在空气中进行.测定的相干位置是（0.173 ± 0.007 nm）,肯定了 Si-Br 之间的共
价键性质.

　　另一些实验利用小型高真空相机进行.Si(111) 面上的 GaAs 结构在超高真
空（8×10^{-11} Torr）中被研究[5.50],850 ℃退火形成的 7×7 表面用 LEED 和俄歇
谱技术研究.衬底温度 600 ℃时在 Si(111) 面上沉积半单层 GaAs.在实验过程中
同时测量 As K_a 和 Ga K_a 荧光角度曲线.得到的结果是：As 原子仅仅局限于
(111) 双层的上部,而 Ga 原子则占据其下部.这样界面上只有 As-Si 键；在 Si 表

面生长的 GaAs 单晶具有 B 型极性.

　　为了获得吸附层的结构数据可以不限于对称反射. 在文献[5.51]中, 化学吸附除了用(111)反射方式, 还利用了和表面倾斜的(220)反射. 如果在多束衍射条件下激发 X 射线驻波, 在几个方向得到的信息可以互补. 图 5.26[5.52] 是这种实验的 X 射线光学示意图. 在 Si 单晶 111/220 多束衍射条件下还测量了光电子产额的角度曲线. 图 5.27 是多束互作用的角度范围内测得的曲线, 在此范围内沿(111)和(220)方向的驻波系统重叠.

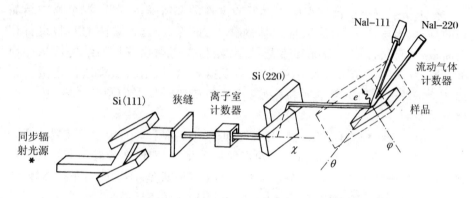

图 5.26　多束衍射条件下 X 射线驻波实验的 X 射线光学示意图

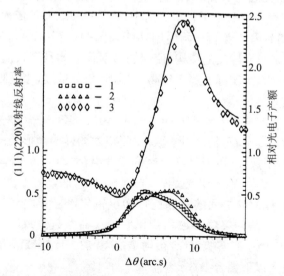

图 5.27　在多束衍射条件下测得的光电子产额角度曲线
（实验曲线）
在以上角度范围内有强的多束互作用

5.5 粉末衍射图样结构分析

粉末衍射仪被广泛用来解决以下的定性的和特殊的问题:混合物中结晶相的测定、表层和体织构、表面和体内微应力,等等.这种方法的实验设备相当简单,并且可以使用微晶和多晶样品.用粉末衍射仪获得的结构信息相当少,因为粉末法的角分辨率比单晶方法低得多.粉末衍射图样通常包括若干群几乎不能分辨的重叠的布拉格峰,重叠数依赖于仪器的角分散度(所谓的仪器函数).

一般认为结构信息包含在积分强度即整个布拉格峰中,因此自然要考虑未能分开的峰群.但是区分峰的方法相当任意和多样,即使在最有利的场合下得到的也只是半定量的结果.积分强度测定的主要困难是:不可能对布拉格峰形、设备的仪器函数、未分辨峰群背底的误差给出单一的解析描述.

1967 年,Rietveld[5.53]对粉末衍射图样分析提出了新的处理方法.从此时开始此方法在 X 射线分析和中子粉末衍射中被广泛应用,并已成为中子结构研究的主要方法.此期间内学者们开始使用功能强大的计算机.由于得不到足够强的单色中子束用来研究样品的结构,使用的衍射仪只能具有较低的或中等的分辨率.此时,布拉格峰形实际上属于纯高斯形,其角分散度(半高处全峰宽)可以表示为:

$$A^{1/2} = (U\tan^2\theta + V\tan\theta + Z), \tag{5.27}$$

这里 θ 是散射角,U, V, Z 是自由参数.由于衍射图样的峰形是谱函数(W)、仪器函数(G)、衍射函数(S)的卷积和背底的线性组合,即

$$Y(2\theta) = (W * G * S) + 背底, \tag{5.28}$$

Rietveld 建议,首先对峰之间的背底进行初步精化,再用最小二乘法精化整个衍射谱.进入精化步骤的仪器参数和精化后的仪器参数一致.精化优值的判据是:众所周知的 R 因子和实验、计算衍射谱之差.后一比较被认为是一个必需的优值.此外,还引入以下拟合参数:

$$\chi \approx R_{wp}/R_{exp}, \tag{5.29}$$

这里 R_{wp} 是权重轮廓 R 因子,R_{exp} 是期望 R 因子.对于一个正确设计的实验和一个正确选择的模型,χ 趋于 $1(\chi \rightarrow 1)$,换言之,χ 还指明精化中实验的质量

和给定实验条件的完整性(有必需数目的参数).初期的精化就证明了这种方法有效.得到的位置参数和单晶 X 射线的结果符合得好,所得数据的均方误差也显著降低.

对粉末衍射数据进行的 Rietveld 结构精化是如此成功,使它被认为是一种完全的轮廓分析方法.这种方法的许多计算机程序已经是粉末衍射软件的重要组成部分[5.54].目前最著名的程序是 Young 和 Wills 编写的[5.55].它的改进版适用于多相系统.图 5.28 和 5.29 是全轮廓分析的结果,分析的样品分别是吸附有吡啶的具有中等复杂结构的沸石①[5.56]和一种有机化合物[5.57].

尽管全轮廓分析在精化位置参数方面相当成功,但在提取点阵中原子热振动信息方面仍存在问题(即使在各向同性谐波近似下).主要问题是大散射角

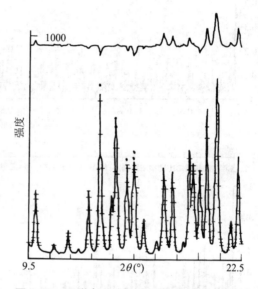

图 5.28　吸附有吡啶的沸石 B.ZSM-5 的 X 射线衍射图样的全轮廓分析

实线表示实验数据,(···)表示计算数据,图上方是两者的差别曲线[5.56]

处的背底线不够正确,这里热振动的影响最为显著,而且未能分辨的峰群也多.这就要求改进实验装置的角分辨率、同时保持以至提高衍射仪的照度(如用聚焦单色器和位敏探测器).但是,随着角分散度的减小和装置的分辨率的提高,布拉格峰形偏离了高斯形,原因是:(1)卷积的仪器效应,(2)结构的独立效应,如晶粒度、微应力等的效应.为了改善这种情形在精化程序中引进整套的轮廓解析函数(现已有 7—8 个不同的高斯型和洛仑兹型函数的组合[5.55]),但只取得有限的成功.这类工作推动了高斯轮廓畸变的物理学,导致有关晶粒度和微应力的各种方法和程序的产生[5.54].这样,不仅可以提取结构信息,而且可以从粉末衍射图样得到晶粒度和微应力的信息.

在轮廓分析中得到热参数和均方误差准确值的问题仍没解决.有论文[5.58]

---

①　Zeolite,原文误为 ceolite.——译者注

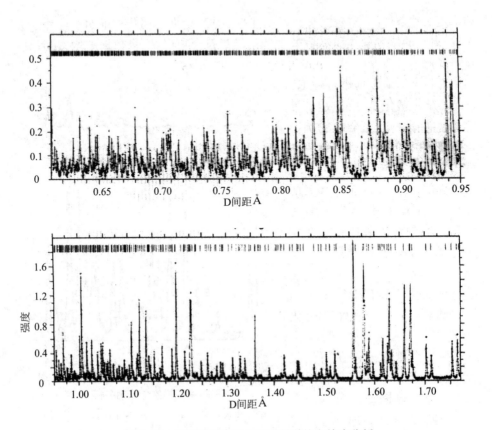

图 5.29　苯的飞行时间中子衍射谱的全轮廓分析

由 HRPD，ISIS 高分辨衍射仪获得的实验数据用实线表示，+ 表示计算数据. 布拉格衍射
峰在图上方用许多短直线标出[5.57]

认为，由于追求与轮廓的良好拟合而不是与结构模型的良好拟合，Rietvild 方法
中的均方误差被低估了，他们还认为用积分强度将更为正确. 这一研究引起了
粉末衍射分析的新方向——所谓的轮廓拟合方法[5.59]. 这个方法归结为卷积
[(5.28)式]的解卷积：

$$Y(2\theta) = (W * G) * S + 背底, \tag{5.30}$$

即先对上式右侧括号中的表达式单独拟合，而不先援引结构模型和不提取积分
强度. 第二步再把获得的积分强度用任何一个已知的最小二乘方进行精化. 图
5.30 表示这种轮廓拟合的有效性.

对于正确的均方误差和热振动参数，最后的可靠性因子降到 0.7%. 这说明
轮廓拟合比全轮廓分析法有明显的优点. 但这种新方法须要先用一系列标样在
实验衍射图样的不同范围得到卷积($W * G$)并建立一个轮廓数据库. 此外还须

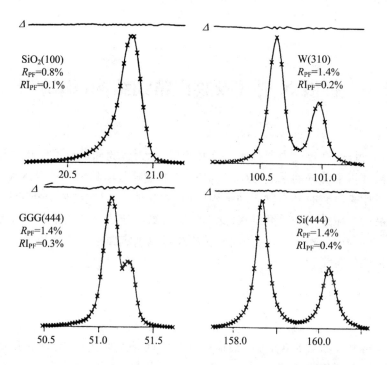

图 5.30　四个典型轮廓(用 CuK$_\alpha$ 双线得到的 hkl 衍射峰)用来测定仪器函
　　　　数 $W * G$

实线是计算数据,×代表实验数据(中间一些值已略去),△ 是两者之差. 所
有数据都用同样的强度标度. R_{PF} 是轮廓因子,RI_{PF} 是积分轮廓因子. 样
品:SiO$_2$ 石英,GGG GaGd 石榴石[5.58]

要小心制备样品以避免可能出现的织构效应.

　　在进一步发展上述两步法[5.56]的过程中,有人建议[5.60]:对衍射图样的不同
部分采用个别的最小二乘方处理而不引用标准样品的轮廓.

　　尽管有一系列缺点,全轮廓分析法仍是处理粉末衍射图样的最普遍的方
法,因为它相对简单、有效和耗时中等.它是用粉末衍射数据进行结构测定的大
多数程序的基础[5.61].

　　粉末衍射图样结构分析方法还在继续发展.下列问题仍须解决:精化参数
间的关联、热漫散射校正的引入、背底的确定以便获得热振动的简谐的和非简
谐的参数.

5.6 扩展 X 射线吸收谱精细结构(EXAFS)

从 20 世纪 70 年代中期开始,一种研究化学元素的局域原子结构环境的新分析方法获得了普遍的采纳,这就是扩展 X 射线吸收谱精细结构(EXAFS).此方法可以用来研究非晶态物质的结构,以及对晶体 X 射线结构分析的补充,即提供样品的局域结构的研究结果.此方法还可给出被研究样品中每种元素在局域环境中的径向分布曲线.从径向分布曲线可以确定原子间距离以及鉴定被研究原子周围的各类原子[5.62].

5.6.1 EXAFS 的理论基础

经过物质的 X 射线强度因它和材料原子的互作用而减弱.对于波长 $\lambda = 0.1$—1 nm的 X 射线来说,光电效应引起的吸收是主要的原因.经过层厚为 L 的材料的吸收后强度 I 可表示为:

$$I = I_0 \exp(-\mu L), \tag{5.31}$$

这里 I_0 和 I 分别是入射束和透射束的强度①, μ 是和吸收光子的原子的本质有关的线吸收系数($\approx Z^3$, Z 是原子序数).对 X 射线吸收谱的大部分, μ 随波长而单调地增大($\approx \lambda^3$).但是在 X 射线谱的 $\lambda = \lambda_q$ 处(和 λ 相对应的光子能量 $E_q = hc/\lambda_q$ 正好可以使 K, L_1, L_2 或其他内层能级上的电子电离) μ 发生急剧的变化(吸收系数跳跃).在跳跃后吸收系数对 λ 的依赖关系相当复杂,其示意图见图 5.31.图中 μ 的突然增大被称为吸收边跳跃,在吸收边能量以上 20—30 eV 范围内 $\mu(E)$ 的变化被称为 X 射线吸收谱近边结构(XANES).在吸收边能量以上的 50—1000 eV 范围内相对弱的 $\mu(E)$ 的振荡被称为扩展 X 射线吸收谱精细结构(EXAFS).

EXAFS 的形成来源于被电离原子的环境,它可以唯象地介绍如下:光电吸收发生于一个内层电子(例如 K 电子)被入射光子激发(入射光子能量 hc/λ 高于内层电子结合能 E_q).当 $hc/\lambda < E_q$ 时(吸收边前),此内层电子不可能激发;

---

① (5.31)式原文 I、I_0 颠倒. ——译者注

当 $hc/\lambda > E_q$ 时被激发电子具有的能量为 $hc/\lambda - E_q$,它可以被处理成一个球面波,其波长 $\lambda_e = 2\pi/k$,这里的 $k = [2m(hc/\lambda - E_q)/h]^{1/2}$.这个球面波被电离原子周围的最近邻原子背散射回来并和一次球面波相互作用.这一干涉的结果使出射波振幅随相位移动而增强或减弱.这个相移和 λ_e 有关,同时它还和发射光电子的原子及周围参与散射电子的原子之间的相互排列有关.由于 μ 取决于光电子的初态波函数 ψ_q 和终态波函数 ψ_j,干涉的结果引起 ψ_j 的增强会引起更强的吸收.

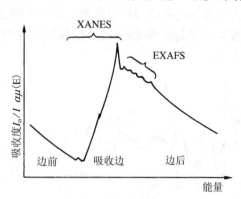

图 5.31 一个元素吸收边附近的吸收截面示意图,分别显示 EXAFS 和 XANES

EXAFS 来源于最近邻(0.3—0.5 nm)环境中的原子即最近的两个配位球内的原子(多重散射效应可以忽略). EXAFS 和长程序无关,因此可以被用来研究任何物质(晶态和非晶态)的局域原子结构.这里只需要有足够量的样品及其中足够的被激发原子的成分,以保证较大的信号/背底比.

5.6.2 从 EXAFS 谱提取的结构信息

EXAFS 谱的分析可提供被激发原子的近邻信息,即近邻原子的数目、距离和类型.EXAFS 谱是经过相对吸收系数约化的吸收系数的振荡部分,即

$$\chi(k) = (\mu - \mu_0)/\mu_0 = \Delta\mu/\mu_0, \tag{5.32}$$

这里 μ_0 是没有 EXAFS 时的吸收系数,并且有

$$\mu = -\frac{1}{L}\ln\frac{I}{I_0}$$

EXAFS 振荡的简化(单电子平面波近似)表达式是:

$$\chi(k) = -\sum_j \frac{N_j}{kR_j^2}|f_j(k,\pi)|\exp(-2\sigma_jk^2)^2\exp(-2R_j\gamma)\sin[2kR_j + \phi_j(k)], \tag{5.33}$$

这里 N_j 是距离为 R_j 的散射原子数,$|f_j(k,\pi)|$ 是第 j 个原子的背向光电子(相位变化 π)散射的振幅,$\exp(-2\sigma_jk^2)$ 是原子的热振动和统计无序(σ 是无序振幅)引起的 Debye-Waller 因子,$\exp(-2R_j\gamma)$ 是光电子非弹性散射引起的损失

因子(γ 是电子非弹性散射自由程)[①],$\phi_j(k)$ 是发射和散射中光电子的相位变化.

在大多数场合,EXAFS 振荡利用傅里叶谱分析法进行研究. $\chi(k)$ 的傅里叶变换得到的曲线提供吸收光子的原子的径向分布曲线.这种曲线的极大值的位置和原子间距离关联,其幅度和配位数关联,其半宽度和原子热振动关联,见图 5.32.

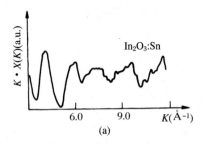 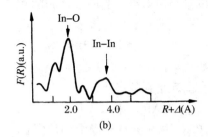

(a)　　　　　　　　　　　　　(b)

图 5.32　Sn 衬底上 In_2O_3 膜的 EXAFS 谱(a)和
从谱得出的径向分布函数(b)[5.63]

另外的分析方法是利用一个模型直接去求 EXAFS 振荡的方程的解.这里有两种模型.一是每一原子的环境由若干配位球代表(包括球半径、配位数和 Debye-Waller 因子).此时 EXAFS 振荡是一定数量的配位球的贡献之和.二是引入一个关联函数再去解积分方程.

5.6.3　实验方法和设备

EXAFS 谱和同步辐射(SR)源的发展是有联系的.定向的 SR 具有的高强度和能量范围宽广的连续谱对获得 EXAFS 谱几乎是理想的.

传统的获得 EXAFS 谱的方法是测量入射光和透射光的强度比.一般是先用 Si 或 Ge 单晶制备成的各种双晶单色器获得单色光.此单色器可以提供高度单色化($\Delta\lambda/\lambda$ 达到 10^{-4})的光,它还可以在平滑地改变波长时使束位置没有显著变化.需要排除高阶硬 X 射线并将光束聚焦到样品时可用全外反射镜.入射光和透射光的强度用高精度电离室(吸收系数可以不同)测量.设备中还包括准直狭缝和样品台.测量采用自动模式并由计算机控制.

为节省测量时间,已发展了对整个透射谱的同时记录方法.借助于聚焦单色器将谱展开为按能量变化的一条线,再用线状探测器记录透射束.

---

① γ 应为电子非弹性散射自由程的倒数.——译者注

　　除了透射法之外,还有一系列其他实验技术,如测量入射光和样品原子互作用产生的二次过程的产额(包括 X 射线荧光、俄歇电子、全部或局部的光电流和从表面脱附的离子等.这些方法扩展了适宜研究的样品的种类,改变了产生的信息的特征和数量,并使块状样品和表面薄膜(包括单原子层)的近边结构的研究得以开展.

　　还可以把常规 X 射线管光源和高亮度的聚焦 X 射线光学结合起来,完成EXAFS谱的研究.

参 考 文 献

第 1 章

1.1　Vainshtein B K，Barynin V V，Gurskaya G V，et al. Kristallografiya，1967，12:860.
　　［English transl.：Sov. Phys. -Crystallogr.，1968,12:750.］

1.2　Urusovskaya A A，Tyaagaradzhan R，Klassen-Neklyudova M V. Kristallografiya，
　　1963,8:625.［English transl.：Sov. Phys. -Crystallogr.，1964,8:501.］

1.3　Govorkov V G，Kozlovskaya E P，Bagdasarov Kh S，et al. Kristallografiya 1972,17:
　　599.［English transl.：Sov. Phys. -Crystallogr.，1972,17:518.］

1.4　Kaldis E，Petelev N，Simanovskis A. J. Cryst. Growth，1977,40:298.

1.5　Lomonosov M V. Polnoye sobraniye sochineniy. T. 2. Trudy po fizike i khimii 1747
　　−1752.（Complete works，Vol.2，Investigations on physics and chemistry，1747−
　　1752）（Moscow：Izd-vo Akad. Nauk SSSR，1951）p.275(in Russian).

1.6　Haüy R J. Struktura kristallov. Izbrannye trudy（Structure of crystals：Selected
　　works）［M］. Leningrad：Izd-vo Akad. Nauk SSSR，1962 (in Russian).

1.7　Friedrich W，Knipping P，Laue M. Ann. Phys. N. Y.，1913,41:971.

1.8　Rozhansky V N，Zakharov N D. Issledovaniye tochechnykh defektov i ikh komple-
　　ksov metodom diffraktionnoi elektronnoi mikroskopii. Trudy Shkoly po metodam
　　issledovaniya tochechnykh defektov，Bukuriani，Fevral' 1976（Institut fiziki AN
　　GSSR，Tbilisi 1977）.

1.9　Hannay C L. Fitz-James P. Can. J. Microbiol.，1955,1:694.

1.10　Nishikawa O，Muller E W. J. Appl. Phys.，1964,35:2806.

1.11　Schechtman D，Blech I，Gratias D，et al. Phys. Rev. Lett.，1984,53:1951.

1.12　Audier M. Microsc. Microanal. Microstruct.，1990,1:405.

1.13　Skryshevsky A F. Strukturnyi analiz zhidkostei（Rentgenografiya，neitrono-，elek-
　　tronografiya）（Structure Analysis of Liquids，X-Ray，Neutron and Electron Diffrac-
　　tion）［M］.Moscow：Vysshaya shkola，1971(in Russian).
　　Iijima S，Alpress Y G. Acta Crystallogr. A,1974,30:22.

第 2 章

2.1　Fedorov E S. Kurs kristallografii（A Course of Crystallography）［M］. St. Petersburg：

Rikker, 1901. (in Russian)

2.2　Deloné B N, et al. Dokl. Akad. Nauk SSSR, 1974,209:25.

2.3　Deloné B N, Galiulin R V, Shtogrin M I. Teoriya Brave i ee obobschcheniye na trekhmernyje reshotki (Brávai' theory and its generalization for three-dimensional lattices)[M]//Bravé O. Izbrannye trudy (O. Bravais' selected works). Leningrad: Nauka, 1974:333(in Russian)

2.4　Deloné B N, Shtogrin M I. Dokl. Akad. Nauk SSSR,1974,219:95.

2.5　Shtogrin M I. Tr. Mat. Inst. Akad. Nauk SSSR,1973,213:3.

2.6　Shtogrin M I. Dokl. Akad. Nauk SSSR,1974,218:528.

2.7　Shubnikov A V. Kristallografiya, 1960, 5:489.[English transl.: Sov. Phys. -Crystallogr, 1961,5:649.]

2.8　Shubnikov A V. Belov N V. Coloured Symmetry[M]. Oxford: Pergamon, 1964.

2.9　MacGillavry C H. Symmetry Aspects of M. C. Escher's Periodic Drawings[M]. Utrecht:Oostoek,1965.

2.10　Hessel J F C. Krystallometrie, oder Krystallonomie und Krystallographie [M]. Gehler's physikalisches Wörterbuch, Bd. 5, Leipzig: Schwichere, 1830.

2.11　Gadolin A. Abhandlung über die Herleitung aller krystallographischer Systeme mit ihren Unterabteilungen aus einem einzigen Prinzip, ed. by P. Groth, Leipzig: Engelmann, 1896.

2.12　Donohue J. The Structure of the Elements[M]. New York:Wiley, 1974.

2.13　Vainshtein B K. Fridkin V M, Indenbom V I. Sovremennaya Kristallografiya [M]//T. 2. Struktura kristallov. Vainshtein B K. Moscow: Nauka, 1979.[English transl.: Modern Crystallography Ⅱ, Structure of Crystals, ed. by Vainshtein B K, Springer Ser. Solid-State Sci., Vol.21 Berlin, Heidelberg:Springer, 1981.]

2.14　Shuvalov L A, Urusovskaya A A, Zheludev I S, et al. Sovremennya Kristallografiya [M]//T. 4. Vainshtein B K. Fizicheskije svoistva kristallov, Moscow: Nauka, 1981. [English transl.: Shuvalov L A. Modern Crystallography Ⅳ, Physical Properties of Crystals, Springer Ser. Solid-State Sci., Vol.37. Berlin, Heidelberg: Springer, 1988.]

2.15　Shubnikov A V. Koptsik V A. Simmetriya v nauke i iskusstve [M]. Moscow: Nauka, 1972. [English transl.: Symmetry in Science and Art New York: Plenum, 1974.]

2.16　Buerger M J. Elementary Crystallography[M]. New York:Wiley, 1956.

2.17　Mackay A L. Chemia, 1969, 23:433.

2.18　Vainshtein B K. Kristallografiya, 1959, 4:842.[English transl.:Sov. Phys.-Crystallogr., 1960,4:801.]

2.19　Kiselev N A, Lerner F Ya. J. Mol. Biol., 1974,86:587.

2.20　Alexander E, Kristallogr Z, Kristallgeom. Kristallphys. Kristallchem., 1929, 70:367.

2.21　Alexander E, Herrmann K. Z. Kristallogr. Kristallgeom. Kristallphys. Kristallchem., 1929,70:328.

2.22　Weber L. Z. Kristallogr. Kristallgeom. Kristallphys. Kristallchem., 1929, 70:309.

2.23　Sohncke L. Entwicklung einer Theorie der Kristallstruktur [M]. Leipzig: Engelmann, 1879.

2.24　Koptsik V A. Shubnikovskiye gruppy (Shubnikov Groups)[M]. Moscow: Izd-vo MGU, 1966. (in Russian)

2.25　Zassenhaus H. Comment. Math. Helv., 1948,21:117.

2.26　Galiulin R V. Matrichno-vektornyi sposob vyvoda fedorovskikh grupp(Matrix-vector method for deriving Fedorov groups)[M]. Moscow:VINITI, 1969. (in Russian)

2.27　International Tables for X-Ray Crystallography, Vol. 1, Symmetry Groups, ed. by Henry N F M, Lonsdale K(1952); Vol.2, Mathematical Tables, ed. by Kasper J S, Lonsdale K(1959); Vol.3, Physical and Chemical Tables, ed. by MacGillavry C H, Rieck G D(1962); Vol.4 Revised and Supplementary Tables to Vols.2 and 3, ed. by Ibers J A, Hamilton W C(1974).

2.28　Internationale Tabellen zur Bestimmung von Kristallstrukturen, Bd. 1. Gruppentheoretische Tafeln[M]. Berlin: Gebr. Borntraeger, 1935.

2.29　Hahn Th. International Tables for Crystallography, Vol. A:Space Group Symmetry [M] 3rd ed. Dordrecht:Kluwer, 1992.

2.30　Belov N V: Tr. Inst. Kristallogr. Akad Nauk SSSR. 1951, 6:25.

2.31　Deloné B N, Dolbilin N P, Shtogrin M I, et al. Dopkl. Akad. Nauk SSSR, 1976, 227:19.

2.32　Bashkirov N M. Kristallografiya, 1959, 4:466. [English transl.:Sov. Phys.-Crystallogr. 1960:4,442.]

2.33　Deloné B N, Padurov N, Aleksandrov A. Matematicheskiye osnovy strukturnogo analiza kristallov (Mathematical Foundations of Structure Analasis of Crystals) [M]. Moscow: Gostekhizdat, 1934. (in Russian).

2.34　Deloné B N. Usp. Mat. Nauk, 1937,3:16;1938,4:102.

2.35　Vainshtein B K. Kristallografiya, 1960,5:341.[English transl.:Sov. Phys.-Crystallogr. 1960,5:323.]

2.36　Vainshtein B K, Zvyagin B B. Kristallografiya,1963,8:147. [English transl.: Sov. Phys.-Crystallogr. 1963,8:107.]

2.37　Heesch H. Z. Kristallogr. Kristallgeom. Kristallphys. Kristallchem., 1930, 73:325.

2.38　Heesch H. Z. Kristallogr. Kristallgeom. Kristallphys. Kristallchem.,1929,71:95.

2.39 Koptsik V A. Krist. Tech. ,1975,10:231.

2.40 Niggli A. Z. Kristallogr. Kristallgeom. Kristallphys. Kristallchem. ,1959, 111:288.

2.41 Niggli A, Wondratschek H. Z. Kristallogr. Kristallgeom. Kristallphys. Kristallchem. , 1960,114:215;1961,115:1.

2.42 Tavger B A, Zaitsev V M. Zh. Eksp. Teor. Fiz. ,1956,30:564.

2.43 Zamorzaev A M. Kristallografiya, 1957,2:15. [English transl. :Sov. Phys. -Crystallogr. 1957,2:10.]

2.44 Van der Waerden B L, Burkhardt J J. Z. Kristallogr. Kristallgeom. Kristallphys. Kristallchem. , 1961,115:231.

2.45 Escher M C. The Graphic Work[M]. London:Oldbourne, 1960.

2.46 Belov N V, Tarkhova T N. Kristallografiya, 1956,1:4,615,619,ibid 1958, 3: 618. [English transl. :Sov. Phys. -Crystallogr. , 1959, 3:625.]

2.47 Belov N V, Belova E N. Kristallografiya, 1957,2:21. [English transl. :Sov. Phys. -Crystallogr. , 1957,2:16.]

2.48 Shubnikov A V. Simmetriya i antisimmetriya konechnykh figur (Symmetry and anti-symmetry of finite figures)[M]. Moscow: Izd-vo Akad. Nauk SSSR,1951. (in Russian)

2.49 Harker D. Acta Crystallogr. , 1976, A32:133.

2.50 Indenbom V L: Kristallografiya, 1959, 4:619. [English transl. :Sov. Phys. -Crystallogr. ,1960,4:578.]

2.51 Shuvalov L A. Kristallografiya, 1962, 7: 520. [English transl. :Sov. Phys. -Crystallogr. , 1963, 7:418.]

2.52 Indenbom V L, Belov N V, Neronova N N. Kristallografiya, 1960,5:497.[English transl. :Sov. Phys. -Crystallogr. 1961,5:477.]

2.53 Wittke O. Z. Kristallogr. Kristallgeom. Kristallphys. Kristallchem. , 1962, 117:153.

2.54 Wittke O. Garrido J. Bull. Soc. Fr. Mineral Cristallogr. ,1959,82:223.

2.55 Neronova N N, Belov N V. Kristallografiya, 1961,6:3.[English transl. :Sov. Phys. -Crystallogr. , 1961,6:1.]

2.56 Machay A L, Powley G S: Acta Crystallogr. , 1963,16:11.

2.57 Belov N V, Neronova N N, Smirnova T S. Tr. Inst. Kristallogr. Akad. Nauk SSSR. , 1955, 11:33. Kristallografiya, 1957,2:315. [English transl. : Sov. Phys. -Crystallogr. , 1957, 2:311.]

2.58 Zamorzaev A M, Galyazskij E I, Palistrant A F. Tsvetnaja simmetriya, obobsh-cheniya i prilozheniya(Colour symmetry, its generalization and application)[M]. Kishinev: Shtiintsa,1978. (in Russian)

2.59 Dornberger-Schiff K. Lehrgang über OD-Strukturen[M]. Berlin: Akademie, 1966.

2.60 Fichtner K. Krist. Tech. , 1977,12:1263.

第3章

3.1 Chernov A A, Givargizov E I, Bagdasarov K S, et al. Sovremennaya Kristal-
lografiya, T. 3. Obrazovanije kristallov, B K. Vainshtein Moscow: Nauka, 1980.
[English transl. : Chernov A A. Modern Crystallography Ⅲ, Crystal Growth:
Springer Ser. Solid-State Sci. , Vol. 36. Heidelberg: Springer, Berlin, 1984.]

3.2 Glazow A I. Bull. USSR Miner. Soc. ,1975,104:486.

3.3 Deloné B N, Padurov N, Aleksandrov A. Matematicheskiye osnovy strukturnogo
analiza kristallov (Mathematical foundations of structure analasis of crystals) [M].
Moscow: Gostekhizdat, 1934. (in Russian)

3.4 Deloné B N, et al. Dokl. Akad. Nauk SSSR, 1974, 209:25.

3.5 Deloné B N, Galiulin R V, Shtogrin M I. Teoriya Brave i ee obobschcheniye na
trekhmernyje reshotki (Bravais theory and its generalization for three-dimensional
lattices)[M]//Bravé O. Izbrannye trudy(O. Bravais' selected works) Leningrad:
Nauka, 1974: 333. (in Russian)

3.6 Deloné B N, Shtogrin M I. Dokl. Akad. Nauk SSSR, 1974,219:95.

第4章

4.1 Bragg W L. Proc. Cambridge Phil. Soc. , 1913,17:43.

4.2 Wulff G. Phys. Z, 1913,14:217.

4.3 Vainshtein B K, Fridkin V M, Indenbom V I.: Sovremennaya Kristallografiya, T.
2: Struktura kristallov[M]Moscow: Nauka, 1979.[English transl. : Structure of Crys-
tals: Modern Crystallography[M]. Vol. 2, Berlin, Heidelberg: Springer, 1995.]

4.4 International Tables for X-Ray Crystallography, Vol. 1, Symmetry Groups, ed. by
Henry N F M, Lonsdale K. (1952); Vol.2, Mathematical Tables, ed. by Kasper J S,
Lonsdale K. (1959);Vol.3, Physical and Chemical Tables, ed. by MacGillavry C H,
Rieck G D. (1962); Vol. 4 Revised and Supplmentary Tables to Vols. 2 and 3, ed.
by Ibers J A, Hamilton W C. (1974)

4.5 McWeeny R C: Acta Crystallogr. , 1951, 4:513;1952,5:463.

4.6 Doyle P A, Turner P S: Acta Crystallogra. , 1968, A 24:390.

4.7 Stewart R F. J. Chem. Phys. , 1969,51:4569.

4.8 Wang Y. Coppens P: Inorg. Chem. , 1976,15:1122.

4.9 Muradyan L A, Sirota M I, Makarova I P, et al. Kristallografiya, 1985, 30:258.
[English transl. : Sov Phys-Crystallogr. , 1985,30:148.]

4.10 Zucker U H, Perenthaler E, Kuns W F, et al. J. Appl. Crystallogr. , 1983,
16:358.

4.11 Boky G B. Kristallokhimiya (Crystal chemistry)[M]. Moscow: Nauka, 1971. (in Russian)

4.12 Bragg W L, Howells E R, Perutz M F. Acta Crystallogr. 1952,5:136.

4.13 Hargreaves A, Watson H C. Acta Crystallogr., 1957, 10:368.

4.14 Hashimoto H, Howie A, Whelan M J. Proc. R. Soc. London A, 1962,269:79.

4.15 Unwin P N T. Electron Microscopy: Vol. 1. 5th Europ. Cong. Electron Microscopy, Manchester, 1972:232.

4.16 Zachariasen W H. Acta Crystallogr., 1967,23:558.

4.17 Becker P J, Coppens P. Acta Crystallogr. A, 1947, 30:129.

4.18 Zachariasen W H. Theory of X-Ray Diffraction in Crystals [M]. New York: Wiley, 1945.

4.19 Borrman G, Hartwig W. Z. Kristallogr. Kristallgeom. Kristallphys. Kristallchem., 1965, 121:401.

4.20 Authier A. Bull. Soc. Fr. Mineral. Cristallogr., 1961,84:51.

4.21 James R W. The Dynamical Theory of X-Ray Diffraction:Solid State Physics, Vol. 15[M]. London: Academic, 1963:53.

4.22 Lefeld-Sosnovska M, Zielinska-Rohosinska E. Acta Phys. Pol., 1962, 21:329.

4.23 Hirsch P B, Ramachandran G H. Acta Crystallogr., 1950, 3:187.

4.24 Kato N. Acta Crystallogr., 1969, A25:119.

4.25 Pinsker Z G. Dinamicheskoye rasseyaniye rentgenovskikh luchei v ideal' nykh kristallakh[M]. Moscow: Nauka, 1974. [English transl.:Dynamical Scattering of X-Rays in Crystals: Springer Ser. in Solid-State Sci.[M]. Vol.3. Berlin, Hei-delberg: Springer, 1978.]

4.26 Hart M. Sci. Prog. Longdon, 1968,56:429.

4.27 Bradler J, Lang A R. Acta Crystallogr., 1968, A24:246.

4.28 Stuhrman H B. Acta Crystallogr., 1970,A26:297.

4.29 Svergun D I, Feigin L A, Schedrin B M. Acta Crystallogr., 1982, A38:827.

4.30 De Bergevin F, Brunel M. Phys. Lett. 1972. A39:141.

4.31 Tang C C, Stirling W G, Jones D L, et al. J. Magn. Mag. Mater., 1992,103:86.

4.32 Gibbs D, Harshman D R, Isaacs E D, et al. Phys. Rev. Lett., 1988,61:1241.

4.33 Kheiker D M. Kristallografiya, 1978, 23:1288. [English transl.: Sov. Phys. -Crystallogr., 1978, 23:729.]

4.34 Shuvalov L A, Urusovskaya A A, Zhe ludev I S, et al. Semiletov: Sovremennya Kristallografiya. T. 4: Fizicheskije svoistva kristallov[M]. Moscow: Nauka, 1981. [English transl.: Modern Crystallography Ⅳ: Physical Properties of Crystals, Springer Ser. Solid-State Sci., Vol.37[M].Berlin, Heidelberg: Springer, 1988.]

4.35 Guinier A, Von Eller G. Les méthodes expérimentales des déterminations de structures cristallines par rayons X: Handbuch der Physik, Bd. 32, T. 1[M]. Berlin, Heidelberg: Springer, 1957.

4.36　Vainshtein B K, Lobanova G M, Gurskaya G V. Kristallografiya, 1974, 19:531. [English trans.: Sov. Phys. -Crystallogr, 1974, 19:329.]

4.37　Post B. Acta Crystallogr., 1979, A35:17.

4.38　Patterson A L. Z. Kristallogr. Kristallgeom. Kristallphys. Kristallchem., 1935, A90:517.

4.39　Harker D. J. Chem. Phys., 1936, 4:381.

4.40　Vainshtein B K. Tr. Inst. Kristallogr. Akad. Nauk SSSR, 1952,7:15.

4.41　Buerger M J. Vector Space and Its Application in Crystal-Structure Investigation [M]. New York: Wiley, 1959.

4.42　Sirota M I, Simonov V I. Kristallografiya, 1970,15:681. [English transl.: Sov. Phys. -Crystallogr., 1970, 15:589.]

4.43　Simonov V I. Acta Crystallogr., 1969, B25:1.

4.44　Borisov S V. Kristallografiya, 1965,9:515. [English transl.: Sov. Phys. -Crystallogr. 1965, 9:603.]

4.45　Borisov S V, Golovatchev V P, Ilyukhin V V, et al. Zh. Strukt. Khim., 1972,18: 175.

4.46　Ilyukhin V V, Borisov S V, Chernov A N, et al. Kristallografiya, 1972, 17: 269. [English transl.: Sov. Phys. -Crystallogr., 1972, 17:227.]

4.47　Bukvetskaya L V, Shishova T G, Andrianov V I, et al. Kristallografiya, 1977,22: 494. [English transl.:Sov. Phys. -Crystallogr., 1977,22,282.]

4.48　Kuz'min E A, Borisov S V, Golovachev V P, et al. Sistematicheskij analiz funktsii Pattersona na osnovye simmetrii kristalla (A systemativ analysis of Patterson's function on the basis of crystal symmetry)[M]. Isz-vo Akad. Nauk SSSR, Khabarovsk, 1974. (in Russian)

4.49　Porai-Koshits M A. Tr. Inst. Kristallogr. Akad. Nauk SSSR, 1954,9:229.

4.50　Harker D. Acta Crystallogr., 1956,9:1.

4.51　Harker D, Kasper J S. Acta Crystallogr., 1948,1:70.

4.52　Vainshtein B K. Kristallografiya, 1964, 9:7. [English transl.: Sov. Phys. -Crystallogr., 1964,9:5.]

4.53　Kitaigorodsky A I. Teoriya strukteurnogo analiza(Theory of structure analysis [M]. Izd-vo Akad. Nauk SSSR, Moscow, 1957.(in Russian)

4.54　Sayre D. Acta Crystallogr.,1952,5:60.

4.55　Karle J, Hauptman H. Acta Crystallogr., 1953,6:131.

4.56　Hauptman H, Karle J. The Solution of the Phase Problem Ⅰ: The Centrosymmetric Crystal, American Crystallographic Association Monograph, No. 3[M]. Edwards

Brothers, Ann Arbor, MI 1953.

4.57　Cochran W A. Acta Crystallogr. , 1952,5:65.

4.58　Zachariasen W H. Acta Crystallogr. , 1952,5:68.

4.59　Hauptman H. Crystal Structure Determination. The Role of the Cosine Semivariants [M]. New York: Plenum, 1972.

4.60　Hauptman H A. Acta Crystallogr. , 1975,A31:529.

4.61　Karle J, Karle I L. Acta Crystallogr. , 1966,21:849.

4.62　Tsourcaris G A. Acta Crystallogr. , 1970, A26:492.

4.63　Woolfson M M. Rep. Prog. Phys. , 1971,34:369.

4.64　Toda M, Kubo R, Saito N. Statistical Physics I, Equilibrium Statistical Mechanics: Springer Ser. Solid-State Sci. , Vol. 30[M]. 2nd ed. , Berlin, Heidelberg: Springer, 1992.

　　　Kubo R, Toda M, Hashitsume N. Statistical Physics Ⅱ, Nonequilibrium Statistical Mechanics: Springer Ser. Solid-State Sci. , Vol. 31[M]. 2nd ed Berlin, Heidelberg: Springer, 1991.

4.65　Khachaturyan A G, Semenovskaya S V, Vainshtein B K. Sov. Phys. -Crystallogr. , 1979,24:519.

4.66　Gull S F, Daniell G J. Nature, 1978, 272:686.

4.67　Podjarny A D, Moras D, Navaza J, et al. Acta Crystallogr. , 1988, A44:545.

4.68　Bricogne G. Acta Crystallogr. , 1984, A40:410.

4.69　Klug A. Acta Crystallogr. , 1958, 11:515.

4.70　Bricogne G. Acta Crystallogr. , 1984, A40:410.

4.71　McLachlan A D. Gazzetta Chimica Italiana, 1987,117:11.

4.72　Skilling J, Gull S F. In Maximum-Entropy and Bayesian Methods in Inverse Problems, ed. by Smith C R, Grandy W T. Dordrecht: Reidel,1985:83.

4.73　Simonov V I. Crystollogr. Computing Techniques, ed. by Ahmed F R, Huml K, Sedlacek B. Copenhagen: Munksgaard, 1976:138.

4.74　Yu V, Lunin. Acta Crystallogr. , 1988, A44:144.

4.75　Yu V, Lunin. Veroslova E A. Acta Crystallogr. , 1991,A47:238.

4.76　Vainshtein B K, Gel'fand I M, Kayushina R L, et al. Dokl. Akad. Nauk SSSR, 1963,153:93.

4.77　Gel'fand I M, Vul E B, Ginzburg S L, Fedorov Yu G. Metod ovragov v zadachakh rentgenostrukturnogo analiza (Ravine method in problems of X-ray structure analysis[M]. Moscow: Nauka, 1966. (in Russian)

4.78　Vul E B, Lobanova G M. Kristallografiya, 1967,12:411.

4.79　Smith A E, Kalish R, Smuiny E J. Acta Crystallogr. , 1972, B28, 3494.

4.80　Freeman G R, Hearn R A, Bugg C E. Acta Crystallogr. , 1972, B28:2906.

4.81 Vainshtein B K. Adv. Struct. Res. Diffr. Methods, 1964,1:24.

4.82 Zvyagin B B. Elektronografiy i strukturnaya kristallografiya glinistykh mineralov [M]. Moscow: Nauka, 1964. [English transl.: Electron Diffraction Analysis of Clay Mineral Structures [M]. New York: Plenum, 1967.]

4.83 Semiletov S A. Dokl. Akad. Nauk SSSR, 1961,137:584.

4.84 Zvyagin B B, Zhuchlistov A P, Kyazumov M G, et al. Kristallografiya, 1990, 35:602.

4.85 Khodyrev Yu P, Baranova R V, Semiletov S A. Izv. Akad. Nauk SSSR Met. 1977, 2:2226.

4.86 Imamov R M, Udalova V V. Kristallografiya, 1976,21:907.

4.87 Dorset D L, Tivol W F, Turner J N. Ultramicroscopy, 1991,38:41.

4.88 Vainshtein B K. Structure Analysis by Electron Diffraction [M]. Oxford: Pergamon, 1964.

4.89 Dorset D L. Ultramicroscopy, 1991, 38:23.

4.90 Dvoryankin V F, Vainshtein B K. Kristallografiya, 1956,1:626.

4.91 Egerton R F. Electron Energy-Loss Spectroscopy in the Electron Microscope[M]. New York: Plenum, 1986.

4.92 Goodman R A. Acta Crystallogr., 1973, A31:804.

4.93 Tanaka M, Terauchi M. Convergent Beam Electron Diffraction. JEOL Ltd, 1985.

4.94 Baxton B F, Eades J A, Steeds J W, et al. Phys. Trans. Roy Soc. (London), 1976, 281:171.

4.95 Gjonnes J, Moodie A F. Acta Crystallogr., 1965, 19:65.

4.96 Tanaka M, Sekii H, Nagasawa T. Acta Crystallogr, 1983, A39:825.

4.97 Lander J J. Low-Energy Electron Diffraction and Surface Structural Chemistry: Prog. Solid-State Chem. Vol. 2[M]. Oxford: Pergamon. 1965. p. 26.

4.98 Van Hove M A, Weinberg W H, Chan C-M. Low-Energy Electron Diffraction: Springer Ser. Surf. Sci., Vol. Berlin, Heidelberg: Springer, 1986.

4.99 Desjonquères M C, Spanjaard D. Concepts in Surface Physics[M]. 2nd ed. Berlin, Heidelberg: Springer, 1996.

4.100 Gorodetsky D A, Mel'nik Yu P, Shklyar V K. Kristallografiya, 1978,23:1093. [English transl.: Sov. Phys. -Crystallogr., 1978,23:620.]

4.101 Reimer L. Transmission Electron Microscopy: Springer Ser. Opt. Sci., Vol. 36, Berlin[M]. 3rd ed. Heidelberg:Springer, 1993.

4.102 Philips Tech. Rev., 1987, 43:275.

4.103 Vainshtein B K. Sov. Phys. Usp., 1987,30:393.

4.104 Cowley J M. Diffraction Physics[M]. Amsterdam:North-Holland, 1975.

4.105 Scherzer O. J. Appl. Phys., 1949,20:20.

4.106 Spence J C H. Experimental High-Resolution Electron Microscopy[M]. Oxford: Clarendon, 1981.

4.107 Kambe K. Ultramicroscopy, 1982, 10:223.

4.108 Cowley J M, Moodie A F. Acta Crystallogr. , 1957, 10:609.

4.109 Cowley J M, Moodie A F. Proc. Roy. Soc. (London), 1960, A76:3378.

4.110 Hashimoto H, Endoh E, Takai Y, et al. Chem. Scripta, 1978-1979, 14:23.

4.111 Hutchison J L, Honda T, Boyes E D. JEOL News, 1986, E24:9.

4.112 Karasev V L, Kiselev N A, Orlova E V, et al. Ultramicroscopy, 1991, 35:11.

4.113 Vieqers M P A, De Yong A F, Leys M R. Spectrochem. Acta, 1985, B40:835.

4.114 Hutchison J L. JEOL News, 1990, E28:4.

4.115 Zakharov N D, Gribeluk M A, Vainshtein B K, et al. Acta Crystallogr. , 1983, B39:575.

4.116 Hovmoller S, Sjogren A, Farrants G, et al. Nature, 1984,311:238.

4.117 Drits V A, Zakharov N D, Khadzhi I P. Izv. Akad. Nauk SSSR, Ser. Geol. N, 1979, 11:82.

4.118 Sinelair R, Ponce F A, Yamashita T, et al. Nature, 1982, 298:127.

4.119 Mark L D. Ultramicroscopy, 1985,18:445.

4.120 Smith D Y, Mark L D. Ultramicroscopy, 1985,16:101.

4.121 Bethge H, Keller W. Optik, 1965/1966,23:462.

4.122 Distler G I. Lzv. Akad. Nauk SSSR Ser. Fiz. Mat. , 1972, 36:1846.

4.123 Yagi K. Advances in Optical and Electron Microscopy[M]. London: Academic, 1989:57.

4.124 Vainshtein B K. Adv. Optical and Electron Microscopy, Vol.7[M]. London: Academic, 1978:94.

4.125 Haskes P W, Valdre U. Biophysical Electron Microscopy [M]. London: Academic, 1990.

4.126 Kiselev N A, De Rosier D J, Klug A. J. Mol. Biol. , 1968,35:561.

4.127 Unwin P N T, Henderson R. J. Mol. Biol. , 1975,94:425.

4.128 Kosourov G I, Lifshits I E, Kiselev N A. Kristallografiya, 1971,16:813.

4.129 Kosykh V P, Pustovskikh A I, Kirichuk V S, et al. Kristallography, 1983,28:1982 [English transl. : Sov. Phys. -Crystallogr. , 1983, 28:637.]

4.130 Van Heel M, Frank J. Ultramicroscopy, 1981,6:187.

4.131 Van Heel M. Optik, 1989,82:114.

4.132 Goncharov A B, Vainshtein B K, Ryskin A I, et al. Sov. Phys. -Crystallogr. , 1987,32:504.

4.133 Radon J. Ber. Saechs. Acad. Wiss, Leipzig, Math. -Phys. Kl. , Acad. Wissen. Leipzig, 1917,69:262.

4.134 Baumeister W, Fogell W. Electron Microscopy at Molecular Dimensions[M]. Berlin, Heidelberg: Springer, 1980.

4.135 Vainsthein B K, Orlov S S. Kristallografiya, 1972,17:253. [English transl. : Sov. Phys. -Crystallogr. , 1972,17:214.]

4.136 Mikhailov A M, Vainshtein B K. Kristallografiya, 1971,16:505. [English transl. : Sov. Phys. -Crystallogr. , 1971,16:428.]

4.137 Sherman M B, Orlova E V, Hovmoller S, et al. Bacterol. , 1991,173:2576.

4.138 Hoshimoto H, Mannami M, Naiku T. Philos. Trans. Roy. Soc. (London),1961, 253:459.

4.139 Henderson R, Baldwin J M, Ceska T A, et al. J. Mol. Biol. , 1990,213:899.

4.140 Henderson R, Baldwin J W, Downing K H, et al. Ultramicroscopy, 1986,19:147.

4.141 Baldwin J W, Henderson R, Beckman E, et al. J. Mol. Biol. 1988,202:585.

4.142 Vainshtein B K, Gurskaya G V, Barynin V V. Kristallografiya, 1971,16:751.

4.143 Yonath Y, Wittmann H G. Trends in Biochemical Sci. , 1989,14:329.

4.144 Radermacher M, Hoppe W. Proc. 10th Int'l. Cong. on Electron Microscopy, 1978:218.
Radermacher M. J. Electron Microsc. Techn. , 1988, 9:359.

4.145 Radermacher M, Wagenknecht T, Vershoor A, et al. J. Microsc. , 1987,146:113.

4.146 Klug A, de Rosier D J. Nature (London),1966,212:29.

4.147 Growther R A, de Rosier D J, Klug A. Proc. Roy. Soc. (London), 1970, A317:319.

4.148 Yeager M, Dryden K A, Olson N H, et al. J. Cell. Biol. 1990,110:2133.
Baker T S, Newcomb W W, Booy F P, et al. American Soc. for Microbiology, 1990,64:563.

4.149 Reimer L. Scanning Electron Microscopy: Springer Ser. Opt. Sci. , Vol. 45[M]. Berlin, Heidelberg: Springer, 1985.

4.150 Givargizov E I. J. Cryst. Growth, 1973,20:277.
Gritsayenko G S, Ilyin M I. Izv. Akad. Nauk, SSSR Ser. Geol. 1975,17:21.

4.151 Binnig G, Rohrer H. IBM J. Res. Develop. , 1986,30:355.

4.152 Güntherodt H-J, Wiesendanger R. Scanning Tunneling Microscopy I: Springer Ser. Surf. Sci. , Vol. 20[M]. 2nd ed. , Berlin, Heidelberg: Springer, 1994
Wiesendanger R, Güntherodt H-J. Scanning Tunneling Microscopy II : Springer Ser. Surf. Sci. , Vol.28[M]. 2nd. , Berlin, Heidelberg: Springer, 1995.
Wiesendanger R, Güntherodt H-J. Scanning Tunneling Microscopy III : Springer Ser. Surf. Sci. , Vol.29[M]. 2nd ed. , Berlin, Heidelberg Springer 1996.

4.153 Vasil'yev, S I, Moiseyev Yu N, Nikitin N I, et al. Elektron. Promyshl. , 1991,3:36.

4.154 Chunli Bai. Scanning Tunneling Microscopy and its Application: Springer Ser.

Surf. Sci. , Vol. 32[M]. Berlin, Heidelberg: Springer, 1995.

4.155　Moiseyev Yu N, Panov V I, Savinov S V, et al. Elektron. Promyshl. , 1991, 3:39.

4.156　Besenbacher F, Mortensen K. Europhys. New, 1990, 21:68.

4.157　Sakurai T. et al. J. Vac. Sci. Technol. , 1990,8:251.

4.158　Humbert A. et al. J. Vac. Sci. Technol. , 1990, 8:311.

4.159　Meyer E. et al. J. Vac. Sci. Technol. , 1990,8:495.

4.160　Wilson C C. Neutron News, 1990,1:14.

4.161　Rabe J R. et al. J. Vac. Sci. Technol. , 1990,8:679.

4.162　Bacon G E. Neutron Diffraction[M]. 2nd ed. Oxford: Clarendon, 1962.

4.163　Bacon G E, Pease R S. Proc. Roy. Soc. (London), 1955, A230:359.

4.164　Sandor E, Ogunade S O. Nature (London), 1969,224:905.

4.165　Rannev N V, Ozerov R P, Datt I D, et al. Kristallografiya, 1966,17:175.[English transl.: Sov. Phys. -Crystallogr. , 1966,11:177.]

4.166　Cox D E. IEEE Trans. MAG,1972, 8:161.

4.167　Shull C G, Stauser W A, Wollan E O. Phys. Rev. , 1951,83:333.

4.168　Aleshko-Ozhevsky O P, Yamzin I I. Zh. Eksp. Teor. Fiz. , 1969,56:1217.

4.169　Shull C G, Mook H A. Phys. Rev. Lett. , 1966,16:184.

4.170　Squires G L:Introduction to the Theory of Thermal Neutron Scattering[M]. Cambridge: Cambridge Univ. Cambridge: Press, 1978.

4.171　Kuz'min R N, Kolpakov A V, Zhdanov G S. Kristallografiya, 1966, 11:511. [English transl. : Sov. Phys. -Crystallogr. , 1967, 11:457.]

4.172　Afanasiev A M, Kagan YnM. Zh Eksp. Teor. Fiz. , 1965, 48:327.

4.173　Tulinov A F, Melikov Yu V. Priroda Moscow, 1974, 10:39.

第5章

5.1　Schechtman D, Blech I, Gratias D, et al. Phys. Rev. Lett. , 1984,53:1951.

5.2　Penrose R. Math. Intell. , 1979,2:32.

5.3　Mackay A L. Physica, 1982, A114:609.

5.4　Yamamoto A, Hiraga K. Phys. Rev. , 1988, B37:6207.

5.5　Mackay Y L. Kristallografiya. , 1981, 26:910.[English transl. : Sov. Phys. -Crystallogr. 1981,26:517.]

5.6　Mackay A L. Computers and Math. with Applications, 1986,128:21.

5.7　Nelson D R, Halperin B I. Science, 1985,229:233.

5.8　Jaric' M V. Aperiodicity and Order, Vol. 1:Introduction to the mathematics of quasicrystals; Vol. 3: Extended icosahedral structures [M]. Orlando, FL: Academic, 1989.

5.9　Janssen T. Phys. Rep. , 1988,168:55.

5.10　Janot C H, Dubois JM. Quasicrystalline Materials[M]. Singapore: World Scientific, 1988.

5.11　Fedorov E S. Symmetry of Crystals[M]. New York: American Crystallographic Association. 1971.

5.12　Bohr H. Acta Math. , 1924, 45:29.

5.13　Bohr H. Acta Math. , 1925, 46:101.

5.14　Bohr H. Acta Math. , 1927, 47:237.

5.15　Gratias D. Physica Scripta, 1989, 129:38.

5.16　Rokhsar D S, Wright D C, Mermin N D. Acta Crystallogr. , 1988,A44:197.

5.17　Rabson D A, Mermin N D, Rokhsar D S, et al. Rev. Mod Phys. , 1991,63:699.

5.18　Bienenstock A, Ewald P P. Acta Crystallogr. , 1962,15:1253.

5.19　Levitov L S, Rhyner J. J. de Physique, 1988,49:1835.

5.20　Vainshtein B K, Fridkin V M, Indenbom V I. Sovremennaya Kristallografiya. T. 2. Struktura kristallov[M]. Moscow: Nauka, 1979. [English transl. : Structure of Crystals: Modern Crystallography, Vol. 2 [M]. Berlin, Heidelberg: Springer, 1995.]

5.21　Janot C. Europhys. News, 1990,21:23.

5.22　Janssen T. Acta Crystallogr. , 1986,A42:261.

5.23　Rokhsar D S, Wright D C, Mermin N D. Phys. Rev. , 1988, B37:8145.

5.24　Elser V, Henley C L. Phys. Rev. Lett. , 1985,55:2883.

5.25　Audier M, Pannetier J, Leblane M, et al. Physica, 1988, B153:136.

5.26　Shoemaker D P, Shoemaker C B. Introduction to quasicrystals[M]//Icosahedral Coordination in Metal Crystals, Aperiodicity and Order, 1988, Vol. 1:1.

5.27　Dmitrienko V E. J. de Physique, 1990,51:2717.

5.28　Stephens P W, Goldman A I. Scientific American, 1991, 264:44.

5.29　Shuvalov L A, Urusovskaya A A, Zheludev I S, et al. Sovremennya Kristallografiya. T. 4. Fizicheskije svoistva kristallov[M]. Moscow: Nauka, 1981.[English transl. :Modern Crystallography Ⅳ, Physical Properties of Crystals: Springer Ser. Solid-State Sci. , Vol. 37[M]. Berlin, Heidelberg: Springer, 1988.]

5.30　De Wolff P M. Acta Crystallogr. , 1974,A30:777.

5.31　De Wolff P M, Janssen T, Janner A. Acta Crystallogr. , 1981,A37:625.

5.32　Hart M. Workshop on "Applications of High Energy" X-Ray Scattering at Euro pean Synchrotron Radiation Facilities. Proc. ESRF, 1988:165.

5.33　Wiedemann H. Particle Accelerator Physics Ⅰ, Ⅱ[M]. Berlin, Heidelberg:Springer, 1993,1995.

5.34　Xuong N H, Freer S T, Hamlin R, et al. : Acta Crystallogr. , 1978,A34:239.

5.35 Andrianova M E, Kheiker D M, Popov A N, et al. J. Appl. Crystallogr. , 1982,15: 626.

5.36 Kohn R, Fourme R, Bosshard R, et al. : Nuclear Instrum. Methods, 1982, 201:203.

5.37 Arndt U W, Gilmore D J. J. Appl. Crystallogra. , 1979,12:1.

5.38 Myahara J, Takahashi K. Nuclear Instrum. Methods. , 1981,179:503.

5.39 R-AXIS Ⅱ. Rigaku Automated X-Ray Imaging System. Rigaku Denki Booklet.

5.40 Johnson R L, Feck J H, Robinson I K, et al. In The Structure of Surfaces, ed. by M. A. Van Hove, S. Y. Tong, Springer Ser. Surf. Sci. , Vol. 2. Berlin, Heidelberg: Springer, 1985.

5.41 Marra W C, Eisenberger P, Cho A Y. J. Appl. Phys. , 1979, 50:6927.

5.42 Zhu X M, Feidenhansl's R, Zable H, et al. Phys. Rev. , 1988,B37:7157.

5.43 Dosch H, Mailander L, Lied A, et al. Phys. Rev. Lett. , 1988,60:2382.

5.44 Bohr J, Feidenhansl's F, Nielsen M, et al. Phys. Rev. Lett. , 1985,12:1275.

5.45 Feidenhanl's R. Surf. Sci. Rep. , 1989,10:105.

5.46 Battermam B W. Appl. Phys. Lett. , 1962,1:68.

5.47 Afanas'ev A M, Kon V G. Zh. Eksper. Techn. Fiz. , 1978,74:300.

5.48 Koval'chuck M V, Kon V G. Usp Fiz. Nauk. , 1986,149:69.

5.49 Cowen P L, Golovchenko J A, Robbinson M F. Phys. Rev. Lett. , 1980,44:1680.

5.50 Patel J R, Freeland P E, Hybersten M S, et al. Phys. Rev. Lett. , 1987, 59:2180.

5.51 Golovchenko L A, Patel J R, Kaplan D R, et al. Phys. Rev. Lett. , 1982, 49:560.

5.52 Kazimirov A Yu, Koval'chuck M V, Kharitonov I Yu, et al. Proc. 4th Int'l Conf. on Synchrotron Radiation Instrum. , Chester (1991).

5.53 Rietveld H M. Acta Crystallogr. 1967,24:151.

5.54 Smith D K. Gorter S. J. Appl. Crystallogr. 1991, 24:369.

5.55 Young R A, Willes D B. Adv. X-Ray Analy. , 1981,24:1.

5.56 Mehtzen B F. J. Appl. Crystallogr. , 1989,22:100.

5.57 Wilson C C. Neutron News, 1990,1:14.

5.58 Coopker M J. Rouse K D, Sakata M. Z. Krystallogr. , 1981,157:101.

5.59 Will G, Parrish W, Huang T C. Z. Appl. Crystallogr. , 1983,16:611.

5.60 Toraya H. J. Appl. Crystallogr. , 1990, 23:485.

5.61 Phil R, Clearfield A. Acta Crystallogr. , 1985,B41:418.

5.62 Stöhr J. NEXAFS Spectroscopy:Springer Ser. Surf. Sci. , Vol.25[M]. Berlin, Heidelberg:Springer, 1992.

5.63 Bets V, Zamozdiks T, Lusis A. , et al. : Nuclear Instrum. Methods. , 1987, A261:173.

参 考 书 刊

综合参考书

Altman S. Rotations, Quaternions and Double Groups[M]. Oxford Clarendon, 1986.

Arndt U W, Wonnacott A J. Rotation Method in Crystallography: Data Collection from Macromolecular Crystals[M]. Amsterdam: North-Holland, 1977.

Azaroff L V, Buerger M J. The Powder Method in X-Ray Crystallography[M]. New York: McGrawHill, 1958.

Azaroff L V, Kaplow R, Kato N, et al. X-ray Diffraction[M]. New York: McGraw-Hill 1974.

Bacon G E. Neutron Scattering in Chemistry[M]. London: Butterworths, 1977.

Baumeister W, Fogell W. Electron Microsopy at Molecular Dimensions[M]. Berlin, Heidelberg: Springer, 1980.

Belov N V. Ocherki po strukturnoi kristallografii i fedorovskim gruppam simmetrii (Essays on structural crystallography and the Fedorov symmetry groups, Moscow: Nauka, 1986.

Bernal J D, Carlisle C H. The range of generalized crystallography[J]. Kristallografiya, 1969,13:927.[English transl.: Sov. Phys. -Crystallogr., 1969,13:811.]

Bhagavantam S, Venkatarayudu T. Theory of Groups and Its Application to Physical Problems[M]. 2nd ed Waltair Andhra University, 1951.

Bhagavantam S. Crystal Symmetry and Physical Properties [M]. London: Academic, 1966.

Bogomolov S A. Vyvod pravil'nykh sistem po methodu Fedorova (Derivation of regular systems by Fedorov's method[M]. ONTI-Leningrad 1932,1934) Vols. 1,2.

Bokii G B. Kristallokhimiya [M]. Moscow: Nauka, 1971.

Borchardt-Ott W. Kristallographie: Eine Einführung für Naturwissenschaftler[M]. Springer, Berlin, Heidelberg 1976.

Bradley C I. Cracknell A P. The Mathematical Theory of Symmetry in Solids: Representation Theory for Point Groups and Space Groups [M]. Oxford: Clarendon, 1971.

Bragg L. The Development of X-Ray Analysis [M]. New York: Hafner, 1975.

Bragg W L. The Crystalline State [M]. London: Bell, 1933.

Bravais A. Mémoire sur les systémes formés par des points distribués réguliérement sur un plan ou dans l'espace[J]. Etudes Cristallographiques, 1850－1851,128:101(J. de l'Ecole polytechnique. Canhier 33－34, t. 19－20)

Bravais A. Etudes cristallographiques. Extrait des Comptes rendus de l'Académie des Sciences, 1851,32:284.

Buerger M J. The Precession Method in X-Ray Crystallography [M]. New York: Wiley, 1964.

Buerger M J. Contemporary Crystallography [M]. New York: McGraw-Hill, 1970.

Burckhardt J J. Die Bewegungsgruppen der Kristallographie, 2. Aufl [M]. Basel: Birkhäuser, 1966.

Burkhardt J J. Die Symmetrie der Kristalle. Von Rene-Just Haug zur kristallographischen Schule in Zürich[M]. Basel: Birkhäuser, 1988.

Buseck P R, Cowley J M, Eyring L. High-resolution Transmission Electron Microscopy and Associated Techniques[M]. Oxford: Oxford Univ. Press, 1988.

Cowley J M. Diffraction Physics[M]. 2nd ed. Amsterdam: North-Holland, 1981.

Cowley J M. Electron Diffraction Techniques [M]. Oxford: Oxford Univ. Press,1992.

Dachs H. Neutron Diffraction, Topics Curr. Phys. Vol. 6 [M]. Berlin, Heidelberg: Springer, 1978.

Deloné B N, Padurov N, Aleksandrov A. Matematicheskie osnovy strukturnogo analiza kristallov (Mathematical foundations of structure analysis of crystals)[M]. Moscow: Gostekhizdat, 1934.

Dornberge-Schiff K. Grundzüge einer Theorie der OD-Strukturen aus Schichten[M]. Berlin: Akademie-Verlag, 1964.

Drits V A. Electron Diffraction and High-Resolution Electron Microscopy of Mineral Structures [M]. Berlin, Heidelberg: Springer, 1987.

Engel P. Geometric Crystallography: an Axiomatic Introduction to Crystallography[M]. Dordrecht: Reidel, 1986.

Ewald P P. Fifty Years of X-Ray Diffraction[M]. Utrecht: Oosthoek, 1962.

Evarestov R A, Smirnov V P. Metody teorii grupp v kvantovoi khimii tverdogo tela (Group theory methods in solid quantum chemistry)[M]. Leningrad: Izd-vo LGU 1987.

Evarestov R A, Smirnov V P. Site Symmetry in Crystals: Springer Ser. Solid-State Sci. , Vol. 108. [M]. Berlin, Heidelberg: Springer, 1996.

Fadeyev D K. Tablitsy osnovnykh unitarnykh predstavlenij fedorovskikh grupp (Tables of unitary representations of Fedorov groups) Moscow: Izd-vo Akad, Nauk SSSR, 1961.

Fedorov E S. Nachala ucheniya o figurakh (Elements of the Science of Figures)[M]. Moscow: Izd-vo Akad. Nauk SSSR, 1953.

Fedorov E S. Simmetriya i struktura kristallov (Symmetry and Structure of Crystals)[M].

Moscow: Izd-vo Akad. Nauk SSSR, 1949.

Fedorov E S. Symmetry of Crystals (Americal Crystallographic Association 1971)

Fedorov E S. Pravil'noye delenie ploskosti i prstranstva (Regular divisions of plane and space)[M]. Leningrad: Nauka, 1979.

Feigin L A, Svergun D I. Structure Analysis by Small-Angle X-Ray and Neutron Scattering [M]. New York: Plenum, 1987.

Gadolin A. Abhandlung über die Herleitung aller krystallographischer Systeme mit ihren Unterabteilungen aus einem einzigen Prinzip, ed. by P. Groth Leipzig: Engelman, 1896.

Galiulin R V. Kristallograficheskay geometriya (Crystallographic geometry)[M]. Moscow: Nauka, 1984.

Giacovazzo C. Direct Methods in Crystallography[M]. London: Academic, 1988.

Giacovazzo C. Fundamentsl of Crystallography [M] Oxford: Int'l Union of Crystallography and Oxford Univ. Press, 1991.

Glasser L S. Crystallography and its Application[M]. Wokingham: Van Nostrand-Reinhold, 1977.

Glusker J P, Patterson B K, Rossi M. Patterson and Pattersons. Fifty years[M]. Oxford: Int'l Union of Crystallography and Oxford Univ. Press, 1991.

Goodman P. Fifty Years of Electron Diffraction [M]. Dordrecht: Reidel, 1981.

Groth P. Physikalische Kristallographie und Einleitung in die kristallographische Kenntnis der wichtigsten Substanzen [M]. Leipzig: Engelmann, 1905.

Groth P. Chemische Kristallographie [M]. Leipzig: Engelmann, 1906 – 1919. Bde. 1 – 5.

Guinier A. Théorie et technique de la radiocristallographie [M]. 2nd ed. Paris: Dunod, 1956.

Guinier A, Jullien R, The Solid State: From Superconductors to Superalloys[M]. Oxford: Int'l Union of Crystallography and Oxford Univ. Press, 1991.

Gurman S J. Synchrotron Radiation and Biophysics, ed. by S. S. Hasnain (Chichester 1990)

Hargittai I. Symmetry. Unifying Human Understanding [M]. New York: Pergamon, 1986.

Hargittai I, Vainshtein B K. Crystal Symmetries. Shubnikov Centennial Papers Oxford: Pergamon, 1988.

Hauy M, l'Abbé. Essai d'une théorie sur la structure des cristaux, appliquée a plusieurs genres de substances cristallisées (Gogué et Née de la Rochelle, Libraires, Paris 1784.)

Hawkes P W. Electron Optics and Electron Microscopy [M]. London: Taylor & Francis, 1972.

Helliwell J R. Macromolecular Crystallography with Synchrotron Radiation [M] Cambridge: Cambridge Univ. Press, 1992.

Hessel I F Ch. Krystallometrie, oder Krystallonomie und Krystallographie, Gehler's phys-ikalisches Wörterbuch, Bd. 5[M]. Leipzig: Schwichert, 1830.

Hirsch P B, Howie A, Nickolson P B, et al. Electron Microscopy of Thin Crystals[M]. 2nd ed. New York: Kreiger, 1977.

Hove M A Van, Tong S Y. Surface Crystallography by LEED: Springer Ser. Chem. Phys., Vol. 2[M]. Berlin, Heidelberg: Springer, 1979.

Internationale Tabellen zur Bestimmung von Kristallstrukturen. Bd. 1. Gruppentheore-tische Tafeln (Bornträger, Berlin 1935)

International Tables for X-Ray Crystallography, Vol. 1. Symmetry Groups, ed. by Henry N F M, Lonsdale K. (1952); Vol. 2, Mathematical Tables, ed. by Kasper J S, Lonsdale K. (1959); Vol. 3, Physical and Chemical Tables, ed. by MacGilavry C H, Rieck G D. (1962); Vol. 4, Revised and Supplementary Tables to Vols. 2 and 3, ed. by Ibers J A, Hamilton W C. (1974); 2nd ed. Vol. A, Spase Group Symmetry, ed. by Hahn Th. Dordrecht: Kluwer, 1989); 3rd edn. Vol. A(1992)

Inui T, Tanabe Y, Onodera Y. Group Theory and its Applications in Physics: Springer Ser. Solid-State Sci., Vol. 78[M]. 2nd ed. Berlin, Heidelberg: Springer, 1996.

Isaacs N W, Taylor M R. Crystallographic Computing. 4: Techniques and New Technolo-gies [M]. Oxford: Int'l Union of Crystallography and Oxford Univ. Press, 1989.

Izymov Yu A, Ozerov R P. Magnitnaya neitronografiya[M]. Moscow: Nauka, 1966[Eng-lish transl.: Magnetic Neutron Diffraction [M]. New York: Plenum, 1970.]

James R W. The Optical Principles of the Diffraction of X-rays[M]. London: Bell, 1950.

Janot C, Dubois J M. Quasicrystalline Materials[M]. Singapore: World Scientific, 1988.

Jaric M V. Aperiodicity and Order, Vol. 1. Introduction to quasicrystals. Vol. 2. Intro-duction to the mathematics of quasicrystals. Vol. 3 Extended icosahedral structures[M]. London: Academic, 1989.

Jaswon M A, Ros M A. Crystal Symmetry: Theory of Colour Crystallography Chichester: Ellis Horwood, 1983.

Kleber W. Einführung in die Kristallographie [M]. Berlin: Technik, 1971.

Knox R S, Gold A. Symmetry in the Solid State New York: Benjamin, 1964.

Koptsik V A. Shubnikovskie gruppy (Shubnikov groups) [M]. Moscow: Izd-vo MGU, 1966.

Kovalev O V. Neprivodimye i indutsirovannye predstavleniya i kopredstavleniya fedor-ovskikh grupp(Irreducible and induced representations and corepresentations of the Fe-dorov groups[M]. Moscow: Nauka, 1986.

Krivoglaz M A. Difraktsiya rentgenovskikh luchei i neitronov v neidealnikh kristallakh [M]. Kiev: Naukova Dumka, 1983.

Ladd M F C. Symmetry in Molecular and Crystals[M]. Chichester: Wiley, 1989.

Ladd M F C, Palmer R A. Theory and Practice of Direct Methods in Crystallography[M]. New York: Plenum, 1980.

Ladd M F C, Palmer R A. Structure Determination by X-Ray Crystallography[M]. 2nd ed. New York: Plenunm, 1985.

Landau L D, Lifshits E M. Kurs teoreticheskoi fiziki. T. 3. Kvantovaya mekhanika. Nerelyativistskaya teoriya (Fizmatgiz, Moscow 1963) [English transl: Course of Theoretical Physics, Vol. 3 Quantum Mechanicals. Nonrelativistic Theory[M]. Oxford: plenum, 1977.]

Laue M. Materiewellen und ihre Interferenzen[M]. Leipzig: Geest & Protig, 1948.

Laue M. Röntgenstrahl-Interferenzen[M]. Frankfurt/ Main: Geest & Portig, 1960.

Lipson H, Cochran W. The Determination of Crystal Structures [M]. London: Bell, 1953.

Lipson H, Taylor C A. Fourier Transform and X-Ray Diffraction [M]. London: Bell, 1958.

Lipson H, Steeple H. Interpretation of X-Ray Powder Diffraction Patterns[M]. London: Mac-Millan, 1970.

Lomonosov M V. Polnoe sobranie sochinenii. T. 2. Trudy po fizike i khimii 1747 – 1752 (Complete works, Vol. 2, Investigations on physics and chemistry 1747 – 1752) Moscow: Izd-vo Akad. Nauk SSSR, 1951.

Ludwig W, Falter C. Symmetries in Physics: Springer Ser. Solid-State Sci. Vol. 64[M]. 2nd ed. Heidelberg: Springer, Berlin, 1996.

Luybarskij G Ya., Teoriya grupp i ee primenenie v fizike [M]. Moscow: Gostekhizdat, 1957.

Mackay A L. Generalized Crystallography[J]. Computers and Math. with Applications. Part B., 1986,12:21.

McKie D, McKie C. Essentials in Crystallography[M]. Oxford: Blackwell, 1986.

Moras D, Podjarny A D, Thierry J C. Crystallographic Computing 5: From Chemistry to Biology[M]. Oxford: Int'l Union of Crystallography and Oxford Univ. Press,1991.

Nozik Yu Z, Ozerov R P, Hennig K. Neitrony i tverdoe telo(Neutrons and a solid). Vol. 1 Structural Neutron Diffraction Analysis[M]. Moscow: Atomizdat, 1979.

Paufler P. Physikalische Kristallographie[M]. Berlin: AKademie-Verlag, 1986.

Pinsker Z G. Electron Diffraction London: Butterworths, 1952.

Pinsker Z G. Dynamical Scattering of X-Ray in Crystals, Springer Ser. Solid-State Sci., Vol.3[M]. Heidelberg: Springer, Berlin, 1978.

Porai-Koshits M A. Prakticheskij kurs rentgenostrukturnogo analiza (Practical course of X-Ray structure analysis), Vol.2 [M] Moscow: Izd-vo MGU,1960.

Porai-Koshits M A. Osnovy strukturnogo analiza khimikcheskikh soedineniy (Fundamentals of the structure analysis of chemical compounds)[M]. Moscow: Vysshaya Shkola, 1982.

Problemy kristallografii (Problems of crystallography) (Shubnikov A, V. Centennial Papers) (Nauka, Moscow 1987) [English transl.: Modern Crystallography, ed. by B. K. Vainshtein, A. A. Chernov (Nova Science, New York 1988)]

Ramachandran G, N. R. Srinivasan: Fourier Methods in Crystallography[M]. New York: Wiley, 1970.

Schneer C J. Crystal Form and Structure[M]. Chichester: Wiley, 1977.

Schönflies A. Kristallsysteme und Kristallstrukturen [M]. Leipzig: Teubner, 1891.

Shafranovksy I I. Istoriya kristallografii s drevneishikh vremen do nashikh dneij (The history of crystallography form ancient times to this day)[M]. Leningrad: Nauka, 1978.

Shafranovsky I I. Istoriya kristallografii. XIX vek (History of crystallography, century XIX)[M]. Leningrad: Nauka, 1980.

Shafranovsky I I. Simmetriya v prirode (Symmetry in nature) [M]. Leningrad: Nedra, 1985.

Shubnikov A V, Flint E E, Bokii G B: Osnovy kristalloggrafii (Fundamentals of crystallography)[M]. Moscow: Izd-vo Akad. Nauk SSSR, 1940.

Shubnikov A V. Simmetriya i antisimmetriya konechnykh figur (Symmetry and antisymmetry of finite figures[M]. Moscow: Izd-vo Akad. Nauk SSSR, 1951.

Shubnikov A V, Belov N V: Coloured Symmerty[M]. Oxford: Pergamon, 1964.

Shubnikov A V. Uistokov kristallografii (At the source of crystallography)[M]. Moscow Nauka, 1972.

Shubnikov A V, Koptsik V A. Symmetry in Science and Art [M]. New York: Plenum, 1974.

Sirotin Yu I, Shaskol'skaya M P: Osnovy kristallofiziki[M]. Fundamentals of crystal physcis [M]. Moscow: Nauka, 1979.

Sohncke Entwicklung einer Theorie der Kristallstruktur [M]. Leipzig: Engelmann, 1879.

Spence J C H. Experimental High-Resolution Electron Microscopy[M]. Oxford: Clarendon, 1981.

Steeds J W. Convergent Beam Electron Diffraction[M]. Roma: Edizione Enea, 1986.

Streitwolf H-W. Gruppentheorie in der Festkörperphysik [M]. Leipzig: Geest & Portig, 1967.

Tanaka M, Teranchi M. Convergent-Beam Electron Diffraction[M]. Tokyo: Jeol, 1985. Vol. 1

Tanaka M, Teranchi M. Kaneyana T. Convergent-Beam Electron Diffraction Vol. 2 [M]. Tokyo: Jeol, 1988

Tanner B K. X-ray Diffraction Topography [M]. Oxford: pergamon, 1976.

Thomas C, Goringe M Y. Transmission Electron Microscopy of Materials[M]. New York: Wiley, 1979.

Tulinov A F. Effect of the crystal lattice on some atomic and nuclear processes. Sov. Phys. -Usp. , 1966,8:864.

Vainshtein B K. Strukturnaya elektronographiya[M]. Moscow: Izd-vo Akad. Nauk SSSR, 1956.[English transl. : Structure Analysis by Electron Diffraction [M] Oxford: Pergamon, 1964.]

Vainstein B K. Difraktsiya rentgenovykh luchei na tsephykh molekulakh [M]. Moscow: Izd-vo Akad. Nauk SSSR, 1963. [English transl. : Diffraction of X-rays by Chain Molecules[M]. Amsterdam: Elsevier, 1966.]

Vainstein B K. Electron Microscopical Analysis of the Three-Dimensional Structure of Biological Macromolecules, Adv. Optical and Electron Microscopy, Vol. 7[M]. London: Academic, 1978.

Vainstein B K, Simonov V I. Metody strukturnogo analiza(Ser. Problemy sovremennoi kristallografii) (Methods of structural analysis)[M]. Moscow: Nauka, 1989.

Vainshtein B K, Simonov V I. Structural Crystallography: Centennial of the Birth of Acad. N. V. Belov[M]. Moscow: Nauka, 1992.

Vainshtein B K. Space Groups: Centennial of their Derivation [M]. Moscow: Nauka, 1992.

Vainshtein B K, Shuvalov L A. Physical Crystallography [M]. Moscow: Nauka, 1992.

Verma A R, Srivastava O N. Crystallography for Solid State Physics[M]. New York: Halsted, 1982.

Vigner E P. Symmetry and Reflections[M]. Indiana: Indiana Univ. Press, 1970.

Weyl H. The Classical Groups, Their Invariants and Representations[M]. Princeton. Princeton NJ: Univ. Press, 1939.

Weyl H. Symmetry [M]. Princeton: Princeton Univ. Press, 1952.

Wigner E P. Events, laws of nature and invariance principle[J]. Science, 1964,145:995.

Willis B T M, Pryor A M. Thermal Vibrations in Crystallography[M]. Cambridge: Cambridge Univ. press, 1975.

Woolfson M M. An Introduction to X-Ray Crystallography[M]. Cambridge: Cambridge Univ. Press, 1978.

Wooster W A. Diffuse X-Ray Reflections from Crystals[M]. Oxford: Clarendon, 1962.

Wooster W A. Tensors and Group Theory for the Physical Properties of Crystals[M]. Oxford: Clarendon, 1973.

Wulff Yu V. Izbrannye raboty po kristallofizike i kristallografii Selected works on crystal physics and crystallography[M]. Moscow: Gostekhizdat, 1952.

Zamorzajev A M. Teoriya antisimmetrii i razlichnye ee obobshcheniya (Antisymmetry theory and its various generalizations [M]. Kishinev: shtiintsa,1976.

Zamorzajev A M, Galyarskij E I, Palistrant A F. Tsvetnaja simmetriya, obobshcheniya i prilozheniya (Colour symmetry, its generalization and application[M]. Kishinev: Shtiintsa, 1978.

Zhdanov G S. Fizika tverdogo tela (Solid State Physics) [M]. Moscow : Izd-vo MGU, 1961.

Zhidomirov G M. X-ray Method for Study Structure of Amorphous Solids (EXAFS spectroscopy)[M]. Novosibirsk: Nauka, 1988.

Zholudev I S. Simmetriya i ee prilozheniya (Symmetry and its applications)[M]. Moscow: Atomizdat, 1976.

Zvyagin B B. Electrografiya i struktyrnaya kristallografiya glinistykh mineralov[M]. Moscow: Nauka, 1964. [English Transl.: Electron Diffraction Analysis of Clay Mineral Structures[M]. New York: Plenum,1967.]

Zvyagin B B. Sovremennaya elektronnaya mikroskopiya v issledovanii veschestva(Modern electron microscopy for materials study)[M]. Moscow: Nauka, 1982.

晶体学期刊

Acta Crystallographica, published since 1948, divided into: Sections A and B in 1968; Sections A, B and C in 1983; Sections A, B, C and D in 1992

Acta Crystallographica, Sect. A: Foundations of Crystallography

Acta Crystallographica, Sect. B: Structural Science

Acta Crystallographica, Sect. C: Crystal Structure Communications

Acta Crystallographica, Sect. D: Biological Crystallography

American Mineralogist (Am. Mineral.), published since 1916

Bulletin de la Societe Francaise de Mineralogie et de Cristallographie (Bull. Soc. Fr. Mineral. Cristallogr.), published since 1878

Crystal Lattice Defects(Cryst. Lattice Defects), published since 1969

Crystal Structure Communications (Cryst. Struct. Commun.), published since 1972

Crystal Research and Technology (Cryst. Res. and Technology), published since 1966

Crystallography Reviews (Cryst. Rev.), published since 1987

Doklady Akademii Nauk SSSR(Dokl. Akad. Nauk SSSR), published since 1933

Fizika Metallov i Metallovedeniye (Fiz. Met. Metalloved.)[Metal Physics and Physical Metallurgy], published since 1955

Fizika Tverdogo Tela (Fiz. Tverd. Tela)[Solid state physics], published since 1953

Izvesiya Akademii Nauk SSSR, Seriya Fizicheskaya (Izv. Akad. Nauk SSSR Ser. Fiz) [Physical series], published since 1936

J. Applied Crystallography(J. Appl. Crystallogr.), published since 1968

J. Cluster Science，published since 1990

J. Crystal Growth(J. Cryst. Growth)，published since 1967

J. Crystal and Molecular Structure，published since 1971

J. Crystallographic and Spectrosopic Research，published since 1971

J. Materials Research，published since 1986

J. Physics C：Solid Physics (J. Phys. C)，published since 1968

J. Physics and Chemistry of Solids(J. Phys. Chem. Solids)，published since 1956

J. Solid State Chemistry (J. Solid State Chem.)，published since 1969

Koordinatsionnaya Khimiya （Koord. Khim.）［Coordination Chemistry］，published since 1975

Kristall and Technik (Krist. Tech.)，published since 1966

Kristallografiya (Kristallografiya)，published since 1956［English transl.：by Am. Inst. of Phys.：Soviet Physics-Crystallography(Sov. Phys. -Crystallogr.)］

Microscopy，Microanalysis，Microstructures，published since 1990

Molecular Crystals and Liquid Crystals (Mol. Cryst. Liq. Cryst.)，published since 1966

Physica Status Solidi (Phys. Status Solidi)，published since 1961

Physical Review［Section］B：Solid State (Phys. Rev. B)，published since 1893

Poverkhnost'：Fisika，Khimiya，Mekhanika （Surface：Physics，Chemistry，Mechanics），published since 1982

Solid State Communications，published since 1963

Structure Reports (Struct. Rep.)，Vol. 8 and following，published since 1956

Strukturbericht，Vols. 1-7，published from 1936 to 1943

Sverchprovodomost'：Phisika，Khimiya，Technika （Superconductivity：Physics，Chemistry，Technique)，published since 1987

Thin Solid Films，published since 1967

Uspekhi Fizicheskikh Nauk (Usp. Fiz. Nauk)［Advances of physical sciences］，published since 1918 ［English transl.：Soviet Physics-Uspekhi (Sov. Phys. -Usp.)］

Zeitschrift für Kristallographie，Kristallogeometrie，Kristallphysik，Kristallchemie(Z. Kristallogr. Kristallgeom. Kristallphys. Kristallchem.)，published since 1877

Zhurnal Strukturnoi Khimii (Zh. Struk. Khim.)［Journal of structural chemistry］，published since 1959

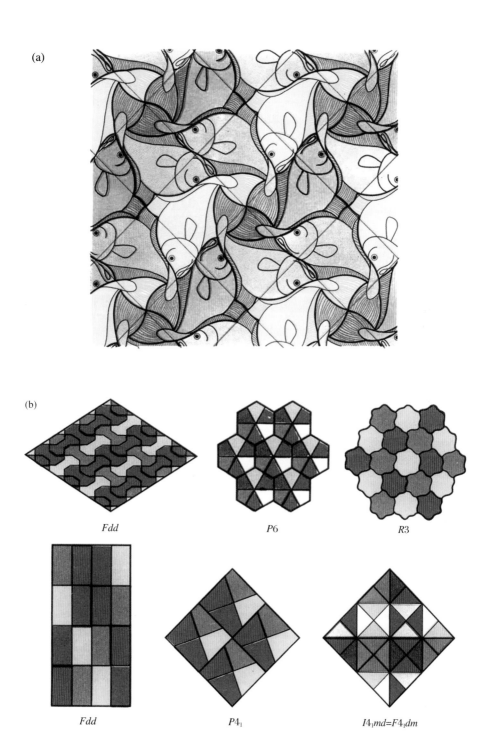

(a)

(b)

Fdd

P6

R3

Fdd

P4₁

I4₁md=F4₁dm

图 2.93

(c)

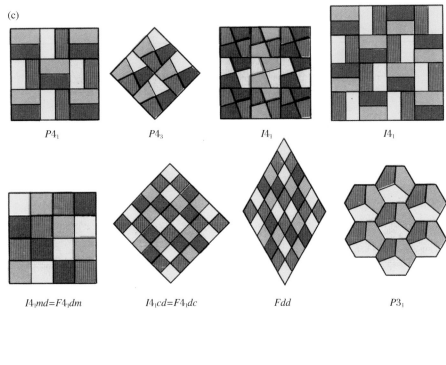

$P4_1$　　　　$P4_3$　　　　$I4_1$　　　　$I4_1$

$I4_1md=F4_1dm$　　　　$I4_1cd=F4_1dc$　　　　Fdd　　　　$P3_1$

(d)

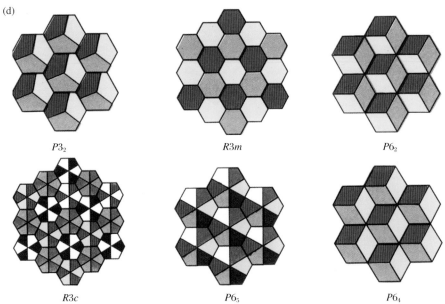

$P3_2$　　　　$R3m$　　　　$P6_2$

$R3c$　　　　$P6_5$　　　　$P6_4$

图 2.93(续)

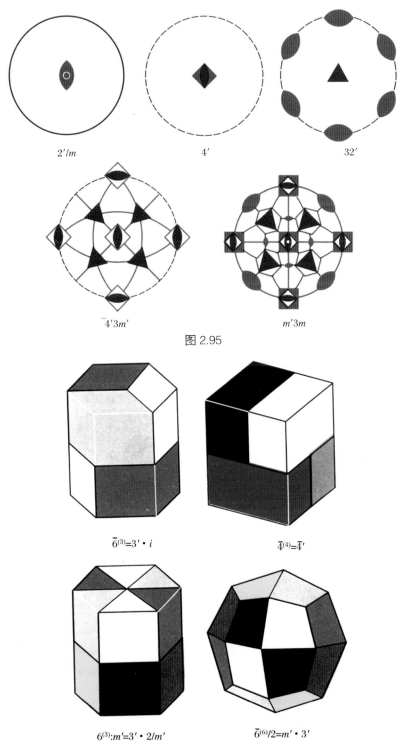

2′/m   4′   32′

4̄′3m′   m′3m

图 2.95

6̄⁽³⁾=3′ · i   4̄⁽⁴⁾=4̄′

6⁽³⁾:m′=3′ · 2/m′   6̄⁽⁶⁾/2=m′ · 3′

图 2.98

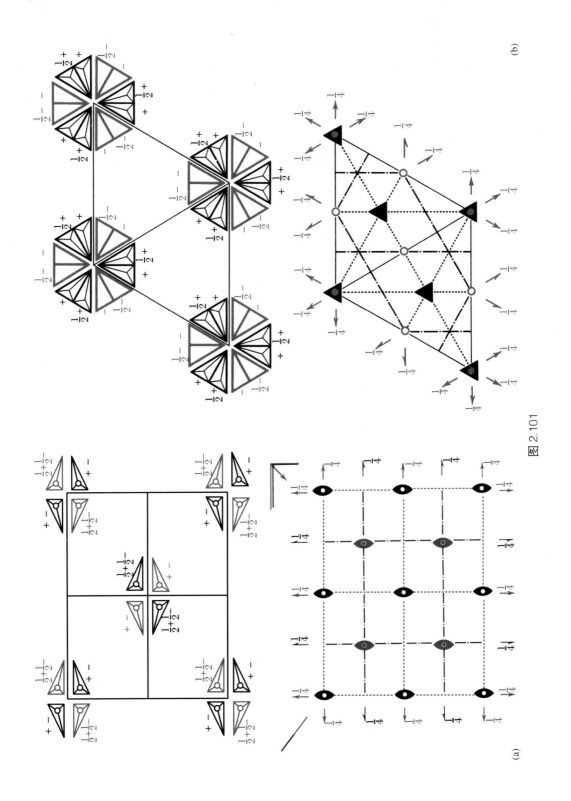

图 2.101